单片机轻松入门

（第3版）

周　坚　编著

北京航空航天大学出版社

内容简介

本书以80C51系列单片机为主体，详细叙述单片机的工作原理和应用方面的知识，内容包括单片机结构、指令系统、典型接口器件等。

较之第2版，本书跟随单片机开发技术的发展，重新设计了实验电路板，对各章内容进行了细致的修改，将开发环境部分独立成章，将原书接口部分内容分成"键盘与显示接口"、"串行接口"、"模拟量接口"等部分并相应充实了内容。

作者为本书的写作开发了实验仿真板，设计了实验电路板，并以动画形式记录了多个使用实验仿真板做实验的过程及现象；随书光盘提供了作者所设计的实验仿真板、书中所有的例子、一些常用工具软件、作者自编软件、实验过程演示及讲解等内容。读者获得的不仅是一本文字教材，更是一个完整的学习环境。

本书融进了作者多年教学、科研实践所获取的经验及实例，更是在作者对单片机课程进行教学改革的基础上编写而成，融入了教学改革的成果，摒弃了以学科体系为主线的编排方式，采用以读者的认知规律为主线的编排方式，充分体现了以人为本的指导思想。

本书可作为中等职业学校、高等职业院校等的教学用书，也是电子爱好者或PC机编程爱好者自学单片机的很好的教材。

除本书之外，作者有成熟的教学方法可以交流，并可提供与之配套的实验器材，从而构成单片机教学、自学的完整解决方案。

图书在版编目(CIP)数据

单片机轻松入门 / 周坚编著. --3版. -- 北京：北京航空航天大学出版社，2013.12

ISBN 978-7-5124-1311-5

Ⅰ.①单… Ⅱ.①周… Ⅲ.①单片微型计算机—基本知识 Ⅳ.①TP368.1

中国版本图书馆CIP数据核字(2013)第269886号

单片机轻松入门（第3版）

周 坚 编著

责任编辑 杨 昕 刘 工 刘爱萍

*

北京航空航天大学出版社出版发行

北京市海淀区学院路37号(邮编100191) http://www.buaapress.com.cn

发行部电话：(010)82317024 传真：(010)82328026

读者信箱：bhpress@263.net 邮购电话：(010)82316936

北京时代华都印刷有限公司印装 各地书店经销

*

开本：787×1 092 1/16 印张：19 字数：486千字

2014年1月第3版 2019年2月第2次印刷 印数：4 001～6 000册

ISBN 978-7-5124-1311-5 定价：39.00元(含光盘1张)

若本书有倒页、脱页、缺页等印装质量问题，请与本社发行部联系调换。联系电话：(010)82317024

读者书评

周坚老师编写的《单片机轻松入门》这本书的内容，主要取自在网络上流行多年的“平凡的单片机教程”。毫不夸张地说，数年来，成千上万的大学生从这本教材开始了解单片机，从新手变成了高手。

周坚老师对这本书没有墨守成规地遵循传统单片机教材的编写模式：指令、计算机体系结构、内部资源、扩展资源……而是从简单的例子入手，使读者首先对单片机开发流程有直观的了解，然后再一步步深入。

在这本书中，周坚老师用最朴实的语言和恰到好处的比喻，向初学者解释了数字电路及与单片机相关的基本概念。毫不夸张地说，只要你懂得一点编程基础，哪怕没有接触过数字电路，也能轻松地通过周坚老师的教材入门。

对于初学者来说，这绝对是一本好书，它用通俗的语言生动地告诉你什么是单片机，用形象的实例告诉你单片机是如何工作的。这是一本入门的好书！

——互动出版网

我对单片机特别感兴趣，想通过自学来掌握这门技术。我到书店寻找相关书籍，看到周坚老师编写的《单片机轻松入门》后感觉非常适合我，未多加考虑就买了。我用了一个星期的时间一口气从头到尾读完。我按书中的指导，下载 Keil 网站的 EVAL VISIONAN 安装，一直都很顺利……

——郑楚池 hetong@pub. shantou. gd. cn

看了周坚老师编写的这本《单片机轻松入门》，真的觉得单片机学习起来不是想象中那么困难。在学习了这本书后，我帮别人编写了一段很小的应用程序，是控制电机运行的，其主要作用是给包装带打生产日期(原理图及程序见附件)……

——肖杰

强烈推荐周坚老师编著的《单片机轻松入门》！

大家好，同你们一样，我也是个 MCU－LOVER。我学单片机已经有一年了，单片机给我的生活带来了乐趣。但是现在水平还很有限，毕竟无论什么事情，一个人摸索真的很难。我很想结交一些朋友，大家互相交流，互相学习，共同进步，因为平凡的单片机不平凡！

记得我刚学习单片机时用的就是《单片机轻松入门》这本书，效果很好，可以说一本好书能够给我们的学习带来便捷和效率。谢谢！

各位说的不错，本人也在学《单片机轻松入门》，收获不小，已经把学到的知识用在本单位的技术改造上了。

我是一个初学者，还没有入门，现在想自学单片机技术，当看了周坚老师编写的《单片机轻松入门》一书后，感觉非常适合初学者。因为我周围没有懂单片机的人，所以一本好教材就非常重要了。它就是我的老师！

——平凡单片机工作室网站(www. mcustudio. com)BBS 讨论

第3版前言

《单片机轻松入门》第1版、第2版出版后已印刷5万余册，与本书编写风格相似的《单片机C语言轻松入门》、《PIC单片机轻松入门》、《单片机项目教程》等书相继出版并受到广大读者的欢迎，说明本书的教学思路和教学方法能够为读者所接受。单片机是一个发展速度非常迅速的领域，在本书第2版出版后，又发生了很多变化，因此，作者对《单片机轻松入门》再次作出修订，即出版第3版。第3版保持了第1、2版的写作风格，保留了轻松易懂的特点，还在以下几个方面作了修改。

(1) 重新设计了实验电路板。新设计的实验电路板增加了USB转串口、图形液晶接口等部分，同时保持了与第1、2版的兼容。

(2) 很多读者非常喜欢作者所开发的"实验仿真板"，直观而易用，第3版增加了这部分内容的介绍，读者可以根据本书的介绍找到更多的类似产品。

(3) 跟随新技术的出现，对书中各个部分进行修改。例如，Keil软件的工程管理器由μV2升级为μV4，书中对所有相关插图作了修订。

(4) 对部分章节进行了调整，补充了新的内容，使得整本书的体系更为完整。其中单片机学习环境部分独立成章；单片机的接口部分拆分成3章，分别介绍键盘显示接口、I^2C和SPI接口以及模拟量接口；附录D部分介绍了μV4新增的实用功能。

(5) 为本书的配套光盘重新录制了Keil软件使用、各实例分析等部分的视频，并做了配音。将部分难以用文字描述的内容通过语音讲解的方式传授给读者。

很多读者在读完《单片机轻松入门》、《单片机C语言轻松入门》等书后，来信与作者探讨这样一个问题：书上的例题都做了，自我感觉也有一定的编程能力了，但仍难以进行独立的开发工作，如何解决这一问题呢？作者认为，这的确是学习过程中的一个瓶颈，通过一本书的学习要解决这一问题是比较困难的。要突破这一瓶颈，唯有多做项目开发。如果找不到合适的实用项目，那就做综合性的学习项目。为此，作者做了许多探索性工作，编写了《平凡的探索》一书，提供多个学习项目供读者参考；在作者的网站(www.mcustudio.com)上开设了"开源培训"栏目，并为此栏目准备了多个学习性项目，从简单的"七彩灯"到综合性的"可锁定输出电压的数控稳压电源"等，每个项目都是通过作者验证的，并提供了非常详细的实现过程，包括电路图、源程序、制作调试过程等，希望帮助读者完成从学习者到开发者的转变。

本书由"常州市职教电子技术周坚名教师工作室"组织编写。周坚编写了第1～3章；企业工程师华颖编写了第4、5章；张庆明编写了第6、7章；史建福编写了第8、9章及附录部分；华旭东、夏爱联、姚坤福参与了部分硬件电路的设计、制作和调试工作；陈素娣、周瑾、狄立新、陈琼、宋立新参与了本书的多媒体制作、插图绘制、文字输入、排版等工作；北京航空航天大学出版社也为本书出版做了大量、细致的工作。大家的共同努力使本书得以顺利出版，在此表示由衷的感谢！

作　者

2013年9月

第 2 版前言

《单片机轻松入门》第 1 版出版以后，得到了读者的支持与肯定，在短短两年时间里，连续 4 次印刷。

随着技术的不断进步，第 1 版中介绍的一些技术已有新的发展；另外，第 1 版发行后，读者反馈了大量的建议与意见；同时，作者在教学实践过程中也积累了更多的教学经验，采用的“任务教学法”逐步完善。为更好地服务于读者，作者对《单片机轻松入门》一书进行了修订，即出版第 2 版。第 2 版保持了第 1 版的写作风格，保留了轻松易懂的特点，并在以下几个方面做了修改：

(1) 重新设计了实验电路板。随着技术的飞速发展，第 1 版中采用的实验电路板技术已落后，第 2 版对原电路板进行了改进，在保持与第 1 版兼容的同时，增加了更多的功能，以使其能紧跟技术的发展。

(2) 对各章内容与文字均进行了细致的修改，以使读者更容易理解。

(3) 跟随新出现的技术，对书中各个部分进行了修改。例如，针对新版 Keil 软件增加的功能加以说明等。

(4) 将读者学习过程中提出的问题加入到“附录 B　单片机常见问题问与答”中。

作者从事单片机开发与教学工作多年，常有读者及学员问及：“如何才能快速入门?”作者的体会是：一定要动手做！仅仅看书是远远不够的。所以本书特别强调“单片机学习环境的建立”，包括本书内容的安排，也是尽可能围绕着一块实验板展开，由小见大，剖析其中应用到的典型开发技术，这样安排有利于读者获得动手练习的机会。此外，读者在学习过程中不要总是想“是否理解”，而应该侧重于“是否能做出来”；要勤于思考，但又不能“执迷”。一时半会儿无法理解的内容，可以先不思考其原理，而是将相关例子做出来，看看产生的现象，再对程序做一些修改。例如，原来显示 0，改成显示 1；原来灯流动的速度很快，现在把它调慢一点等。总之，这时可以抱着“玩一玩”的态度来学习，随着学习的深入，一些原来不懂的内容就能慢慢理解了。

作者与很多读者一样，对包括单片机在内的许多知识，都是通过读书等方法自学的。因此，深深地体会到，一本好书对于自学者来说是非常重要的，一本好书可以引导学习者进入知识的大门，一本不合适的书却可以使学习者丧失学习的热情。本书定位于“引导初学者入门”，要达到这样的目的并非易事，要认真研究学习者的认知规律，采用适当的方法加以引导。这样的教材，语言表达做到通俗易懂固然重要，但更重要的是教学方法的设计与教学内容的选择。由于作者本身就是从事教学工作的，常常会对这些内容进行思考，加之教学过程中会及时收集学员反馈的信息，所以对读者的需求比较了解。因此，本书第 1 版出版后，受到广大读者的欢迎，许多读者认为“这是单片机入门的好书”，“本书的确可以做到轻松入门”，“本书值得向入门者推荐”。

周　坚

2006 年 10 月

前　言

以 80C51 为内核的系列单片机在我国已应用多年，80C51 系列单片机教材数不胜数，本书则是一本引导初学者轻松入门的教材。

本书融进了作者多年教学、科研实践所获取的经验及实例，更是作者在对单片机课程进行教学改革的基础上编写的，由一些较新的教学理论作为指导，编排方式与传统的教材不完全相同，主要采用“以任务为中心”的教学模式来编排。作者在课堂教学过程中，改革了原有的授课模式。例如，在讲解“单片机的结构与原理”这部分知识时，安排 5 个任务，以任务为核心，配置了完成该任务所必须掌握的指令、硬件结构知识、软件操作知识等，学完这些知识以后完成该任务；然后较为系统地学习一些硬件结构知识。通过这种方式将学习者普遍感到比较困难的部分知识分解，把一个高的台阶变成若干低的台阶，使得学习者从一开始就能体会到成功的喜悦，有利于学习的顺利进行。在讲授其他部分内容时，也打破学科体系的束缚，以学习者的实际需求为目标。例如，授课时将定时器/计数器、中断、串行接口部分知识安排在指令部分之前；但教学中并没有因为指令部分未学而不举例，而是直接将指令拿来使用。在教学实践中可以感觉到，学习者并没有因为尚未学“指令”这一概念而无法掌握这些指令的用法。单片机的指令部分内容枯燥乏味又较抽象，是教学中的另一个难点；但按这种教学方法，在学习指令部分的知识之前，学习者已掌握多条指令的用法，加之通过前面内容的学习，有很多知识可用于对指令中的一些抽象概念作出解释，因而学得较轻松。

内容安排

作者为本书开发了实验仿真板，设计了实验电路板。随书光盘还提供了一些常用软件，读者获得的不仅是一本文字教材，更是一个完整的学习环境。

在本书内容取舍方面，着重从中等职业学校、中等技术学校、业余电子爱好者的实际出发，适当增加常用计算机基础知识，内容力求深入浅出，尽量结合实例说明问题。

第 1 章介绍单片机的基本知识、计算机中数据的表示方法、计算机中常用的基本术语以及存储器的工作原理和分类。

第 2 章是本书的重点，首先介绍 Keil 软件的使用、实验仿真板的使用。然后以 5 个待完成的任务为中心，介绍相关的单片机结构与原理、单片机的指令，并且用 Keil 软件和实验仿真板来完成这些任务。一些不便集成到任务中的知识则分散在各任务之间介绍。最后介绍实验电路板的制作和编程器的知识，建立一个硬件实验环境。学完本章，即已实现初步入门，可以做一些简单的模仿性的开发、编程工作。

第 3 章介绍定时器/计数器、中断系统、串行接口等单片机内部常用的“外围”电路。本章内容的安排不受学科体系束缚，视每一部分为待完成的任务，以此配置知识点。学习本章知识时，指令部分的知识尚未学习，但在本章举例时用到多条指令。书中对这些指令的用法作了详细介绍，读者不必拘泥于指令的概念，应着重掌握这些指令的用法。

第 4 章介绍 80C51 的指令系统、汇编语言程序设计。由于这一部分内容相对较为枯燥、抽象，因此学习起来比较乏味，通常是单片机学习中的一个难点。为此，本书将这部分知识安排在第 2、3 章以后。读者应注意结合第 2、3 章有关知识来学习本章内容。

第 5 章是接口技术的内容，主要介绍键盘、显示器、D/A 转换器、A/D 转换器、具有 I^2C

总线接口的AT24C××系列芯片、具有SPI总线接口的X5045芯片、字符型液晶显示器等接口知识。单片机应用面极广,所涉及的接口技术也非常多,一本书中难以全面介绍,因此本章内容以实用为主,介绍单片机开发中典型、常用的接口技术以及目前较为流行的接口技术。难免挂一漏万,但读者在掌握了这些知识以后,就可以开始做一些实际的项目开发工作,并在开发中继续学习。

第6章引导读者从入门到开发。首先用实验电路板设计若干个简单但比较全面的程序,读者可利用它们来做一些比较完整的"产品";然后就某一个项目展开讨论,介绍该项目开发的全部过程,并提供原理图、源程序等材料,为读者提供一个范例,使读者了解项目开发的过程。

附录A介绍一块强电接口板,可与单片机实验板配合使用,以控制较大功率的电器。例如,制作成真正的流水灯等。

附录B为单片机常见问题问与答。这是从与作者通信的上千封电子邮件中精选出来的,其问题是由学习者提出的而非作者凭空想出来的,真实地反映了各层次的学习者在学习单片机时遇到的问题。

附录C介绍作者应用单片机实验仿真板进行教学的探索过程,给出一种单片机教学、实习的新思路。

附录D给出让读者在入门的基础上进一步提高的材料。

附录E为本书所附光盘的内容简介。

本书特点

单片机课程的实践性很强,必须通过较多的实际操作才能学好这门课程。由于本书面向对象之一是业余电子爱好者,同时考虑到中等技术学校、职业中学的实际情况,作者在安排本书有关实践内容时,不假设读者能够随时在实验室中,身边随时有老师教,而是立足于自力更生。书中不仅通过文字对有关实验内容进行细致的分析,而且在附带的光盘上还大量应用动画形式提供实验效果以供参考;对于部分内容还提供完整操作过程的动画记录,以保证读者可以无师自通。

本书安排的例子大部分是由作者编写的,有一些是参考一些资料改写的,全部程序都由作者调试并通过。对于例子的使用说明也尽量详细,力争让读者"看则能用,用则能成",保证读者在动手过程中常常体会到成功的乐趣,而不是常常遇到挫折。

致 谢

北京航空航天大学出版社为本书的出版做了大量细致的工作,在此一并致谢。

王润晓和马四锋提供了其设计的ispro下载型编程器,华旭东、彭金华、夏爱联、卢忠涛和吕向阳联参与了部分硬件电路的设计、制作及调试工作,张庆明、史建福等参与了部分程序的调试工作,陈素娣、陈建荣、王玉珍、陈金尧、周瑾、陈琼、宋立新和徐培参与了本书的多媒体制作、插图绘制、文字输入及排版等工作,在此表示由衷的感谢。

作者在提供本教材的同时,也通过网络为广大读者提供服务,欢迎读者与作者探讨。

网站:平凡单片机工作室(http://www.mcustudio.com);

单片机技术与教学BBS(http://bbs.mcustudio.com)。

由于教学改革采用了较新的教学理论作为指导,可能尚未完全成熟,加之作者水平有限,书中错误与不妥之处在所难免,恳请广大读者批评指正。

周 坚

2006年3月

目 录

第1章

概 述

计算机是应数值计算要求而诞生的。在相当长的时期内，计算机技术都是以满足越来越多的计算量为目标来发展的；但是随着单片机的出现，它使计算机从海量数值计算进入到智能化控制领域。从此，计算机就开始沿着通用计算机领域和嵌入式领域两条不同的道路发展。

1.1 单片机的发展

单片机自问世以来，以其极高的性能价格比，越来越受到人们的重视和关注。目前，单片机被广泛应用于智能仪表、机电设备、过程控制、数据处理、自动检测和家用电器等方面。

1.1.1 单片机名称的由来

无论规模大小、性能高低，计算机的硬件系统都是由运算器、存储器、输入设备、输出设备以及控制器等单元组成。在通用计算机中，这些单元被分成若干块独立的芯片，通过电路连接而构成一台完整的计算机。而单片机技术则将这些单元全部集成到一块集成电路中，即一块芯片就构成了一个完整的计算机系统。这成为当时这一类芯片的典型特征，因此，就以 Single Chip Microcomputer 来称呼这一类芯片，中文译为“单片机”，这在当时是一个准确的表达。但随着单片机技术的不断发展，“单片机”已无法确切地表达其内涵，国际上逐渐采用 MCU(MicroController Unit)来称呼这一类计算机，并成为单片机界公认的、最终统一的名词。但国内由于多年来一直使用“单片机”的称呼，已约定俗成，所以目前仍采用“单片机”这一名词。

1.1.2 单片机技术的发展历史

20 世纪 70 年代，美国仙童公司首先推出了第一款单片机 F-8，随后 Intel 公司推出了 MCS-48 单片机系列，其他一些公司如 Motorola、Zilog 等也先后推出了自己的单片机，取得了一定的成果，这是单片机的起步与探索阶段。总体来说，这一阶段的单片机性能较弱，属于低、中档产品。

随着集成技术的提高以及 CMOS 技术的发展，单片机的性能也随之改善，高性能的 8 位单片机相继问世。1980 年 Intel 公司推出了 8 位高档 MCS-51 系列单片机，性能得到很大的提高，应用领域大为扩展。这是单片机的完善阶段。

1983年Intel公司推出了16位MCS-96系列单片机,加入了更多的外围接口。例如,模/数转换器(ADC)、看门狗(WDT)、脉宽调制器(PWM)等,其他一些公司也相继推出了各自的高性能单片机系统。随后许多用在高端单片机上的技术被下移到8位单片机上,这些单片机内部一般都有非常丰富的外围接口,强化了智能控制器的特征,这是8位单片机与16位单片机的推出阶段。

近年来,Intel、Motorola等公司又先后推出了性能更为优异的32位单片机,单片机的应用达到了一个更新的层次。

随着技术的进步,早期的8位中、低档单片机逐渐被淘汰,但8位单片机并没有消失,尤其是以80C51为内核的单片机,不仅没有消失,还呈现快速发展的趋势。

目前,单片机的发展有如下一些特点:

CMOS化 由于CHMOS技术的进步,大大地促进了单片机的CMOS化。CMOS芯片除了低功耗特性之外,还具有功耗的可控性,使单片机可以工作在功耗精细管理状态。

低电压、低功耗化 单片机允许使用的电压范围越来越宽,一般在3～6 V范围内工作,低电压供电的单片机电源下限已可达1～2 V,1 V以下供电的单片机也已问世。单片机的功耗已从mA级降到μA级,甚至1 μA以下。低功耗化的效应不仅是功耗低,而且带来了产品的高可靠性、高抗干扰能力以及产品的便携化。

大容量化 随着单片机控制范围的增加,控制功能的日渐复杂,高级语言的广泛应用,对单片机的存储器容量提出了更高的要求。目前,单片机内ROM最大可达256 KB以上,RAM可达4 KB以上。

高性能化 通过进一步改进CPU的性能,加快指令运算速度和提高系统控制的可靠性。采用精简指令集(RISC)结构和流水线技术,可以大幅度提高运行速度。现指令速度高者已达100 MIPS(Million Instruction Per Seconds,即兆指令每秒)。

小容量、低价格化 以4位、8位机为中心的小容量、低价格化是单片机的另一发展方向。这类单片机的用途是把以往用数字逻辑集成电路组成的控制电路单片化,可广泛用于家电产品。

串行扩展技术 在很长一段时间里,通用型单片机通过三总线结构扩展外围器件成为单片机应用的主流结构。随着低价位OTP及各种类型片内程序存储器技术的发展,加之外围接口不断进入片内,推动了单片机"单片"应用结构的发展。特别是I^2C、SPI等串行总线的引入,可以使单片机的引脚设计得更少,单片机系统结构更加简化及规范化。

ISP技术 ISP(In-System Programming)在系统可编程是指可以通过特定的编程工具对已安装在电路板上的器件编程写入最终用户代码,而不需要从电路板上取下器件。利用ISP技术不需要编程器就可以进行单片机的实验和开发,单片机芯片可以直接焊接到电路板上,调试结束即成为成品,免去了调试时由于频繁地插入取出芯片对芯片和电路板带来的不便。

IAP技术 IAP(In-Application Programming)是指在用户的应用程序中对单片机的程序存储器进行擦除和编程等操作,IAP技术应用的一个典型例子是可以较为容易地实现硬件的远程升级。

在单片机家族中,80C51系列是其中的佼佼者。Intel公司将80C51单片机的内核以专利互换或出售的方式转让给其他许多公司,如Philips、Atmel、NEC等。因此,目前有很多公司在生产以 80C51 为内核的单片机,这些单片机在保持与 80C51 单片机兼容的基础上,改善了 80C51 单片机的许多特性。这样,80C51 就成为有众多制造厂商支持的、在 CMOS 工艺基础上发展出上百品种的大家族,现统称为 80C51 系列。

这一系列单片机包括很多种,其中 89S51 就是近年来在我国流行的单片机。它由美国 Atmel 公司开发生产,最大的特点是内部有可以多次重复编程的 Flash ROM,而且 89S51 内部的 Flash ROM 可以直接用编程器来擦写(电擦写),使用方便。

1.2 学习单片机的准备

1.2.1 硬件准备

需要准备的硬件有:可以对 89S51 单片机芯片编程的编程器一只或下载线一条;用于硬件实验的实验板一块;如果有条件,还可以再准备一台仿真器,它会给你的学习带来很大的方便。

有很多商品化的编程器可供选择,其价格从数百元到数千元直到数万元不等。下载线的价格不高,Atmel 公司公布了自制下载线的方案并提供了所需要的编程软件,网上也可以找到很多更易于使用的编程软件,有一定电子技术基础的读者可以自行动手制作下载线。

本书第 2 章介绍了一块实验板,这块实验板上安装有 8 个发光二极管,4 个按钮,6 位数码管。它具有 I^2C 总线接口的 AT24C××系列串行 EEPROM 芯片;具有 I^2C 总线接口的实时时钟芯片 PCF8563;具有开机复位、电压跌落检测、看门狗、SPI 接口的串行 EEPROM 4 种功能集于一体的芯片 X5045;安装有 RS232 串行接口芯片,可与微机通信;安装有字符型液晶显示器的插座。整个实验板制作成本不高,却包含了现在最流行的一些芯片的用法,书中安排的多个与硬件有关的实验,都可以在这块实验板上完成。

1.2.2 软件准备

软件使用目前最流行的 Keil 软件,其中所带的汇编器和连接器可用于汇编语言的学习。Keil 是商业软件,它同时也有供学习者使用的 Eval 版本,该版本的功能与正式版一样,但生成的代码量有一定的限制,最终生成的代码不能超过 2 KB,对于学习来说这已经足够了。读者可以到 http://www.keil.com 网站去下载 Keil 的最新版本软件。该软件带有一个集成开发环境(μ Vison2),可以在这一集成开发环境中编译、连接和调试。该集成开发环境提供了一些软件仿真的方法,如模拟 I/O 口输入,观察 I/O 输出,对串行口进行调试等,功能强大,可以在一定程度上代替仿真器使用。

1.3 计算机数据表示

计算机用于处理各种信息,首先需要将信息表示成具体的数据形式。选择什么样的数制来表示数,对机器的结构、性能和效率有很大影响。二进制是计算机中数制的基础。

所谓二进制形式,是指每位数码只取两个值,要么是“0”,要么是“1”,数码最大值只能是 1,超过 1 就应向高位进位。为什么要采用二进制形式呢?这是因为二进制最简单,它仅有两个数字符号,这就特别适合用电子元器件来实现。制造有两个稳定状态的元器件一般比制造具有多个稳定状态的元器件要容易得多。

计算机内部采用二进制表示各种数据,对于单片机而言,其主要的数据类型分为数值数据和逻辑数据两种。下面分别介绍数制的概念和各种数据的机内表示、运算等知识。

按进位的原则进行计数,称为进位计数制,简称“数制”。数制有多种,在计算机中常用的有十进制、二进制和十六进制。

1.3.1 常用的进位计数制

1. 十进制数

按“逢十进一”的原则进行计数,称为十进制数。十进制的基为“10”,即它所使用的数码为 0~9,共 10 个数字。十进制各位的权是以 10 为底的幂,每个数所处的位置不同,它的值是不同的,每一位数是其右边相邻那位数的 10 倍。

对于任意一个 4 位十进制数,都可以写成如下形式:

$$D_3D_2D_1D_0 = D_3\times10^3 + D_2\times10^2 + D_1\times10^1 + D_0\times10^0$$

上述式子各位的权分别是个、十、百、千,即以 10 为底的 0 次幂、1 次幂、2 次幂和 3 次幂,通常简称为 0 权位、1 权位、2 权位、3 权位等,上式称为按权展开式。

例:$3\ 525 = 3\times10^3 + 5\times10^2 + 2\times10^1 + 5\times10^0$

2. 二进制数

按“逢二进一”的原则进行计数,称为二进制数。二进制的基为“2”,即它所使用的数码为 0、1,共 2 个数字。二进制各位的权是以 2 为底的幂,任意一个 4 位二进制数按权展开式如下:

$$B_3B_2B_1B_0 = B_3\times2^3 + B_2\times2^2 + B_1\times2^1 + B_0\times2^0$$

由此可知,4 位二进制数中各位的权是:

2^3	2^2	2^1	2^0
8	4	2	1

例:$(1011)_2 = 1\times2^3 + 0\times2^2 + 1\times2^1 + 1\times2^0 = (11)_{10}$

3. 十六进制数

按“逢十六进一”的原则进行计数,称为十六进制数。十六进制的基为“16”,即它所使用的数码共有 16 个:0、1、2、3、4、5、6、7、8、9、A、B、C、D、E、F。其中 A、B、C、D、E、F 所代表的数的大小相当于十进制的 10、11、12、13、14 和 15。十六进制的权是以 16 为底的幂,任意一个 4 位十六进制数的按权展开式为:

$$H_3H_2H_1H_0 = H_3\times16^3 + H_2\times16^2 + H_1\times16^1 + H_0\times16^0$$

例:$(17F)_{16} = 1\times16^2 + 7\times16^1 + 15\times16^0 = (383)_{10}$

由于十六进制数易于书写和记忆,且与二进制之间的转换十分方便,因而人们在书写计算机语言时多用十六进制。

4. 二—十进制编码

计算机中使用的是二进制数,但人们却习惯于使用十进制数,为此需要建立一个二进制数与十进制数之间联系的桥梁,这就是二—十进制。

在二—十进制中,十进制的 10 个基数符 0～9 用二进制码表示,而计数方法仍采用十进制,即"逢十进一"。为了要表示 10 种状态,必须要用 4 位二进制数(3 位只能表示 0～7,不够用)。4 位二进制一共有 16 种状态,可以取其中的任意 10 种状态来组成数符 0～9。显然,最自然的方法就是取前 10 种状态,这就是 BCD 码,也称之为 8421 码,因为这种码的 4 个位置的 1 分别代表了 8、4、2 和 1。

学习 BCD 码,一定要注意区分它与二进制的区别,表 1-1 列出几个数作为比较。

表 1-1 二进制、十进制、十六进制数、BCD 码的对应关系

十进制数	十六进制	二进制	BCD 码	十进制数	十六进制	二进制	BCD 码
0	0	00000000	00000000	10	A	00001010	00010000
1	1	00000001	00000001	11	B	00001011	00010001
2	2	00000010	00000010	12	C	00001100	00010010
3	3	00000011	00000011	15	F	00001111	00010101
4	4	00000100	00000100	100	64	100000000	100000000

从表 1-1 中不难看出,对于小于 10 的数来说,BCD 码和二进制码没有什么区别,但对于大于 10 的数,BCD 码和二进制码就不一样了。

1.3.2 二进制的算术运算

二进制算术运算的规则非常简单,这里介绍常用的加法和乘法规则。

加法规则	乘法规则
0 + 0 = 0	0 × 0 = 0
0 + 1 = 1	0 × 1 = 0
1 + 0 = 1	1 × 0 = 0
1 + 1 = 10	1 × 1 = 1

例: 求 11011+1101 的值。

```
  11011
+  1101
-------
 101000
```

例: 求 11011×101 的值。

```
     11011
×      101
----------
     11011
    00000
   11011
----------
  10000111
```

1.3.3 数制间的转换

将一个数由一种数制转换成另一种数制称之为数制间的转换。

1. 十进制数转换为二进制数

十进制数转换为二进制数采用"除二取余法",即把待转换的十进制数不断地用 2 除,一直到商是 0 为止,然后将所得的余数由下而上排列即可。

例:把十进制数 13 转换为二进制数。

```
2|13  ........................  1  低位
2|6   ........................  0   ↑
2|3   ........................  1   |
2|1   ........................  1  高位
  0
```

结果是:$(13)_{10}=(1101)_2$。

2. 二进制数转换为十进制数

二进制数转换为十进制数采用"位权法",即把各非十进制数按权展开,然后求和。

例:把$(1110110)_2$转换为十进制数。

$$(1110110)_2=1\times2^6+1\times2^5+1\times2^4+0\times2^3+1\times2^2+1\times2^1+0\times2^0=(118)_{10}$$

3. 二进制数转换为十六进制数

十六进制数也是一种常用的数制,将二进制数转换为十六进制数的规则是"从右向左,每 4 位二进制数转化为 1 位十六进制数,不足部分用 0 补齐"。

例:将$(1110000110110001111)_2$转化为十六进制数。

把$(1110000110110001111)_2$写成下面的形式:

0111 0000 1101 1000 1111

结果是:$(1110000110110001111)_2=(70D8F)_{16}$。

4. 十六进制数转换为二进制数

十六进制数转化为二进制数的方法正好与上面的方法相反,即 1 位十六进制数转化为 4 位二进制数。

例:将$(145A)_{16}$转化为二进制数。

将每位十六进制数写成 4 位二进制数,即

0001 0100 0101 1010

结果是:$(145A)_{16}=(1010001011010)_2$。

1.3.4 数的表示方法及常用计数制的对应关系

1. 数的表达方法

为了便于书写,特别是方便编程时书写,规定在数字后面加一个字母以示区别,二进制后加 B,十六进制后加 H,十进制后面加 D,并规定 D 可以省略。这样 102 是指十进制的 102,102H 是指十六进制的 102,也就是 258。同样 1101 是十进制 1101,而 1101B 则是指二进制的 1101,即 13。

2. 常用数制对应关系

表 1-2 列出了常用数值 0~15 的各种数制间的对应关系,这在以后的学习中会经常用

到,要求能够熟练掌握。

表 1-2 常用数制的对应关系

十进制	二进制	十六进制	十进制	二进制	十六进制
0	0000B	0H	8	1000B	8H
1	0001B	1H	9	1001B	9H
2	0010B	2H	10	1010B	0AH
3	0011B	3H	11	1011B	0BH
4	0100B	4H	12	1100B	0CH
5	0101B	5H	13	1101B	0DH
6	0110B	6H	14	1110B	0EH
7	0111B	7H	15	1111B	0FH

1.3.5 逻辑数据的表示

为了使计算机具有逻辑判断能力,就需要逻辑数据,并能对它们进行逻辑运算,得出一个逻辑式的判断结果。每个逻辑变量或逻辑运算的结果,产生逻辑值,该逻辑值仅取“真”或“假”两个值。判断成立为“真”,判断不成立为“假”。在计算机内常用 0 和 1 表示这两个逻辑值,0 表示假,1 表示真。

最基本的逻辑运算有“与”、“或”、“非”3 种。下面分别介绍这 3 种运算。

1. 逻辑“与”

逻辑“与”也称之为逻辑乘,最基本的“与”运算有两个输入量和一个输出量。它的运算规则和等效的描述电路如图 1-1 所示。

逻辑“与”可以用两个串联的开关来等效。用语言描述就是:只有两个输入量都是“1”时,输出才为 1,或者说“有 0 出 0,全 1 为 1”。

2. 逻辑“或”

逻辑“或”也叫逻辑加,最基本的逻辑“或”有两个输入量和一个输出量。它的运算规则和等效描述电路如图 1-2 所示。

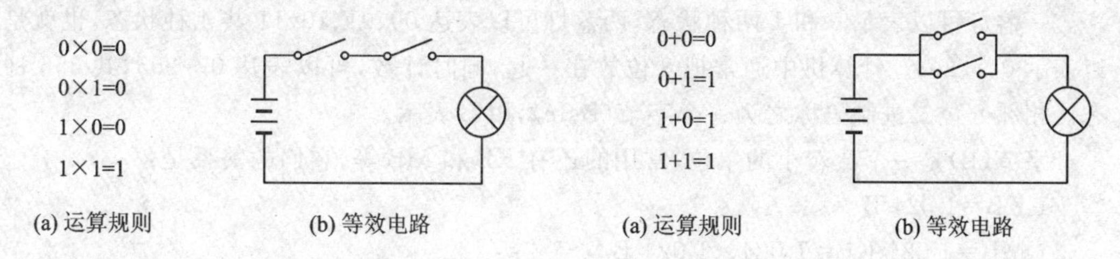

图 1-1 逻辑“与”的运算规则

图 1-2 逻辑“或”的运算规则

逻辑“或”可以用两个并联的开关来等效。用语言描述就是:只有两个输入量都是“0”时,输出才为“0”,或者说“有 1 出 1,全 0 为 0”。

3. 逻辑“非”

逻辑“非”即取反，它的运算规则和等效描述电路如图 1－3 所示。

逻辑“非”可以用灯的并联开关来等效，用语言描述就是：1 的反是 0，0 的反是 1。

若在一个逻辑表达式中出现多种逻辑运算时，可用括号指定运算的次序；无括号时按逻辑“非”、逻辑“与”、逻辑“或”的顺序执行。

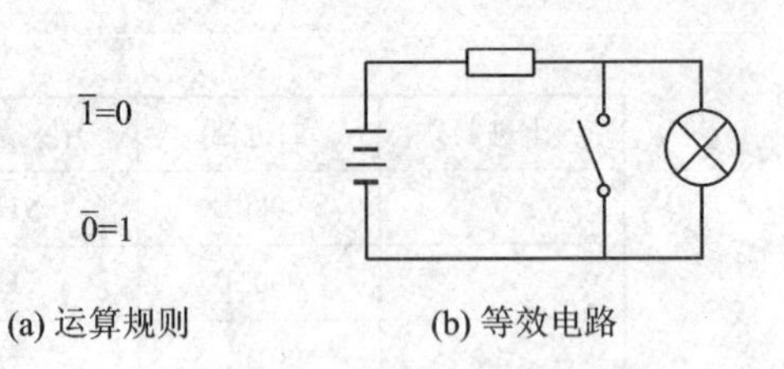

图 1－3 逻辑“非”的运算规则

1.4 计算机中常用的基本术语

在介绍概念之前，先看一个例子。

用于照明的灯有两种状态，即“亮”和“不亮”，如果规定灯亮为“1”，不亮为“0”，那么两盏灯的亮和灭状态可列于表 1－3 中。

表 1－3 两盏灯的亮、灭及数值表示

状 态	○ ○	○ ●	● ○	● ●
表 达	0 0	0 1	1 0	1 1

注：“○”表示灯不亮；“●”表示灯亮。

从表 1－3 中可以看到，两盏灯一共能够呈现 4 种状态，即“00”、“01”、“10”、“11”。而二进制数 00、01、10、11 相当于十进制数的 0、1、2、3，因此，灯的状态可以用数学方法来描述；反之，数值也可以用电子元件的不同状态组合来表示。

1. 位

一盏灯的亮与灭，可以分别代表两种状态：0 和 1。实际上这就是一个二进制位，一盏灯就是一“位”。当然这只是一种帮助记忆的说法，位（bit）的定义是：位是计算机中所能表示的最小数据单位。

2. 字 节

一盏灯可以表示 0 和 1 两种状态，两盏灯可以表达 00、01、10、11 共 4 种状态，也就是可以表示 0、1、2、3。计算机中通常把 8 位放在一起，同时计数，可以表达 0～255，共 256 种状态。相邻 8 位二进制码称之为一个字节（Byte），用 B 表示。

字节（B）是一个比较小的单位，常用的还有 KB 和 MB 等，它们的关系是：

1 KB＝1 024 B

1 MB＝1 024 KB＝1 024×1 024 B

3. 字和字长

字是计算机内部进行数据处理的基本单位。它由若干位二进制码组成，通常与计算机内部的寄存器、运算器、数据总线的宽度一致，每个字所包含的位数称为字长。若干个字节定义为一个字，不同类型的微型计算机有不同的字长，如 80C51 系列单片机是 8 位机，就是指它的字长是8位,其内部的运算器等都是8位的,每次参加运算的二进制位只有8位。而以8086为主芯片的PC机是16位的,即指每次参加运算的二进制位有16位。

字长是计算机的一个重要性能指标,一般而言,字长越长,计算机的性能越好,下面通过例子作个说明。

8位字长,其表达的数的范围是0～255,这意味着参加运算的各个数据不能超过255,并且运算的结果和中间结果也不能超过255,否则就会出错。但是在解决实际问题时,往往有超过255的要求。比如单片机用于测量温度,假设测温范围是0～1 000 ℃,这就超过了255所能表达的范围了。为了表示这样的数,需要用两个字节组合起来表示温度。这样,在进行运算时就需要花更长的时间。比如做一次乘法,如果乘数和被乘数都用一个字节表示,只要1步(一行程序)就可以完成;而使用两个数组合起来,做一次乘法可能需要5步(5行程序)或更多才能完成。同样的问题,如果采用16位的计算机来解决,它的数的表达范围可以是0～65 535,所以只要一次运算就可以解决问题,所需要的时间就少了。

1.5 存储器

存储器是任何计算机系统中都要用的,通过对存储器工作原理的了解,可以学习计算机系统的一些最基本和最重要的概念。

1.5.1 存储器的工作原理

在计算机中存储器用来存放数据。存储器中有大量的存储单元,每个存储单元都可以有"0"和"1"两种状态,即存储器是用"0"和"1"的组合来表示数据,而不是放入如同十进制1、2、3、4这种形式的数据。

图1-4是一个有4个单元的存储器示意图,该存储器一共有4个存储单元,每个存储单元内有8个小单元格(对应一个字节8个位)。有D0～D7共8根引线进入存储器的内部,经过一组开关,这组开关由一个称之为"控制器"的部件控制。而控制器则有一些引脚被

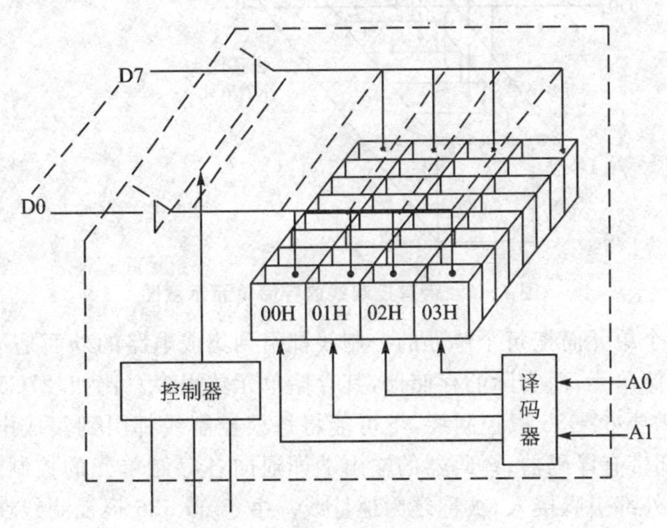

图1-4 存储器单元示意图

送到存储器芯片的外部,可以由 CPU 对它进行控制。示意图的右侧还有一个称之为“译码器”的部分,它有两根输入线 A0 和 A1 由外部引入,译码器的另一侧有 4 根输出线,分别连接到每一个存储单元。

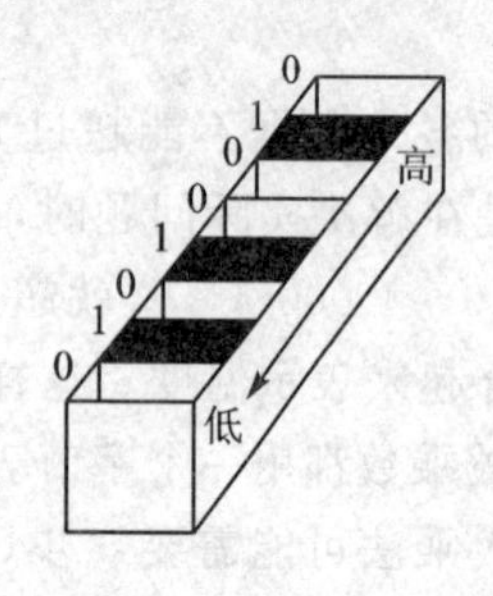

图 1-5 1个存储单元的示意图

为说明问题,把其中的一个单元画成一个独立的图,如图 1-5 所示。如果黑色单元代表“1”,白色单元代表“0”,则该存储单元的状态是 01001010,即 4AH。从图 1-4 可以看出,这个存储器一共有 4 个存储单元,每个存储单元的 8 根线是并联的,在对存储单元进行写操作时,会将待写入的“0”、“1”送入并联的所有 4 个存储单元中。换言之,一个存储器不管有多少个存储单元,都只能放同一个数,这显然不是我们所希望的,因此,要在结构上稍作变化。图 1-6 是带有控制线的存储单元示意图,在每个单元上有根控制线。CPU 准备把数据放进哪个单元,就送一个“导通”信号到这个单元的控制线,这个控制线把开关合上,这样该存储单元中的数据就可以与外界进行交换了。而其他单元控制线没有“导通”信号,开关打开着,不会受到影响,这样,只要控制不同单元的控制线,就可以向各单元写入不同的数据或从各单元中读出不同的数据。这个控制线应当由一个系统中的主机(CPU 或单片机)进行控制,因为 CPU(或单片机)是整个计算机系统的“大脑”,只有它才能确定什么时候该把什么数据放在某一个单元中,什么时候该从哪一个单元中获取数据。为了使数据的存储不发生混淆,要给每个存储单元一个惟一的固定编号,这个编号就称为存储单元的地址。

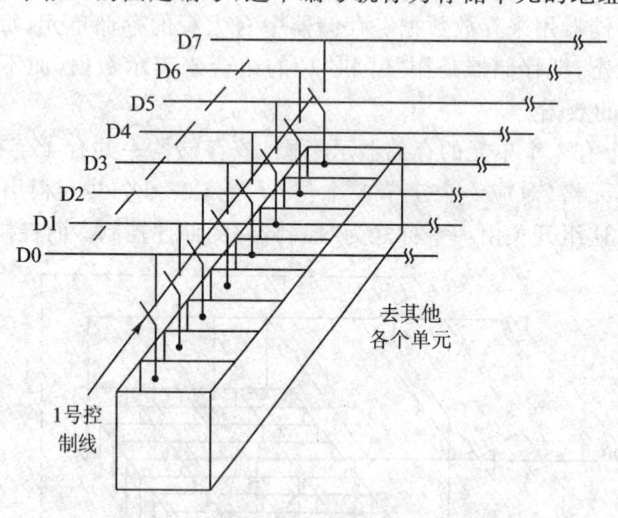

图 1-6 带有控制线的存储单元示意图

为了控制各个单元而把每个单元的控制线都引到集成电路的外面是不可行的。上述存储器仅有 4 个存储单元,而实际的存储器,其存储单元数很多。比如,27C512 存储器芯片有 65 536 个单元,需要 65 536 根控制线,不可能将每根控制线都引到集成电路的外面来。因此,在存储器内部带有译码器,译码器的输出端即通向各存储单元的控制线,译码器的输入端通过集成电路外部引脚接入,被称之为地址线。由于 65 536 根控制线在任一时刻只有一根起作用,即 65 536 根线只有 65 536 种状态,而每一根地址线都可以有 0 和 1 两种状态,n 根线就有 2^n 种状态。因为 $2^{16}=65\ 536$,因此,只需要 16 根引线就能确定 27C512 的每一个地址单元。

1.5.2 半导体存储器的分类

半导体存储器按功能可以分为只读存储器、随机存取存储器和可现场改写的非易失存储器3大类。

1. 只读存储器

只读存储器又称为ROM,其中的内容在操作运行过程中只能被CPU读出,而不能写入或更新。它类似于印好的书,只能读书里面的内容,不可以随意更改书里面的内容。只读存储器的特点是断电后存储器中的数据不会丢失,这类存储器适用于存放各种固定的系统程序、应用程序和表格等,所以人们又常称ROM为程序存储器。

只读存储器又可以分为以下几类:

① 掩膜ROM:由器件生产厂家在设计集成电路时一次性固化,此后便不能被改变,它相当于印好的书。这种ROM成本低廉,适用于大批量生产。

② PROM:称之为可编程存储器。购买来的PROM是空白的,由使用者通过特定的方法将自己所需的信息写入其中。但是只能写一次,以后再也不能改变,如果写错了,这块芯片就报废了。

③ 紫外线可擦除的PROM(EPROM):这类芯片上面有一块透明的石英玻璃,透过玻璃可以看到芯片。在一定的紫外线照射后能将其中的内容擦除后重写。紫外线就像"消字灵",可以把写在纸上的字消掉,然后再重写。

④ 电可擦除的PROM(EEPROM):这类芯片的功能和EPROM类似,写进去的内容可以擦掉重写,而且不需要紫外线照射,只要用电学方法就可以擦除,所以它的使用要比EPROM方便一些,而且使用寿命也比较长。EEPROM芯片虽然能用电的方法擦除其内容,但它仍然是一种ROM,具有ROM的典型特征,断电后芯片中的内容不会丢失。

不管是EPROM还是EEPROM,其可擦除的次数都是有限的。

2. 随机存取存储器

随机存取存储器又称为RAM,其中的内容可以在工作时随机读出和存入,即允许CPU对其进行读、写操作。由于随机存储器的内容可以随时改写,所以它适用于存放一些变量、运算的中间结果、现场采集的数据等。但是RAM中的内容在断电后消失。

RAM可以分为静态和动态的两种,单片机中一般使用静态RAM,其容量比较小,但使用比较方便。

3. 可现场改写的非易失存储器

随着半导体存储技术的发展,各种新的可现场改写信息的非易失存储器逐渐被广泛应用,且发展速度很快。主要有快擦写Flash存储器、新型非易失静态存储器NVSRAM和铁电存储器FRAM。这些存储器的共同特点是:从原理上看,它们属于ROM型存储器,但是从功能上看,它们又可以随时改写信息,因而其作用相当于RAM。所以,ROM、RAM的定义和划分已逐渐开始融合。由于这一类存储器技术发展非常迅速,存储器的性能也在不断发生变化,难以全面、客观地介绍各种存储器,因此,这里仅对单片机领域中广泛使用的快擦写存储器Flash作一个简介。

Flash存储器是在EPROM和EEPROM的制造基础上产生的一种非易失存储器。其集成度高、制造成本低,既具有SRAM读/写的灵活性和较快的访问速度,又具有ROM在断电后不丢失信息的特点,所以发展迅速。Flash存储器的擦写次数是有限的,一般在万次以上,多者可达100万次以上。目前,有很多单片机内部都带有Flash存储器,Flash存储器也被用于构成固态盘,以替代传统的磁盘。

思考题与习题

1. 用十六进制数表示下列二进制数。
   10100101B、11010111B、11000011B、10000111B
2. 将下列十进制数转换为二进制数。
   28D、34D、19D、33D
3. 将下列十六进制数转换为二进制数。
   35H、12H、8AH、F3H
4. 单片机内部采用什么数制工作?为什么?
5. 为什么需要用ROM和RAM来组成微机系统的存储器?
6. 什么是单片微型计算机,它与一般的微型计算机有哪些不同?
7. 存储器有哪几种类型?存放程序一般用哪种存储器?

第2章

单片机开发环境的建立

学习单片机首先要建立一个实验环境，边学边练，这样才能尽快地掌握。目前，常用于80C51系列单片机开发的C语言开发工具是Keil软件，下面首先介绍Keil软件的安装与使用，然后介绍作者开发的实验仿真板的使用，最后介绍一个硬件实验平台。

2.1 Keil 软件简介

随着单片机开发技术的不断发展，单片机的开发软件也在不断发展，如图2-1所示是Keil软件的界面，这是目前流行的用于开发80C51系列单片机和ARM系列MCU的软件，本书介绍其用于80C51单片机开发的部分。该软件提供了包括C编译器、宏汇编、链接器、库管理和一个功能强大的仿真调试器等在内的完整开发方案，通过一个集成开发环境(μVision IDE)将这些部分组合在一起。通过Keil软件可以对C语言源程序进行编译；对汇编语言源程序进行汇编；链接目标模块和库模块以产生一个目标文件；生成HEX文件；对程序进行调试等。

图2-1 Keil软件界面

Keil软件的特点如下：

- μVision IDE。μVision IDE包括一个工程管理器、一个源程序编辑器和一个程序调试器。使用μVision可以创建源文件，并组成应用工程加以管理。μVision是一个功能强大的集成开发环境，可以自动完成编译、汇编、链接程序的操作。
- C51编译器。Keil C51编译器遵照ANSI C语言标准，支持C语言的所有标准特性，并增加一些支持80C51系列单片机结构的特性。

- A51 汇编器。Keil A51 汇编器支持 80C51 及其派生系列的所有指令集。
- LIB 51 库管理器。LIB 51 库管理器可以从由汇编器和编译器创建的目标文件建立目标库，这些库可以被链接器所使用，这样就提供了一种代码重用的方法。
- BL51 链接器/定位器。BL51 链接器使用由编译器、汇编器生成的可重定位目标文件和从库中提取出来的相关模块，创建一个绝对地址文件。
- OH51 目标文件生成器。OH51 目标文件生成器用于将绝对地址模块转为 Intel 格式的 HEX 文件，该文件可以被写入单片机应用系统中的程序存储器中。
- ISD51 在线调试器。将 ISD51 进行配置后与用户程序连接起来，用户就可以通过 8051 的一个串口直接在芯片上调试程序了。ISD51 的软件和硬件可以工作于最小模式，它可以运行于带有外部或内部程序空间的系统并且不要求增加特殊硬件部件，因此它可以工作在像 Philips LPC 系列之类的微型单片机上，并且可以完全访问其 CODE 和 XDATA 地址空间。
- RTX51 实时操作系统。RTX51 实时操作系统是针对 80C51 微控制器系列的一个多任务内核，这一实时操作系统简化了需要对实时事件进行反应的复杂应用的系统设计、编程和调试。
- Monitor－51。μVision 调试器支持用 Monitor－51 对目标板进行调试，使用此功能时，将会有一段监控代码被写入目标板的程序存储器中，它利用串口和 μVision2 调试器进行通信，调入真正的目标程序，借助于 Monitor－51，μVision 调试器可以对目标硬件进行源代码级的调试。

本书提供了一个借助于 Keil Monitor－51 技术制作的实验电路板，该实验板不需其他仿真器就具备了源程序级调试的能力，这能给广大读者带来很大的方便。

2.2 Keil 软件的安装

Keil 软件由德国 Keil 公司开发与销售，这是一个商业软件，可以到 Keil 公司的网站(http://www.keil.com)下载 Eval 版本。得到的 Keil 软件是一个压缩包，解开后双击其中的 Setup.exe 即可安装，安装界面如图 2－2 所示，单击 Next 进入下一步。

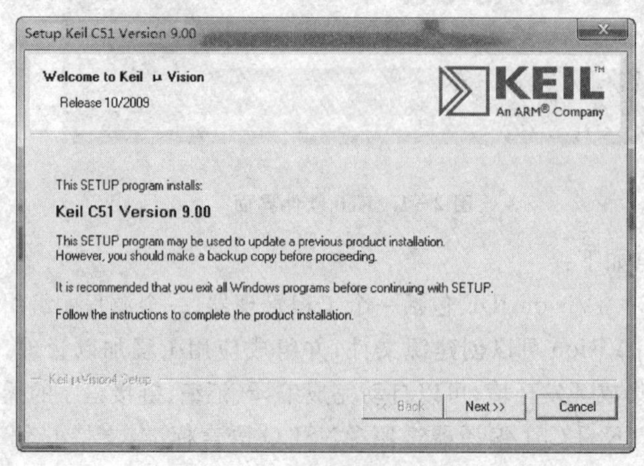

图 2－2 开始安装 Keil 软件

其余的安装方法与一般 Windows 应用程序相似，此处不多作介绍。安装完成后，将在桌面生成 μV4 快捷方式。图 2－3 所示为选择同意版权声明。

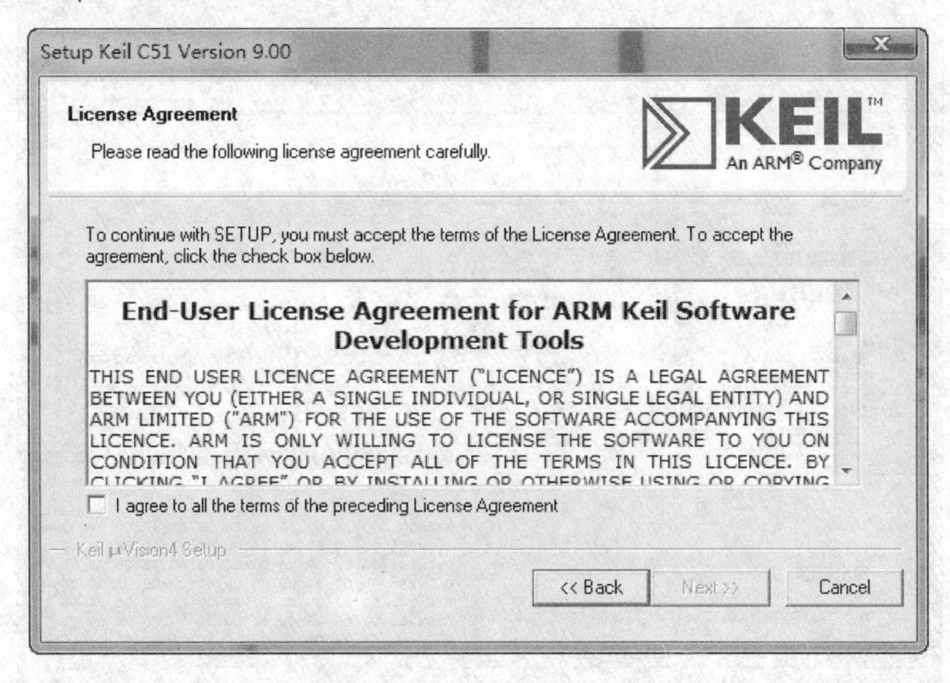

图 2－3　选择同意版权声明

2.3　Keil 软件的使用

安装完毕后，会在桌面上生成 μV4 图标，双击该图标，即可进入 Keil 软件的集成开发环境 μVison IDE。

图 2－4 所示是一个较为全面的 μVison IDE 窗口组成示意图，为较全面地了解窗口的组成，该图显示了尽可能多的窗口，但在初次进入 μVison4 时，只能看到工程管理窗口、源程序窗口和输出窗口。

工程管理窗口有 5 个选项卡：

- Project。工程选项卡，显示该工程中的所有文件，如果没有任何工程被打开，这里将没有内容被显示。
- Regs。寄存器选项卡，在进入程序调试时自动切换到该窗口，用于显示有关寄存器值的内容。
- Books。帮助文件选项卡是一些电子文档的目录，如果遇到疑难问题，可以随时到这里来找答案。
- Functions。函数选项卡，这里列出了源程序中所有的函数。
- Templates。模板选项卡，双击选项卡中所列关键字，可以在当前编辑窗口得到该关键字的使用模板。如双击 if，则在编辑窗口出现 if()。

这些选项卡可以通过菜单 View 中的相应选项 Project Window，Register Window，

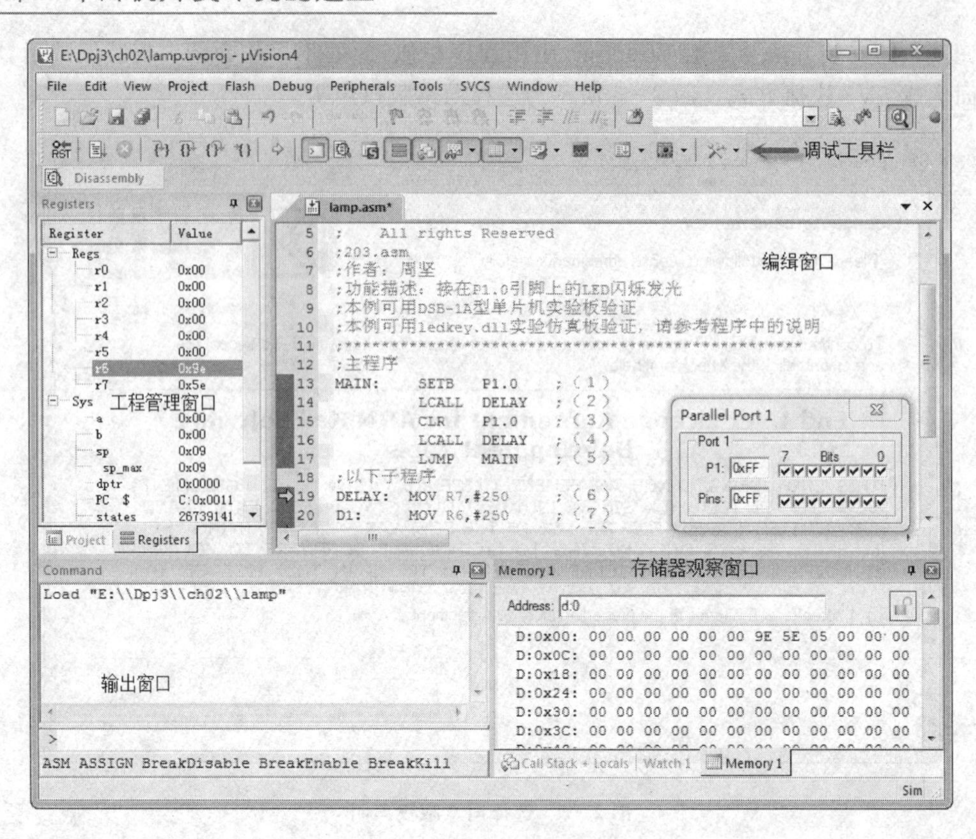

图 2-4 µVision IDE 界面

Books Window,Functions Window 和 Templates Window 来打开或关闭。例如,使用汇编语言编写程序时,Functions 选项卡和 Templates 选项卡没用,可以关闭。

图 2-4 中还有内存窗口、变量观察窗口等,这些窗口只有进入系统调试后才能看到。

工程管理器窗口右边用于显示源文件,在初次进入时 Keil 软件时,由于还没有打开任何一个源文件,所以显示一片空白。

2.3.1 源文件的建立

µVision4 内集成有一个文本编辑器,该编辑器可对汇编或 C 语言的中的关键字变色显示。单击 File→New 在工程管理器的右侧打开一个新的文件输入窗口,在这个窗口里输入源程序。输入完毕之后,选择 File→Save 出现 Save as 对话框,给这个文件取名保存。取名字的时候必须要加上扩展名,汇编程序以“. ASM”或“. A51”为扩展名,而 C 语言则应该以“. C”为扩展名。

2.3.2 工程的建立

80C51 单片机系列有数百个不同的品种,这些 CPU 的特性不完全相同,开发中要设定针对哪一种单片机进行开发;指定对源程序的编译、链接参数;指定调试方式;指定列表文件的格式等。因此在项目开发中,并不是仅有一个源程序就行了。为管理和使用方便,Keil 使用工程(Project)这一概念,将所需设置的参数和所有文件都加在一个工程中,只能对工程而不能对单一的源程序进行编译、链接等操作。

单击菜单 Project→New Project 出现创建新工程的对话框,如图 2-5 所示,要求起一个工程名称并保存。一般应把工程建立在与源文件同一个文件夹中,不必加扩展名,单击"保存"按钮即可。

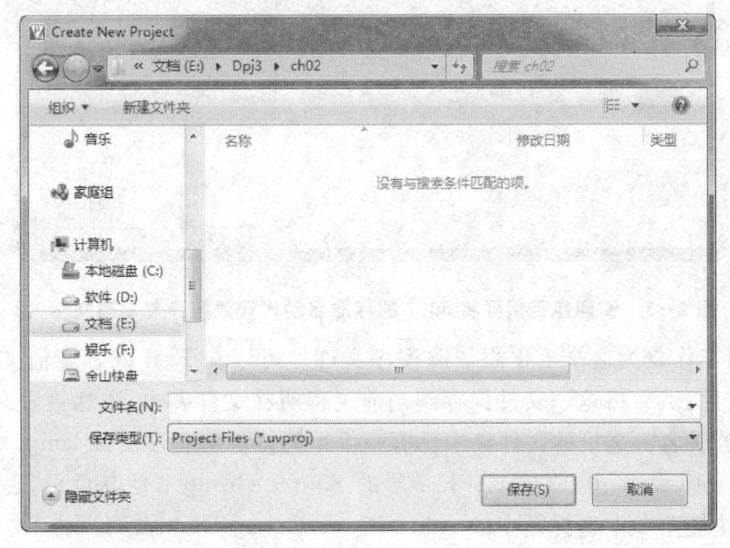

图 2-5 创建新的工程

进入下一步,选择目标 CPU,如图 2-6 所示,这里选择 Atmel 公司的 89C51 作为目标 CPU,单击 Atmel 展开,选择其中的 AT89C51,右边是关于该 CPU 特性的一般性描述,单击 OK 按钮进入下一步。

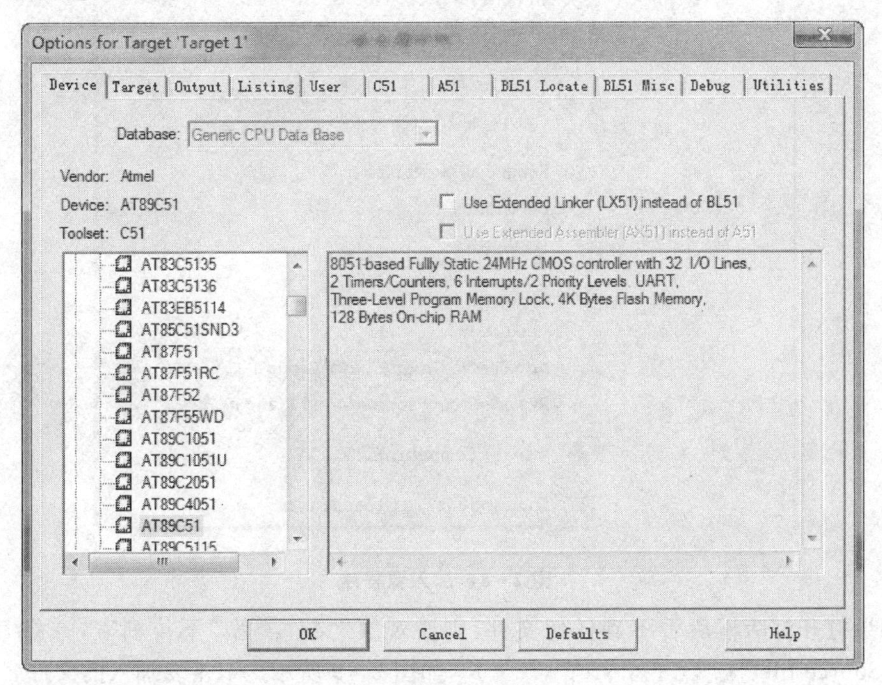

图 2-6 选择 CPU

工程建立好之后,返回到主界面,此时会出现如图 2-7 所示的对话框,询问是否要将 8051 的标准启动代码的源程序复制到工程所在文件夹并将这一文件加入到工程中,这是为便于设计者修改启动代码。这里应该选择“否(N)”。

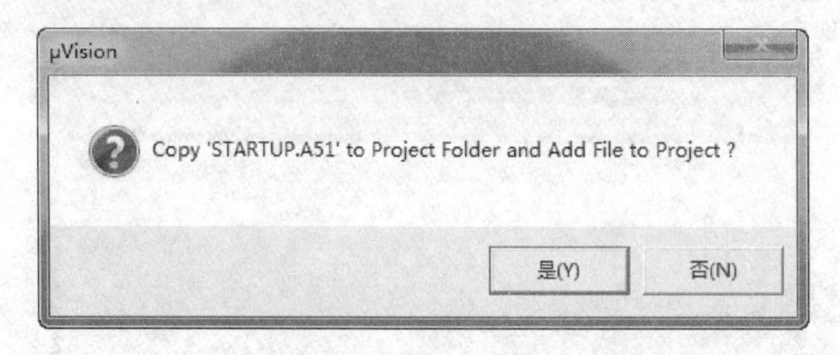

图 2-7　询问是否需要将 8051 的标准启动代码源程序复制到文件夹

下一步的工作是为这个工程添加源程序文件。可以在 Keil 或者其他文本编辑软件中编写源程序文件,然后将这一文件保存到当前工程所在文件夹中,注意要为这个源程序文件加上.asm 的扩展名。这里的文件夹中已有一个编写好的源程序文件 lamp.asm。

如图 2-8 所示,单击 Target 1 下一层的 Source Group 1 使其反白显示,然后右击该行,在出现的快捷菜单中选择其中的 Add Files to Group ‘Source Group 1’,出现图 2-8 所示的对话窗口。

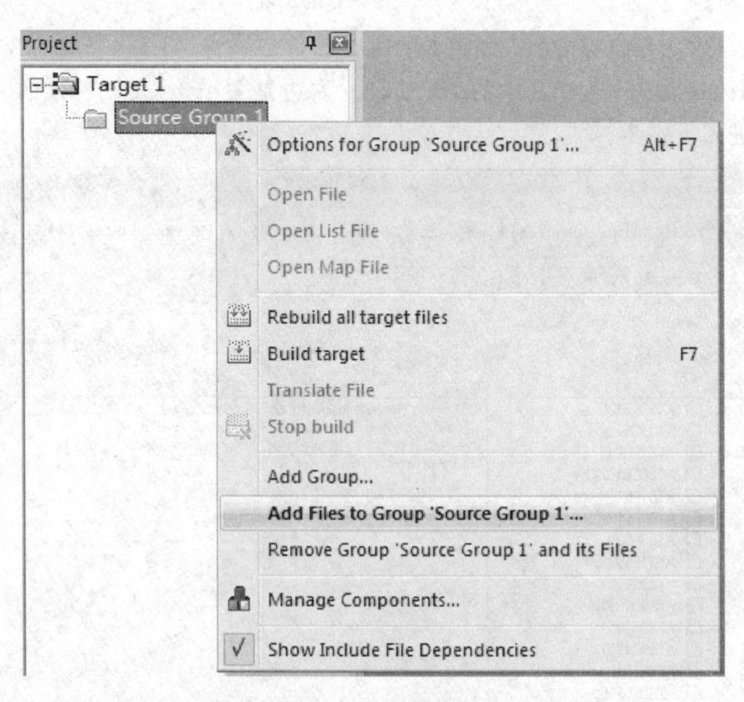

图 2-8　加入源程序

如果打开对话框后看不到任何文件,则要观察“文件类型”下拉列表,并将其调整为“Asm Source file(*.s*; *.src; *.a*)”,如图 2-9 所示。双击要加入的文件名,或者单击要加入的文件名后单击 Add 按钮,都可将这个文件加入到工程中。文件加入以后,对话框并不消失，还可以加入其他文件到工程中去，如果不再需要加入其他文件，单击 Close 按钮关闭对话框。

图 2-9 加入源程序的对话框

注意：注意：由于在文件加入工程中后，这个对话框并不消失，所以一开始使用这个软件时，常会误以为文件加入没有成功，再次双击文件或再次单击 Add 按钮，这时会出现如图 2-10 所示的对话框，提示这个文件已加入，不需要再次加入。此时只要单击“确定”按钮回到对话框，然后单击 Close 按钮关闭对话框即可。

关闭对话框后将回到主界面，此时，这个文件名就出现在工程管理器的 Source Group 1 下一级，双击这个文件名，即在编辑窗口打开这个文件。

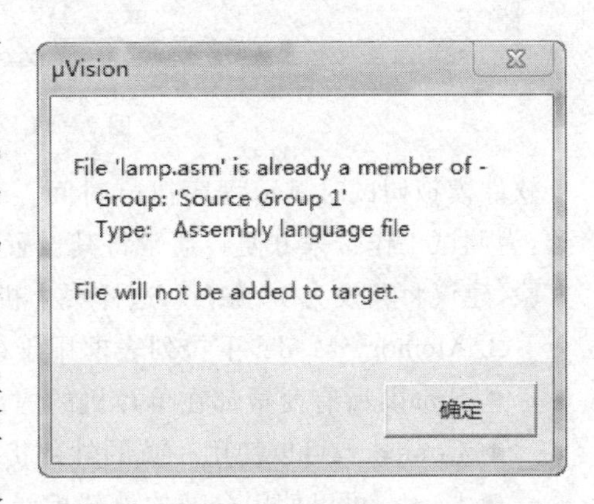

图 2-10 重复加入文件得到的提示

2.3.3 工程设置

工程建立好以后，还要对工程进行进一步的设置，以满足要求。

首先单击 Project Workspace 窗口中的 Target 1，然后选择 Project→Options for Target ‘Target 1’打开工程设置的对话框，这个对话框非常复杂，共有 10 个选项卡，要全部搞清可不容易，好在绝大部分设置项取默认值就行了，下面对选项卡中的常用设置项进行介绍。

1. Target 选项卡

设置对话框中的 Target 选项卡如图 2-11 所示。

① Xtal 文本框的数值是晶振频率值，默认值是所选目标 CPU 的最高可用频率值，对于建立工程时所选的 AT89C51 而言是 24 MHz，该数值与编译器产生的目标代码无关，仅用

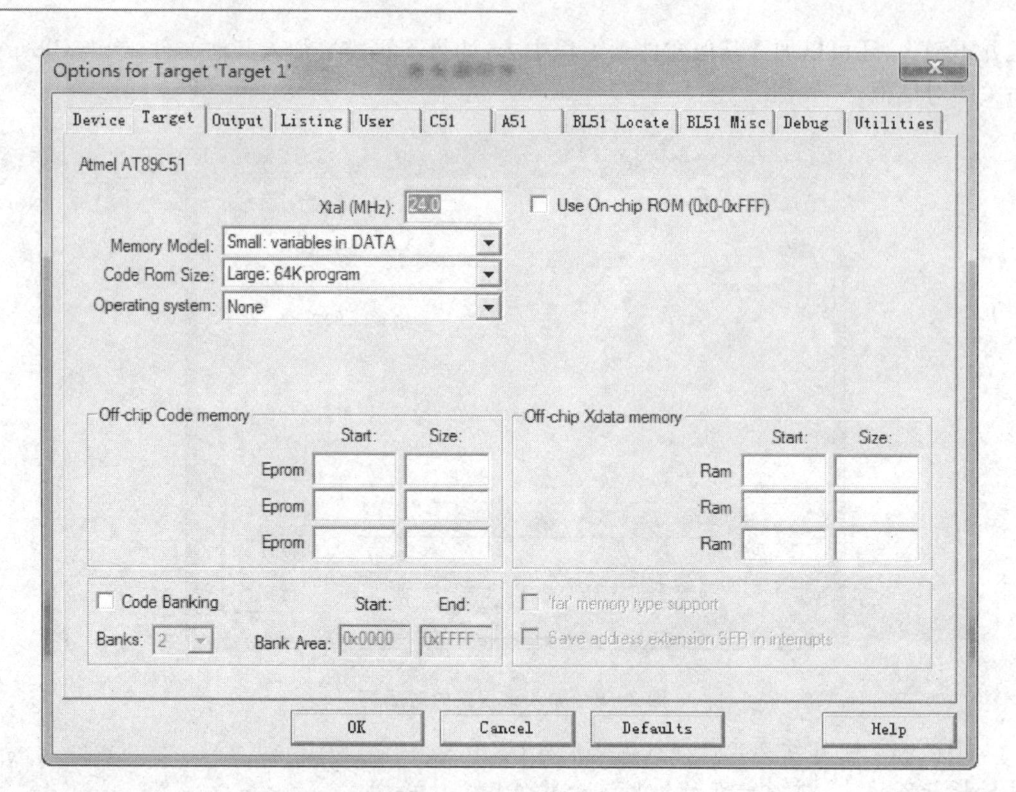

图 2-11　设置 Target 选项卡

于软件模拟调试时显示程序执行时间。正确设置该数值可使显示时间与实际所用时间一致，为调试工作带来方便。通常将其设置成与所用硬件晶振频率相同，如果只是做一般性的实验，建议将其设为 12 MHz，这样一个机器周期正好是 1 μs，观察运行时间较为方便。

② Memory Model 下拉列表框用于设置 RAM 使用情况，有 3 个选择项：

- Small：所有变量都在单片机的内部 RAM 中；
- Compact：可以使用一页的外部扩展 RAM；
- Large：可以使用全部的外部扩展 RAM。

③ Code Rom Size 下拉列表框用于设置 ROM 空间的使用，同样也有 3 个选择项：

- Small 模式：只用低于 2 KB 的程序空间；
- Compact 模式：单个函数的代码量不能超过 2 KB，整个程序可以使用 64 KB 程序空间；
- Large 模式：可用全部 64 KB 空间。

④ Use on-chip ROM 复选框用于确认是否使用片内 ROM。

⑤ Operating system 下拉列表框用于选择操作系统，Keil 提供了两种操作系统：Rtx tiny 和 Rtx full；如果不使用操作系统，应取该项的默认值：None（不使用任何操作系统）。

⑥ Off-chip Code memory 选项区用以确定系统扩展 ROM 的地址范围。

⑦ Off-chip Xdata memory 选项区用于确定系统扩展 RAM 的地址范围。

⑧ Code Banking 复选框用于设置代码分组的情况。

这些选项必须根据所用硬件来决定。

2. OutPut 选项卡

设置完毕后，单击 Output 标签切换到 Output 选项卡，如图 2-12 所示，这里面也有多个选项。

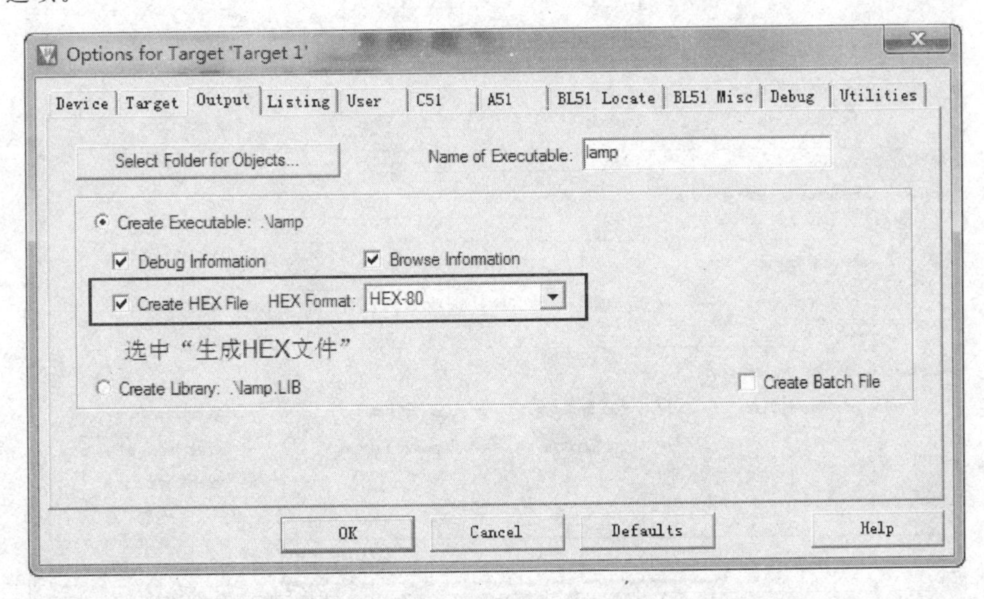

图 2-12 设置 OutPut 选项卡

① Creat HEX File 复选框用于生成可执行代码文件，该文件用编程器写入单片机芯片，文件格式为 Intel HEX 格式文件，文件的扩展名为.HEX，默认情况下该项未被选中，如果要将可执行文件写入芯片做硬件实验，就必须选中该项，这一点是初学者易疏忽的，在此特别提醒注意。

② Debug Information 复选框将会产生调试信息，这些信息用于调试，如果需要对程序进行调试，应当选中该项。

③ Browse Information 产生浏览信息，该信息可以用选择 view→Browse 命令来查看，这里取默认值。

④ Select Folder for Objects 按钮用于选择最终目标文件所在的文件夹，默认是与工程文件在同一个文件夹中。

⑤ Name of Executable 文本框用于指定最终生成的目标文件的名字，默认与工程的名字相同，这两项一般不需要更改。

⑥ Creat Library 单选按钮用于确定是否将目标文件生成库文件。

3. Listing 选项卡

Listing 选项卡用于调整生成的列表文件选项，如图 2-13 所示。在汇编或编译完成后将产生 *.lst 的列表文件，在链接完成后将产生 *.m51 的列表文件，该选项卡用于对列表文件的内容和形式进行细致的调节，其中比较常用的选项是 C Compiler Listing 组中的 Assembly Code 项，选中该项可以在列表文件中生成 C 语言源程序所对应的汇编代码。

5. Debug 选项卡

Debug 选项卡用于设置调试方式，由于该选项卡将会在后面介绍仿真时单独进行介绍，

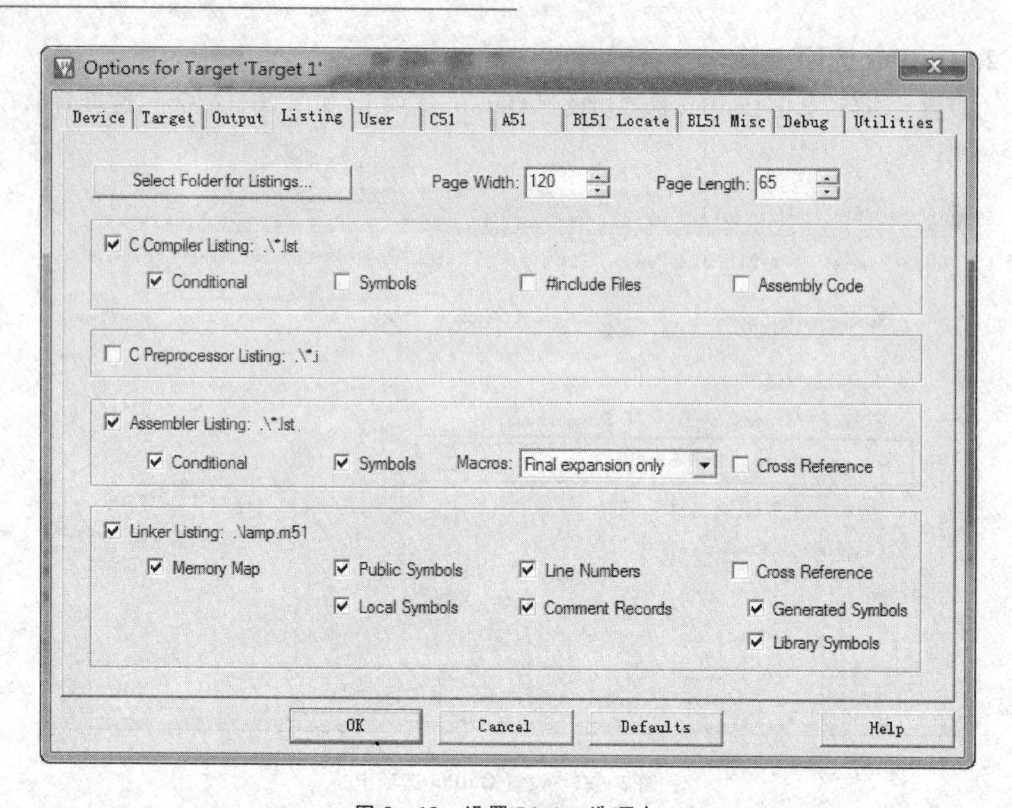

图 2－13 设置 Listing 选项卡

因此，这里就不多作说明了。

2.3.4 编译、链接

在设置好工程后，即可进行编译、链接。图 2－14 是有关编译、链接、工程设置的工具条。其各按钮的具体含义如下：

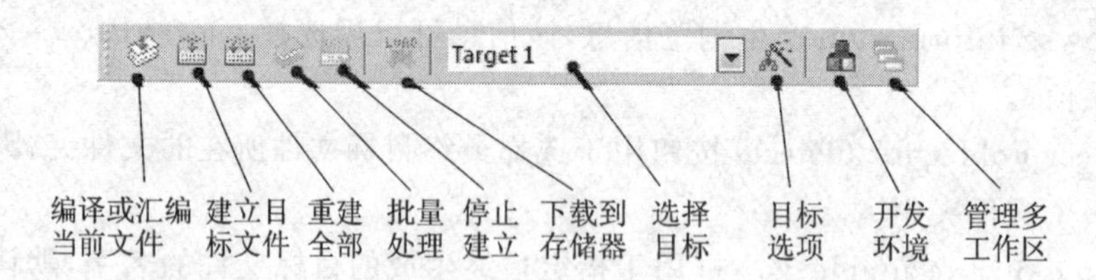

图 2－14 有关编译、链接、工程设置的工具条

- 编译或汇编当前文件：根据当前文件是汇编语言程序文件还是 C 语言程序文件，使用 A51 汇编器对汇编语言源程序进行汇编处理，或使用 C51 编译器对 C 语言程序文件进行编译处理，得到可浮动地址的目标代码。
- 建立目标文件：根据汇编或编译得到的目标文件，并调用有关库模块，链接产生绝对地址的目标文件，如果在上次汇编或编译后又对源程序作了修改，将先对源程序进行汇编或编译，然后再链接。
- 重建全部：对工程中的所有文件进行重新编译、汇编处理，然后再进行链接产生目标代码，使用这一按钮可以防止由于一些意外情况（如计算机系统日期不正确）造成源文件与目标代码不一致的情况。

- 停止建立：在建立目标文件的过程中，可以单击该按钮停止这一工作。
- 下载到存储器：使用预设的工具将程序代码写入单片机的 Flash ROM 中。
- 目标选项：该按钮用于对工程进行设置，其效果与选择 Project→Options for Target 'Target 1'命令相同。

以上建立目标文件的操作也可以通过选择 Project→Translate、Project→Build target、Project→Rebuild All target files 和 Project→Stop Build 来完成。

编译过程中的信息将出现在 Output Window 窗口中的 Build 页中，如果源程序中有语法错误，则会有错误报告出现。双击错误报告行，可以定位到出错源程序的相应行，对源程序反复修改之后，最终得到如图 2-15 所示的结果，结果报告本次对 lamp. asm 文件进行了汇编链接后生成的程序文件代码量(22 字节)、内部 RAM 使用量(8 字节)、外部 RAM 使用量(0 字节)，并提示生成了 HEX 格式的文件。在这一过程中，还会生成一些其他的文件，产生的目标文件被用于 Keil 的仿真与调试，此时可进入下一步调试工作。

有关调试工作将在 5.4 节作进一步的介绍。

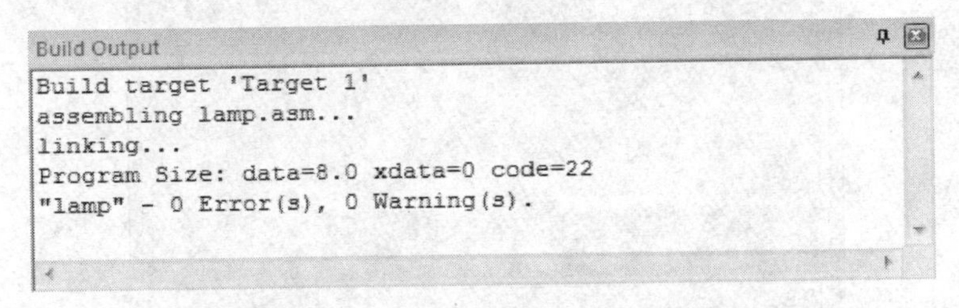

图 2-15　正确编译、链接之后得到的结果

2.4　实验仿真板简介与使用

Keil 软件的功能强大，不过对于初学者来说，其调试过程并不直观，在调试时看到的是一些数值，并没有看到这些数值所引起的外围电路的变化，例如数码管点亮、发光管发光等。为便于读者学习，作者利用 Keil 提供的 AGSI 接口开发了一些仿真实验板。这些仿真板将枯燥无味的数字用形象的图形表达出来，可以使初学者在没有硬件时就能感受到真实的学习环境。

图 2-16 是键盘、LED 显示实验仿真板的实例图，从图中可以看出，该板比较简单，板上有 8 个发光二极管和 4 个按钮。图 2-17 是另一块实验仿真板，其中有 6 位数码管、8 位 LED、4 位按键和一个秒信号发生器。这是参照 2.5 节介绍的硬件实验电路板制作的，可以完成更多的实验，后续的章节将利用这块实验仿真板来做一些实验。

2.4.1　实验仿真板的安装

这些仿真实验板实际上是一些. dll 文件，在本书的随书光盘中提供。键盘、LED 实验仿真板的文件名称是 ledkey. dll，将这个文件复制到 Keil 软件安装文件夹下的 c51\Bin 文件夹中即安装成功，若 Keil 软件安装在 C 盘，那么应该把 ledkey. dll 文件复制到 C:\Keil\

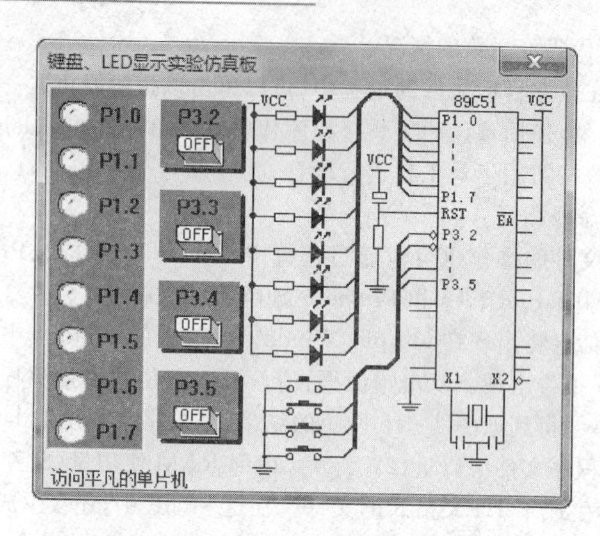

图 2-16　键盘、LED 显示实验仿真板

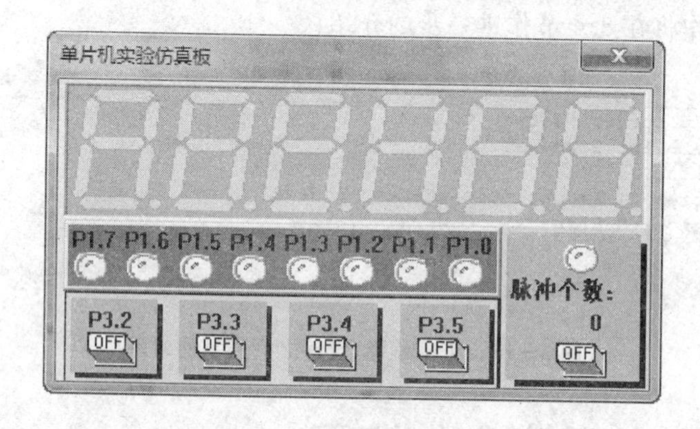

图 2-17　dpj. dll 实验仿真板

C51\Bin 文件夹中。其他的实验仿真板还包括 dpj. dll 和 dpj8. dll。

2.4.2　实验仿真板的使用

要使用实验仿真板，必须对工程进行设置。首先选择工程管理窗口的 Target 1，再选择 Project→Options for Target ‘Target 1’命令或者单击项目设置的设置向导工具按钮，打开设置对话框，然后在该对话框选择 Debug 选项卡，在 Dialog：Parameter：的文本框中原有内容后面输入一个空格，然后再输入“- d 文件名”，例如要用 ledkey. dll 进行调试，输入 - dledkey，如图 2-18 所示。输入完毕后单击 OK 按钮退出。

进入调试后单击菜单 Peripherals，可以看到多出了一项“键盘 LED 仿真板（K）”，如图 2-19 所示，选中该项，出现如图 2-16 所示键盘、LED 实验仿真板的界面。

随书光盘中有一个名为“Keil 软件使用. html”的文件，该文件较详细地记录了如何打开 Keil 软件输入源程序、建立工程、加入源程序、设置工程、生成目标文件，最后用实验仿真板获得实验的结果这一完整的过程，配有语音讲解和字幕说明，读者可以作为学习 Keil 软件的使用的参考。

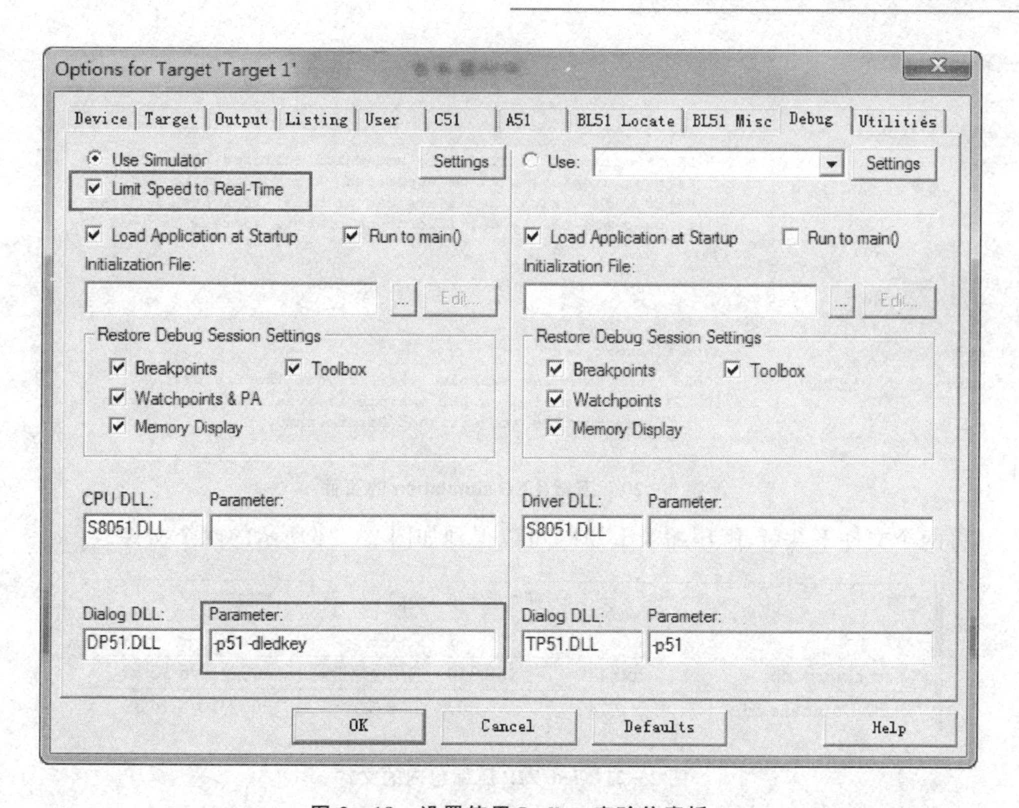

图2-18　设置使用Ledkey实验仿真板

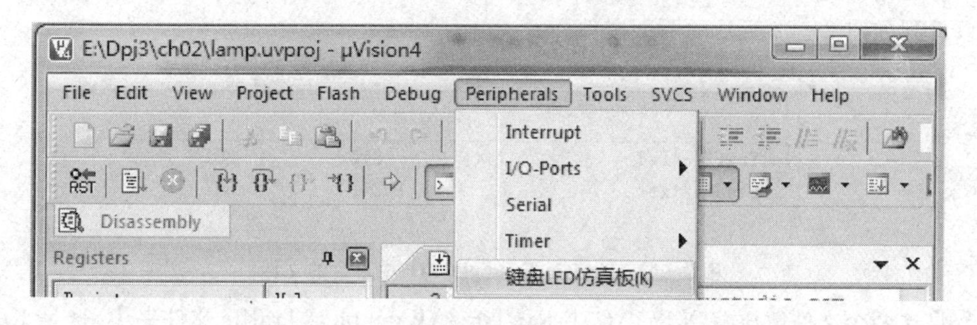

图2-19　进入调试后打开"键盘LED仿真板"

2.4.3　实验仿真板资源

实验仿真板使用Keil软件提供的AGSI接口开发而成,Keil公司提供了利用AGSI开发仿真接口的方法,在http://www.keil.com/appnotes/docs/apnt_154.asp可以找到详细的文档和开发实例。一般读者可能希望得到直接能够使用的仿真文件,在http://www.c51.de/c51.de/Dateien/uVision2DLLs.php? Spr=EN页面中提供了更多的实例,如示波器、LCD仿真、LED仿真等,这些仿真文件的用法与作者提供的实验仿真板用法相同。下面介绍一个仿真文件,看一看它是如何工作的。

通常每个仿真文件同时提供使用这个仿真文件的例子,如图2-20所示是LED simulation的下载列表,其中led.ZIP是仿真文件,而Examples则是提供如何使用这一仿真文件的实例。

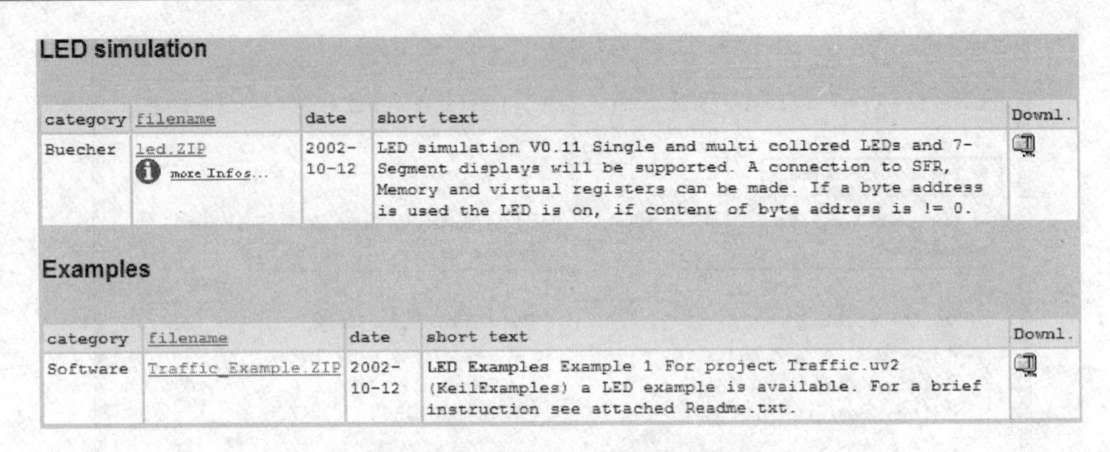

LED simulation

category	filename	date	short text	Downl.
Buecher	led.ZIP more Infos...	2002-10-12	LED simulation V0.11 Single and multi collored LEDs and 7-Segment displays will be supported. A connection to SFR, Memory and virtual registers can be made. If a byte address is used the LED is on, if content of byte address is != 0.	

Examples

category	filename	date	short text	Downl.
Software	Traffic_Example.ZIP	2002-10-12	LED Examples Example 1 For project Traffic.uv2 (KeilExamples) a LED example is available. For a brief instruction see attached Readme.txt.	

图 2-20　下载 LED simulation 的页面

将两个文件下载后，解压缩 led. ZIP，可以得到如图 2-21 所示的两个文件。

名称	大小	压缩后大小	类型	修改时间
..			文件夹	
led_control.dll	360,448	158,314	应用程序扩展	2002/10/6 16:10
LED_Database.cdb	2,142	607	CDB 文件	2002/10/5 14:59

图 2-21　led. ZIP 压缩包内的文件

将这两个文件解压缩到 Keil\c51\bin 文件夹中。解压缩 Traffic_Example. ZIP 文件，可以看到如图 2-22 所示的两个文件。

名称	大小	压缩后大小
..		
Traffic.led	847	261
readme.txt	1,241	537

图 2-22　Traffic_Example. ZIP 中包含的文件

将这两个文件解压缩到 Keil\C51\RtxTiny2\Examples\Traffic 文件夹中，这是 Keil 提供的一个交通灯的实例。双击这一文件夹中的 Traffic. uv2 打开这个例子，然后进入设置对话框，在 Parameter 后增加-dled_control. dll，如图 2-23 所示。

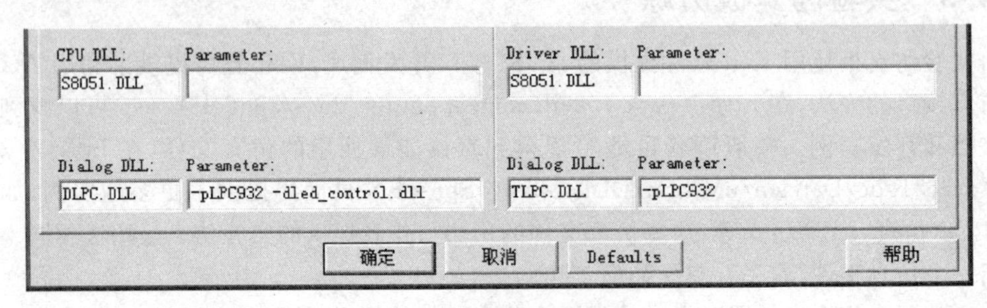

图 2-23　设置仿真文件

编译、链接后按 Ctrl+F5 进入仿真，单击 Perialphal 菜单，找到 LED 选项并选择该项打开 LED 窗口,如图 2-24 所示。

图 2-24 LED 窗口

在窗口空白处右击,从快捷菜单中选择 File→Load,打开文件对话框,如图 2-25 所示。

找到 Traffic 文件夹选中 Traffic.led 文件并打开,LED 窗口如图 2-26 所示。

按下 F5 键全速运行程序,就可以看到 LED 如同交通灯一样的交烁变化。

画面中每个 LED 都可以移动位置,每个 LED 都可以设置为与某一个特定的引脚相连,在画面空白处右击可调出快捷菜单,选择 Add Led 可以选择 LED 的种类,并可选择该 LED 与哪一个引脚相连,如图 2-27 所示。

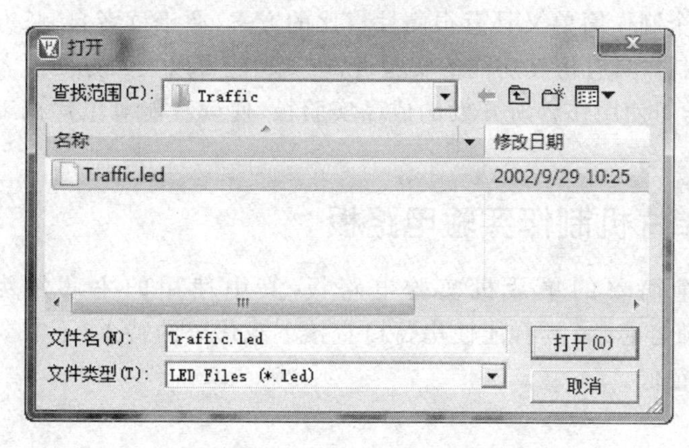

图 2-25 打开预设的 LED 文件

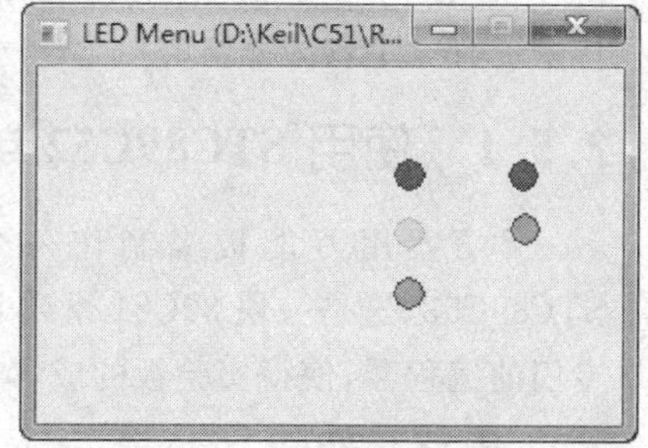

图 2-26 调入预设的 LED 文件

从图 2-27 中可以了解到,这个仿真文件具有较强的功能,但是它的设置有些复杂,需要更多的专业知识。

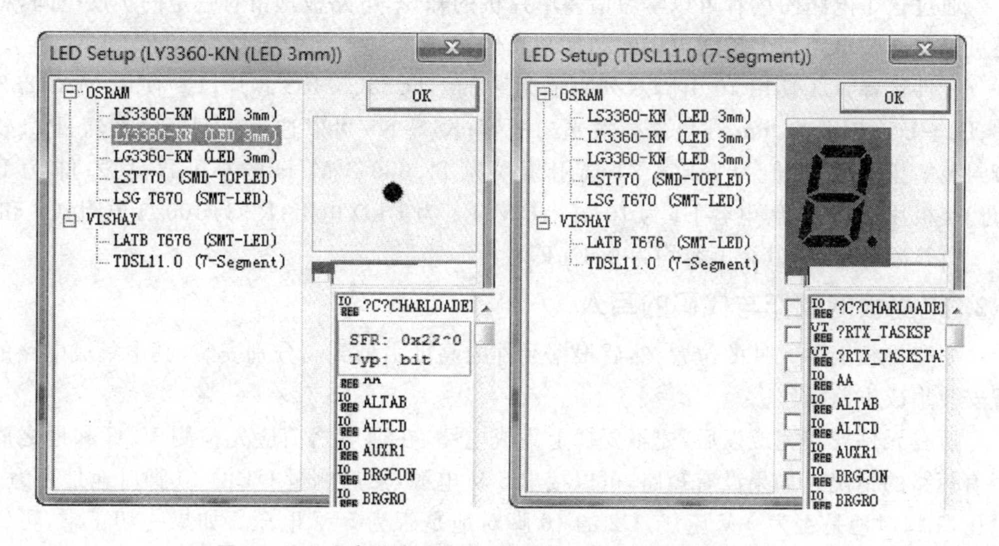

图 2-27 为窗口自定义 LED 选择 LED 品种并匹配引脚

2.5 硬件实验环境的建立

学习单片机离不开实践操作，因此准备一套硬件实验器材非常有必要。但作为一本教材而言，如果只使用某一种特定的实验器材难以兼顾一般性，为此，本书作了多种安排。第一种方案，使用万能板自行制作，由于大部分课题涉及到的电路都较为简单，如驱动 LED、串行接口芯片的连接等，因此使用万能板制作并不因难；第二种方案，作者提供 PCB 文件，读者自行制作印刷线路板，并利用此线路板安装制作实验电路板；第三种方案，使用作者提供的成品实验电路板。

下面就通过这三种方案来完成建立硬件实验环境的工作。方案一，使用 STC89C52 单片机来制作单片机实验板，这是一个制作简单又具有很高性价比的方案，便于读者自制；方案二，使用 SST89E554RC 芯片来制作具有仿真功能的实验板，仿真功能可以大大方便读者学习和调试单片机程序；方案三，学习使用作者所开发的成品实验板，使读者能对单片机工作系统有一个较为完整的概念。

2.5.1 使用 STC89C52 单片机制作实验电路板

本方案用万能板来制作一个简单的单片机实验电路板，其中使用的主芯片为 STC89C52，这是一块 80C51 系列兼容芯片，具有能使串行口直接下载代码的特点，不需要专门的编程器，使得实验板的成本很低。

1. 电路原理图

图 2-28 所示电路是一个实用的单片机实验板，在这个板上安装了 8 个发光二极管，接入了 4 个按钮，并加装了 RS232 接口。利用这个 RS232 接口，STC89C52 芯片可以与上位机中的编程软件通信，将代码写入芯片中。

通过这个电路图读者可以学习诸多单片机的知识，电路板预留有一定的扩展空间，将来还可以在这块电路板上扩展更多的芯片和其他器件。

元件选择：U1 使用 40 引脚双列直插封装的 STC89C52RC 芯片；U2 使用 MAX232 芯片；D1～D8 使用 φ3 mm 红色高亮发光二极管；K1～K5 可以选用小型轻触按钮；PZ1 为 9 脚封装的排电阻，阻值为 1 kΩ；Y1 选用频率为 11.059 2 MHz 的小卧式晶振；J1 为 DB9（母）装板用插座；电解电容 E1 为 10 μF/16 V；R1 为 1 kΩ 电阻；R2 为 100 Ω 电阻；C6 和 C7 为 27 pF 磁片电容；其余电容均为 0.1 μF。

2. 电路板的制作与代码的写入

先安排板上各元件的位置，然后根据元件的高度由低到高分别安装，其中集成电路的位置安装集成电路插座。

所有元件安装完成以后，先不要插上集成电路，在通电之前应先检测 VCC 和地之间是否有短路的情况。如果没有短路，可以接上 5 V 电源，然后测量 U1 的 40 脚对地是否为 5 V 电压，9 脚对地是否为 0 V 电压，U2 的 16 脚对地是否为 5 V 电压。如果一切正常，可以将万用表调至 50 mA 电流挡，黑表棒接地，用红表棒逐一接 P1.0～P1.7 各引脚，观察 LED 是否被点亮。如果 8 个 LED 分别点亮，可以进入下一步，否则应检查并排除故障；断开电源，

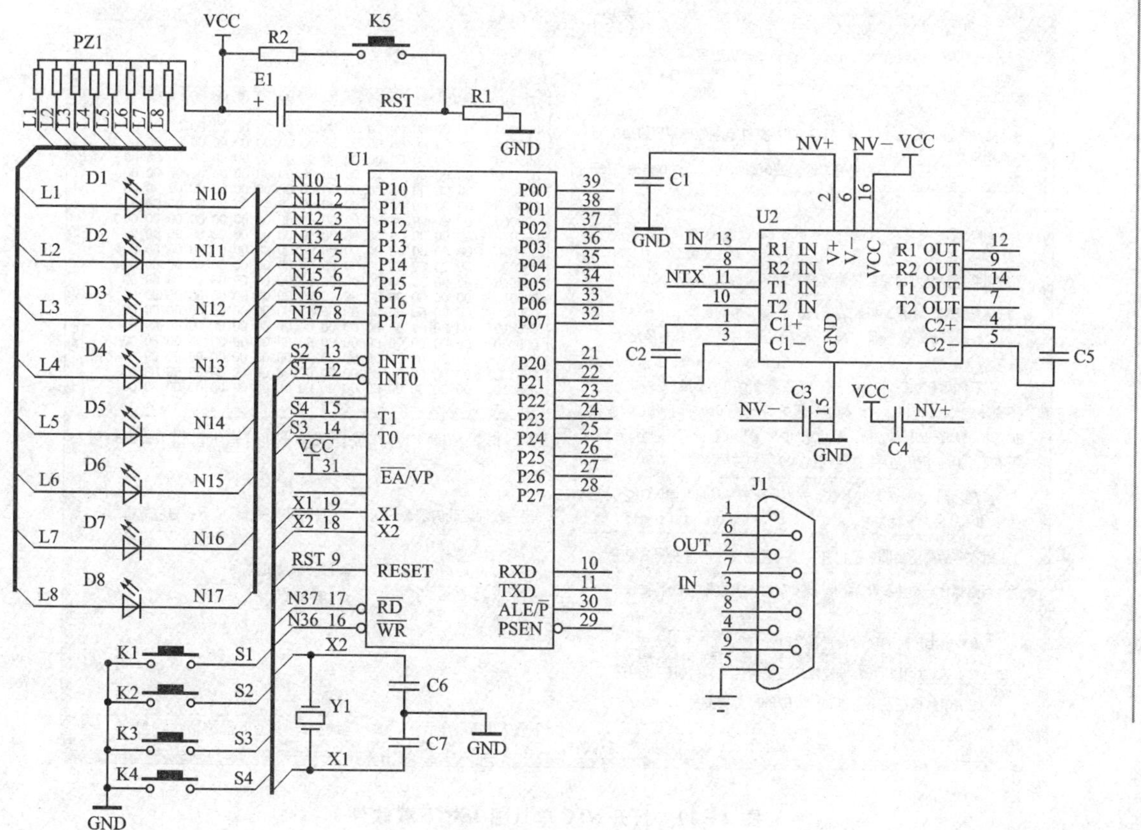

图 2-28 单片机实验电路板原理图

将 U1 和 U2 插入集成电路插座，切记一定不能插反。

将代码写入单片机芯片，也称为芯片烧写、芯片编程、下载程序等，通常必须用到编程器(或称烧写器)。但是随着技术的发展，单片机写入的方式也变得多样化了。本制作中所用到的 STC89C52 单片机具有自编程能力，只需电路板能与 PC 机进行串行通信即可。

芯片烧写需要用到一个专用软件，该软件可以免费下载。下载的地址为：http://www.stcmcu.com，打开该网址，找到关于 STC 单片机 ISP 下载编程软件的下载链接。下载、安装安毕运行程序，出现如图 2-29 所示界面。

单击“OpenFile/打开文件”按钮，开启一个打开文件对话框，找到 2.3 节例子所生成的 lamp.hex 文件。

打开文件后，还可以进行一些设置，如所用波特率、是否倍速工作、振荡电路中的放大器是否半功率增益工作等，这些设置暂时都可取默认值。确认此时电路板尚未通电，然后单击“Download/下载”按钮，下载软件就开始准备与单片机通信，如图 2-30 所示。

暂时还不给电路板通电，稍过一会儿，出现如图 2-31 所示界面，提示软件与单片机通信失败，并给出了可能的各种原因，要求使用者自行检查。此时软件仍在不断尝试与单片机硬件通信，因此，不必对软件进行操作。

此时给电路板通电，如果电路板制作正确，就会有图 2-32 所示界面出现。

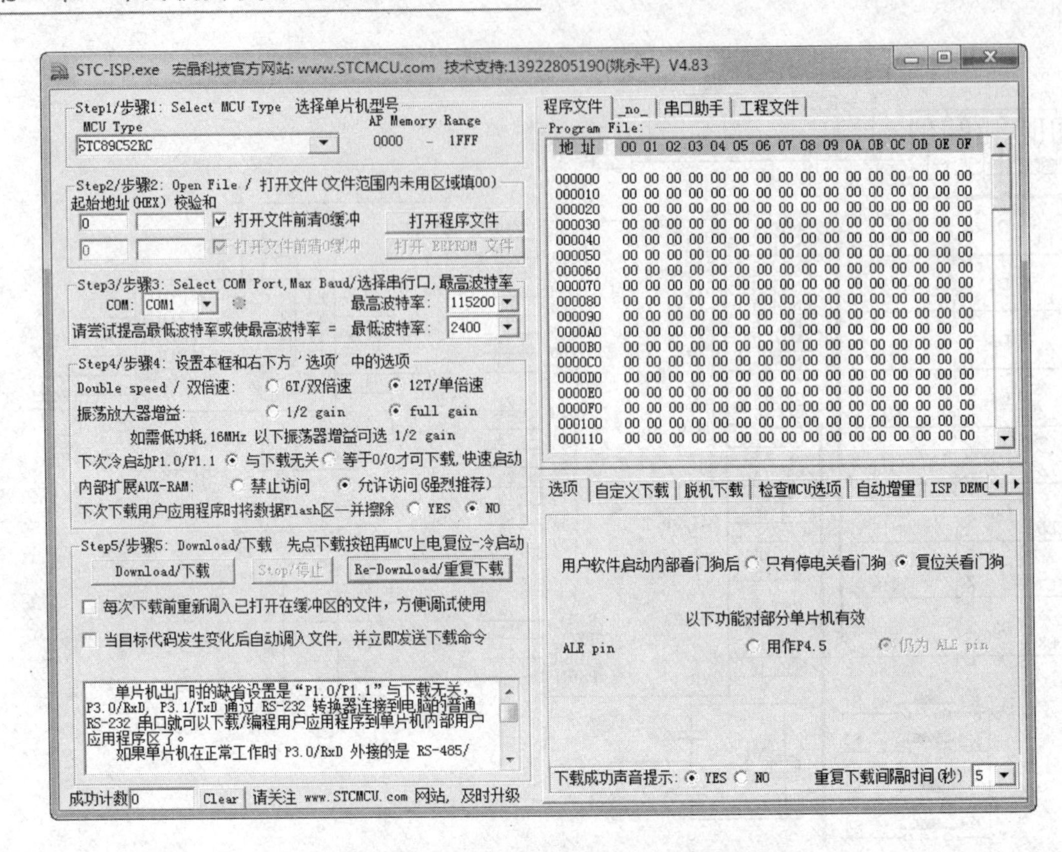

图 2-29　打开 STC 单片机 ISP 下载软件

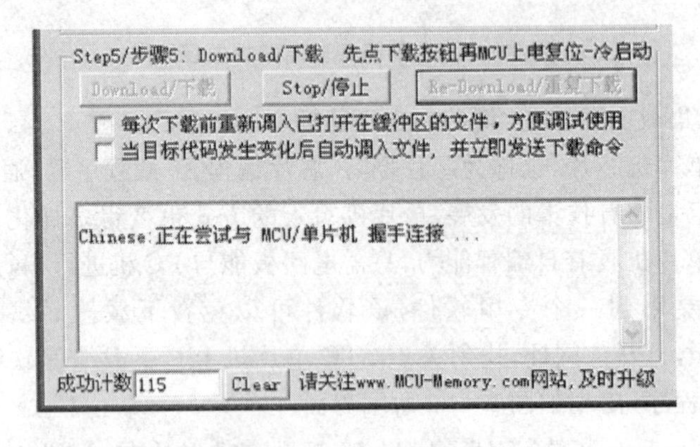

图 2-30　开始下载代码

说明:由于 lamp.hex 文件太短,编程时间很短,很多提示信息看不到,因此图 2-32 是在下载一段较长代码时截取的。

下载完成后,结果如图 2-33 所示,显示代码已被正确下载。

此时硬件电路板上 P1.0 所接 LED 应该被点亮。

如果给电路板通电后并未有如图 2-32 及图 2-33 所示现象出现,而仍是停留在图 2-31 所示界面时,不必着急,可以按照图 2-31 中所提示的各种可能性进行检查,直到正确为止。STC 单片机的下载很可靠,只要硬件正确,就一定能成功。

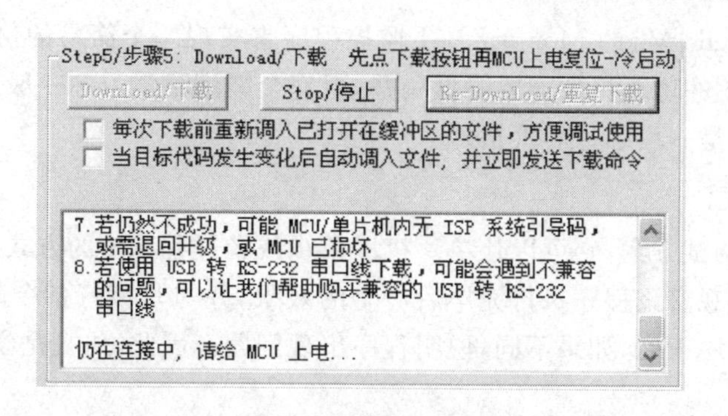

Step5/步骤5: Download/下载 先点下载按钮再MCU上电复位-冷启动
Download/下载
Stop/停止
Re-Download/重复下载
每次下载前重新调入已打开在缓冲区的文件，方便调试使用
当目标代码发生变化后自动调入文件，并立即发送下载命令
7.若仍然不成功，可能 MCU/单片机内无 ISP 系统引导码，或需退回升级，或 MCU 已损坏
8.若使用 USB 转 RS-232 串口线下载，可能会遇到不兼容的问题，可以让我们帮助购买兼容的 USB 转 RS-232 串口线
仍在连接中，请给 MCU 上电...

图 2-31　下载失败出现的提示

Step5/步骤5: Download/下载 先点下载按钮再MCU上电复位-冷启动
Download/下载
Stop/停止
Re-Download/重复下载
每次下载前重新调入已打开在缓冲区的文件，方便调试使用
当目标代码发生变化后自动调入文件，并立即发送下载命令
1.000K
Chinese:正在进入正式编程阶段...
内部时钟频率:11.05768M.
外部时钟频率:11.05768M.
Now baud is: / 当前波特率为: 115200 bps.
We are erasing application flash...
正在擦除应用程序区... (00:00)
正在下载... (开始时间: 22:48:35)
成功计数 117
Clear
请关注www.MCU-Memory.com网站，及时升级

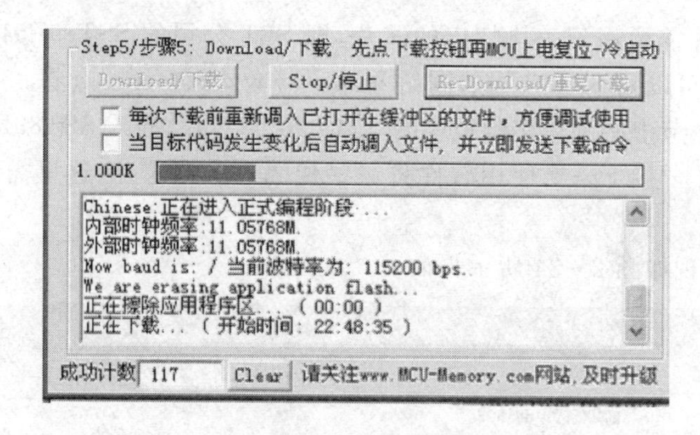

图 2-32　开始下载程序

Step5/步骤5: Download/下载 先点下载按钮再MCU上电复位-冷启动
Download/下载
Stop/停止
Re-Download/重复下载
每次下载前重新调入已打开在缓冲区的文件，方便调试使用
当目标代码发生变化后自动调入文件，并立即发送下载命令
正在擦除应用程序区... (00:01)
正在下载... (开始时间: 22:46:13)
Program OK / 下载 OK
Verify OK / 校验 OK
erase times/擦除时间 : 00:01
program times/下载时间: 00:00
Have already encrypt. / 已加密

图 2-33　正确下载程序后的提示

2.5.2　让实验电路板具有仿真功能

本电路板可以采用“软件仿真＋写片验证”的方案来学习单片机，也就是在 Keil 软件中进行程序的调试，当认为程序调试基本正常以后，将程序代码写入单片机芯片中观察运行结果。这种方案有时并不完善，例如，当程序出错时，使用者只能凭观察到的现象猜测可能出错的原因，到 Keil 软件中修改源程序，然后再写片验证，效率较低；又如，当硬件电路运行中接收外部数据时，软件仿真无法模仿。这种方法适宜初学者做验证性实验，也适宜熟练的开发者进行程序开发工作，但不适宜初学者的探索性学习及开发工作。

单片机程序开发时，通常都需要使用仿真机来进行程序的调试。商品化的仿真机价格

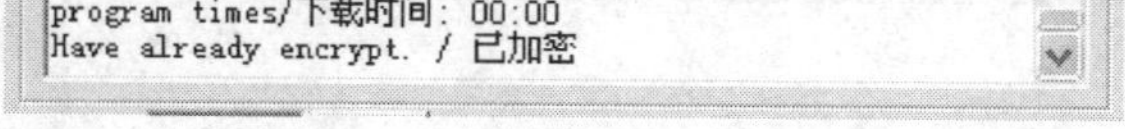

较高,本节利用 Keil 提供的 Monitor－51 监控程序来实现一个简易的仿真机。该仿真机比目前市场上商品化的仿真机性能要略低一些,但完全能满足学习和一般开发工作的需要,其成本非常低,仅仅是一块芯片的价格。

1. 仿真的概念

仿真是一种调试方案,它可以让单片机以单步或者过程单步的方式来执行程序,每执行一行程序,就可以观察该程序执行完毕后产生的效果,并与写该行指令时的预期效果比较,如果一致,说明程序正确,如果不同,说明程序出现问题。因此,仿真是学习和开发单片机的重要方法。

2. 仿真芯片的制作

制作仿真芯片需要用到一块特定的芯片,即 SST 公司的 SST89E516RD 芯片,关于该芯片的详细资料,可以到 SST 公司的网站 http://www.sst.com 查看。

取下 2.5.1 小节中所制作实验板中的 STC89C52 芯片,插入 SST89E516RD 芯片,即完成了硬件制作工作。接下来要使用软件将一些代码写入该芯片,这里需要用到 SST Easy-IAP 软件。

运行软件,出现如图 2－34 所示界面。

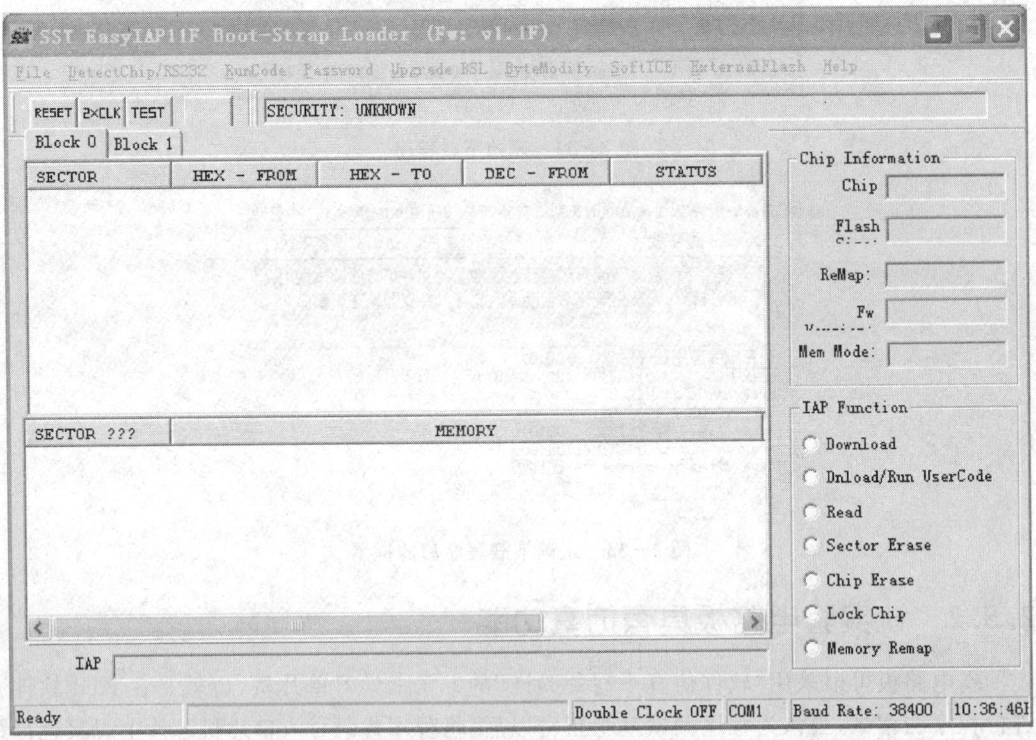

图 2－34　运行 SST EasyIAP 软件

单击菜单 DetectChip/RS232,选择 Dectect Target MCU for firmware1.1 F and RS232 config 命令,出现如图 2－35 所示对话框。

这个对话框用来选择所选用的芯片及存储器工作模式。由于这里使用的是 SST89E516RD2 芯片,因此,选择该芯片。在 Memory Mode 中有两个选择项,一项是使用芯片内部的存储器，这要求芯片的 EA 引脚接高电平；另一项是选择外扩的存储器，这要求芯片的 EA 接低电平。图 2－28 中 EA 引脚被接高电平，因此，这里选择 Internal Memroy（EA＃＝1）。单击 OK 按钮，进入下一步，显示 RS232 接口配置对话框，如图 2－36 所示。

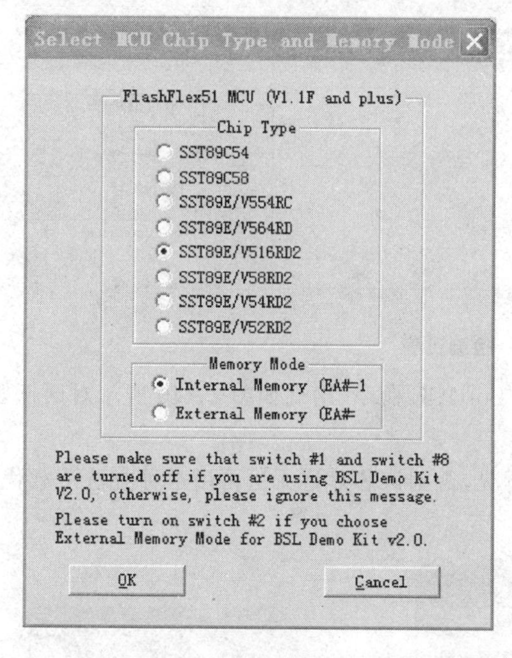

图 2－35　选择芯片及存储器工作模式的对话框

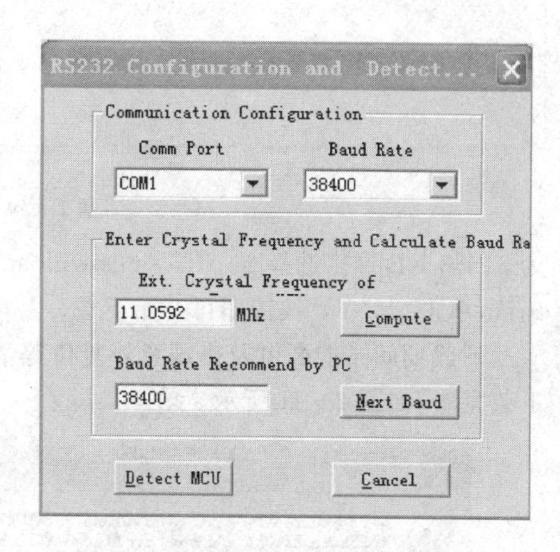

图 2－36　RS232 配置

Comm Port 是选择所用串行口，如果实验板并非接在 COM1 口，那么应改为所用相应的 COM 口。如果所用的晶振并非 11.059 2 MHz，那么应更改 Ext. Crystal Frequency of 文本框中晶振频率值，并单击 Compute 按钮计算所用的波特率。设置完毕，单击 Detect MCU 按钮开始检测 MCU 是否可用。此时将出现图 2－37 所示对话框。

保证实验板的电源已正确连接，单击“确定”按钮，开始检测 MCU。如正常立即就有结果出现，如果等待一段时间后出现如图 2－38 所示提示，说明硬件存在问题。通常可以将电源断开，过 3～5 s 再次接通，然后重复刚才的检测工作。

图 2－37　检测 MCU

图 2－38　检测失败

由于在 2.5.1 小节的制作中已确定电路板工作正常，因此如果反复检测仍出现如图 2－38 所示的提示，要重点怀疑所用芯片是否损坏或者该芯片已被制作成为仿真芯片。

排除故障，直到检测芯片出现如图 2－39 所示的提示，说明检测正确。

图 2－39 所示的提示信息中显示芯片未加锁，型号为 SST89E/V516RD2，Flash Rom

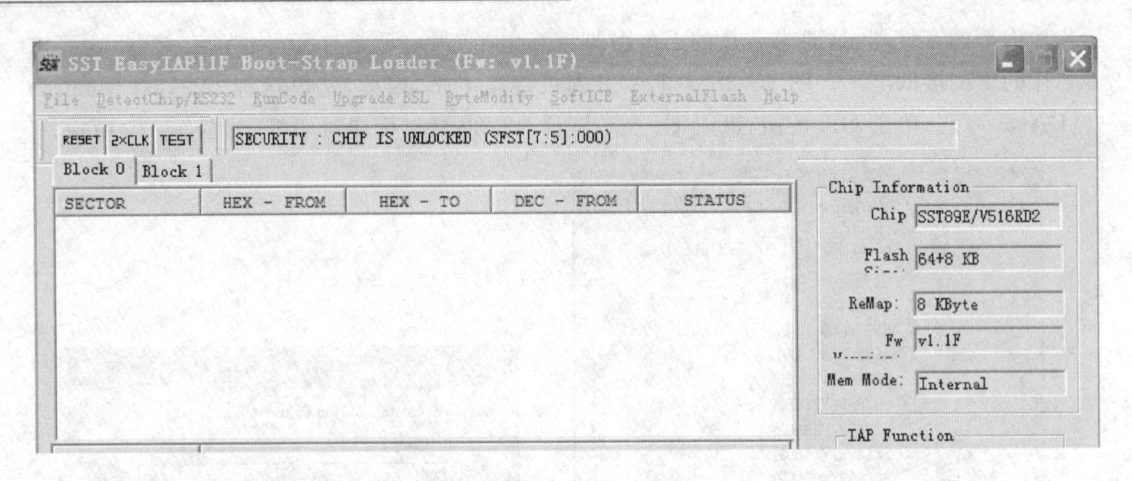

图 2-39　检测正确

为 64＋8 KB 等。选择 SoftICE→Download SoftICE 命令，出现如图 2-40 所示对话框要求确认，单击“是(Y)”按钮即可开始下载。

下载期间不能断电及出现意外复位等情况，否则该芯片将无法再用这种方法下载代码，下载完毕，如图 2-41 所示。

图 2-40　下载确认

图 2-41　下载完成

制作好的仿真芯片即具有了仿真功能，但在本节中，暂不对仿真功能进行测试，所以可以将做好的芯片取出，并贴上一个不干胶标签，以便与未制作仿真功能的芯片区分开。

2.5.3　认识和使用成品实验板

前面两小节完成了一块简易实验板的制作，这块实验板可用于本书的部分课题，还可以根据其余课题所提供的电路图自行焊接其他部分以扩展其功能，但当需要扩展数码管、液晶显示屏等连线较多的部分时，连线较多，制作不易，此外，很多计算机已不再提供 COM 口，需要通过 USB 接口来调试程序。为此，作者设计与制作了一块实验板，如图 2-42 所示是一块安装好的成品电路板。下面对该板作一个详细的介绍，同时也可使读者对一个单片机应用系统有一个较为完整的了解。

1. 实验板功能简介

本实验板安装具有仿真功能的 SST89E516RD 芯片，使用 Keil 软件进行仿真调试。板上安装了 6 位数码管；8 个发光二极管；4 个按钮开关；一个简单的音响电路；一个用于计数实验的振荡器；AT24C×××类芯片；X5045 芯片；RS232 串行接口；PCF8563 实时时钟芯片，带有外接电源插座，可外接电池用以断电保持；字符型 LCD 插座；点阵型 LCD 插座；带

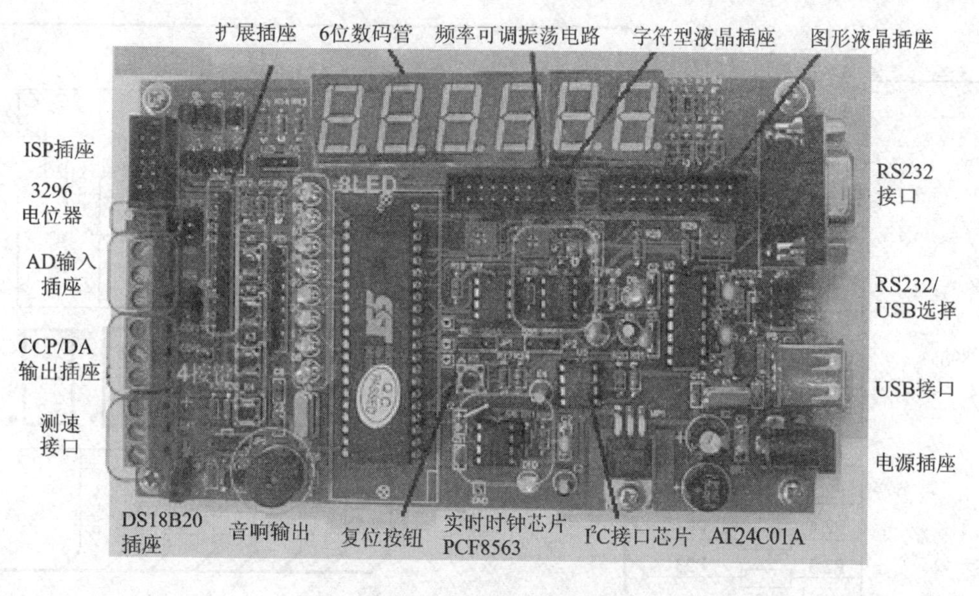

图2-42 多功能实验板

有标准ISP插座,可用下载线对AT89S5X或ATMega8515单片机编程;自带USB转串口芯片,方便没有串口的计算机进行程序的调试。当将CPU换成自带A/D转换器、CCP功能模块的STC12C5A60S2芯片时,可以使用该板来进行单片机内置A/D转换、单片机CCP功能输出高速脉冲、PWM波形等练习。

使用这块实验板可以进行流水灯、人机界面程序设计、音响、中断、计数器等基本编程练习,还可以学习I²C接口芯片使用、SPI接口芯片使用、字符型液晶接口技术、点阵型液晶接口技术、与PC机进行串行通信等较为流行的技术。

2. 硬件结构

(1) 发光二极管

单片机的P1端口接了8个发光二极管,这些发光二极管的阴极接到P1端口各引脚,而阳极则通过一个排电阻接到正电源端,发光二极管点亮的条件是P1口相应的引脚为低电平,即如果P1口某引脚输出为0,相应的灯亮,如果输出为1,相应的灯灭。

(2) 数码管

单片机P0口和P2口的部分引脚构成了6位LED数码管的驱动电路,如图2-43所示,这里的数码管采用了共阳型,共阳型数码管的笔段(即对应abcdefgh)引脚是二极管的阴极,所有二极管的阳极连在一起,构成公共端,即片选端。对于这种数码管的驱动,要求在片选端提供电流,为此,使用了PNP型三极管作为片选端的驱动,共使用6只三极管,所有三极管的发射极连在一起,接到正电源端,基极则通过限流电阻分别接P2.2~P2.7,集电极分别向6只数码管供电。

表2-1是根据硬件连线编写的字形码。

(3) 串行接口

串行通信功能是目前单片机应用中经常要用到的功能,80C51系列单片机P3.0和P3.1引脚的第二功能是串行口RXD与TXD,其内部的串行接口电路具有全双工异步通信

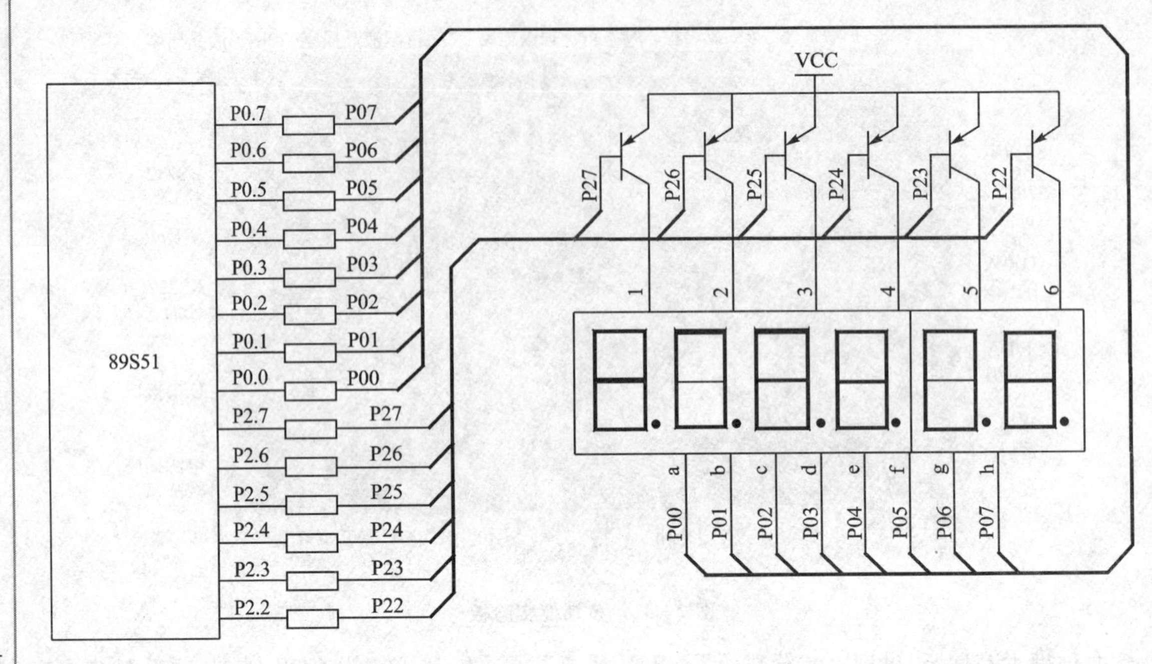

图 2-43 单片机实验板显示器接口电路原理图

功能，但是单片机输出的信号是 TTL 电平，为获得电平匹配，实验板上扩充了一片 HIN232 芯片，利用该芯片进行电平转换，该芯片内部有电荷泵，只要单一的 5 V 电源供电即可自行产生 RS232 所需的高电压，使用方便。

表 2-1 字形码

字	0	1	2	3	4	5	6	7
字形码	0xC0	0xF9	0xA4	0xB0	0x99	0x92	0x82	0xF8
字	8	9	A	B	C	D	E	F
字形码	0x80	0x90	0x88	0x83	0xC6	0xA1	0x86	0x8E

(4) 按键输入

P3 口的 P3.2～P3.5 接了 K1～K4 共 4 个按钮开关，用作键盘。

(5) 计数源

本实验板有两路脉冲信号产生，其中一路由 555 集成电路及相关阻容元件构成典型的多谐振荡电路，输出方波，在输出端接有发光二极管，用于指示振荡器的输出；另一路由 PCF8563 集成电路提供，PCF8563 是实时时钟芯片，通过编程可输出 1 Hz、32 Hz、1 024 Hz、32 768 Hz 的脉冲信号，在 PCF8563 的输出端接有发光二极管，用于指示振荡器的输出。通过 JP2 插针座可分别选择这两个脉冲信号之一用于单片机的计数信号。

(6) 音响接口

电路板上的三极管驱动一个无源蜂鸣器，构成一个简单的音响电路，该电路利用单片机的 P3.2 引脚作为音源，经三极管放大后发声。由于 P3.2 同时作为按钮输入使用，为了避免按钮操作对发声电路的影响，使用 JP3 插针，只在需要时才用短路子将两个引脚连起来，这时 P3.2 作为输出口来使用。

(7) AT24C×××芯片接口

24 系列是 EEPROM 中应用较为广泛的一类，该系列芯片仅有 8 个引脚，采用二线制 I^2C 接口。本实验板设计了通用 I^2C 接口电路，可进行 AT24C01A、AT24C02 等芯片的读/写实验。

(8) 实时时钟 PCF8563 芯片接口

PCF8563 是目前常用的低功耗的 CMOS 实时时钟/日历芯片，它提供一个可编程时钟输出，一个中断输出和掉电检测器，所有的地址和数据通过 I^2C 总线接口串行传递。板上设计的 PCF8563 与 AT24CXXX 芯片共同挂接在 I^2C 总线上，通过短路子选择是否向单片机送出中断信号，通过短路子选择是否将振荡信号送到单片机的计数端。J6 用于 PCF8563 的外接电源。

(9) X5045 接口

X5045 是一片多功能的芯片，它具有上电复位、电压跌落检测、看门狗定时器、512 字节的 EEPROM 等功能。该芯片采用三线制 SPI 接口方式与单片机相连，这也是目前一个应用比较广泛的芯片，通过学习这块芯片与单片机接口的方法，还可以了解和掌握三线制 SPI 总线接口的工作原理及一般编程方法。

在硬件电路上，P2.1 接 X5045 的 CS 端，P3.7 接 X5045 的 SI 和 SO 端，P3.6 接 X5045 的 SCK 端，P2.0 接 X5045 的 WP 端。有关定义如下：

```
sbit    CS=   P2^1;
sbit    SI=   P3^7;
sbit    SCK=  P3^6;
sbit    SO=   P3^7;
sbit    WP=   P2^0;
```

(10) 字符型液晶接口

液晶显示器由于体积小、重量轻、功耗低等优点，日渐成为各种便携式电子产品的理想显示器。从液晶显示器显示内容来分，可分为段式、字符式和点阵式三种。其中字符式液晶显示器以其价廉、显示内容丰富、美观、无须定制、使用方便等特点成为 LED 显示器的理想替代品。字符型液晶显示器专门用于显示数字、字母、图形符号并可显示少量自定义符号。这类显示器均把 LCD 控制器、点阵驱动器、字符存储器等做在一块板上，再与液晶屏一起组成一个显示模块，因此，这类显示器的安装与使用都比较简单。

字符型液晶一般采用 HD44780 及兼容芯片作为控制器，因此，其接口方式基本是标准的。本实验板上带有 LCD 接口，可直接与字符型液晶相连。

本实验板上的数据线连到 P0 口，P2.5 接 RS 端，P2.6 接 RW 端，P2.7 接 E 端。有关定义如下：

```
sbit     RS=     P2^5;
sbit     RW=     P2^6;
sbit     E=      P2^7;
#define  DPORT   P0
```

(11) 点阵型液晶接口

点阵式液晶显示屏既可以显示数据，又可以显示包括汉字在内的各种图形。

本实验板共引出了5根控制线、8根数据线及电源线等20条线，可以直接使用于HD61202为主控芯片的点阵型液晶显示器。5根控制线分别是Rs、Rw、E、CsL和CsR，有关定义如下：

```
sbit    RsPin   =  P2^5;
sbit    RwPin   =  P2^6;
sbit    Epin    =  P2^7;
sbit    CsLPin  =  P2^4;
sbit    CsRPin  =  P2^3;
#define DPort P0
```

(12) A/D转换接口

本实验板提供了两路输入接口，分别连接到P1.0和P1.1引脚。当使用STC12C5A60S2芯片时，这两个引脚是其内部A/D转换器的两个输入引脚。其中P1.0引脚通过JP7来选择，是接到A/D输入端子J7上，还是接到实验板上所接多圈电位器P3的中心抽头上，或者是接到LED1上；而P1.1则通过JP6来选择是接到LED2上还是接到A/D输入端子J7上。

(13) CCP输出接口

端子J8的两个接线端分别连接到P1.3和P1.4引脚，这是STC12C5A60S2芯片的CCP功能输出端，从这两个输出端可以实现高速脉冲输出、PWM波输出、CCP捕捉等功能。

(14) USB接口

由于越来越多的计算机不再提供COM口，而Keil软件目前还只支持串口进行调试，因此本实验板上安装了USB转串口芯片。

本实验板采用的是CH341芯片来进行USB转串口，在接上硬件且正确安装驱动程序后，会在计算机上模拟出一个串口，这个串口号根据个人计算机的不同情况而定，可能是COM3、COM4等，可以通过查看计算机的硬件设备来看到，如图2-44所示。

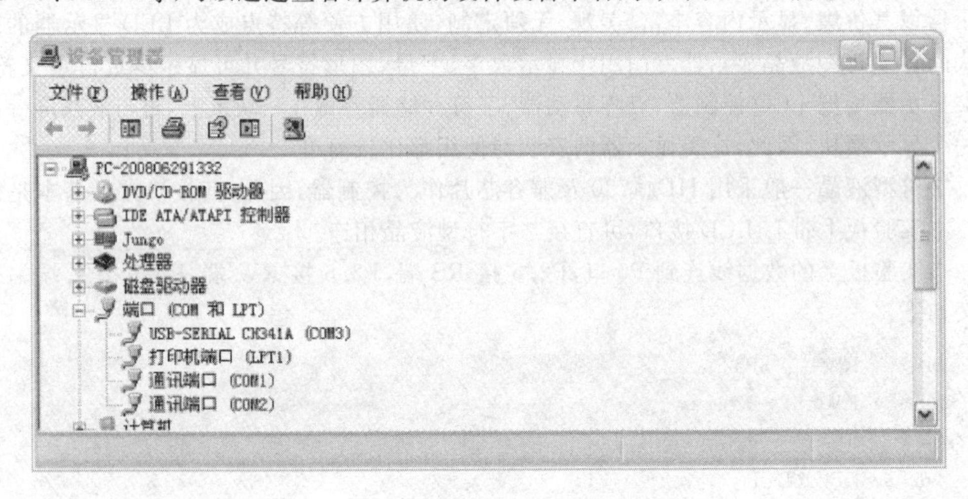

图2-44　查看USB转串口生成的串口号

3. 实验电路板的基本使用方法

(1) 电源提供

本实验板需外接电源,可以通过插座 J5 向实验板供电,要求输出的直流电压在 9～12 V 之间,电流不小于 300 mA。由于板上装有整流全桥,因此不必考虑电源的输出极性,直接将插头插入其中即可。

(2) 复位选择

本实验板提供了两种复位电路,即 RC 复位与 X5045 复位。JP1 用于复位选择,在该插针座下标有 Reset Select 字样。在该插针座上方左侧标有 RC 字样,右侧标有 X5045 字样,如果用短路子插于左侧,即选择 RC 复位电路,避免刚开始对 X5045 芯片不熟悉而影响学习;短路子插于右侧,选择 X5045 复位,可用于测试 X5045 芯片的看门狗特性。不论短路子是否插于左侧,X5045 芯片内部的 EEPROM 存储器总是可用的。

注意: 在使用 ISP 在线可编程功能时,必须将短路子拔除,既不选择 RC 复位,也不选择 X5045 复位,由下载线控制复位端。

(3) 计数源选择

本实验板提供了两个计数源,可供单片机做计数实验。第一个计数源由 555 电路提供,第二个由 PCF8563 提供,通过 JP2 选择。JP2 的下方标有 Count Select 字样,上方左侧标有"555",右侧标有"8563",分别代表选择这两个计数源。

注意: 当 P3.3 作为输入端使用时,应将短路子取下,不接于任何一方。

当使用 PCF8563 作为时钟源时,需对 PCF8563 芯片编程,通过编程,可提供 1 Hz、32 Hz、1024 Hz、32 768 Hz 等多个标准的信号源。

(4) 音响电路工作选择

JP5 用于选择 P3.2 究竟工作于输出方式还是输入方式,当需要将 P3.2 作为驱动音响电路工作的输出端时,应将短路子插于 JP5 的下方(插座旁印有"]"标志),反之应将短路子插于 JP5 的上方。

(5) 字符型 LCD 实验

做 LCD 实验时,需断开数码管的供电电路。JP4 用于选择显示器,在 JP4 的下方标有 Disp Select 字样,在其上方分别标有 LED 和 LCD 字样,将短路子插于 LED 一方,选择 LED 作为显示器,插于 LCD 一方,选择 LCD 作为显示器。

本实验板提供了供 LCD 使用的双排 16 针标准接线插座,标号为 J3,连接时注意与液晶显示模块上的引脚序号对应。

P1 是用于调整对 LCD 对比度的电位器。

(6) 点阵型 LCD 实验

做点阵型 LCD 实验时,同样需断开数码管的供电电路,方法与使用字符型 LCD 相同。

本实验板提供了供 LCD 使用的双排 20 针标准接线插座,标号为 J6,连接时注意与液晶显示模块上的引脚序号对应。

P2 是用于调整对 LCD 对比度的电位器。

(7) ISP 功能的使用

拔去复位插座上的短路子,使复位端悬空。标号为 J2 的插座为 ISP 下载插座,将下载电缆与实验板正确连接,本插座采用 ATMEL 公司提供的标准接头,接法如表 2-2 所列。

表2-2 ISP插座接线

标 号	名 称	描 述
1	SCK	串行时钟
3	MISO	主器件输入-从器件输出
4	VCC	电源
5	RST	复位端
9	MOSI	主器件输出-从器件输入
2,10	GND	地
6,7,8	NC	未接

(8) 仿真功能

使用本实验板提供的仿真芯片，可以直接与Keil联机，使用Mon51提供的单步、过程单步、设置断点等调试方法进行程序的调试。

第3章 一步一步学单片机

本章通过一些实例介绍单片机的功能、单片机的硬件结构，特别是面向用户的一些硬件结构，目的是带着读者入门，让读者对单片机的结构及开发技术有一个总体概念。

本章的内容采用“以任务为中心”的教学模式编排，安排了5个不同的任务（详见3.1节、3.2节、3.5节、3.6节和3.8节），为每个任务配置相应的知识点，即为完成这一任务而必须掌握的指令、硬件结构、软件操作知识等，并利用这些知识完成该任务，任务完成之后再较为系统地学习一些其他硬件结构知识，通过这种方式将较难学的硬件结构知识分解到学习的各个阶段。

3.1 用单片机控制LED

我们从一个例子开始单片机的学习，即用单片机控制一个LED，让这个LED按要求亮或灭。图3-1是单片机控制LED的基本电路接线图，这里使用的单片机型号是STC89C52，但以下所介绍的内容对于其他以80C51为内核的单片机同样适用，因此，描述中统一使用80C51的名称，只在需要用到STC89C52单片机的特性时作一个说明。

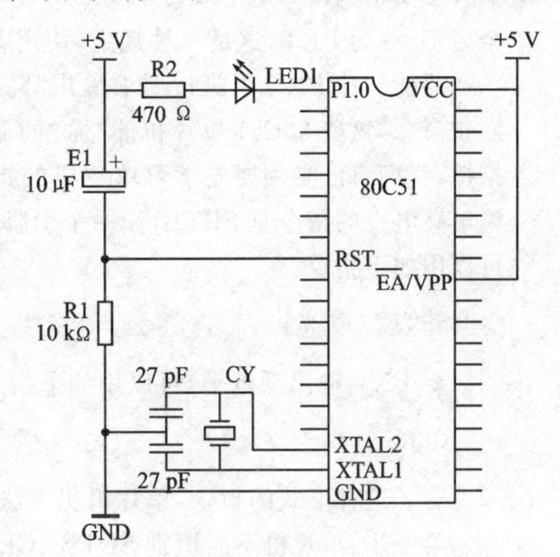

图3-1　单片机控制LED的接线图

首先介绍单片机的外部引脚，80C51单片机共有40条引脚。

- 电源：80C51单片机使用5 V电源，其中正极接第40引脚，负极（地）接20引脚。
- 振荡电路：在80C51单片机内部集成了一个高增益反相放大器，用于构成振荡器，只要给其接上晶振和电容即可构成完整的振荡器。晶振跨接于第18和第19引脚，第18和第19引脚对地并联两只小电容，其中晶振可以使用12 MHz的小卧式晶振，电容的值可在18～47 pF之间取值，一般使用27 pF的小磁片电容。
- 复位引脚：单片机上的9引脚（RST）是复位引脚，按图3-1中画法接好，其中电容用 10 μF，而接到 RST 与地之间的电阻用 10 kΩ。

- $\overline{EA}$/VPP 引脚：第 31 脚称之为$\overline{EA}$/VPP 引脚，该引脚接到正电源端。

至此，一个单片机基本电路就接好了，接上 5 V 电源，虽然什么现象也没有出现，但是单片机确实在工作了。

3.1.1 实例分析

图 3-2(a)是 LED 的外形图。LED 具有二极管的特性，但在导通之后会发光，所以称之为发光二极管。与普通灯泡不同，LED 导通后，随着其两端电压的增加，电流急剧增加，所以，必须给 LED 串联一个限流电阻，否则一旦通电，LED 会被烧坏。图 3-2(b)是点亮 LED 的电路图。图中如果开关闭合，二极管的负极接地，则二极管得电发亮，如果开关断开，则 LED 失电熄灭。

要用 80C51 单片机来控制 LED，显然这个 LED 必须要和 80C51 单片机的某个引脚相连。80C51 单片机上除了基本连线必须用到的 6 个引脚外，还有 34 个引脚。这里把 LED 的阴极与 80C51 单片机的 1 引脚相连。

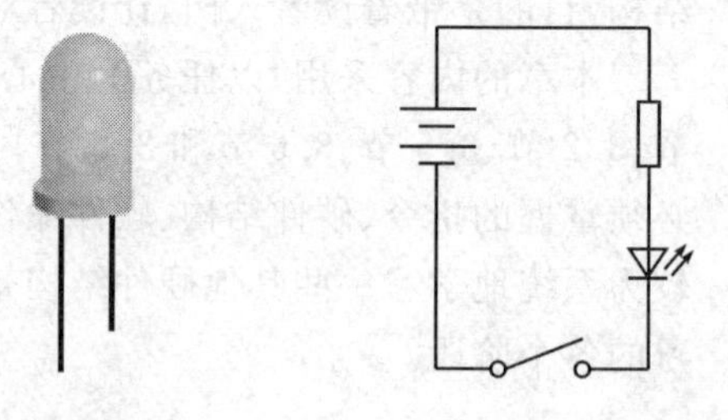

(a) LED外形图　　(b) 点亮LED的基本电路图

图 3-2　LED 的外形图及点亮 LED 的基本电路图

按照图 3-1 的接法，当 80C51 单片机的 1 引脚为高电平时，LED1 不亮；当 1 引脚为低电平时，LED1 亮。为此 80C51 的 1 引脚要能够控制，也就是说，要能够让 80C51 单片机的 1 引脚按要求输出高电平或低电平。为便于表达，设计 80C51 芯片的公司为该引脚命名了一个名字，称为 P1.0，这是一种规定，使用者一般不能随意更改它。

要能够让 P1.0 引脚按要求输出“高”或“低”，要用 80C51 单片机能够“懂”的方式向它发布命令，这些 80C51 单片机能“懂”的命令称之为该单片机的指令。因此，要让单片机听指挥，我们自己必须要先学习单片机的指令。在 80C51 系列单片机的指令中，让一个引脚输出高电平的指令是 SETB，让一个引脚输出低电平的指令是 CLR。要 P1.0 输出高电平，可以用如下指令：

```
SETB    P1.0
```

要 P1.0 输出低电平，可以用如下指令：

```
CLR    P1.0
```

有了这种形式的指令，单片机仍无法直接执行，还需要做下面两步工作。

第一步：单片机不能识别 SETB 、CLR 这种形式的指令，要把指令翻译成单片机能执行的方式，再让 80C51 单片机去识别。和所有的计算机一样，单片机只能识别数字，为此要把“SETB P1.0”变为“D2H，90H”；把“CLR P1.0”变为“C2H，90H”。

为什么是这样的数字，这也是由 80C51 单片机的设计者在该芯片设计时就规定好了的，不必去研究。把“SETB P1.0”和“CLR P1.0”分别变成“D2H，90H”和“C2H，90H”的方法很简单，它们之间是一一对应的关系，可以用手工查表的方法获得，或者使用汇编软件（如 Keil 软件）汇编后获得。

第二步:在得到这两个数字后,要把这两个数字写进单片机的内部程序存储器中,这要借助于硬件工具——编程器,关于编程器的知识已在2.5节作过介绍,这里不再重复。

下面介绍如何利用实验仿真板在Keil软件中实现这一功能。

3.1.2 用实验仿真板来实现

【例3-1】 用单片机控制LED发光。

启动μVision,单击"新建"按钮,建立一个新文件,输入源程序:

```
CLR     P1.0    ;让P1.0引脚变为低电平
END
```

以301.asm为文件名存盘。

上面程序中的第二行END不是80C51单片机的指令,不会产生单片机可执行的代码,而是用于告诉汇编软件"程序到此结束",这一类用于汇编软件控制的指令被称之为"伪指令",除了END外还有一些,将在以后的学习中逐步介绍。

建立名为301的工程文件,选择80C51为CPU,将301.asm加入工程中,设置工程;在Debug选项卡中输入"-dledkey"。设置完成后单击"确定"按钮回到主界面,双击左边工程管理窗口中的301.asm文件名,将该文件的内容显示在右边的窗口中。

按下F7功能键汇编、链接获得目标文件,然后按下Ctrl+F5进入调试状态。进入调试状态后界面会有比较大的变化,Debug菜单下的大部分命令都可以使用;Peripherals菜单下多了一些命令;出现了一个用于程序调试的工具条,如图3-3所示。这一工具条从左到右的命令依次是:复位、运行、暂停、单步、过程单步、执行完当前子程序、运行到当前行、下一状态、打开跟踪、观察跟踪、反汇编窗口、观察窗口、代码作用范围分析、1号串行窗口、内存窗口、性能分析、工具按钮等。

图3-3　调试工具条上的命令按钮

单击Peripherals菜单项,选择"键盘LED实验仿真板(K)"命令,按下F11键或使用工具条上的相应按钮以单步执行程序,即出现如图3-4所示界面,从图中可以看到,最上面的LED点"亮"了。

执行完这一行程序后Keil将自动切换到反汇编窗口,对此目前还不必关心,可以单击调试工具条上的"反汇编窗口"按钮切换回源程序窗口中。如果要避免这种情况的发生,可以在程序中加上一行"SJMP　$"指令,即将程序变为:

```
CLR     P1.0
SJMP    $       ;在原地循环
END
```

读者可以自行做一下练习。

【例3-2】 接在P1.0引脚上的LED熄灭。

```
SETB    P1.0    ;让P1.0引脚变为高电平
SJMP    $       ;在原地循环
END
```

第二个实验是使接在 P1.0 引脚上的 LED 熄灭，这个实验请读者自行完成。由于开机时所有 LED 全部处于熄灭状态，所以从实验仿真板上看不到有什么变化。

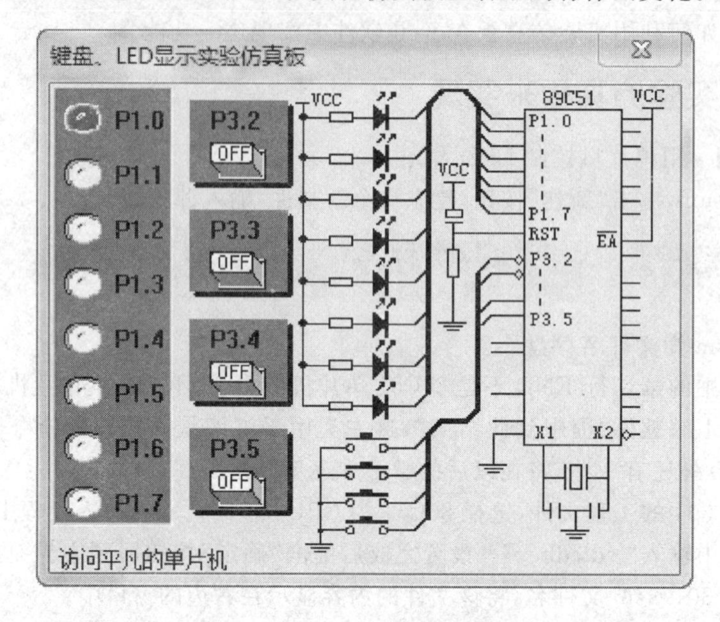

图 3-4　例 3-1 的执行结果

3.1.3　单片机的工作过程

该实验中使用的 STC89C52 芯片内部带有 8 KB 的 Flash ROM，即 8 192 字节的程序存储单元，因此，在使用 STC89C52 单片机时，程序可以放在单片机的内部，不需要扩展外部程序存储器，这种使用方法是今后单片机应用的方向，本书中的所有例子都基于这种工作方式。工作于这种方式时，$\overline{EA}$/VPP 引脚必须接高电平。

除了可以将程序放在单片机的内部以外，还可以为单片机加装一块存储器芯片，并将程序放在这块芯片中，这块芯片通过一定的电路与单片机相连，工作于这种方式时$\overline{EA}$/VPP 必须接低电平。这种方式目前应用较少，为此本书不作详细的介绍，有兴趣的读者可以参考其他单片机书籍。

单片机内部的 8 192 个单元其地址编号为(十六进制)：0000H～1FFFH。每次开机将从特定的单元开始读取该单元中保存的内容，这个特定的单元是 0000H 单元。当单片机通电或复位后，从 0000H 单元中读取内容，然后依次从 0001H 单元、0002H 单元……中读取内容。

为了实现这样的功能，单片机内部有一个称之为程序计数器(PC)的部件，这是一个 16 位寄存器，当单片机通电、复位后，PC 中的值是 0000H(这是在设计芯片时就设计好的，由芯片内部的硬件电路来保证，与芯片使用者无关，使用者也不可能更改它)。单片机中的 CPU 根据 PC 的值去取存储单元中所存放的指令。每次从存储单元中取出一条指令后，PC 的值自动增加，根据本条指令长度的不同，增加的量可能是 1,2 或者 3，总是使 PC 指向下一条指令所在位置的起始处，这样，PC 值不断变化，就会不断地从存储单元中取出指令并执行。

3.2 单片机控制LED闪烁发光

下面的这个例子让LED闪烁，即LED交替亮与灭。与前面的例子相比，这个例子有一定的“实用价值”，例如，可以把它做成汽车或摩托车上的信号灯。

3.2.1 实例分析

要让接在P1.0引脚上的LED闪烁，实际上就是要LED亮一段时间，再灭一段时间，然后再亮，再灭……换个说法，就是说P1.0周而复始地输出高电平和低电平。但如果直接使用下面的两条指令：

```
SETB    P1.0    ;让P1.0引脚变为高电平
CLR     P1.0    ;让P1.0引脚变为低电平
```

是不行的，会出现下面两个问题：

- 计算机执行指令的时间很快，执行完“SETB P1.0”指令后，LED是灭了，但在极短时间(微秒级)后，计算机又执行了“CLR P1.0”指令，LED又亮了，所以根本分辨不出LED曾经熄灭过。
- 在执行完“CLR P1.0”指令后，不会再自动回去执行“SETB P1.0”指令，所以不能正常工作。

为了解决这两个问题，可以设想如下：

- 在执行完“SETB P1.0”指令后，延时一段时间(几秒或零点几秒)再执行第二条指令，即可分辨出LED曾经灭过。
- 在执行完第二条指令后，延时一段时间(几秒或零点几秒)，再让单片机回去执行第一条指令，然后再执行第二条……如此不断循环，LED将“灭—延时—亮—延时—灭—延时—亮……”，这样即可实现灯的闪烁功能。

根据以上设想，编写程序(分号及后面的括号和括号中的数字是为了便于讲解而写的，实际可以不用输入)。

【例3-3】 单个LED闪烁程序。

```
;主程序
MAIN:   SETB    P1.0     ;(1)
        LCALL   DELAY    ;(2)
        CLR     P1.0     ;(3)
        LCALL   DELAY    ;(4)
        LJMP    MAIN     ;(5)
;以下是延时子程序
DELAY:  MOV     R7,#250  ;(6)
D1:     MOV     R6,#250  ;(7)
D2:     DJNZ    R6,D2    ;(8)
        DJNZ    R7,D1    ;(9)
        RET              ;(10)
        END              ;(11)
```

程序分析:第(1)条指令的作用是让 LED 熄灭。按以上分析,第(2)条指令的作用是延时;第(3)条指令的作用是让 LED 亮;第(4)条指令和第二条指令一模一样,也是延时;第(5)条指令转去执行第(1)条指令。第(5)条指令中 LJMP 的意思是跳转,在 LJMP 后面有一个参数是 MAIN,而在第(1)条指令的前面有一个 MAIN,所以很直观地可以认识到,它要跳转到第(1)条指令处。第(1)条指令前面的 MAIN 被称之为标号,标号的用途是标识该行程序,便于使用。这里并不一定要给它起名叫 MAIN,起什么名字,完全由编程者决定,只要符合一定的规定就行,比如可以称它为 A1,X1 等,当然,这时第(5)条指令 LJMP 后面的名字也得跟着改。

第(2)条和第(4)条指令的用途是延时,指令的形式是 LCALL,称为子程序调用指令,这条指令后面跟的参数是 DELAY,DELAY 是一个标号,用于标识第(6)行程序。这条指令的作用是:当执行 LCALL 指令时,程序就转到 LCALL 后面的标号所指示的程序行处执行;如果在执行指令的过程中遇到 RET 指令,则程序就返回到 LCALL 指令的下面的一条指令继续执行。

从第(6)条指令到第(10)条指令是一段延时子程序,子程序只能在被调用时运行,并有固定的结束指令 RET。这段子程序被主程序中的第(2)和第(4)条指令调用,执行第(2)条指令的结果是:单片机转去执行第(6)条指令,而在执行完(6),(7),(8),(9)条指令后遇到第(10)条指令"RET",执行该条指令,程序返回并执行第(3)条指令,即将 P1.0 清零,使 LED 亮,然后继续执行第(4)条指令,即调用延时子程序,单片机转去执行第(6),(7),(8),(9),(10)条指令,然后返回来执行第(5)条指令,第(5)条指令让程序回到第(1)条指令开始执行,如此周而复始,LED 就不断地亮、灭了。

3.2.2 用实验仿真板来实现

下面使用实验仿真板来验证这一功能,同时进一步学习实验仿真板的使用。

启动 Keil 软件,输入源程序,并以文件名 303.asm 保存起来,然后建立名为 303 的工程文件,加入 303.asm 源程序,设置工程,在 Debug 选项卡的"Dialog:Parameter:"文本框中输入"-dledkey"。同时,为了让软件仿真能够尽可能地接近真实硬件运行时的速度,应该勾选"Limit Speed to Real-Time"复选框,如图 3-5 所示,单击"OK"按钮关闭对话框。

按 F7 键汇编、链接以获得目标文件,然后选择 Debug→Start/Stop Debug 命令或按快捷键 Ctrl+F5 进入调试状态,选择 Peripherals→"键盘、显示实验仿真板",如图 3-6 所示。单击"运行"按钮即可开始运行。可以从仿真板上直观地观察到接在 P1.0 口的 LED 闪烁发光的情况。

随书光盘中的 example\ch03\3-3\303.html,记录了这一任务完成的过程,并配有语音解说,读者可以对照学习。

3.2.3 单片机的片内 RAM 与工作寄存器

下面分析延时程序的工作原理。为了理解延时程序的工作原理,首先要了解延时程序中出现的一些符号。

80C51 单片机内部一共有 128 个数据存储器,可作为数据缓冲、堆栈、工作寄存器等用途。这部分数据存储器具有十分重要的作用,几乎任何一个实用的程序都必须要用到这一

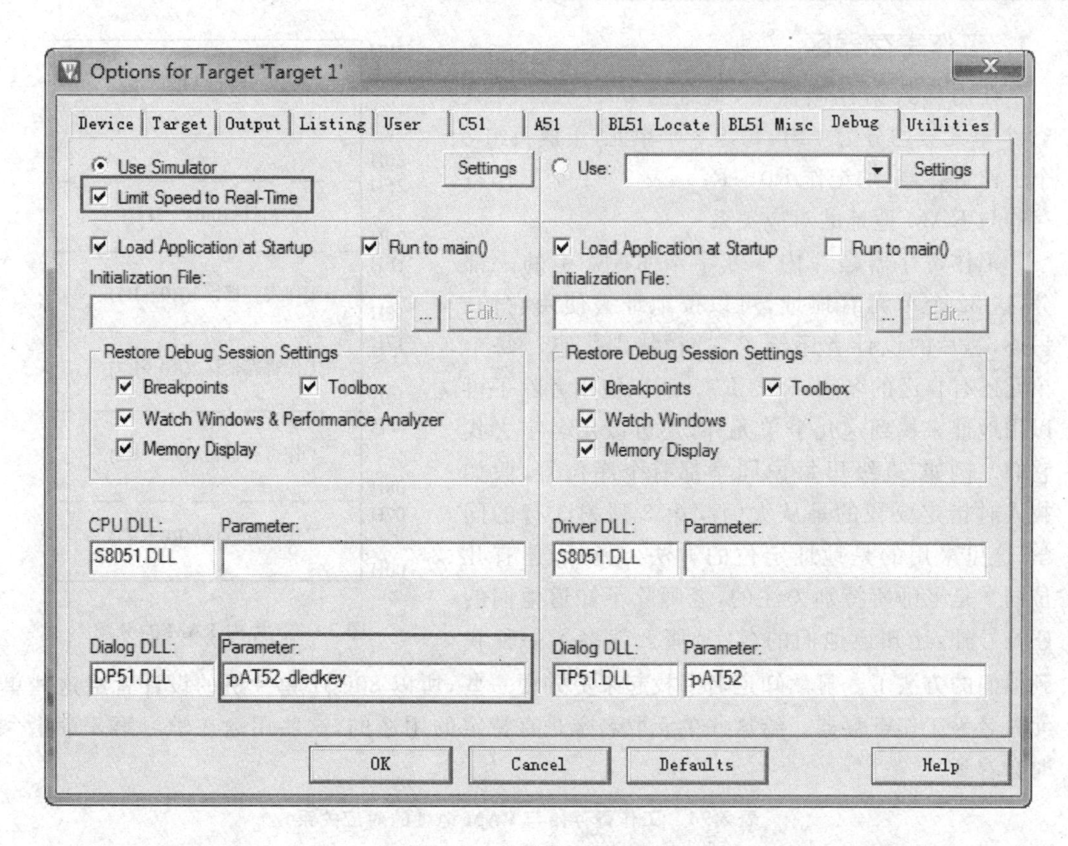

图3-5　设置Debug选项卡

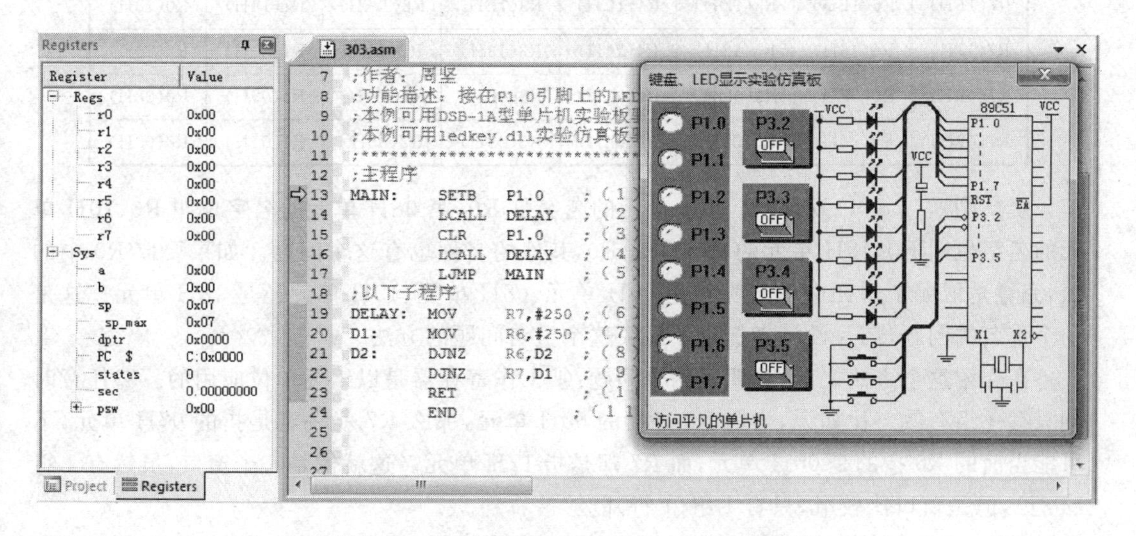

图3-6　实验仿真板演示LED闪烁的例子

部分资源来编程。

图3-7是80C51单片机片内RAM的分配图，从图中可以看出，单片机中有128个字节的RAM，80C51将这128字节的RAM分成3个区：工作寄存器区、位寻址区和一般区。

1. 工作寄存器区

在内部数据存储器中，地址为 00H～1FH 共 32 个单元被均分为 4 组，每组 8 个单元，组成每组 8 个工作寄存器，均记作 R0～R7。表 3-1 是工作寄存器与 RAM 地址的对应关系。

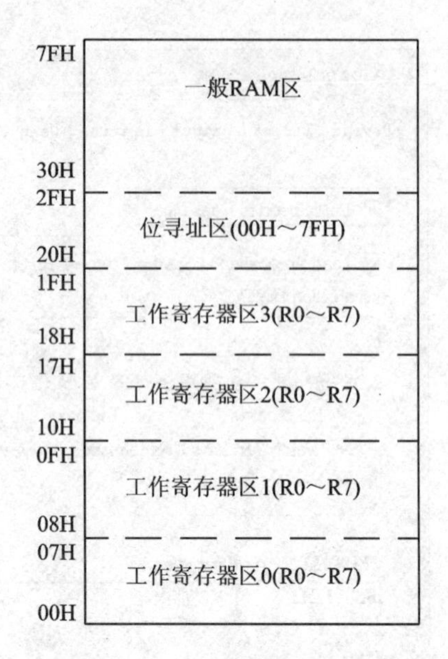

图 3-7 片内 RAM 的分配

工作寄存器是片内 128 字节 RAM 中的一部分，这 32 个单元有地址，可以按地址去使用它们。另外，芯片的设计者还给了它们“特别优惠”，每个单元还有自己的名字：R0～R7。所以使用者除了可以用地址来找到这几个单元外，还可以用名字去找它们。例如：班级里每位同学都有个座位号，假如找人时指定要找的是从大门起第 3 列第 5 行的同学，这里采用的是地址定位的方法。另外，还有几位同学是老师所特别关注的，老师除了知道他们的座位号外，还知道他们的名字，那么就多了一种找到他们的方法了。显然知道名字找起来更方便一些，所以 80C51 单片机的设计者给这些单元命名为工作寄存器。给这些单元取名字是有特定的用途的，这些用途在学习第 5 章指令时会看到。

表 3-1 工作寄存器与 RAM 地址的对应关系

R7(1FH)	R6(1EH)	R5(1DH)	R4(1CH)	R3(1BH)	R2(1AH)	R1(19H)	R0(18H)
R7(17H)	R6(16H)	R5(15H)	R4(14H)	R3(13H)	R2(12H)	R1(11H)	R0(10H)
R7(0FH)	R6(0EH)	R5(0DH)	R4(0CH)	R3(0BH)	R2(0AH)	R1(09H)	R0(08H)
R7(07H)	R6(06H)	R5(05H)	R4(04H)	R3(03H)	R2(02H)	R1(01H)	R0(00H)

观察图 3-7 可以发现：第 00H 单元的名字是 R0，第 08H 单元的名字也叫 R0，10H 单元的名字也叫 R0，18H 单元的名字也是 R0，其他的名称也有这个问题。如果要取 R0 中的数，究竟是取哪个单元中的数呢？是 00H 单元、08H 单元、10H 单元还是 18H 单元？这是一个重名的问题，芯片设计者提供了解决这个重名问题的方法。

在介绍这个方法之前，先明确两个问题：①工作寄存器是以组为单位应用的。②任意时刻只有一组有效。比如说，当前 R0 是指的 00H 单元，那么 R7 就一定是指的 07H 单元，不可能当前的 R0 指的是 00H 单元，而 R7 却是指 17H 单元。这就像是一个窗口，虽然有 4 组（4 行），但是窗口比较窄，只有 1 组（1 行）能够被看到。

表 3-2 是工作寄存器组选择表。从表中可以看出，究竟是哪一组露出来由两个“位”决定，这两个位的名字分别叫 RS1 和 RS0。

这两个位是可以由编程者设定为“0”和“1”的，所以编程者就可以确定任意时刻所选择的某一组工作寄存器来使用了。选择的方法很简单，只要让 RS1、RS0 等于相应的值就可以了，可以用已学过的 SETB 和 CLR 指令来完成这一设置。

为什么要把这个功能设计得这样复杂呢？编程者又怎么知道什么时候要让 RS1、RS0

等于什么值?

做这么复杂是有原因的,有利于子程序调用时的数据保护,在5.8节介绍子程序调用时将作详细介绍。至于不知怎么设,很简单,在还不懂怎么设置的时候,就不要设置。RS1和RS0的初始值是00,也就是默认选择第0组工作寄存器。

表3-2　工作寄存器组选择

RS1	RS0	组　数	地址单元
0	0	0	00H～07H
0	1	1	08H～0FH
1	0	2	10H～17H
1	1	3	18H～1FH

2. 位寻址区

内部数据存储器地址为20H～2FH共16个单元被定义为位寻址区。在位寻址区内,CPU不仅具有字节寻址的能力,还可以对这16个字节中的每一个位(一共有128个位)进行寻址。表3-3是16个字节地址和128个位地址的对应关系。

表3-3　单元地址与位地址的对应关系

单元地址	位地址							
2FH	7FH	7EH	7DH	7CH	7BH	7AH	79H	78H
2EH	77H	76H	75H	74H	73H	72H	71H	70H
2DH	6FH	6EH	6DH	6CH	6BH	6AH	69H	68H
2CH	67H	66H	65H	64H	63H	62H	61H	60H
2BH	5FH	5EH	5DH	5CH	5BH	5AH	59H	58H
2AH	57H	56H	55H	54H	53H	52H	51H	50H
29H	4FH	4EH	4DH	4CH	4BH	4AH	49H	48H
28H	47H	46H	45H	44H	43H	42H	41H	40H
27H	3FH	3EH	3DH	3CH	3BH	3AH	39H	38H
26H	37H	36H	35H	34H	33H	32H	31H	30H
25H	2FH	2EH	2DH	2CH	2BH	2AH	29H	28H
24H	27H	26H	25H	24H	23H	22H	21H	20H
23H	1FH	1EH	1DH	1CH	1BH	1AH	19H	18H
22H	17H	16H	15H	14H	13H	12H	11H	10H
21H	0FH	0EH	0DH	0CH	0BH	0AH	09H	08H
20H	07H	06H	05H	04H	03H	02H	01H	00H

举例来说,要让20H这个字节的第0位变为"1",查表3-3,可以发现20H这个字节的第0位,它的位地址就是00H,所以,只要直接用指令:

```
SETB   00H
```

就可以达到这个要求了。又如,要让2CH这个字节的位3变为"0",查表3-3,2CH的位3的位地址是63H,所以只要用指令:

```
CLR    63H
```

即可。作为对比,如果要求将字节地址 00H 的第 0 位置为"0",就不能用位操作指令 SETB 来实现,因为字节 00H 不可以进行位寻址,这就是位寻址区中的 RAM 单元和其他不可位寻址区 RAM 单元的区别。当然,可以用其他方法实现这一要求,在学习逻辑指令时将作详细介绍。

3. 一般用途区

内部数据存储器中地址为 30H～7FH 的区间是一般用途区,用于数据的存放、堆栈等操作。

说明:工作寄存器区和位寻址区并不是特殊功能区域,它们只是具有这样的特殊功能,但使用者并非一定要把它们作为这种特殊的用途来使用。假如所编的程序中不需要用到位寻址,那么 20H～2FH 这段空间完全可以当成是一般用途的 RAM 来使用。工作寄存器区也是如此。这样的设计,使得片内这 128 字节的 RAM 具有多种功能,在不同的应用场合,能够充分发挥其用途。

89C52 单片机内部有 256 字节的 RAM,前 128 字节的 RAM 与这里介绍的完全相同,后 128 字节的 RAM 可以当成是扩展出来的一般用途区。

3.2.4　延时程序分析

从上面的分析可知,程序中的符号 R7 代表了工作寄存器的单元,用来暂时存放一些数据,R6 的功能与之相同。下面来看其他符号的含义。

(1) MOV

这条指令的意思是传递数据。指令"MOV R7,#250"中,R7 是接收者,250 是被传递的数,这一行指令的含义是:将数据 250 送到 R7 中去。因此,执行完这条指令后,R7 单元中的值是 250。在 250 前面有个"#"号,所以这条指令称之为立即数传递指令,而"#"后面的数被称之为立即数。

(2) DJNZ

这条指令后面跟着的两个符号,一个是 R6,一个是 D2。R6 是寄存器,D2 是标号。DJNZ 指令的执行过程是:将其后面的第一个参数中的值减 1,然后看这个值是否等于 0。如果等于 0,往下执行;如果不等于 0,则转移到第二个参数所指定的位置去执行;在这里是转到由 D2 所标识的这条语句去执行。本条指令的最终执行结果是:这条指令被执行 250 次(因为此前 R6 中已被送了一个数:250)。

在执行完了"DJNZ R6,D2"之后(即 R6 中的值等于 0 之后),转去执行下一行程序即"DJNZ R7,D1",由于 R7 中的值不为 0,所以减 1 后转去 D1 标号处,即执行"MOV R6,#250"这一行程序。这样,R6 中又被送入了 250 这个数,然后再去执行"DJNZ R6,D2"指令,最终的结果是"DJNZ R6,D2"这条指令将被执行 250×250=62 500 次,从而实现延时。

最后一条指令是:

```
RET
```

子程序在执行过程中如果遇到这条指令,会返回到主程序,到调用这段子程序指令的下一条指令继续执行。

3.2.5 延时时间的计算

通过前面对延时程序的分析可知“DJNZ R6,D2”这行程序会被执行 62 500 次,但是执行这么多次需要多长时间、是否满足要求还不知道,为此需要了解单片机的时序。

1. 振荡器和时钟电路

图 3-8 是 80C51 单片机的振荡电路示意图。在 80C51 单片机的内部,有一个高增益的反相放大器,用于构成振荡器,其输入端和输出端分别连接到单片机的外部,即 XTAL1 和 XTAL2 引脚。在 XTAL1 和 XTAL2 两端跨接一个晶振、两个电容,构成一个稳定的自激式振荡电路。

80C51 单片机中常用晶振的标称频率有 4 MHz、6 MHz、12 MHz 和 11.059 2 MHz 等,近年来,80C51 单片机技术发展很快,出现了一些工作频率很高的单片机,因此,也有一些单片机会使用 22.118 4 MHz、24 MHz、33 MHz 或更高频率的晶振。

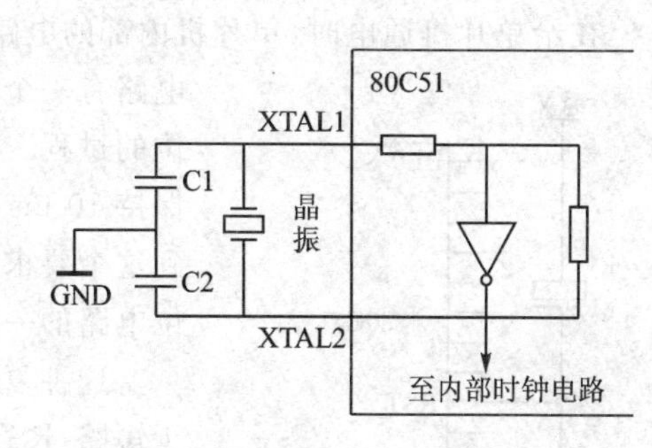

图 3-8 振荡电路

电容 C1、C2 通常取 18～47 pF。这两个电容还可以对振荡频率起微调的作用,因为购买到的晶振实际频率可能与其标称频率不完全相同,调整这两个电容可以将频率调到所希望的频率上去。当然,作一般应用时,不需要做这样的调整,只有在涉及到一些做时间基准(如频率计)的应用时才需要做这样的调整。

2. CPU 时序

(1) 机器周期

在计算机中,为了便于管理,常把一条指令的执行过程划分为若干个阶段,每一阶段完成一项工作。例如,取指令、存储器读、存储器写等,每一项工作为一个基本操作。完成一个基本操作所需的时间称之为一个机器周期。这是一个时间基准,类似于人们用“秒”作为生活中的时间基准一样。由于 80C51 单片机工作时晶振频率不一定相同,所以直接用“秒”做时间基准不如用机器周期方便。

(2) 振荡周期

80C51 单片机的晶体振荡器周期,等于振荡器频率的倒数。习惯的说法是,接在 80C51 单片机上的晶振,其标称频率的倒数是该单片机的振荡周期。

80C51 单片机中 1 个机器周期由 12 个振荡周期组成。假设一个单片机工作于 12 MHz,它的时钟周期就是 1/12 μs,它的一个机器周期是 12×(1/12)即 1 μs。

80C51 单片机的所有指令中,有一些完成得比较快,只要一个机器周期就行了;而有一些完成得比较慢,需要 2 个机器周期,还有两条指令要 4 个机器周期才能完成。为了计算指令执行时间的长短,引入一个新的概念,即指令周期。

(3) 指令周期

指令周期是指执行一条指令的时间,用机器周期数来表示。每一条指令需用的机器周期数永远是固定的,而且每一条指令所需的机器周期数可以通过表格查到,这些数据大部分不需要记忆,但有一些需要记住,如 DJNZ 是一条双周期指令,执行该条指令需 2 个机器周期。

了解了这些知识后,可以来计算例 3-3 中延时程序的延时时间了。首先必须要知道电路板上所使用的晶振的频率,假设所用晶振为 12 MHz,一个机器周期是 1 μs。而 DJNZ 指令是双周期指令,所以执行一次需要 2 μs。一共执行 62 500 次,即 125 000 μs,也就是 125 ms(当然实际的延时时间要稍长一些,因为"MOV R6,#250"这条指令也会被执行 250 次,不过,如果不要求十分精确,这点差别往往忽略不计)。

3.3 单片机的复位电路

在给单片机通电时,单片机内部的电路处于不确定的工作状态,为使单片机工作时内部电路有一个确定的工作状态,单片机在工作之前要有一个复位的过程。对于 80C51 单片机而言,通常在其 RST 引脚上保持 10 ms 以上的高电平就能使单片机完全复位。为了达到这个要求,可以用很多种方法,图 3-9 是 80C51 单片机复位电路的一种接法。

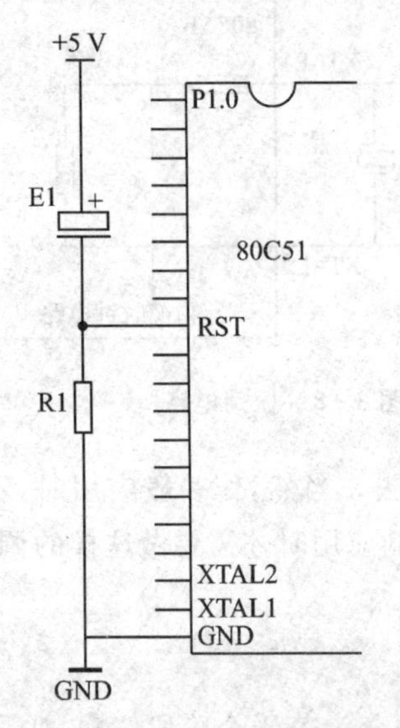

图 3-9 51 单片机的复位电路

这种复位电路的工作原理是:通电时,电容 E1 两端相当于短路,RST 引脚上为高电平,然后电源通过电阻 R1 对电容 E1 充电,RST 端电压慢慢下降,降到一定电压值以下,即为低电平,单片机开始正常工作。

复位操作的主要功能是把 PC 初始化为 0000H,使单片机程序存储器从 0000H 单元开始执行程序。此外,复位操作使 P0～P3 这些引脚变为高电平,还会对内部的一些单元产生影响,表 3-4 是复位后有关寄存器的内容。

单片机的复位电路非常重要,它影响到单片机是否能够可靠地工作。上面给出的只是原理,可以在一些要求不高的场合使用,而在一些要求较高的场合,必须要专门设计复位电路。关于这方面的知识,请参考相关书籍。

表 3-4 复位后的内部寄存器状态

寄存器	内　容	寄存器	内　容
PC	0000H	TMOD	00H
ACC	00H	TCON	00H
B	00H	TH0	00H
PSW	00H	TL0	00H
SP	07H	TH1	00H
DPTR	0000H	TL1	00H
P0～P3	0FFH	SCON	00H
IP	(×××00000B)	SBUF	不确定
IE	(0××00000B)	PCON	(0×××××××B)

3.4　省电工作方式

80C51单片机提供了两种省电工作方式:空闲方式和掉电方式,目的是尽可能地降低系统的功耗。在空闲工作方式中,振荡器继续工作,时钟脉冲继续输出到中断系统、串行接口和定时器模块,但却不提供给CPU;在掉电方式中,振荡器停止工作。两种工作方式都由SFR中的电源控制寄存器PCON的控制位来定义,PCON寄存器的控制格式如表3-5所列。

表3-5　PCON寄存器

SMOD	—	—	—	GF1	GF0	PD	IDL

其中:SMOD——串行口波特率控制位(详见4.5节)。

GF1——通用标志位。

GF0——通用标志位。

PD——掉电方式控制位。PD=1,进入掉电工作方式。

IDL——空闲方式控制位。IDL=1,进入空闲工作方式。

如果同时将PD和IDL置1,则进入掉电工作方式。PCON寄存器的复位值为0×××000,PCON.4~PCON.6为保留位,用户不要对这3位进行操作。

1. 空闲工作方式

当CPU执行完置IDL=1的指令后,系统进入了空闲工作方式,这时,内部时钟不向CPU提供,而只供给中断、串行口、定时器部分。CPU的内部状态维持,即包括堆栈指针SP、程序计数器PC、程序状态字PSW、累加器ACC和其他所有的寄存器的内容保持不变,端口状态也保持不变。

进入空闲方式后,有两种方法可以使系统退出空闲方式。一是任何的中断请求被响应都可以由硬件将IDL清0而中止空闲工作方式。当执行完中断服务程序返回时,从设置空闲工作方式指令的下一条指令开始继续执行程序。

PCON寄存器中的GF0和GF1标志可用来指示中断是否在正常情况下或在空闲方式下发生。例如,在执行置空闲方式的指令前,先置标志位GF0(或GF1),当空闲工作方式被中断中止时,在中断服务程序中可检测标志位,以判断系统是在什么情况下发生中断,如GF0(或GF1)为1,则是在空闲方式下进入中断。

另一种退出空闲方式的方法是硬件复位,由于空闲工作方式下振荡器仍工作,因此这时的复位仅需两个机器周期便可完成。

2. 掉电工作方式

当CPU执行一条置PD=1的指令后,系统进入掉电工作方式,在这种工作方式下,内部振荡器停止工作。由于没有振荡时钟,因此,所有的功能部件都停止工作。但内部RAM区和特殊功能寄存器区的内容被保留,而端口的输出状态值都被存在对应的SFR中。

退出掉电方式的唯一方法是硬件复位。复位后所有特殊功能寄存器的内容初始化,但不改变内部RAM中的数据。

在掉电工作方式下，VCC 可以降到 2 V，但在进入掉电方式以前，VCC 不能降低。而在准备退出掉电方式之前，VCC 必须恢复正常的工作电压，并保持一段时间(10 ms)，使振荡器重新启动并稳定后方可退出掉电方式。

3.5　单片机控制 8 个 LED 闪烁发光

前面已学习了单片机某一引脚的功能，下面看一看其他引脚的功能。前两次做的实验，都是让 P1.0 这个引脚使 LED 亮，很容易想到：既然 P1.0 可以让 LED 亮，那么其他引脚应当也可以。图 3-10 是 80C51 单片机引脚图，从图中可以看到，在 P1.0 旁边有 P1.1～P1.7 引脚，它们是否都可以让 LED 亮呢？除了以 P1 开头的引脚外，还有以 P0、P2、P3 开头的引脚，一共有 32 个引脚以 P 字母开头，只是后面的数字不一样，它们是否有什么联系呢？能不能都点亮 LED 呢？

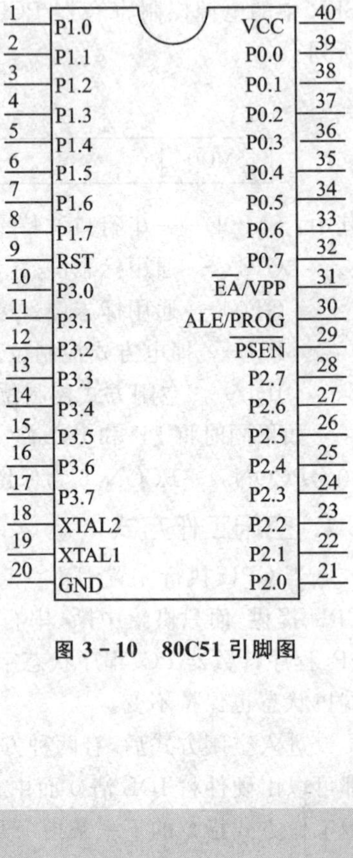

引脚	名称	名称	引脚
1	P1.0	VCC	40
2	P1.1	P0.0	39
3	P1.2	P0.1	38
4	P1.3	P0.2	37
5	P1.4	P0.3	36
6	P1.5	P0.4	35
7	P1.6	P0.5	34
8	P1.7	P0.6	33
9	RST	P0.7	32
10	P3.0	$\overline{EA}$/VPP	31
11	P3.1	ALE/$\overline{PROG}$	30
12	P3.2	$\overline{PSEN}$	29
13	P3.3	P2.7	28
14	P3.4	P2.6	27
15	P3.5	P2.5	26
16	P3.6	P2.4	25
17	P3.7	P2.3	24
18	XTAL2	P2.2	23
19	XTAL1	P2.1	22
20	GND	P2.0	21

图 3-10　80C51 引脚图

3.5.1　实例分析

在实验板上，除了 P1.0 之外，P1.1～P1.7 都有 LED 与之相连，即共有 8 个 LED。要控制这 8 个 LED 同时闪烁发光，可以参考例 3-3，其他部分没有什么变化，只是控制的对象不同，例 3-3 中有“CLR　P1.0”这样的指令，那么其他引脚也可以用“CLR　P1.x”之类的指令(x 取值为 0～7)，但这样似乎太麻烦了，要用上 8 条指令。下面的程序要简单一些。

【例 3-4】　接 P1 口的 8 个 LED 闪烁。

```
MAIN:   MOV     P1,#0FFH
        LCALL   DELAY
        MOV     P1,#00H
        LCALL   DELAY
        LJMP    MAIN
DELAY:  MOV     R7,#250
D1:     MOV     R6,#250
D2:     DJNZ    R6,D2
        DJNZ    R7,D1
        RET
END
```

程序分析：这段程序与例 3-3 比较，只有两处不一样，第 1 行在例 3-3 中是“SETB　P1.0”现在改为“MOV　P1,#0FFH”，第 3 行在例 3-3 中是“CLR　P1.0”，现在改为“MOV　P1,#00H”。

从中不难发现，P1 是 P1.0～P1.7 的全体的代表，一个符号 P1 表示了以“P1.”开头的 8 个引脚。另外，这里用了 MOV 指令，MOV 指令的用途是数据传递，分别把 0FFH 和 00H 这两个数送到 P1 端口。那么 0FFH 和 00H 又分别代表了什么含义呢？0FFH 用二进制数表示就是 11111111B，而 00H 用二进制表示就是 00000000B，因此，送 0FFH，就是让所有 P1.x 引脚输出高电平，即 LED 全灭，而送 00H 就是让 LED 全亮。

程序中的数字 FFH 前面有一个 0，这是汇编软件所要求的，对于十六进制而言，除 0～9 这 10 个数字外，还用了 A～F 作为基本数字，如果用来表示数字的第一个字符不是 0～9 这 10 个阿拉伯数字中的一个，就要在它的前面加一个 0，表示这是一个数字，而不是字符。

3.5.2 用实验仿真板来实现

以下使用实验仿真板来验证这一功能，同时进一步学习实验仿真板的使用。

启动 Keil 软件，输入源程序，并以文件名 304.asm 保存起来，然后建立名为 304 的工程文件，加入 304.asm 源程序，设置工程，打开 Debug 选项卡后，在“Dialog：Parameter：”的文本框中输入“- dledkey”，然后单击“确定”按钮关闭对话框。按 F7 键汇编、链接以获得目标文件，然后选择 Debug→Start/Stop Debug 命令或按快捷键 Ctrl＋F5 进入调试状态，选择 Peripherals→“键盘、显示实验仿真板”命令，再单击“运行”按钮即可开始运行。可以从仿真板上直观地观察到接在 P1 口的 8 个 LED 闪烁发光。

随书光盘中的 example\ch03\3 - 4\304.html，记录了这一任务完成的过程，并配有语音解说，读者可以对照学习。

3.6 用按钮控制 LED

通过例 3 - 4 的实验可知，P1 口的 8 个引脚能够作为输出来使用，事实上，另外的 24 条以 P 字开头的引脚也可以作为输出来使用，除此之外，这 32 个引脚还可以作为输入端来使用。

3.6.1 实例分析

用按钮控制发光管的实验电路如图 3 - 11 所示，图中 P3.2～P3.5 分别接了 4 个按钮。当按钮按下时，引脚将被接地，即这些引脚上为低电平，P1 口的接法与前面相同。

【例 3 - 5】 P3 口作输入的程序。

```
MAIN:  MOV    P3,#0FFH
LOOP:  MOV    P1,P3
LJMP   LOOP
END
```

接通电源，P1 口上所有灯全部处于熄灭状态，然后任意按下一个按钮，P1 口上有一个灯亮了，松开按钮灯即熄灭。再按下另一个按钮，P1 口上另一个灯亮，松开按钮灯灭。如果同时按下几个按钮，那么会同时有几个灯亮。而且按钮和灯有一定的对应关系，开关 S1 对应的是 LED3，开关 S2 对应的是 LED4，依次类推。

从图3-11硬件电路连线图中可以看出，一共有4个按钮被接到P3口的P3.2～P3.5引脚，分别是S1、S2、S3和S4。在例3-5程序中，各指令功能如下：

- 第1条指令的用途是使P3口全部为高电平；
- 第2条指令的用途是将P3口的数据送入P1口；
- 第3条指令是循环，即不断地重复“将P3口的数据送入P1口”这个过程。

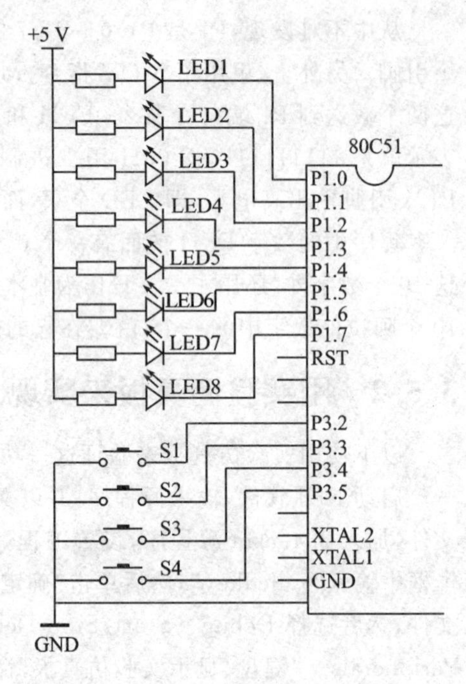

图3-11 验证输入的电路原理图

当按下S1按钮时，LED3亮了，所以P1.2口应该输出低电平。看一看有什么被送到了P1口，只有从P3口的值被送到了P1口，所以，肯定是P3口进来的数据使得P1.2位输出低电平。接P3.2的S1按钮被按下，使P3.2位的电平为低，通过程序读入再送到P1口，使得P1.2口输出低电平，所以P3口起了输入的作用。

验证：按S2、S3、S4按钮，同时按下2个、3个、4个按钮都可以得到同样的结论，P3口确实起到了输入作用，可以得到结论“P3口中的这4个引脚可以用作输入”。

如果继续试验，可以发现其他以P开头的引脚都可以作为输入也可以作为输出，这32个引脚称之为并行I/O口。

3.6.2 用实验仿真板来实现

以下使用实验仿真板来验证这一功能，同时进一步学习实验仿真板的使用。

启动Keil软件，输入源程序，并以文件名305.asm保存起来，然后建立名为305的工程文件，加入305.asm源程序，设置工程，打开Debug选项卡后，在“Dialog:Parameter:”的文本框中输入“-dledkey”，然后单击“确定”按钮关闭对话框。按F7键汇编、链接以获得目标文件，然后选择Debug→Start/Stop Debug命令或按快捷键Ctrl+F5进入调试状态，选择Peripherals→“键盘、显示实验仿真板”命令，然后单击“运行”按钮即可开始运行，用鼠标单击实验仿真板上的4个按钮，可以观察到接在P1口的8个LED点亮或熄灭的情况。

随书光盘中的example\ch03\3-5\305.html，记录了这一任务完成的过程，并配有语音解说，读者可以对照学习。

3.7 并行I/O口

80C51单片机共有4个8位的并行双向I/O口，共32个引脚。这4个并行I/O口分别被记作P0、P1、P2和P3，每个并行I/O口的结构和功能并不完全相同。

3.7.1 并行 I/O 口的功能

- P0 口:P0 口是一个多功能口,除了作为通用 I/O 口外,还可以作为地址/数据总线,在单片机进行系统扩展时用作系统总线。
- P1 口:P1 口作为通用 I/O 口使用。
- P2 口:P2 口是一个多功能口,除了作为通用 I/O 口外,还可以作为高 8 位的地址线,用于系统的扩展。
- P3 口:P3 口是一个多功能口,除了作为通用 I/O 口外,每一根引脚还有第二种功能,这些功能是非常重要的,但是在本章中还不能详细解释这些功能的用途,所有这些引脚的功能将会在第 4 章中介绍,这里仅列出这些引脚的第二功能定义,如表 3-6 所列。

表 3-6　P3 引脚的第二功能列表

引　脚	第二功能	引　脚	第二功能
P3.0	RXD(串行数据输入)	P3.4	T0(定时器 0 外部输入)
P3.1	TXD(串行数据输出)	P3.5	T1(定时器 1 外部输入)
P3.2	INT0(外部中断 0 输入)	P3.6	WR(外部 RAM 写信号)
P3.3	INT1(外部中断 1 输入)	P3.7	RD(外部 RAM 读信号)

3.7.2 并行 I/O 口的结构分析

1. 简要说明

图 3-12(a)是 P1 口中一位的结构示意图,虚线部分在单片机内部。从图中可以看出,如果把内部的电子开关打开,引脚通过上拉电阻与 VCC 接通,此时引脚输出高电平。如果把电子开关闭合,引脚将与地相连,此时引脚输出低电平。P2、P3 口的输出部分基本上也是这样一个结构。但是 P0 就不一样了,图 3-12(b)是 P0 口中一位的结构,从图中可以看出,连接到 VCC 的也是一个电子开关。实际上,只有这样,这个引脚才有可能具有真正的三态(高电平、低电平和高阻态)。而图 3-12(a)所示的结构是不存在第三态(高阻态)的。通常把 P1、P2 和 P3 口称之为准双向 I/O 口,而 P0 则是真正的双向 I/O 口。

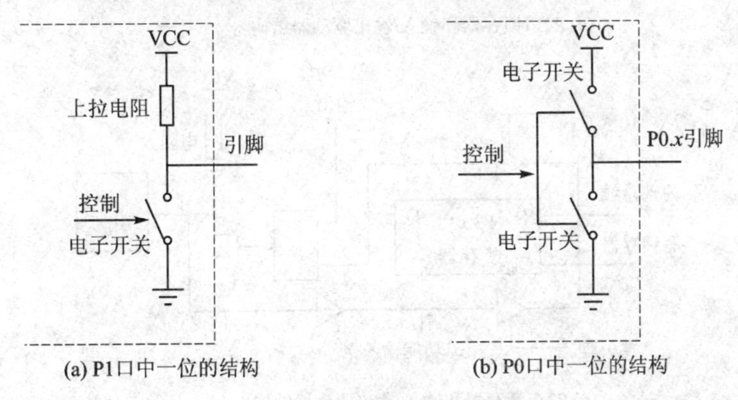

图 3-12　51 单片机 I/O 口的两种结构

2. 结构分析

真正的 I/O 口结构比上述示意图复杂一些，图 3－13 给出了 P0～P3 口中一位的结构图，由于 4 个 I/O 口的功能并不一样，所以它们在电路结构上也不相同，但是输出部分大体是一样的。

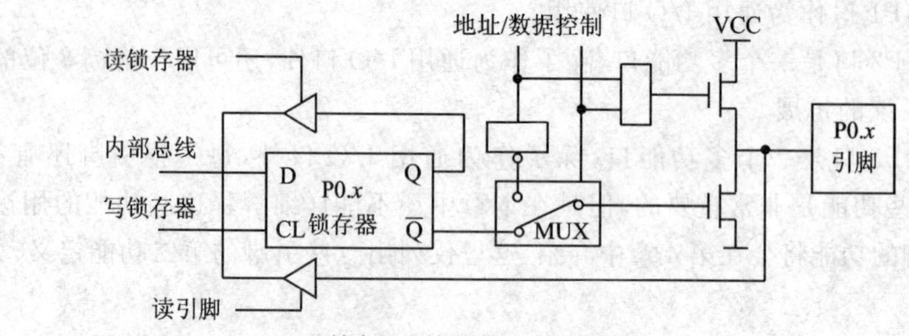

(a) P0口锁存器和输入/输出驱动器结构

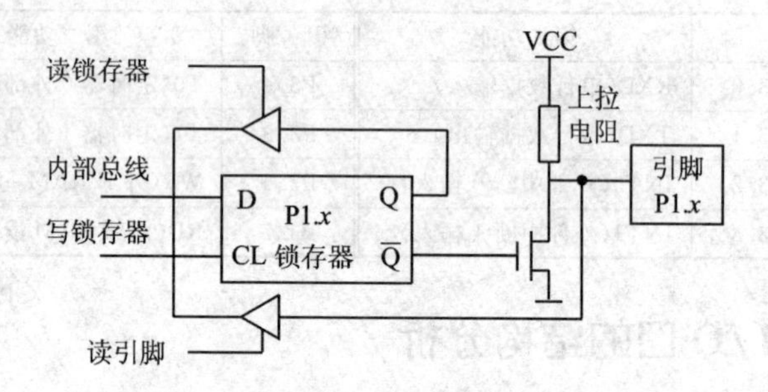

(b) P1口锁存器和输入/输出驱动器结构

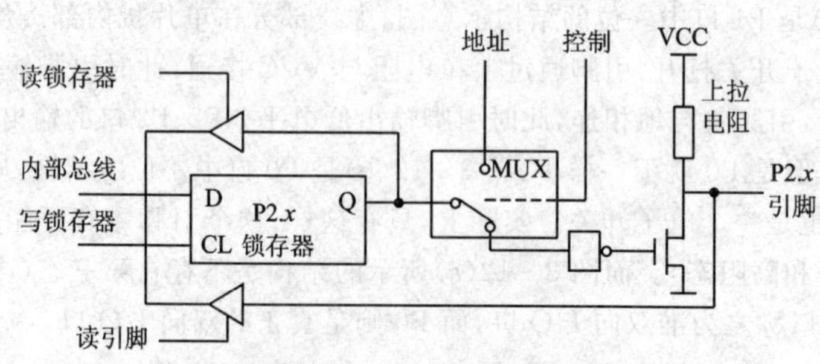

(c) P2口锁存器和输入/输出驱动器结构

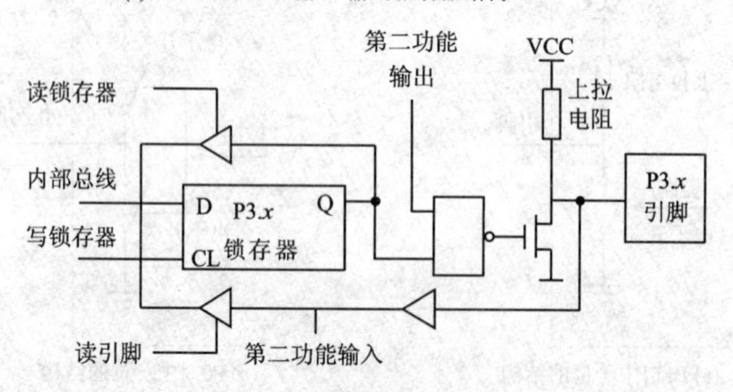

(d) P3口锁存器和输入/输出驱动器结构

图 3－13　并行 I/O 口锁存器和输入/输出驱动器结构

从图 3-13 来看,输出端的电子开关是由 CPU 送出的一根控制线来控制的,这根控制线是单片机内部数据总线中的一根。数据总线是一组公用线,很多的部件都与其相连,而不仅仅是某一个并行口。在不同的时刻,不同的部件需要不同的信号。比如某一时刻 P1.0 要求输出高电平并要求保持若干时间,在这段时间里,CPU 不能停在那里,它还需要与其他部件联络,因此这根数据线上的电平未必能保持原来的值不变,这样输出将会发生变化。为解决这一问题,在每一个输出端加一个锁存器。要某个 I/O 输出数据,只要将待输出的数据写入相应的 I/O 口(实际是写入相应的锁存器),然后 CPU 就可以去做其他事情,不必再理会输出的状态了。锁存器会把数据"锁"住,直到 CPU 下一次改写数据为止。每一个 I/O 口锁存器通常用这个 I/O 端口的名字来命名它。例如:

```
MOV     P1,#0FFH
```

这条指令实际是将 0FFH 送到 P1 口的锁存器中,这里的 P1 和真正的引脚所指的 P1 口不一样,但人们通常不会分得这样细,笼统地称之为 P1。

分析一下各个端口的输出功能:

- P0 口:P0 口除了具有输出结构以外,还有一个多路切换开关,用于在地址/数据和 I/O 口功能之间进行切换。
- P1 口:P1 口的结构最简单,仅有一个锁存器用于保存数据,作为通用 I/O 使用。
- P2 口:P1 口的结构与 P0 口相似,也有一个多路切换器,用于在地址和 I/O 功能之间进行切换。
- P3 口:P3 口的引脚是具有第二功能的,因此,它输出结构也类似于 P0 口,只不过在第二功能中,有一些是输出,有一些是输入,所以图 3-13(d)看起来要复杂一些。

3.7.3 I/O 端口的输入功能分析

1. 读锁存器与读引脚

在图 3-13 中,有两根线,一根从外部引脚接入,另一根从锁存器的输出端 Q 接出,分别标明读引脚和读锁存器,这两根线用于实现 I/O 口的输入功能。在 80C51 单片机中,输入有两种方式,分别称为"读引脚"和"读锁存器"。

- 第一种方式是将引脚作为输入,那是真正地从外部引脚读进输入的值,即当引脚作为输入端时用读引脚的方式来输入。
- 第二种方式则是引脚作为输出端使用时采用的工作方式,80C51 单片机的一些指令,如取反指令(如果引脚目前的状态是 1,则执行该指令后输出变为 0;引脚目前的状态是 0,则执行该指令后输出变为 1),这一类指令的最终结果虽然是把并行口作为输出来使用,但在执行它的过程中却要先"读",取反指令就是先"读"入原来的输出状态,然后经过"取反"电路后再输出。

图 3-14 是读锁存器功能的必要性的电路示意图,如果在某个应用中直接把 P1.0 接到三极管的基极(这是可行的,并不会损坏三极管或单片机的 P1.0 引脚),当 P1.0 输出高电平时,三极管导通。按理,这个引脚应当是高电平,但是由于三极管的箝位作用,实际测到这个引脚的电压值不会超过 0.7~0.8 V,这个电压值单片机会将它当作"低电平"处理。这时,如果"读"的是引脚的状态,就会出现失误,本来输出是高电平会被误认为是低电平。为

了保证这一类指令的正确执行,80C51 单片机引入了"读锁存器"这种操作,执行这一类指令时,读的是控制锁存器,而不是引脚本身,这样就保证了总能获得正确的结果。这一类指令主要有:ANL(逻辑与指令)、ORL(逻辑或指令)、XRL(逻辑异或指令)、INC(增 1 指令)、DEC(减 1 指令)等。

2. 准双向 I/O 口

图 3-15 是"准"双向 I/O 口示意图,假设这是 P1 口的一位,作为输入使用,注意左边虚线框内的是 I/O 的内部结构,右边是外接的电路。按设计要求是接在外部的按钮没有按下时,单片机应当读到"1",按钮按下时,单片机应当读到"0",但事实上并不是在任何情况下都能得到正确的结果。

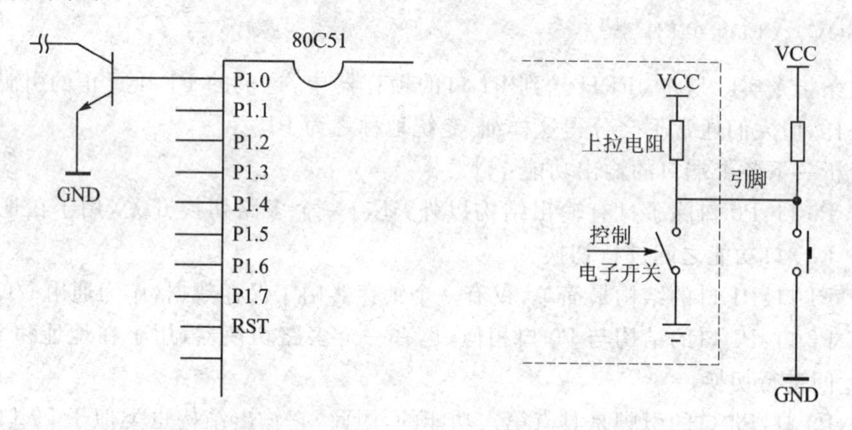

图 3-14 读锁存器功能的必要性　　图 3-15 "准"双向 I/O 口的含义

接在外部的开关如果打开,则应当是输入"1",而如果闭合开关,则输入"0"。但是,假如单片机内部的开关是闭合的,那么不管外部的开关是开还是闭,单片机读到的数据都是"0"。那么内部开关是否会闭合呢?事实上,如果向这个引脚写一个"0",这个电子开关就闭合了。因此,要让这个端口作为输入使用,要先做一个"准备工作",就是先让内部的开关断开,也就是让端口输出"1"才行。换言之,在 P1 口作为输入之前,要先向 P1 口写一个"1"才能把它作为输入口使用。这样,对于准双向 I/O 也可以这样理解:由于在输入时要先做这么一个准备工作,所以被称之为"准双向 I/O 口"。P2、P3 的输出部分结构与 P1 相同,P2、P3 在进行输入之前,也必须进行这个准备工作,就是把相应的输入端置为"1",然后再进行"读"的操作;否则,就会出错。

3.8 用单片机实现流水灯

流水灯是一种常见的装饰,常见于舞台等场合,最简单的流水灯就是各个灯依次发光,以下用 80C51 单片机来实现这一功能,可以看到,用单片机实现这一功能很方便。

3.8.1 实例分析

在图 3-11 中,P1 口的每一位都接有一个 LED,要实现流水灯功能,就是要让各 LED 依次点亮并延时熄灭,然后再点亮下一个 LED,用前面学到过的指令,已经可以实现了。最简单和直接的方法是依次将数据送往P1口，每送一个数延时一段时间，送完8个数后，从头开始循环。这8个数可以依次是0FEH、0FDH、0FBH、0F7H、0EFH、0DFH、0BFH、7FH。这段程序，请自行编写。

如果把这8个数改成：01H、02H、04H、08H、10H、20H、40H、80H　就可以实现暗点流动的效果。

上面的方法，稍嫌“笨”了一点，用下面的程序可以方便一些。

【例3-6】　用单片机实现流水灯的程序。

```
        ORG     0000H
        LJMP    START
        ORG     30H
START:  MOV     A,#0FEH
LOOP:   MOV     P1,A
        RL      A
        LCALL   DELAY
        LJMP    LOOP
DELAY:…与例3-4程序中的Delay延时程序相同。
```


就这么简单的几行程序，就能实现奇妙的流水灯效果，的确不错。

程序分析：这段程序中的“RL A”是一条左移指令。它的用途是把A累加器中的值循环左移，设A=11111110，则在执行一次“RL A”指令后，A中的值就变为11111101，执行第二次后，变为11111011，也就是各位数字不断向左移动，而最右一位由最左一位移入。

3.8.2　用实验仿真板来实现

启动Keil软件，输入源程序，并以文件名306.asm保存起来，然后建立名为306的工程文件，加入306.asm源程序，设置工程，打开Debug选项卡后，在“Dialog :Parameter:”的文本框中输入“-dledkey”，单击“确定”按钮关闭对话框。按F7键汇编、链接以获得目标文件，然后选择Debug→Start/Stop Debug命令或按快捷键Ctrl+F5进入调试状态，选择Peripherals→“键盘、显示实验仿真板”命令，然后单击“运行”按钮即可开始运行。可以从仿真板上直观地观察到接在P1口的8个LED呈流水灯状态发光的情况。

随书光盘中的example\ch03\3-6\306.html，记录了这一任务完成的过程，并配有语音解说，读者可以对照学习。

附录A提供了一个与交流电接口的流水灯控制板，可以做成真正的供舞台等场合使用的流水灯。

3.9　单片机内部结构分析

图3-16是80C51单片机的内部结构示意图，从图中可以看到，在一个80C51单片机内部有以下一些功能部件：

- 一个8位CPU用来运算、控制。
- 片内数据存储器RAM，对于51型单片机而言，容量是128字节。

- 片内程序存储器 ROM，对于 89S51 单片机而言，容量是 4 KB(4 096 个单元)。
- 4 个 8 位的并行 I/O 口，分别是 P0、P1、P2、P3。
- 2 个 16 位的定时器/计数器。
- 中断结构。
- 一个可编程全双工通用异步接收发送器 UART。
- 一个片内振荡器用于时钟的产生。
- 可以寻址 64 KB 外部程序存储器和外部数据存储器的总线扩展结构。

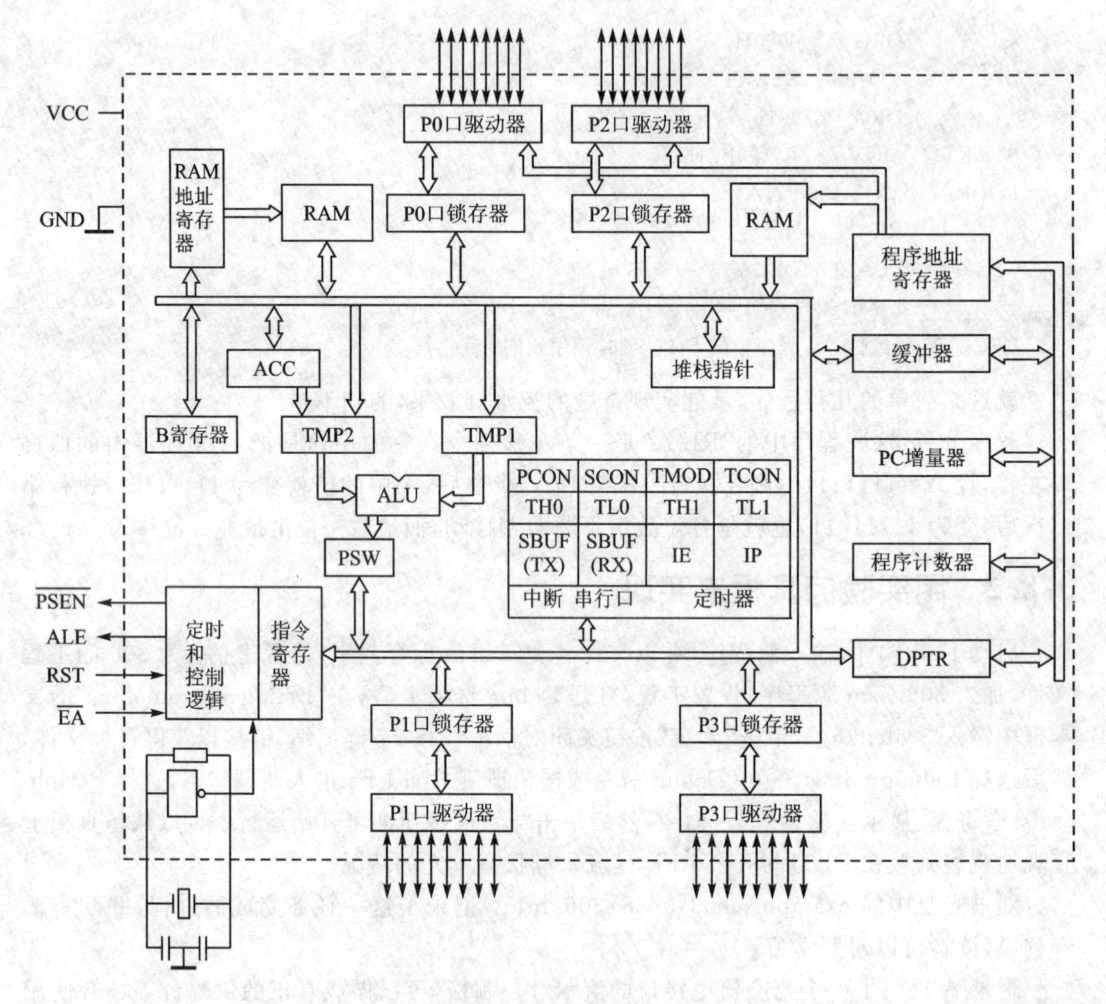

图 3-16　51 单片机的内部结构示意图

3.9.1　80C51 CPU 的内部结构与功能

1. 运算器

80C51 CPU 中的运算器主要包括一个可以进行算术运算和逻辑运算的 ALU(算术和逻辑运算单元)、8 位暂存器 TMP1 和 TMP2、8 位累加器 ACC、寄存器 B 以及程序状态字 PSW 等。其中累加器 ACC 是一个 8 位的存储单元，和前面介绍的 RAM 单元一样，是用来存放数据的，但是，这个存储单元有其特殊的地位，是单片机中一个非常关键的单元，很多运算都要通过 ACC 来进行。以后在学习指令时，常用 A 来表示累加器。但也有一些例外，比如在 PUSH 指令中，就必须用 ACC 这样的名字。一般情况下，A 代表了累加器中的内容，而 ACC 代表的是累加器的地址。

2. B——8 位寄存器

一般情况下，可以作为通用的寄存器来用，但是，在执行乘法和除法运算时，B 就必须参与其中，存放运算的一个操作数和运算后的一个结果。

3. PSW——程序状态字

这是一个 8 位的寄存器，用来存放当前有关指令执行结果的状态标志，可以了解 CPU 的当前状态，并作出相应的处理。它的各位功能如表 3－7 所列。

表 3－7　程序状态字 PSW 中各位的功能

D7	D6	D5	D4	D3	D2	D1	D0
CY	AC	F0	RS1	RS0	OV		P

各位的功能如下：

① CY：进位标志。80C51 中的运算器是一种 8 位的运算器，8 位运算器只能表示 0～255，如果做加法的话，两数相加可能会超过 255，这样最高位就会丢失，造成运算的错误。为解决这个问题，设置一个进位标志，如果运算时超过了 255，就把最高位进到这里来，这样就可以得到正确的结果了。

例：78H＋97H（01111000＋10010111）结果是 10F，即 100001111 一共 9 位，但是存数的单元只能放下 8 位，也就是 0000，1111，这样，结果就变成了 78H＋97H＝0FH，显然不对。因此设置了 CY 位，在运算之后，将最高位送到 CY，只要在程序中检查 CY 是 1 还是 0，就能知道结果究竟是 0FH 还是 10FH，避免出错。

② AC：半进位标志。

例：57H＋3AH（01010111＋00111010）结果是 91H，即 10010001，就整个数而言，并没有产生溢出，所以 CY＝0，但是这个运算的低 4 位相加（7＋A）却产生了进位，因此，运算之后 AC＝1。

③ F0：用户标志位。由编程人员决定什么时候用，什么时候不用。

④ RS1、RS0：工作寄存器组选择位。

⑤ OV：溢出标志位。

⑥ P：奇偶校验位。用来表示 ALU 运算结果中二进制数"1"的个数的奇偶性。若为奇数，则 P＝1，否则为 0。

例：某运算结果是 78H（01111000），显然 1 的个数为偶数，所以 P＝0。

4. DPTR（DPH、DPL）

由两个 8 位的寄存器 DPH 和 DPL 组成的 16 位的寄存器。DPTR 称之为数据指针，可以用它来访问外部数据存储器中的任一单元，如果用不到这一功能，也可以作为通用寄存器来用。

5. SP——堆栈指针

首先介绍一下堆栈的概念。日常生活中有这样的现象，家里洗的碗，一个一个摞起来，最后洗的放在最上面，而最早洗的则被放在最下面。取时正好相反，先从最上面取，这种现象用一句话来概括："先进后出，后进先出"。这种现象在很多场合都有，比如建筑工地上堆放的材料，仓库里存放的货物等，都遵循"先进后出，后进先出"的规律。

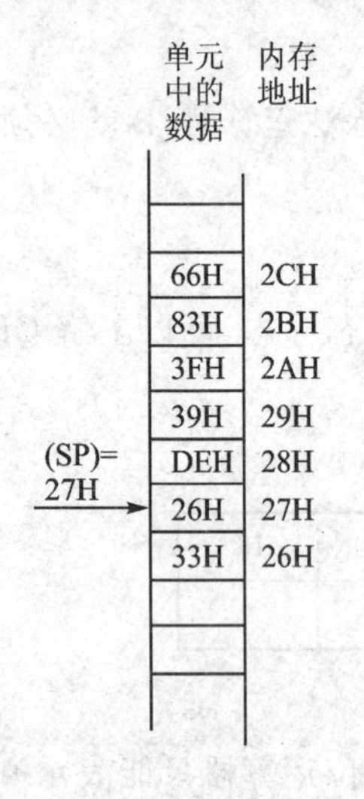

图 3-17 堆栈指针示意图

在单片机中，也可以在 RAM 中构造这样一个区域，用来存放数据，这个区域存放数据的规则就是"先进后出，后进先出"，称之为"堆栈"。为什么要这样来存放数据呢？存储器本身不是可以按地址来存放数据吗？知道了地址的确就可以知道里面的内容，但如果需要存放一批数据，每一个数据都需要记住其所在地址单元，就比较麻烦了。如果规定数据一定是一个接一个地存放，那么只要知道第一个数据所在单元的地址就可以了。图 3-17 是堆栈指针示意图，从图中可以看出，假设第一个数据在 27H，那么第二、三个就一定在 28H、29H。利用堆栈这种方法来存放数据可以简化操作。

80C51 单片机是在内存(RAM)中划出一块空间用于堆栈，但是用内存的哪一块不好定，因为 80C51 是一种通用的单片机，做不同的项目时实际需求各不相同，有的工作需要多一些堆栈，而有的工作则不需要那么多，所以怎么分配都不合适。如何来解决这个问题呢？分不好干脆就不分了，把分配的权利交给用户（单片机开发者），根据项目的实际需要去确定，所以 80C51 单片机中堆栈的位置是可以变化的，而这种变化就体现在 SP 中值的变化。从图 3-17 可以看出，如果让 SP 中的值等于 27H，相当于是一个指针指向 27H 单元。同样，只要把 SP 单元中的数据改成其他的值，那么这个区域在 RAM 中的位置马上就改变了。比如把 SP 中的值改为 5FH，那么堆栈就到 RAM 区后面的部分，程序中只要改变 SP 的值即可，很方便。以上只是一般性的说明，实际在 80C51 单片机中，堆栈指针所指的位置并非就是数据存放的位置，而是数据存放的前一个位置。比如开始时指针是指向 27H 单元，那么在进行堆栈操作时，第一个存入数据的位置是 28H 单元，而不是 27H 单元，出现这种情况的原因与堆栈指令执行的过程有关，这会在学习堆栈命令时作详细说明。

从图 3-16 中还可以看到，图中有一些名称不知是什么，如 TCON，TH1，TL1 等。在学习了前面的知识以后可知，对并行 I/O 口的读/写只要将数据送入到相应的 I/O 口锁存器就可以了。那么单片机中还有一些功能部件如定时器/计数器、串行 I/O 口等如何来使用呢？在单片机中有一些独立的存储单元用来控制这些功能部件，这些存储单元被称之为特殊功能寄存器(SFR)。

顾名思义，所谓特殊功能，就是指这些寄存器里面的内容是有特定含义的，不可以随便存放数据。它们的名字和前面所学的"通用工作寄存器"相对应。例如，某段程序中可能这样写"MOV R7，#255"，其他程序段里也许会出现"MOV R7，#100"之类的指令，即 R7 中可以送入任意数据而不必担心会出现问题。这一类寄存器本身并没有特定的用途，它相当于一个货物的"中转站"，其中可以放任意内容。而指令"MOV P1，#0FEH"中的数 0FE 就是有特定含义的，它取决于硬件及所要完成的任务，如要让 P1.0 所接的 LED 亮而其 P1 口其他引脚所接的 LED 不亮，就一定要送这个数到 P1 去，也就是说 P1 这一类的寄存器不能作为"中转站"来使用，送入其中的值都有特定的意义。这一类寄存器称之为"特殊功能寄存器”。

表3－8给出了特殊功能寄存器的名称和其含义，其中有一些已学过，如P1、SP、PSW等，其他没有学过的特殊功能寄存器的含义将会在学习相关内容时介绍。

表3－8　特殊功能寄存器表

符　号	地　址	功能介绍	符　号	地　址	功能介绍
B	F0H	B寄存器	TL1	8BH	定时器/计数器1(低8位)
ACC	E0H	累加器	TL0	8AH	定时器/计数器0(低8位)
PSW	D0H	程序状态字	TMOD	89H	定时器/计数器方式控制寄存器
IP	B8H	中断优先级控制寄存器			
P3	B0H	P3口锁存器	TCON	88H	定时器/计数器控制寄存器
IE	A8H	中断允许控制寄存器	DPH	83H	数据地址指针(高8位)
P2	A0H	P2口锁存器	DPL	82H	数据地址指针(低8位)
SBUF	99H	串行口锁存器	SP	81H	堆栈指针
P1	90H	P1口锁存器	P0	80H	P0口锁存器
TH1	8DH	定时器/计数器1(高8位)	PCON	87H	电源控制寄存器
TH0	8CH	定时器/计数器0(高8位)			

3.9.2　控制器

80C51 CPU中的控制器包括程序计数器PC、指令寄存器、指令译码器、振荡器和定时电路等。其中PC共有16位，因此，80C51单片机一共可以对16位地址线进行管理，即80C51单片机可以对64 KB的程序存储器(ROM)进行直接寻址。

控制器的大部分功能对单片机的使用者来说是不可见的，所以这里就不作详细介绍了。

思考题与习题

1. 80C51单片机内部包含哪些主要逻辑功能部件?

2. 开机复位后，单片机从什么地方开始执行程序？为什么?

3. 解释80C51的时钟周期、机器周期、指令周期。当晶振频率是6 MHz时，一个机器周期是多长时间?

4. 单片机为什么需要复位电路，单片机复位期间会做哪些工作？单片机复位阶段可以人为地控制吗?

5. 当单片机系统关机后立即再开机，有时就不能正常地工作，请分析原因，并提出解决的方案。

第4章

定时器/计数器、中断和串行接口

这一章主要介绍定时器/计数器、中断和串行接口的结构、原理及应用，这几部分是80C51单片机内部的典型"外围"设备，它们相互独立，但在应用时又有着紧密的联系，因此将这些内容安排在一章介绍。本章在举例时用到了多条指令，而指令的有关知识将在第5章讲解，为此，书中对每一条新出现的指令的用法作了详细介绍，读者学习时可暂不必在意指令的有关概念方面的知识，而是着重学习好每一条指令的用法，理解例子的用途。

4.1 定时器/计数器的基本概念

在学习定时器/计数器的结构、功能之前，首先了解一下关于定时/计数的概念。

1. 计 数

计数一般是指对事件的统计，通常以"1"为单位进行累加。生活中常见的计数应用有：录音机上的磁带量计数器、家用电度表、汽车、摩托车上的里程表等。计数也广泛应用在工业生产中，如某饮料生产线上需要对物品进行计数：要求每12瓶为一打做一个包装，生产线上对每瓶饮料计数，每计数到12就应当产生一个电信号以带动某机械机构做出相应的动作。

2. 计数器的容量

录音机上的计数器通常最多只能计到999，汽车上的里程表其位数是一定的，可见计数器总有一定的容量。80C51单片机中有两个计数器，分别称之为T0和T1，这两个计数器分别由两个8位的计数单元组成，即每个计数器都是16位的，最大的计数量是65 536。

3. 定 时

80C51中的计数器除了可以用作计数，还可以用作定时。定时的用途很多，如学校里面使用的打铃器、电视机定时关机、空调器的定时开关等场合都要用到定时，定时和计数有一定关系。

一个闹钟，将它设定在1小时后闹响，换一种说法就是秒针走了3 600次之后闹响，这样时间的测量问题就转化为秒针走的次数问题，也就变成了计数的问题了。由此可见，只要每一次计数信号的时间间隔相等，则计数值就代表了时间的流逝。

单片机中的定时器和计数器是同一结构，只是计数器记录的是单片机外部发生的事件，由单片机的外部电路提供计数信号；而定时器是由单片机内部提供一个非常稳定的计数信号。从图 4-1 可以看到，由单片机振荡信号经过 12 分频后获得一个脉冲信号，将该信号作为定时器的计数信号。单片机的振荡信号是一个由外接晶振构成的晶体振荡器产生的，一个 12 MHz 的晶振，提供给计数器的脉冲频率是 1 MHz，每个脉冲的时间间隔是 1 μs。

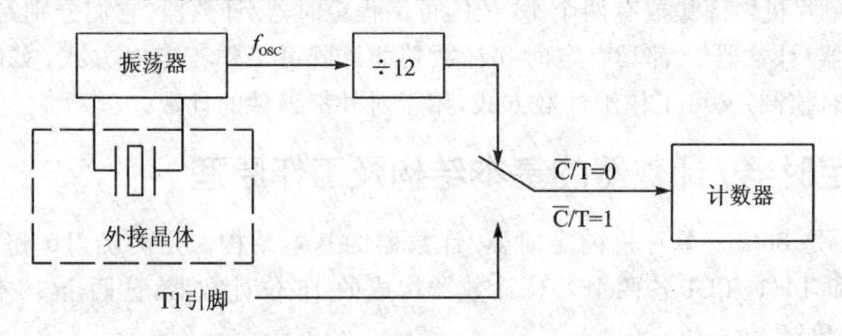

图 4-1　计数器的两个计数来源

4. 溢　出

计数器的容量是有限的，当计数值大到一定程度就会出现错误。例如，收录机上的计数器，其计数值最大只到 999，如果已经计数到 999，再来一个计数信号，计数值就会变成 000。此时，如果认为收录机没有动显然是错误的，有一些应用场合必须要用一定的方法来记录这种情况。单片机中计数器的容量也是有限的，会产生溢出，一旦产生溢出将使 TF0 或 TF1 变为 1，这样就记录了溢出事件。在生活中，闹钟的闹响可视作定时时间到时产生的溢出，这通常意味着要开始做某件事（起床、出门等）。其他例子中的溢出也有类似的要求，推而广之，溢出通常都意味着要求对事件进行处理。

5. 任意定时及计数的方法

计数器的容量是 16 位，最大的计数值是 65 536，因此每次计数到 65 536 都会产生溢出。但在实际工作中，经常会有少于 65 536 个计数值的要求，如包装线上，一打为 12 瓶，这就要求每计数到 12 就要产生溢出。生产实践中的这类要求实际上就是要能够设置任意溢出的计数值，为此可以采用“预置”的方法来实现。计数不从 0 开始，而是从一个固定的值开始，这个固定值的大小，取决于被计数的大小。如果要计数 100，预先在计数器里放进 65 436，再来 100 个脉冲，就到了 65 536，这个 65 436 被称为预置值。

定时也有同样的问题，并可以采用同样的方法来解决。假设单片机的晶振是 12 MHz，那么每个计时脉冲是 1 μs，计满 65 536 个脉冲需时 65.536 ms，如果某应用只要定时10 ms，可以作这样的处理：

10 ms 即 10 000 μs，也就是计数 10 000 时满。因此，计数之前预先在计数器里面放进 65 536－10 000＝55 536，开始计数后，计满 10 000 个脉冲到 65 536 即产生溢出。

与生活中的闹钟不同，单片机中的定时器通常要求不断重复定时，即在一次定时时间到之后，紧接着进行第二次定时操作。一旦产生溢出，计数器中的值就回到 0，下一次计数从 0 开始，定时时间将不正确。为使下一次定时也是 10 ms，需要在定时溢出后马上把 55 536 送到计数器，这样可以保证下一次的定时时间还是 10 ms。

4.2 单片机的定时器/计数器

80C51 单片机内部集成有两个 16 位的可编程定时器/计数器，它们分别是定时器/计数器 0 和定时器/计数器 1，都具有定时和计数功能。既可工作于定时方式，实现对控制系统的定时或延时控制；又可工作于计数方式，用于对外部事件的计数。

4.2.1 定时器/计数器的基本结构及工作原理

图 4－2 是 80C51 单片机内定时器/计数器的基本结构。定时器 T0 和 T1 分别是由 TH0、TL0 和 TH1、TL1 各两个 8 位计数器构成的 16 位计数器，这两个 16 位计数器都是 16 位加 1 计数器。

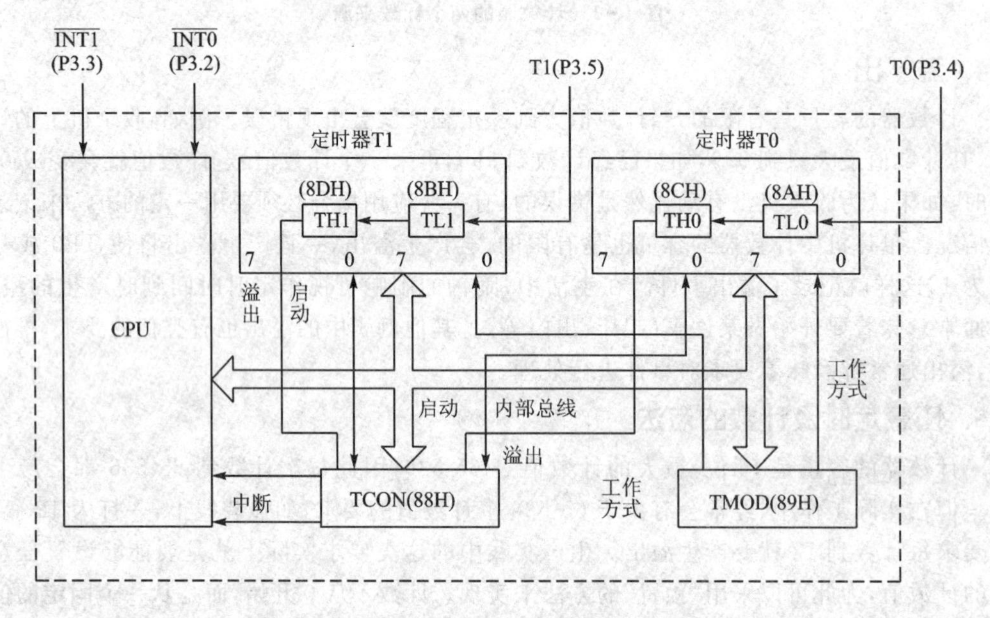

图 4－2　80C51 定时器/计数器的基本结构

T0 和 T1 定时器/计数器都可由软件设置为定时或计数工作方式，其中 T1 还可作为串行口的波特率发生器。T0 和 T1 这些功能的实现都由特殊功能寄存器中的 TMOD 和 TCON 进行控制。

- 当 T0 或 T1 用作定时器时，由外接晶振产生的振荡信号进行 12 分频后，提供给计数器，作为计数的脉冲输入，计数器对输入的脉冲进行计数，直至产生溢出。
- 当 T0 或 T1 用作对外部事件计数的计数器时，通过 80C51 外部引脚 T0 或 T1 对外部脉冲信号进行计数。当加在 T0 或 T1 引脚上的外部脉冲信号出现一个由 1 到 0 的负跳变时，计数器加 1，如此直至计数器产生溢出。

无论 T0 或 T1 是工作于定时方式还是计数方式，它们在对内部时钟或外部事件进行计数时，都不占用 CPU 时间，直到定时器/计数器产生溢出。如果满足条件，CPU 才会停下当前的操作，去处理“时间到”或者“计数满”这样的事件。因此，计数器/定时器是和 CPU“并行”工作的，不会影响 CPU 的其他工作。

4.2.2　定时器/计数器的控制字

T0 和 T1 有两个 8 位控制寄存器 TMOD 和 TCON,它们分别被用来设置各个定时器/计数器的工作方式,选择定时或计数功能,控制启动运行以及作为运行状态的标志等。当 80C51 系统复位时,TMOD 和 TCON 的所有位都清 0。

1. 定时器/计数器方式控制寄存器(TMOD)

TMOD 在特殊功能寄存器中,字节地址为 89H,格式如表 4-1 所列。

表 4-1　定时器/计数器方式控制寄存器 TMOD 的格式

位	D7	D6	D5	D4	D3	D2	D1	D0
功　能	GATE	$C/\overline{T}$	M1	M0	GATE	$C/\overline{T}$	M1	M0

在 TMOD 中,高 4 位用于对定时器 T1 的方式控制,而低 4 位用于对定时器 T0 的方式控制,其各位功能简述如下:

- M1M0:定时器工作方式选择位。通过对 M1M0 的设置,可使定时器工作于 4 种工作方式之一。
  - M1M0=00,定时器工作于方式 0(13 位的定时/计数工作方式);
  - M1M0=01,定时器工作于方式 1(16 位的定时/计数工作方式);
  - M1M0=10,定时器工作于方式 2(8 位自动重装工作方式);
  - M1M0=11,定时器工作于方式 3(T0 被分为两个 8 位计数器,T1 则只能工作于方式 2)。
- $C/\overline{T}$:定时器/计数器选择位。
  - $C/\overline{T}=1$,工作于计数方式;
  - $C/\overline{T}=0$,工作于定时方式。
- GATE:门控位。由 GATE、软件控制位 TR1/TR0 和 $\overline{INT1}/\overline{INT0}$共同决定定时器/计数器的打开或关闭。
  - GATE=0,只要用指令置 TR1/TR0 为 1 即可启动定时器/计数器工作,而不管 INT 引脚的状态如何;
  - GATE=1,只有$\overline{INT1}/\overline{INT0}$引脚为高电平且用指令置 TR1/TR0 为 1 时,才能启动定时器/计数器工作。

由于 TMOD 只能进行字节寻址,所以对 T0 或 T1 的工作方式控制只能整字节(8 位)写入。

2. 定时器/计数器控制寄存器(TCON)

TCON 是特殊功能寄存器中的一个,高 4 位为定时器/计数器的运行控制和溢出标志,低 4 位与外部中断有关,其中高 4 位的含义如表 4-2 所列。

表 4-2　定时器/计数器控制寄存器 TCON 的格式

位	D7	D6	D5	D4	D3	D2	D1	D0
功　能	TF1	TR1	TF0	TR0				

TCON 的字节地址为 88H,其中各位地址从 D0 位开始分别为 88H～8FH。TCON 高 4 位的功能描述如下:

- TF1/TF0:T1/T0 溢出标志位。当 T1 或 T0 产生溢出时,由硬件自动置位中断触发器 TF1/TF0,并向 CPU 申请中断。如果用中断方式,则 CPU 在响应中断进入中断服务程序后,TF1/TF0 被硬件自动清 0。如果是用软件查询方式对 TF1/TF0 进行查询,则在定时器/计数器回 0 后,应当用指令将 TF1/TF0 清 0。
- TR1/TR0:T1/T0 运行控制位。用指令(如"SETB TR1"、"CLR TR1"等)对 TR1 或 TR0 进行置 1 或清 0,即可启动或关闭 T1 或 T0 的运行。

4.2.3　定时器/计数器的 4 种工作方式

T0、T1 的定时器功能可由 TMOD 中的 C/$\overline{T}$ 位选择,而 T0、T1 的工作方式则由 TMOD 中的 M1M0 共同确定。在由 M1M0 确定的 4 种工作方式中,方式 0、1、2 对 T0 和 T1 完全相同,但方式 3 仅对 T0 有效。

1. 工作方式 0

图 4-3 是工作方式 0 的逻辑电路结构图。定时器/计数器的工作方式为 13 位计数器工作方式,由 TL1/TL0 的低 5 位和 TH1/TH0 的 8 位构成 13 位计数器,此时 TL1/TL0 的高 3 位未用。

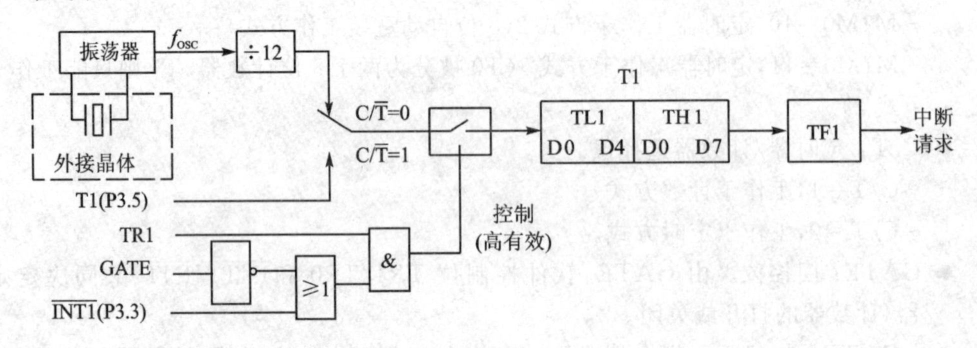

图 4-3　工作方式 0——13 位计数器方式

从图 4-3 中可以看出,当 C/$\overline{T}$=0 时,T1/T0 为定时器,定时脉冲信号是经 12 分频后的振荡器脉冲信号。当 C/$\overline{T}$=1 时,T1/T0 为计数器,计数脉冲信号来自引脚 T1/T0 的外部信号。T1/T0 能否启动工作,取决于 TR1/TR0、GATE、引脚$\overline{INT1}$/$\overline{INT0}$的状态。

当 GATE=0 时,只要 TR1/TR0 为 1 就可启动 T1/T0 工作。

当 GATE=1 时,只有$\overline{INT1}$或$\overline{INT0}$引脚为高电平,且 TR1 或 TR0 置 1 时,才能启动 T1/T0 工作。

一般在应用中,可使 GATE=0,这样,只要利用指令置位 TR1/TR0 即可控制定时器/计数器的运行。在一些特定场合,需要由外部事件来控制定时器/计数器是否开始运行,可以利用门控特性,实现外同步。

定时器/计数器启动后,定时或计数脉冲加到 TL1/TL0 的低 5 位,对已预置好的定时器/计数器初值不断加 1。在 TL1/TL0 计满后,进位给 TH1/TH0,在 TL1/TL0 和 TH1/TH0 都计满以后,置位 TF1/TF0,表明定时时间/计数次数已到。在满足中断条件时,向

CPU 申请中断。若需继续进行定时或计数，则应用指令对 TL1/TL0 和 TH1/TL0 重置时间常数，否则下一次的计数将会从 0 开始，造成计数量或定时时间不准。

2. 工作方式 1

图 4－4 是定时器/计数器工作方式 1 的逻辑电路结构图，定时器/计数器工作方式 1 是 16 位计数器方式，由 TL1/TL0、TH1/TH0 共同构成 16 位计数器。

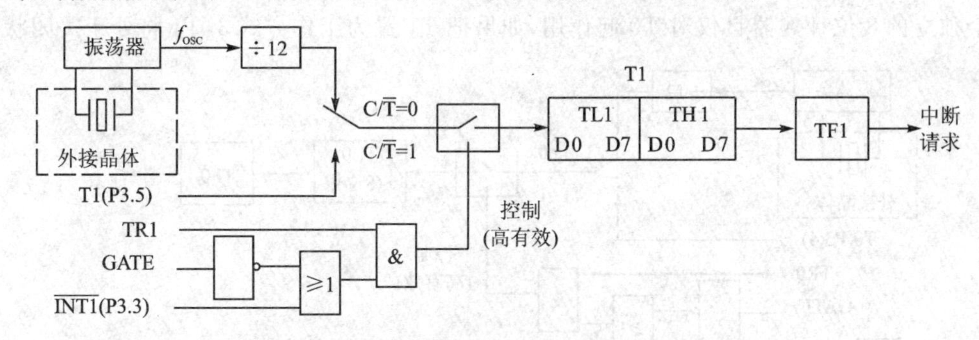

图 4－4　工作方式 1——16 位计数器方式

工作方式 1 与工作方式 0 的基本工作过程相似，但由于工作方式 1 是 16 位计数器，因此，它比工作方式 0 有更宽的定时/计数范围。

3. 工作方式 2

图 4－5 是定时器/计数器工作方式 2 的逻辑结构图，定时器/计数器的工作方式 2 是自动重装入时间常数的 8 位计数器方式。

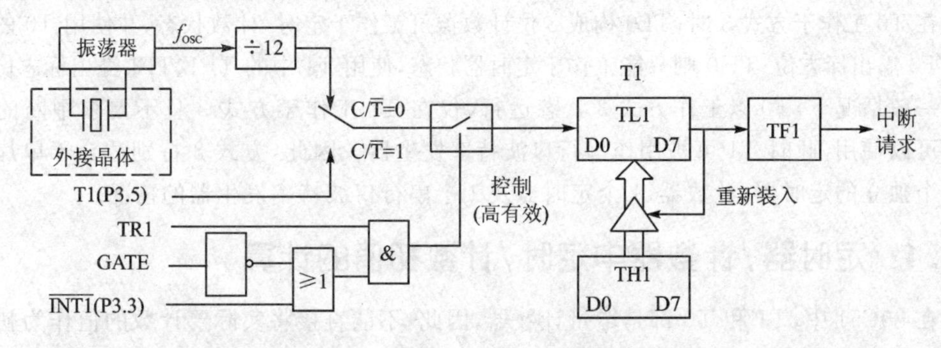

图 4－5　工作方式 2——自动重装入时间常数的 8 位计数器方式

在工作方式 2 中，由 TL1/TL0 构成 8 位计数器，TH1/TH0 仅用来存放 TL1/TL0 初次置入的时间常数。在 TL1/TL0 计数满后，即置位 TF1/TF0，向 CPU 申请中断，同时存放在 TH1/TH0 中的时间常数自动再装入 TL1/TL0，然后重新开始定时或计数。

为什么需要这种工作方式呢？在方式 0 和方式 1 中，当定时时间到或计数次数到之后，对计数器进行重新赋初值，使下一次的计数还是从这个初值开始。这项工作是由软件来完成的，需要花一定时间；而且由于条件的变化，这个时间还有可能是不确定的，这样就会造成每次计数或定时产生误差。比如，在第一次定时时间到以后，定时器马上就会开始计数，过了一段时间（假设是 5 个机器周期以后），软件才将初值再次放进计数器里面。这样，第二次的定时时间就比第一次多了 5 个机器周期，如果每次相差的时间都相同，那么可以事先减掉 5，也没有什么问题；但事实上时间是不确定的，有时可能是差了 5，有时则可能差了 8 或更多。如果是用于一般的定时，那是无关紧要的，但是有些工作，对于时间要求非常严格，不允许定时时间不断变化，用上面的两种工作方式就不行了，所以就引入了工作方式 2。但是这种工作方式的定时/计数范围要小于方式 0 和方式 1，只有 8 位。

4. 工作方式 3

图 4-6 是定时器/计数器工作方式 3 的逻辑电路结构图，定时器/计数器工作方式 3 是两个独立的 8 位计数器且仅对 T0 起作用，如果把 T1 置为工作方式 3，T1 将处于关闭状态。

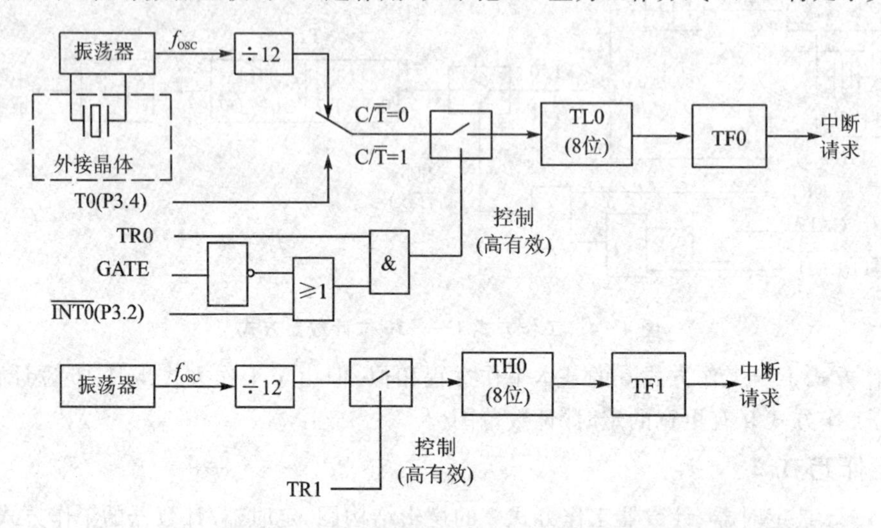

图 4-6　工作方式 3——T0 被拆成 2 个 8 位的定时器/计数器使用

在 T0 工作于方式 3 时，TL0 构成 8 位计数器可工作于定时/计数状态，并使用 T0 的控制位、TF0 溢出标志位；TH0 则只能工作于定时器状态，使用 T1 中的 TR1、TF1 溢出标志位。

一般情况下，T0 以工作方式 3 状态运行，仅在 T1 工作于方式 2 且不要求中断的前提下才可以使用，此时 T1 可被用作串行口波特率发生器。因此，方式 3 特别适合于单片机需要 1 个独立的定时器/计数器、1 个定时器及 1 个串行口波特率发生器的情况。

4.2.4　定时器/计数器中定时/计数初值的计算

在 80C51 中，T1 和 T0 都是增量计数器，因此，不能直接将实际要计数的值作为初值放入计数寄存器中，而是将其补数(计数的最大值减去实际要计数的值)放入计数寄存器中。

(1) 工作方式 0

工作方式 0 是 13 位的定时/计数工作方式，其计数的最大值是 2^{13}＝8 192，因此，装入的初值＝8 192－待计数的值。因为这种工作方式下只用了定时器/计数器的高 8 位和低 5 位，因此计算出来的值要转化为二进制并且要在转换后才能送入计数寄存器中。定时/计数工作方式 0 是一种特殊的方式，它是为了兼容其上一代单片机而保留下来的。实际上，工作方式 1 完全可以取代这种工作方式，因此，如果定时时间小于工作方式 0 所能达到的时间，也可以选择工作方式 1，这里就不再介绍如何设置工作方式 1 的初值了。

(2) 工作方式 1

工作方式 1 是 16 位的定时/计数工作方式，其计数的最大值是 2^{16}＝65 536，因此，装入的初值＝65 536－待计数的值。

(3) 工作方式2

工作方式2是8位的定时/计数工作方式,其计数的最大值是$2^8=256$,因此,装入的初值=256−待计数的值。

(4) 工作方式3

工作方式3是8位的定时/计数工作方式,其计数的最大值是$2^8=256$,因此,装入的初值=256−待计数的值。

待计数的值在计数工作方式下,由问题直接求得,而在定时模式下,还需要再作一点变换。

定时模式计数脉冲是由单片机晶体振荡器产生的频率信号经12分频得到的,因此,在考虑定时时间之前,首先要确定机器的晶振频率。以6 MHz晶振为例,其计数信号周期为:

$$计数信号周期=\frac{12}{6\ \text{MHz}}=2\ \mu\text{s}$$

也就是每来一个计数脉冲就过去2 μs的时间,因此,计数的次数就应当为:

$$计数次数=\frac{定时时间}{2\ \mu\text{s}}$$

假设需要定时的时间是10 ms,则

$$计数次数=\frac{10\times 1\ 000\ \mu\text{s}}{2\ \mu\text{s}}=5\ 000$$

如果选用定时器0,工作于方式1,则计数初值就应当是:65 536−5 000=60 536。将60 536化为十六进制即EC78H,把ECH送入TH0,78H送入TL0,即可完成10 ms的定时。

从上面的分析可以看出,工作方式0的最大计数次数是8 192,工作方式1的最大计数次数是65 536,而工作方式2和工作方式3的最大计数次数是256。定时时间则与晶振频率有关,当晶振频率是12 MHz时,4种工作方式下的最长定时时间分别是8 192 μs、65 536 μs、256 μs和256 μs。因此,在实际工作中应当根据问题的需要来选择工作方式。

4.3 中断系统

中断系统在计算机中起着十分重要的作用,是现代计算机系统中广泛采用的一种实时控制技术,能对突发事件进行及时处理,从而大大提高系统的实时性能。

4.3.1 中断概述

在日常生活中,"中断"是一种很普遍的现象。例如,您正在家中看书,突然电话铃响了,您放下书本,去接电话,和来电话的人交谈,然后放下电话,回来继续看您的书,这就是生活中的"中断"现象。即正常的工作过程被其他事件打断,这一事件可以得到及时处理,处理完后回来继续原来的工作。

仔细研究生活中的中断,对于学习单片机的中断会有很大帮助。

1. 引起中断的事件

生活中有很多事件可以引起中断:门铃响了,电话铃响了,闹钟响了,烧的水开了等,诸如此类的事件都可以引起中断,可以引起中断的事件称之为中断源。80C51单片机中一共有5个可以引起中断的事件:两个外部中断,两个定时器/计数器中断,一个串行口中断。

2. 中断的嵌套与优先级处理

设想一下,您正在看书,电话铃响了,同时又有人按了门铃,该先做哪件事呢?如果您正在等一个很重要的电话,一般不会去理会门铃声;而反之,如果您正在等一个重要的客人,则可能就不会去理会电话了。如果不是这两者(既不在等电话,也不在等人上门),您可能会按通常的习惯去处理。总之这里存在一个优先级的问题,单片机工作中也是如此,也有优先级的问题。优先级的问题不仅仅发生在两个中断同时产生的情况;也发生在一个中断已产生,又有另一个中断产生的情况。比如您正在接电话,有人按门铃的情况;或您正开门与人交谈,又有电话响了情况。计算机是人类世界的模拟,处理这类事件的方法也与人处理这类事件的方法类似。

3. 中断的响应过程

仍假设您正在看书,当有事件产生,在处理这件事情之前必须先记住现在看的书是第几页,或拿一个书签放在当前页的位置(因为处理完事件还要回来继续看书),然后去处理不同的事情。电话铃响要到放电话的地方去,门铃响要到门那边去。即不同的中断,通常会在一个不同但相对固定的地点处理。80C51单片机采用类似的处理方法,单片机中的5个中断源,每个中断产生后都转移到一个固定的位置去找处理这个中断的程序。在转移之前首先要保存断点位置,以便中断事件处理完后能回到原来的位置继续执行程序。具体地说,中断响应可以分为以下几个步骤:

① 保护断点:即保存下一条将要执行指令的地址,方法是把这个地址送入堆栈。

② 寻找中断入口:根据5个不同中断源所产生的中断,查找5个不同的入口地址,以上工作由单片机硬件自动完成。在这5个入口地址处存放有中断处理程序(中断处理程序必须由编程者放在指定的位置,这可以使用ORG伪指令来完成)。

③ 执行中断处理程序。

④ 中断返回:执行完中断指令后,就从中断处返回到主程序,方法是从堆栈中得到刚才放入的地址值,然后从断点处继续往下执行。

4.3.2 中断系统的结构

图4-7所示是80C51中断系统结构图,它由与中断有关的特殊功能寄存器、中断入口、顺序查询逻辑电路等组成。包括5个中断请求源,4个用于中断控制的寄存器IE、IP、TCON(用6位)和SCON(用2位)来控制中断的类型、中断的开/关和各种中断源的优先级。5个中断源有两个优先级,每个中断源可以被编程为高优先级或低优先级,可以实现两级中断嵌套。5个中断源有对应的5个固定中断入口地址(矢量地址)。

1. 中断请求源

80C51提供了5个中断请求源,其中两个为外部中断请求源$\overline{INT0}$(P4.2)和$\overline{INT1}$(P3.3),两个片内定时器/计数器T0和T1的溢出中断请求源TF0(TCON.5)和TF1(TCON.7),一个片内串行口的发送或接收中断请求源TI(SCON.1)或RI(SCON.0),它们分别由特殊功能寄存器TCON和SCON的相应位锁存。

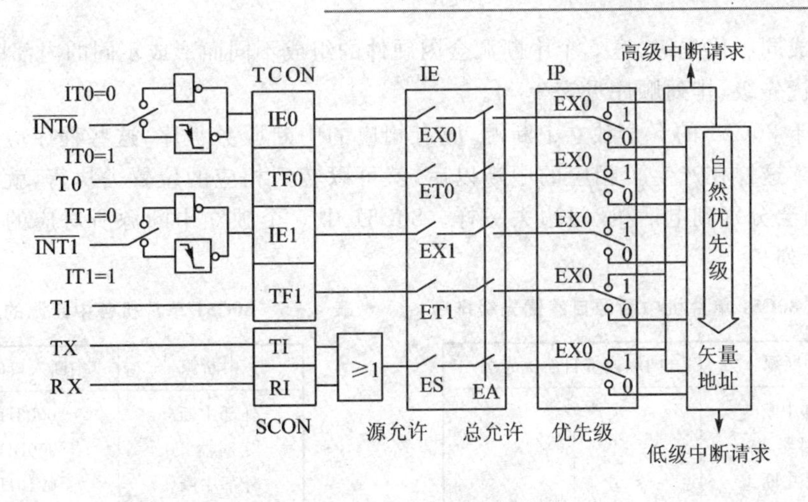

图4-7 80C51的中断系统结构

(1) 外部中断请求源

经$\overline{INT0}$和$\overline{INT1}$输入的两个外部中断请求源及其触发方式的控制由TCON的低4位状态确定,TCON低4位的定义如表4-3所列。

表4-3 定时器/计数器控制寄存器TCON的格式

位	D7	D6	D5	D4	D3	D2	D1	D0
功能					IE1	IT1	IE0	IT0

TCON的字节地址为88H,其中各位地址从D0位开始分别为88H~8FH。TCON中从D0~D3位的功能描述如下:

- IT0: $\overline{INT0}$触发方式控制位,可由软件进行置1或复位。IT0 =0,$\overline{INT0}$为低电平触发方式;IT0 =1,$\overline{INT0}$为负跳变触发方式。
- IE0: $\overline{INT0}$中断请求标志位。当$\overline{INT0}$上出现中断请求信号时(低电平或负跳变),由硬件置位IE0。在CPU响应中断后,再由硬件将IE0清0。

由于CPU在每个机器周期采样$\overline{INT0}$的输入电平不同,因此在$\overline{INT0}$采用负跳变触发方式时,要在两个连续的机器周期期间分别采样,并且分别为高电平和低电平(这样才能构成负跳变)。这就要求$\overline{INT0}$输入高、低电平时间必须保持在12个振荡周期以上。

IT1、IE1的功能和IT0、IE0相似,它们对应于外部中断源$\overline{INT1}$。

(2) 内部中断请求源

- TF0: 定时器T0的溢出中断请求位。当T0计数产生溢出时,由硬件置位TF0。当CPU响应中断后,再由硬件将TF0清0。
- TF1: 定时器T1的溢出中断请求位。基本功能同TF0类似。
- TI: 串行口发送中断请求标志。CPU在每发送完一帧串行数据后,由硬件置位TI。在CPU响应中断时,不清除TI,而在中断服务程序中由软件对TI清0。
- RI: 串行口接收中断请求标志,串行口每接收完一帧串行数据后,由硬件置位RI,同样,在CPU响应中断时不会清除RI,而必须用软件清0。

2. 中断源的自然优先级与中断服务程序入口地址

如上所述,在80C51中有5个独立的中断源,它们可分别被设置成不同的优先级。若都被设置成同一优先级，这 5 个中断源会因硬件的组成不同而形成不同的内部序号，构成不同的自然优先级，排列顺序见表 4-4。

对应于 80C51 的 5 个独立中断源，应有相应的中断服务程序，这些程序应当有固定的存放位置。这样在产生了相应的中断以后，就可以转到相应的位置去执行，就像听到电话铃、门铃就会分别到电话机、门边去一样。80C51 中 5 个独立中断源所对应的矢量地址如表 4-5 所列。

表 4-4　80C51 单片机中断源自然优先级排序

中断源	同级内部自然优先级
外部中断 0	最高级
定时器 T0	↓
外部中断 1	↓
定时器 T1	↓
串行口	最低级

表 4-5　80C51 单片机各中断源的入口地址表

中断源	中断入口向量
外部中断 0	0003H
定时器 T0	000BH
外部中断 1	0013H
定时器 T1	001BH
串行口	0023H

观察表 4-5 会发现一个问题：一个中断向量入口地址到下一个中断向量入口地址之间（如 0003H～000BH）只有 8 个单元。也就是说中断服务程序的长度如果超过 8 个字节，就会占用下一个中断入口地址，导致出错。但一般情况下，很少有一段中断服务程序只占用少于 8 个字节的情况，为此可以在中断入口处写一条“LJMP ××××”指令（3 个字节），这样可以把实际处理中断的程序放到 ROM 的任何一个位置。

4.3.3　中断控制

在 80C51 单片机的中断系统中，对中断的控制除了前述的特殊功能寄存器 TCON 和 SCON 中的某些位以外，还有两个特殊功能寄存器 IE 和 IP 专门用于中断控制，分别用来设定各个中断源的打开或关闭以及中断源的优先级。

1. 中断允许寄存器

在 80C51 中断系统中，中断的允许或禁止是由片内可进行位寻址的 8 位中断允许寄存器 IE 来控制的。它分别控制 CPU 对所有中断源的总开放或禁止以及对每个中断源的中断开放/禁止状态。

IE 中各位的定义和功能如表 4-6 所列。

表 4-6　中断允许控制寄存器 IE 的格式

位	EA	—	—	ES	ET1	EX1	ET0	EX0
位地址	AFH	—	—	ACH	ABH	AAH	A9H	A8H

对 IE 各位的功能描述如下：

EA(IE.7)：CPU 中断允许标志位。

　　EA=1，CPU 开放总中断；

　　EA=0，CPU 禁止所有中断。

ES(IE.4)：串行口中断允许位。

　　ES=1，允许串行口中断；

ES＝0，禁止串行口中断。

ET1(IE.3)：定时器 T1 中断允许位。

ET1＝0，禁止 T1 中断；

ET1＝1，允许 T1 中断。

EX1(IE.2)：外部中断 1 中断允许位。

EX1＝0，禁止外部中断 1 中断；

EX1＝1，允许外部中断 1 中断。

ET0(IE.0)和 EX0(IE.0)：分别为定时器 T0 和外部中断 0 的允许控制位，其功能与 ET1 和 EX1 类似。

对 IE 中各位的状态，可利用指令分别进行置 1 或清 0，以实现对所有中断源的中断开放控制和对各中断源的独立中断开放控制。当 CPU 在复位状态时，IE 中的各位都被清 0。

2. 中断优先级控制寄存器 IP

80C51 的中断系统有两个中断优先级，对每个中断源的中断请求都可以通过对 IP 中有关位的状态设置，编程为高优先级中断或低优先级中断，以实现 CPU 中响应中断过程中的两级中断嵌套。80C51 中 5 个独立中断源的自然优先级排序前已述及，即使它们被编程设定为同一优先级，这 5 个中断源仍会遵循一定的排序规律，实现中断嵌套。IP 是一个可位寻址的 8 位特殊功能寄存器，其中各位的定义和功能如表 4－7 所列。

表 4－7　优先级控制寄存器 IP 的格式

位	—	—	—	PS	PT1	PX1	PT0	PX0
位地址	—	—	—	BCH	BBH	BAH	B9H	B8H

对 IP 各位的功能描述如下：

- PS(IP.4)：串行口中断优先级控制位。
- PT1(IP.3)：定时器 T1 中断优先级控制位。
- PX1(IP.2)：外部中断 1 中断优先级控制位。
- PT0(IP.1)：定时器 T0 中断优先级控制位。
- PX0(IP.0)：外部中断 0 中断优先级控制位。

以上各位若被置 1，则相应的中断将被设置为高优先级中断；如果被清 0，则相应的中断将被设置为低优先级中断。

例：假设(IP)＝06H，如果 5 个中断同时产生，中断响应的次序是怎样的？

解：06H 即 00000110，因此，外中断 1 和定时器 0 被设置为高优先级中断，其他 3 个中断为低优先级中断。

由于有两个高优先级中断，所以在响应中断时，这两个中断按自然优先级进行排队，首先响应定时器 T0，然后才响应外中断 1。剩下的 3 个低级中断，按自然优先级排队，响应的次序是：外中断 0，定时器 T1，串行口中断。

因此，综合考虑中断响应的次序应当是：定时器 T0，外中断 1，外中断 0，定时器 T1 和串行口中断。

4.3.4 中断响应过程

1. 中断响应的条件

谈起中断,总令初学者有些神秘的感觉,因为这里借用了人类的思维模式和语言(如"申请中断"),似乎把CPU当成了一个有思想有接受能力的人。那么中断究竟是怎样产生的呢?有必要作一个分析,破除这种神秘的感觉。

从生活中的现象谈起,假设把闹钟定时在12点闹响,在闹钟没有响之前,不需要用眼睛去看闹钟上所显示的时间,因为时间一到,铃声会被我们的另一个感觉器官——耳朵捕捉到。但是单片机就不同了,单片机并没有其他的方法可以"感知"。它只能用一个方法,就是不断地检测引脚或标志位,当这些引脚或标志位变为高电平或低电平(不同的中断源有不同的要求)时,就认为有中断产生;而检测电平的高、低,电子电路是完全可以做到的。

如果人们也按照这种思路去用闹钟,那就麻烦了。例如,把闹钟设定在12点,无论你在做什么事情的时候,每隔一段固定的时间(假设是1 min)看一眼闹钟,看一看时间到了没有。如果没到,继续干活;如果到了,说明定时时间已到。计算机就是用这么"笨"的方法来实现中断的。所以实质上,所谓中断,其实就是由硬件执行的查询,并且是每个机器周期查询一遍。

80C51单片机的CPU在每个机器周期采样各个中断源的中断请求信号,并将它们锁存到寄存器TCON或SCON中的相应位。而在下一个机器周期对采样到的中断请求标志按优先级顺序进行查询。查询到有中断请求标志,则在下一个机器周期按优先级顺序进行中断处理。中断系统通过硬件,自动将对应的中断入口地址装入单片机的PC计数器。由于单片机总是取PC中的值所指示的内存单元中的值作为指令,所以程序自然就转向中断入口处继续执行,进入相应的中断服务程序。

在出现以下3种情况之一时,CPU将封锁对中断的响应:

- CPU正在处理同一级或高一级的中断。
- 现行的机器周期不是当前正在执行指令的最后一个机器周期(保证一条指令必须被完整地执行)。
- 当前正在执行的指令是返回(RETI)或访问IE、IP寄存器的指令(在此情况下,CPU至少再执行完一条指令后才响应中断)。

2. 中断响应过程

80C51中断系统中有两个不可编程的优先级有效触发器,高优先级有效触发器状态用来指明已进入高优先级中断服务,并禁止其他一切中断请求;低优先级有效触发器,用来指明已进入低优先级中断服务,并禁止除高优先级外的一切中断请求。80C51一旦响应中断,首先置位相应的优先级中断触发器;再由硬件执行一条调用指令,将当前PC值送入堆栈,保护断点;然后将对应中断的入口地址装入PC,使程序转向该中断的服务程序入口地址单元,执行相应的中断服务程序。

在执行到中断服务程序最后一条返回指令(RETI)时,清除在中断响应时置位的优先有效触发器;然后将保存在堆栈中的断点地址返回给PC,从而返回主程序。

80C51响应中断后,只保护断点而不保护现场有关寄存器的状态(如A、PSW等),不能清除串行口中断标志 TI 和 RI 以及外部中断请求信号 INT0 和 INT1。因此，用户在编写中断服务程序时，应根据实际情况自行编写程序，对上述提到的未保护内容进行保护。

3. 中断的响应时间

根据前述 CPU 对中断响应的一些基本要求可知，CPU 并不是在任何情况下都对中断进行响应。不同情况下从中断请求有效到开始执行中断服务程序的第一条指令的中断响应时间也各不相同，下面以外部中断为例来说明中断响应时间。

如上所述，80C51 的 CPU 在每个周期采样外部中断请求信号，锁存到 IE0 或 IE1 标志位中，到下一个机器周期才按优先级顺序进行查询。在满足响应条件后，CPU 响应中断时，要执行一条两个周期的调用指令，转入中断服务程序的入口，进入中断服务。因此，从外部中断请求有效到开始执行中断服务程序，至少需要 3 个机器周期。若在申请中断时，CPU 正在处理乘、除法指令(这两条指令需要 4 个机器周期才能完成)，那么最多可能要额外地多等 3 个周期。若正在执行 RETI 指令或访问 IE、IP 指令，则额外等待的时间又将增加 2 个机器周期。综上所述，在系统中只有一个中断源申请中断时，中断响应的时间为 3～8 个周期；如果有其他的中断存在，响应的时间就不能确定了。

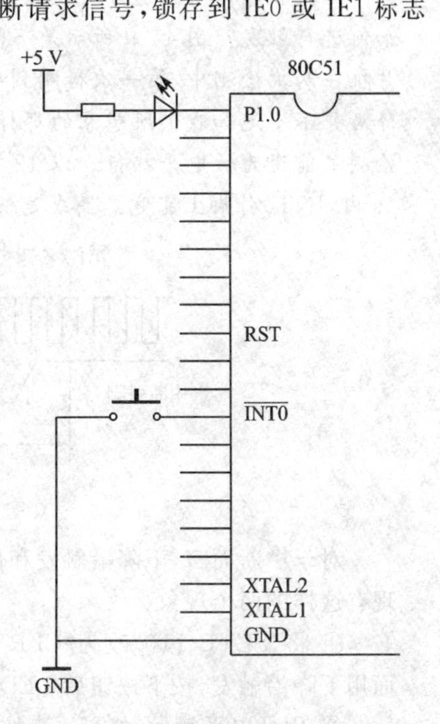

图 4-8　用按钮向$\overline{INT0}$送出中断请求信号

4.3.5　中断应用实例

以外部中断为例，做一个中断的应用实验。在实验板上装有 4 个按钮，其中在$\overline{INT0}$引脚上装有一个按钮，可以用这个按钮来模拟外部中断产生的信号，并用 P1.0 口接的 LED 作为中断响应，如图 4-8 所示。

【例 4-1】 外中断 0 响应实例。

```
        ORG     0000H
        AJMP    START
        ORG     0003H           ;外部中断地址入口
        LJMP    INT_0           ;转到真正的处理程序处
        ORG     30H
START:  MOV     SP,#5FH         ;初始化堆栈
        MOV     P1,#0FFH        ;灯全灭
        MOV     P3,#0FFH        ;P3 口置高电平
        SETB    IT0             ;下降沿触发
        SETB    EA              ;开总中断允许
        SETB    EX0             ;开外部中断 0
        LJMP    $               ;跳转到本行
INT_0:                          ;中断服务程序
        CPL     P1.0            ;取反
        RETI
        END
```

程序说明： ORG 是一条伪指令，用来指示程序代码的存放位置。“ORG 0000H”说明代码从 0000H 开始存放；“ORG 0003H”说明代码从 0003H 开始存放，即外中断 0 的入口地址。其他指令的用途对照注释不难看懂。

这个程序的功能很简单，按一次按键 1（接在 12 引脚上的）引发一次中断 0，取反一次 P1.0。因此，在理论上按一下灯亮，再按一下灯灭。但在实际做实验时，可能会发觉有时不“灵”，按了键没有反应。这种现象产生的原因将在 6.2 节介绍键盘时作出解释。

这段程序是将触发方式设置为下降沿触发。有人感觉下降沿触发很难理解，一个边沿如何进行触发？图 4－9 所示是下降沿触发示意图。从图中可以看出，所谓下降沿就是指单片机在两次检测中，第一次检测到引脚是高电平紧接着第二次检测到的是低电平。所以下降沿并不一定如我们所想象的那样是一个非常“陡”的波形，只要在一次检测过后到下一次检测之前变为低电平就行。以 12 MHz 的晶振为例，这段时间“长”达 1 μs。至于在这个 1 μs 内，$\overline{\text{INT0}}$引脚上究竟是高或是低甚至由低变高再由高变低都无关紧要。

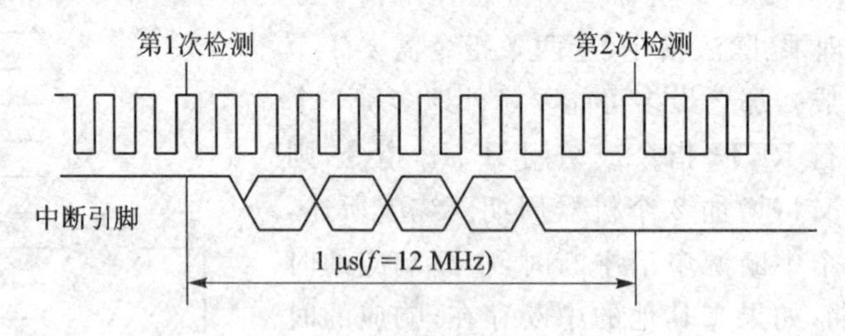

图 4－9　下降沿触发示意图

对于中断而言，下降沿触发和低电平触发两种方式是有区别的。通过做这个实验会发现有这样的两个现象：

① 将“SETB IT0”改为“CLR IT0”，即改用低电平触发，按住按钮后 LED 肯定是亮的；而用下降沿触发，按下按钮后 LED 可能是亮的，也可能是灭的。

② 用低电平触发，如果一直按着按钮不放，会发现 LED 的亮度会有所下降。

这两个现象说明了这样一个问题，低电平触发是可重复的。即如果外中断引脚上一直保持低电平，那么在产生一次中断返回之后，马上就会产生第 2 次中断，接着是第 3 次……如此一直到低电平消失为止；而下降沿触发没有这个问题，一次中断产生后，即使外部中断引脚上仍保持低电平，也不会引起重复中断。实际应用中如果采用低电平触发方式，外部电路要采用可以及时撤去该引脚上低电平的设计方式。

4.4　定时器/计数器的应用

由于单片机中定时器/计数器的应用与中断关系密切，以下实验中需要用到中断部分的知识，故将该部分实验安排在学完中断知识之后。

实际工作中常有延时的要求，前面介绍过软件延时的实现方法，下面将介绍如何用定时器实现延时。实际工作中常有计数的要求，下面也将介绍用计数器实现对外部事件计数的方法。

4.4.1 定时器的应用

3.3节中LED闪烁的例子是用延时程序做的。延时程序占用CPU时间,作为演示可以,但实际工作中这样做并不恰当。主程序实现了灯的闪烁,就不能再做其他工作了,这往往难以满足要求。因此,在实际工作中常用定时器来实现灯的闪烁及类似的功能,定时器在计数时不占用CPU时间。

【例4-2】 用定时器的查询方式实现LED灯的闪烁功能。

```
        ORG     0000H
        AJMP    START
        ORG     30H
START:  MOV     P1,#0FFH           ;关所有灯
        MOV     TMOD,#00000001B    ;定时器/计数器0工作于方式1
        MOV     TH0,#15H
        MOV     TL0,#0A0H          ;15A0H即十进制数5 536
        SETB    TR0                ;定时器/计数器0开始运行
LOOP:   JBC     TF0,NEXT           ;如果TF0等于1,则清TF0并转NEXT处
        LJMP    LOOP               ;否则,跳转到LOOP处运行
NEXT:   CPL     P1.0
        MOV     TH0,#15H
        MOV     TL0,#0A0H          ;重置定时器/计数器的初值
        LJMP    LOOP
        END
```

程序分析: 这段程序用到了一条新的指令JBC,该指令的形式为

```
        JBC     bit,标号
```

这是一条判断转移并清0的指令。JBC后面的第1个参数bit是一个位变量,第2个参数是一个标号。如果bit位的值等于1,则转到标号所指的位置去执行,同时把这一位清0。

TF0是定时器/计数器0的溢出标记位,当定时器产生溢出后,该位由0变1,所以查询该位就可知定时时间是否已到。该位为1后,不会自动清0,必须用软件将标记位清0;否则,在下一次查询时,即便时间未到,这一位仍是1,会出现错误的执行结果。

以上程序可以实现LED的闪烁。但这样的方法依然不好,主程序中仍未能做其他工作。与使用定时器的初衷不符,所以常用中断的方法来编程。

【例4-3】 用定时器的中断实现灯的闪烁功能。

```
        ORG     0000H
        AJMP    START
        ORG     000BH              ;定时器0的中断向量地址
        AJMP    TIME0              ;跳转到真正的定时器程序处
        ORG     30H
START:
        MOV     P1,#0FFH           ;关所有灯
```

```
        MOV     TMOD,#00000001B         ;定时器/计数器0工作于方式1
        MOV     TH0,#15H
        MOV     TL0,#0A0H               ;15A0H即十进制数5 536
        SETB    EA                      ;开总中断允许
        SETB    ET0                     ;开定时器/计数器0允许
        SETB    TR0                     ;定时器/计数器0开始运行
LOOP:                                   ;真正工作时,这里可写任意程序
        AJMP    LOOP
TIME0:                                  ;定时器0的中断处理程序
        CPL     P1.0
        MOV     TH0,#15H
        MOV     TL0,#0A0H               ;重置定时常数
        RETI
        END
```

程序分析：定时时间到后，TF0由0变1，就会引发中断。PC中的值将由硬件置为0000BH，此时，CPU将自动转至000BH处读出指令并执行。

这个程序的定时时间是60 ms，因此LED闪烁得非常快。如果希望降低闪烁速度，就要延长定时时间；但是当晶振为12 MHz时，定时器的最长定时时间只有65.536 ms。如果要实现一个1 s的定时，需要通过编程来实现。

【例4-4】 用定时器实现长时间的定时。

```
        ORG     0000H
        AJMP    START
        ORG     000BH                   ;定时器0的中断向量地址
        AJMP    TIME0                   ;跳转到真正的定时器程序处
        ORG     30H
START:  MOV     P1,#0FFH                ;关所有灯
        MOV     R7,#00H                 ;软件计数器预清0
        MOV     TMOD,#00000001B         ;定时器/计数器0工作于方式1
        MOV     TH0,#3CH
        MOV     TL0,#0B0H               ;3CB0H即十进制数15 536
        SETB    EA                      ;开总中断允许
        SETB    ET0                     ;开定时器/计数器0允许
        SETB    TR0                     ;定时器/计数器0开始运行
LOOP:   AJMP    LOOP                    ;真正工作时,这里可写任意程序
TIME0:                                  ;定时器0的中断处理程序
        INC     R7
        MOV     A,R7                    ;R7中的值送到累加器A
        CJNE    A,#20,T_RET             ;R7中的值到20了吗
T_L1:   CPL     P1.0                    ;到了,取反P1.0
        MOV     R7,#0                   ;清软件计数器
T_RET:  MOV     TH0,#3CH
```

```
        MOV     TL0,#0B0H          ;重置定时常数
        RETI
        END
```

程序分析：这一段程序中用到了两条新的指令，第 1 条指令是 INC，其后有一个参数 R7，R7 是工作寄存器中的一个。这条指令的用途是将 R7 中的值加 1，如果 R7 中的值原来是 0，加 1 后值就变为 1，以此类推。第 2 条指令是 CJNE，这条指令较复杂，有 3 个参数，第 1 个参数是累加器 A；第 2 个参数是一个数 20；第 3 个参数是一个标号。这条指令的用途是把 A 中的值与第 2 个参数比较，如果两者不相等，就转移到第 3 个参数指定的行去执行；如果两者相等，就执行这条指令的下一条指令。由于在这条指令执行之前执行了一条"MOV A,R7"指令，因此，综合分析这条指令的用途就是：如果 R7 中的值不等于 20，则转到 T_RET 标号处执行；否则执行这条指令的下一条指令"CPL P1.0"。再考虑到 R7 中的值是从 0 开始逐渐增加的，因此，在这里"不等"就意味着"小于"，即 R7 中的值小于 20。

这段程序采用了软件计数器的概念，思路是这样的：先用定时器/计数器 0 做一个 50 ms 的定时器，定时时间到了以后并不是立即取反 P1.0，而是将 R7 中的值加 1。如果 R7 中的值到了 20，取反 P1.0，并将 R7 的值清 0；否则直接返回。这样，每产生 20 次定时中断才取反一次 P1.0，因此，定时时间就延长为 20×50，即 1 000 ms。这里 R7 单元被称之为"软件计数器"。

这个编程思路在实际工作中非常有用。有时一个程序中需要若干个定时器，但 80C51 中总共才有 2 个，怎么办呢？其实，只要这几个定时时间有一定的公约数，就可以用软件定时器加以实现。如果要实现 P1.0 口所接 LED 每 0.25 s 亮或灭一次，而 P1.1 口所接 LED 每 0.5 s 亮或灭一次，可以把定时器的定时时间设定为 50 ms，然后做两个软件计数器。其中一个计到 5 即取反 P1.0 然后清 0，另一个计到 10 即反 P1.1 然后清 0。这部分程序如下：

【例 4-5】 用定时器实现两个灯同时闪烁，一个周期为 0.25 s，另一个周期为 0.5 s。

```
TM1     EQU     5                  ;软件计数器的设定值 1
TM2     EQU     10                 ;软件计数器的设定值 2
        ORG     0000H
        AJMP    START
        ORG     000BH              ;定时器 0 的中断向量地址
        AJMP    TIME0              ;跳转到真正的定时器程序处
        ORG     30H
START:  MOV     P1,#0FFH           ;关所有 LED
        MOV     R7,#00H            ;软件计数器预清 0
        MOV     R6,#00H
        MOV     TMOD,#00000001B    ;定时器/计数器 0 工作于方式 1
        MOV     TH0,#3CH
        MOV     TL0,#0B0H          ;3CB0H 即数 15 536
        SETB    EA                 ;开总中断允许
        SETB    ET0                ;开定时器/计数器 0 允许
        SETB    TR0                ;定时器/计数器 0 开始运行
LOOP:                              ;真正工作时，这里可写任意程序
```

```
        AJMP    LOOP                ;转 LOOP 处循环
TIME0:                              ;定时器 0 的中断处理程序
        INC     R7
        INC     R6                  ;两个计数器都加 1
        MOV     A,R7
        CJNE    A,#TM1,T_NEXT       ;R7 中的值到 5 了吗
T_L1:   CPL     P1.0                ;到了,取反 P1.0
        MOV     R7,#0               ;清软件计数器
T_NEXT:
        MOV     A,R6
        CJNE    A,#TM2,T_RET        ;R6 中的值到 10 了吗
T_L2:
        CPL     P1.1                ;时间到了,取反 P1.1
        MOV     R6,#0               ;清计数器,返回
T_RET:  MOV     TH0,#3CH
        MOV     TL0,#0B0H           ;重置定时常数
        RETI
        END
```

程序分析:这段程序用到了一条新的伪指令 EQU,这条伪指令的用法是:

符号　　EQU　　表达式

含义是:符号等于表达式的值。这条指令用于给一些符号赋值。符号的要求是:长度不限,大小写字母可互换并且必须以字母开头。通常这条伪指令可用于定义符号常量,以使常数具有一定的意义,便于理解程序。

4.4.2 计数器的应用

除了定时以外,实际工作中常常还有计数的需要,计数通常会有这样两类要求:

① 将计数的值显示出来。

② 计数值到一个规定的数值即输出一个信号。

第 1 类应用有各种计数器、里程表等,第 2 类应用有各种生产线上的计数装置等。首先看第 1 类应用实例,2.5.3 节介绍的实验电路板上由 555 集成电路组成的振荡器可以连接到定时器/计数器 0 的外部引脚 T0 上,构成外部计数源。要将计数的值显示出来,最好用数码管。但现在还不知道怎样用数码管,为了避免把问题复杂化,这里用 P1 口的 8 个 LED 来显示数据。程序如下:

【例 4-6】 计数器程序。

```
        ORG     0000H
        AJMP    START
        ORG     30H
START:  MOV     SP,#5FH             ;初始化堆栈
        CLR     A                   ;将 A 的内容清空
```

```
        MOV     TL0,A                   ;清空 TL0 的内容
        MOV     TMOD,#00000101B         ;定时器/计数器 0 作计数用,定时器/计数器 1 不用
        SETB    TR0                     ;启动计数器 0 开始运行
LOOP:   MOV     A,TL0
        CPL     A                       ;取反 A 中的值
        MOV     P1,A                    ;送 P1 显示
        LJMP    LOOP
        END
```

程序分析：这段程序中用到了一条新的指令"CPL A"。这条指令的用途是按位取反 A 中的值，如果 A 中的值是 00H，即 00000000B，取反之后是 FFH，即 11111111B；如果 A 中的值是 55H(01010101B)，即反之后是 AAH(10101010B)。由于硬件电路的设计是引脚输出为 0 时 LED 亮，与一般习惯不相符(一般习惯于用灯亮表示 1)，所以这里加了这么一条取反的指令。

打开 μV4，输入源程序并保存为 count1.asm。建立名为 count1 的工程文件，加入 count1.asm，设置工程。打开 debug 选项卡后，在左侧最下面的"Parameter："下的文本框内输入"-ddpj"，以便使用另一块实验仿真板(即 51 单片机实验仿真板)来演示这一结果。汇编、链接后获得正确的结果，进入调试状态，选择 Peripherals→"单片机实验仿真板"命令，即出现如图 4-10 所示的界面。全速运行程序，单击右下角的信号发生器按钮使其从 OFF 状态切换到 ON 状态，信号灯即以 1 Hz 的频率闪烁，同时，P1 口所接 LED 依次点亮。注意高位在左，低位在右，显示的状态为：

00000001

00000010

00000011

00000100

⋮

即 LED 以二进制方式显示所计得的数据。

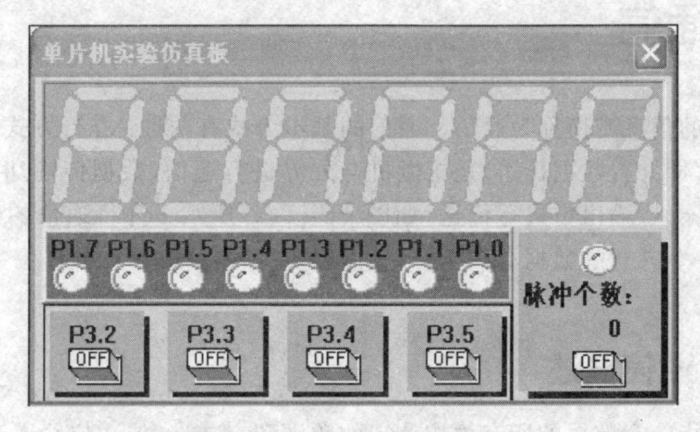

图 4-10　51 实验仿真板

计数器的第 2 种用法是计数到规定的次数后报警，下面例子为避免问题的复杂化，仅用 LED 的闪烁来表示。

【例 4-7】 计数值到预定值即报警的程序。

```
        ORG     0000H
        AJMP    START
        ORG     000BH
        AJMP    TIMER0              ;定时器/计数器 0 的中断处理
        ORG     30H
START:  MOV     SP,#5FH             ;初始化堆栈
        MOV     TMOD,#00000101B     ;定时器/计数器 0 作计数用,模式 1
        MOV     TH0,#0FFH
        MOV     TL0,#0FAH           ;预置值,要求每计 6 个脉冲即为一个事件
        SETB    EA
        SETB    ET0                 ;开总中断和定时器 1 中断允许
        SETB    TR0                 ;启动定时器/计数器 1 开始运行
        AJMP    $
TIMER0:
        CPL     P1.0                ;计数值到,即取反 P1.0
        MOV     TH0,#0FFH
        MOV     TL0,#0FAH           ;重置计数初值
        RETI
        END
```

程序分析:这个程序完成的工作比较简单,每 6 个脉冲到来后取反一次 P1.0。因此,实验的结果应当是:振荡器后面所接的 LED 亮、灭 6 次,接在 P1.0 上的 LED 亮或灭 1 次。如果在 P1.0 口接入一只继电器,则在计数完成后就可以执行一些动作以完成特定的任务了。

对这个程序稍加扩展,把 T1 做成一个秒发生器,即 1 s 产生一次中断,而 T0 仍工作于计数模式。T1 中断之后即停止 T0 的计数,然后读取 T0 中的计数值,这就是一个简单的频率计,读者可以试着自行编写这个程序。

4.5 串行通信

微机与外界的信息交换称为通信。通信的基本方式有两种:并行方式通信和串行方式通信。并行通信(即并行数据传送)是指微机与外界进行通信(数据传输)时,一个数据的各位同时通过并行输入/输出口进行传送,如图 4-11(a)所示。并行通信的优点是数据传送速度快;缺点是一个并行的数据有多少位,就需要多少根传输线,在数据位数较多、传输距离较远时不太方便。

4.5.1 串行通信概述

串行通信是指一个数据的所有位按一定的顺序和方式,一位一位地通过串行输入/输出口进行传送,如图 4-11(b)所示。由于串行通信是数据的逐位顺序传送,在进行串行通信时,只需一根传输线,在传送数据位数多且通信距离很长时,这种传输方式的优点就显得很突出了。

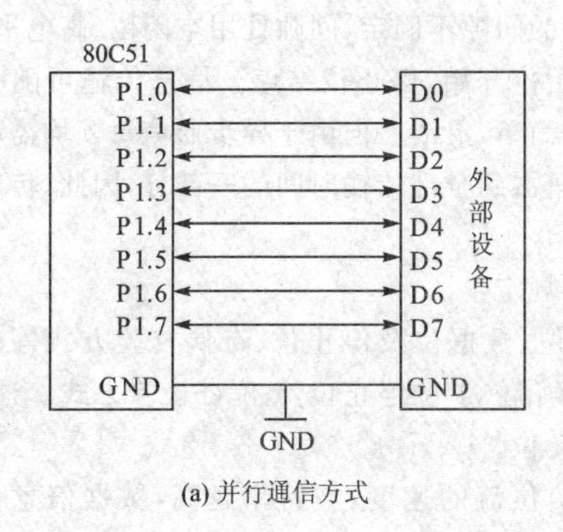

(a) 并行通信方式

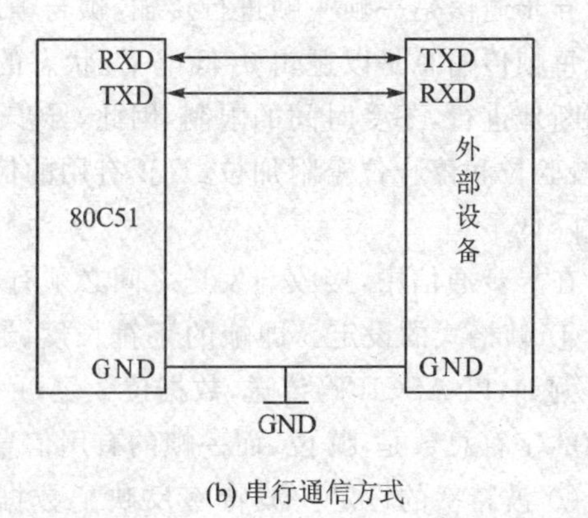

(b) 串行通信方式

图 4-11　两种基本的通信方式

1. 异步通信和同步通信

串行通信是将构成数据或字符的每个二进制码位,按照一定的顺序逐位进行传输。其传输过程有两种基本的通信方式:同步通信方式和异步通信方式。

(1) 同步通信方式

同步通信的基本特征是发送与接收保持严格同步。由于串行传输是一位位顺序进行的,为了约定数据是由哪一位开始传输,需要设定同步字符。这种方式速度快,但是硬件复杂。由于 80C51 单片机中没有同步串行通信的方式,所以这里不详细介绍。

(2) 异步通信方式

异步通信方式规定了传输格式,每个数据均以相同的帧格式传送。

异步通信中一帧数据的格式如图 4-12 所示,每帧信息由起始位、数据位、奇偶校验位和停止位组成,帧与帧之间用高电平分隔开。

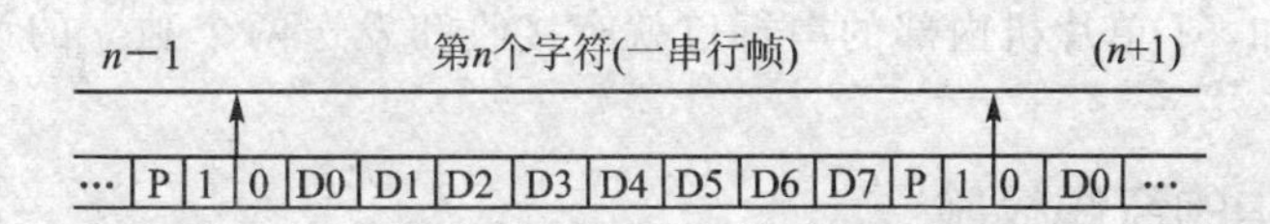

图 4-12　异步通信中一帧数据的格式

- 起始位:在通信线上没有数据传送时呈现高电平(逻辑 1 状态)。当需发送一帧数据时,首先发送一位逻辑 0(低电平)信号,称起始位。接收端检测到由高到低的一位跳变信号(起始位)后,就开始接收数据位信号的准备。所以起始位的作用就是表示一帧数据传输的开始。
- 数据位:紧接起始位之后的即为数据位。数据位可以是 5、6、7 或 8 位。一般在传送中从数据的最低位开始,顺序发送和接收,具体的位数应事先设定。
- 奇偶校验位:紧跟数据位之后的为奇偶校验位,用于对数据检错。通信双方应当事先约定采用奇校验还是偶校验。
- 停止位:在校验后是停止位,用以表示一帧的结束。停止位可以是 1 位、1.5 位或 2 位,用逻辑 1(高电平)表示。

异步通信是一帧一帧进行传输,帧与帧之间的间隙不固定,间隙处用空闲位(高电平)填补。每帧传输总是以逻辑 0(低电平)状态的起始位开始,停止位结束。信息传输可随时或不间断地进行,不受时间的限制,因此,异步通信简单、灵活。但由于异步通信每帧均需起始位、校验位和停止位等附加位,真正有用的信息只占到全部传输时间的一部分,因此,传输效率就降低了。

在异步通信中,接收与发送之间必须有两项规定:

① 帧格式的设定。即帧的字符长度、起始位、数据位及停止位、奇偶校验方式等的设定。例如,以 ASCII 码传送,数据位 7 位,1 位起始位,1 位停止位,1 位奇校验方式。这样,一帧的字符总数是 10 位,而一帧的有用信息是 7 位。

② 波特率的设定。波特率反映了数据通信位流的速度,波特率越高,数据信息传输越快。

2. 串行通信中数据的传输方向

串行通信中,数据传输的方向一般可分为以下几种方式。

(1) 单工方式

在单工方式下,一根通信线的一端连接发送方,另一端连接接收方,形成单向连接,数据只允许按照一个固定的方向传送。

(2) 半双工方式

半双工方式系统中的每一个通信设备均有发送器和接收器,由电子开关切换,两个通信设备之间只用一根通信线相连接。通信双方可以接收或发送,但同一时刻只能单向传输。即数据可以从 A 发送到 B,也可以由 B 发送给 A,但是不能同时在这两个方向中进行传送。

(3) 全双工方式

采用两根线,一根专门负责发送,另一根专门负责接收,这样两台设备之间的接收与发送可以同时进行,互不相关。当然,这要求两台设备也能够同时进行发送和接收,这一般是可以做到的。例如,51 单片机内部的串行口就有接收和发送两个独立的设备,可以同时进行发送与接收。

3. 串行通信中的奇偶校验

串行通信的关键不仅是能够传输数据,更重要的是要能正确地传输。但是串行通信的距离一般较长,线路容易受到干扰,要保证完全不出错不太现实,尤其是一些干扰严重的场合。因此,如何检查出错误,就是一个较大的问题。如果可以在接收端发现接收到的数据是错误的,那么,就可以让接收端发送一个信息到发送端,要求将刚才发送过来的数据重新发送一遍。由于干扰一般是突发性的,不见得会时时干扰,所以重发一次可能就是正确的了。如何才能够知道发送过来的数据是错误的?这好像很难,因为在接收数据时并不知道正确的数据是怎么样的(否则就不要再接收了),怎么能判断呢?如果只接收一个数据本身,那么恐怕永远也没有办法知道。所以必须在传送数据的同时再传送一些其他内容,或者对数据进行一些变换,使一批数据具有一定的规律,这样才有可能发现数据传输中出现的差错。由此产生了很多种查错的方法,其中最为简单但应用广泛的就是奇偶校验法。

奇偶校验的工作原理简述如下:

P 是 PSW 的最低位,它的值根据累加器 A 中的运算结果而变化。如果 A 中 1 的个数为偶数,则 P=0;为奇数,则 P=1。如果在进行串行通信时,把 A 中的值(数据)和 P 的值(代表所传送数据的奇偶性)同时传送,接收到数据后,对数据进行一次奇偶校验。如果校验的结果相符(校验后 P=0,而传送过来的数据位也等于 0,或者校验后 P=1,而接收到的检验位也等于 1),就认为接收到的数据是正确的;反之,如果对数据校验的结果是 P=0,而接收到的校验位等于 1 或者相反,那么就认为接收到的数据是错误的。

有读者可能马上会想到,发送端和接收端的校验位相同,数据就能保证一定正确吗?不同就一定不正确吗?的确不能保证。比如,在发送过程中,受到干扰的不是数据位,而是校验位本身;那么收到的数据可能是正确的,而校验位却是错的,接收程序就会把正确的数据误判成错误的数据。又比如,在数据传送过程中数据受到干扰,出现错误,但是变化的不止一位,有两位同时变化;那么就会出现数据虽然出了差错,但是检验的结果却把它当成是对的。假设有一个待传送的数据是 17H,即 00010111B,它的奇偶校验位应当是 0(偶数个 1)。在传送过程中,出现干扰,数据变成了 77H 即 01110111B。接收端对收到的数据进行奇偶校验,结果也是 0(偶数个 1)。因此,接收端就会认为是收到了正确的数据,这样就出现了差错。这样的问题用奇偶校验是没有办法解决的,必须用其他办法。好在根据统计,出现这些错误的情况并不多见,通常情况下奇偶校验方法已经能够满足要求。如果采用其他方法,必然要增加附加的信息量,降低通信效率;所以在单片机通信中,最常用的就是奇偶校验的方法。当然,读者自己开发项目时要根据现场的实际情况来进行软、硬件的综合处理,以保证得到最好的通信效果。

4.5.2 单片机的串行接口

80C51 单片机内部集成有一个功能很强的全双工串行通信口,设有两个相互独立的接收、发送缓冲器,可以同时接收和发送数据。图 4-13 是串行接口内部缓冲器的结构,发送缓冲器只能写入而不能读出,接收缓冲器只能读出而不能写入,因而两个缓冲器可以共用一个地址 99H。两个缓冲器统称为串行通信特殊功能寄存器 SBUF。

注意: *发送缓冲器只能写入不能读出意味着只要把数据送入 SBUF(写入),就不可能再用读 SUBF 的方法得到这个数据了。可以读 SBUF,但读出来的是接收 SBUF(图 4-13 中下面那个寄存器)中的数据,而不是发送 SBUF(图 4-13 中上面那个寄存器)中的数据。*

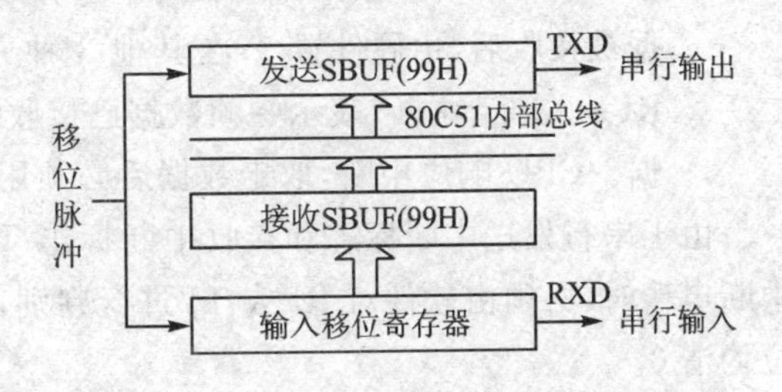

图 4-13 串行接口内部缓冲器的结构

80C51 的串行通信口,除用于数据通信外,还可以方便地构成一个或多个并行 I/O 口,或用作串-并转换以及扩展串行外设等。

80C51 的串行接口设有两个控制寄存器:串行控制寄存器 SCON 和波特率选择特殊功能寄存器 PCON。

1. 串行控制寄存器 SCON

SCON 寄存器用于选择串行通信的工作方式和某些控制功能。其格式及各位含义如表 4-8 所列。

表 4-8　串行口控制寄存器 SCON 的格式

位	SM0	SM1	SM2	REN	TB8	RB8	TI	RI
位地址	9F	9E	9D	9C	9B	9A	99	98

对 SCON 中各位的功能描述如下：

- SM0 和 SM1：串行口工作方式选择位。可选择 4 种工作方式，如表 4-9 所列。

表 4-9　串行口工作方式控制

SM0	SM1	方式	功能说明
0	0	0	移位寄存器工作方式（用于 I/O 扩展）
0	1	1	8 位 UART，波特率可变（T1 溢出率/n）
1	0	2	9 位 UART，波特为 $f_{osc}/64$ 或 $f_{osc}/32$
1	1	3	9 位 UART，波特率可变（T1 溢出率/n）

- SM2：多机通信控制位。允许方式 2 或方式 3 多机通信控制位。
- REN：允许/禁止串行接收控制位。由软件置位 REN＝1 为允许串行接收状态，可启动串行接收器 RXD，开始接收信息。如用软件将 REN 清 0，则禁止接收。
- TB8：在方式 2 或方式 3 中，为要发送的第 9 位数据。按需要由软件置 1 或清 0。例如，可用作数据的校验位或多机通信中表示地址帧/数据帧的标志位。
- RB8：在方式 2 或方式 3 中，是接收到的第 9 位数据。在方式 1 中，若 SM2＝0，则 RB8 是接收到的停止位。
- TI：发送中断请求标志位。在方式 0 中，当串行接收到第 8 位结束时由内部硬件自动置位 TI＝1，向主机请求中断，响应中断后必须用软件复位 TI＝0。在其他方式中，当停止位开始发送时由内部硬件置位，必须用软件复位。
- RI：接收中断标志。在接收到一帧有效数据后由硬件置位。在方式 0 中，第 8 位数据被接收后，由硬件置 1；在其他 3 种方式中，当接收到停止位中间时由硬件置 1。RI＝1，申请中断，表示一帧数据已接收结束并已装入接收 SBUF，要求 CPU 取走数据。CPU 响应中断，取走数据后必须用软件对 RI 清 0。

由于串行发送中断标志和接收中断标志 TI 和 RI 是同一中断源，因此在向 CPU 提出中断申请时，必须由软件对 RI 或 TI 进行判别，以进入不同的中断服务。复位时，SCON 各位均清 0。

2. 电源控制寄存器 PCON

PCON 的字节地址为 87H，不具备位寻址功能。在 PCON 中，仅有其最高位与串行口有关。PCON 格式如表 4-10 所列。

表 4-10　电源控制寄存器 PCON 的格式

位	SMOD	—	—	—	GF1	GF0	PD	IDL

其中 SMOD 为波特率选择位。在串行方式 1、方式 2 和方式 3 下，如果 SMOD＝1，则波特率提高 1 倍。

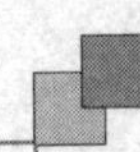

4.5.3 串行口工作方式

根据SCON中的SM0、SM1的状态组合，80C51串行口可以有4种工作方式。在串行口的4种工作方式中，方式0主要用于扩展并行输入/输出口，方式1、方式2和方式3则主要用于串行通信。

1. 方式0

方式0称为同步移位寄存器输入/输出方式，常用来扩展并行I/O口。在串行工作方式0下，串行数据通过RXD进行输入/输出。TXD用于输出同步移位脉冲，作为外接扩展部分的同步信号。方式0在输出时，将发送数据缓冲器中的内容串行移到外部的移位寄存器；输入时，将外部移位寄存器的内容移到内部的输入移位寄存器，然后再写入内部的接收缓冲器SBUF。

(1) 方式0输出

利用80C51串行口和外接8位移位寄存器74HC164可扩展并行I/O口，将数据以串行方式送到串-并转换芯片即可。方式0用作扩展80C51并行口的电路如图4-14(a)所示。

在方式0中，当串行口用作输出时，只要向发送缓冲器SBUF写入一个字节的数据，串行口就将此8位数据以时钟频率的1/12速度从RXD依次送入外部芯片，同时由TXD引脚提供移位脉冲信号。在数据发送之前，中断标志TI必须清0，8位数据发送完毕后，中断标志TI自动置1。如果要继续发送，必须用软件将TI清0。

(2) 方式0输入

方式0输入时，可利用74HC165芯片来扩展80C51的输入口，将并行接收到的数据以串行方式送到单片机的内部。方式0用来作扩展80C51并行输入口的电路如图4-14(b)所示。

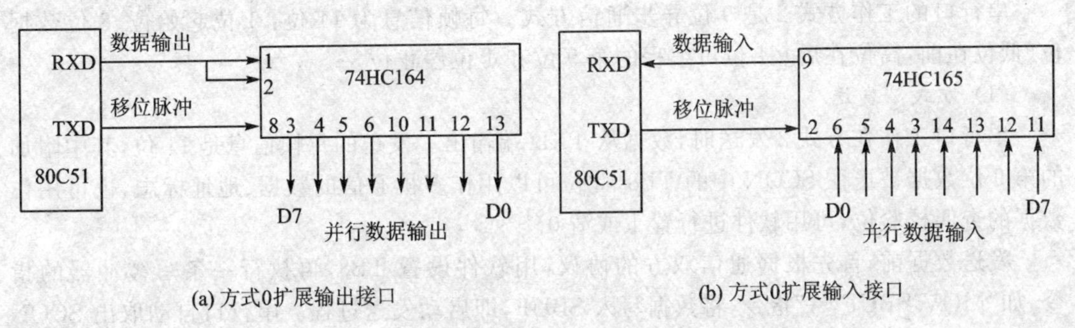

图4-14　串行口工作方式0扩展输入/输出接口

在方式0输入时，用软件置REN=1。如果此时RI=0，满足接收条件，串行口即开始接收输入数据。RXD为数据输入端，TXD仍为同步信号输出端，输出频率为1/12时钟频率的脉冲，使并行进入74HC165的数据逐位进入RXD。在串行口接收到一帧数据后，中断标志RI自动置1。如果要继续接收，必须用软件将RI清0。

2. 方式1

方式1用于串行数据的发送和接收，为10位通用异步方式。引脚TXD和RXD分别用于数据的发送端和接收端。

注意： 方式0需要TXD和RXD两个引脚配合才能完成一次输入/输出工作；而以下几种方式都是一个引脚完成输入，另一个引脚完成输出。输入与输出相互独立，可以同时进行，注意和方式0区分开。

在方式1中，一帧数据为10位：1位起始位（低电平）、8位数据位（低位在前）和1位停止位（高电平）。方式1的波特率取决于定时器1的溢出率和PCON中的波特率选择位SMOD。

(1) 方式1发送

在方式1发送时，数据由TXD端输出，利用写发送缓冲器指令就可以启动数据的发送过程。发送时的定时信号即发送移位脉冲，由定时器T1送来的溢出信号经16分频或32分频（取决于SMOD的值）后获得。在发送完一帧数据后，置位发送中断标志TI，并申请中断，置TXD为1作为停止位。

(2) 方式1接收

在REN＝1时，方式1即允许接收。接收并检测RXD引脚的信号，采样频率为波特率的16倍。当检测到RXD引脚上出现一个从1到0的负跳变（就是起始位）时，就启动接收。如果接收不到有效的起始位，则重新检测RXD引脚上是否有信号电平的负跳变。

当一帧数据接收完毕后，必须在满足下列条件时，才可以认为此次接收真正有效。

- RI＝0，即无中断请求，或在上一帧数据接收完毕时，RI＝1发出的中断请求已被响应，SUBF中的数据已被取走。
- SM2＝0或接收到的停止位为1（方式1时，停止位进行RB8），则接收到的数据是有效的，并将此数据送入SBUF，置位RI。如果条件不满足，则接收到的数据不会装入SBUF，该帧数据丢失。

3. 方式2

串行口的工作方式2是9位异步通信方式。每帧信息为11位：1位起始位、8位数据位（低位在前，高位在后）、1位可编程的第9位和1位停止位。

(1) 方式2发送

串行口工作在方式2发送时，数据从TXD端输出。发送的每帧信息是11位，其中附加的第9位数据被送往SCON中的TB8，此位可以用作多机通信的数据、地址标志，也可用作数据的奇偶校验位，可用软件进行置1或清0。

发送数据前，首先根据通信双方的协议，用软件设置TB8，再执行一条写缓冲器的指令，如“MOV SBUF,A”指令，将数据写入SBUF，即启动发送过程。串行口自动取出SCON中的TB8，并装到发送的帧信息中的第9位，再逐位发送，发送完一帧信息后，置TI＝1。

(2) 方式2接收

在方式2接收时，数据由RXD端输入，置REN＝1后，即开始接收过程。当检测到RXD上出现从1到0的负跳变时，确认起始位有效，开始接收此帧的其余数据。在接收完一帧后，在RI＝0，SM2＝0，或接收到的第9位数据是1时，8位数据装入接收缓冲器，第9位数据装入SCON中的RB8，并置RI＝1。若不满足上面两个条件，接收到的信息会丢失，且不会置位RI。

方式2接收时，位检测器采样过程与操作过程同方式1。

4. 方式3

串行口被定义成方式3时，为波特率可变的9位异步通信方式。在方式3中，除波特率外，均与方式2相同。

5. 波特率的设计

在串行口通信中，收、发双方对接收和发送数据都有一定的约定，其中重要的一点就是波特率必须相同。在80C51串行通信的4种工作方式中，方式0和方式2的波特率是固定的，而方式1和方式3的波特率是可变的，下面就来讨论一下这几种通信方式的波特率。

(1) 方式0的波特率

方式0的波特率固定等于时钟频率的1/12，而且与PCON中的SMOD无关。

(2) 方式2的波特率

方式2的波特率取决于PCON中SMOD位的状态。如果SMOD=0，方式2的波特率为f_{osc}的1/64；如果SMOD=1，方式2的波特率为f_{osc}的1/32。即

$$波特率=2^{SMOD}/64$$

(3) 方式1和方式3的波特率

方式1和方式3的波特率与定时器的溢出率及PCON中的SMOD位有关。如果T1工作于模式2(自动重装初值的方式)，则

$$方式1、方式3的波特率=2^{SMOD}/32\times f_{osc}/12/(2^8-x)$$

其中x是定时器的计数初值。

由此可得，定时器的计数初值为

$$x=256-f_{osc}(SMOD+1)/384\times 波特率$$

为了方便使用，将常用的波特率、晶振频率、SMOD、定时器计数初值等列于表4-11中，可供实际应用参考。

表4-11　常用波特率表

常用波特率	晶振频率 f_{osc}/MHz	SMOD	TH1初值
19 200	11.059 2	1	FDH
9 600	11.059 2	0	FDH
4 800	11.059 2	0	FAH
2 400	11.059 2	0	F4H
1 200	11.059 2	0	E8H

4.5.4　串行口应用编程

1. 串行口方式0应用编程

80C51单片机串行口方式0为移位寄存器方式，外接一个串入并出移位寄存器，可以扩展一个并行口。所用的移位寄存器最好带有输出允许控制端，这样可以避免在数据串行输出期间并行口输出不稳定的现象，这里以CMOS电路CD4094为例。

【例4-8】 用80C51的串行口外接CD4094扩展8位并行输出口，如图4-15所示。

CD4094的各个输出端均接一个发光二极管,要求发光二极管从左到右流水显示。

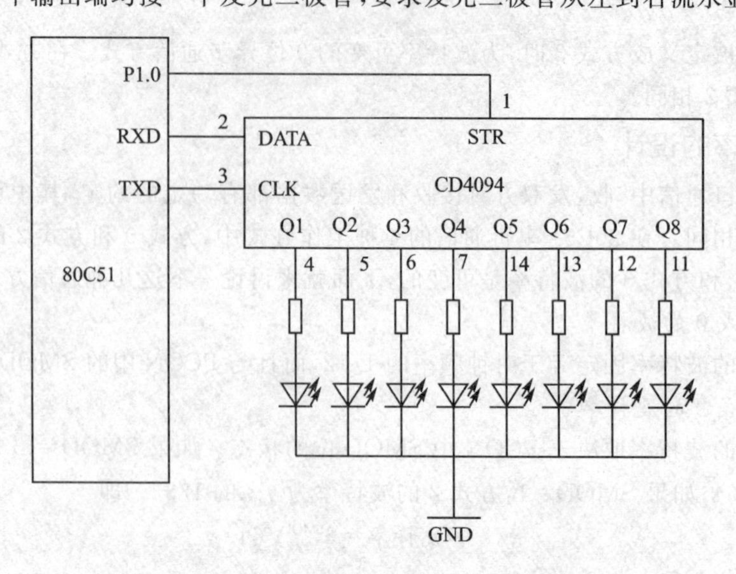

图4-15 串行口工作方式0用于扩展并行输出口

CD4094是8位移位/锁存总线寄存器芯片,CLK是时钟端,DATA是数据端。当有时钟上升沿到来时,DATA引脚上的状态进入CD4094内部的移位寄存器,同时移位寄存器向前移一位。STR引脚是锁存端,如果该位为0,则并行输出端保持不变,但是串行数据依然可以进入移位寄存器。数据输入时首先变化的是Q1,即最先到达的数据位会被移到Q8,而最后到达的数据位则由Q1输出。

串行口输出时,最先送出的是最低位的数据。从图4-15可以看出,Q1接的LED在最左边,而Q8接的LED在最右边,所以应当先送一个数据10000000B(这样"1"会被送到最左边的Q1,点亮最左边的LED)。然后延迟一段时间,将数据进行右移,即变为01000000,再次送入CD4094,这样第二只LED点亮。如此不断右移,数据就依次按10000000、01000000、00100000、00010000……变化,也就是灯按从左到右流水显示。

注意:在数据送出之前,首先将STR清0,以保持输出端不发生变化;在数据送完之后再将STR置1,以送出数据进行显示。否则当数据在CD4094内部的移位寄存器中移动时,同时也会反映到输出引脚上,造成输出引脚的电平产生不希望的变化;从现象上来说,这会造成LED显示"串红",就是本不应当显示的LED会产生一些微弱的显示。

程序如下:

```
;串行口工作方式0用于扩展并行输出口的实验
        ORG     0000H
        JMP     START
        ORG     30H
START:  MOV     SP,#5FH         ;设置堆栈
        MOV     SCON,#00H       ;置串行口方式0
        MOV     A,#80H          ;最左一位先亮
        CLR     P1.0            ;关闭并行输出
OUT0:   MOV     SBUF,A          ;开始串行输出
```

```
OUT1:   JBC     TI,NEXT         ;输出结束,清TI转
        JMP     OUT1            ;否则再查询
NEXT:   SETB    P1.0            ;允许并行输出
        CALL    DELAY           ;延时
        RR      A               ;循环右移
        CLR     P1.0            ;关闭并行输出
        AJMP    OUT0            ;循环
DELAY:  ……                      ;延时子程序,与第3章的例子相同,不再重复
        END
```

2. 异步通信应用编程

80C51单片机异步通信的一个典型应用实例是单片机与PC机通信。现在可以找到很多运行于PC端的串行口通信软件,这些软件编写得都非常好,而且大部分都可以免费从网上下载,因此有条件以此为例来实践单片机的异步通信编程。

由于PC机上的串行接口为RS232形式的接口,其高、低电平的规定与单片机所规定的TTL电平不同,所以单片机上必须也要有232接口。目前比较常用的方法是直接选用现成的232接口芯片。图4-16是实验板上单片机与PC机接口部分的电路。

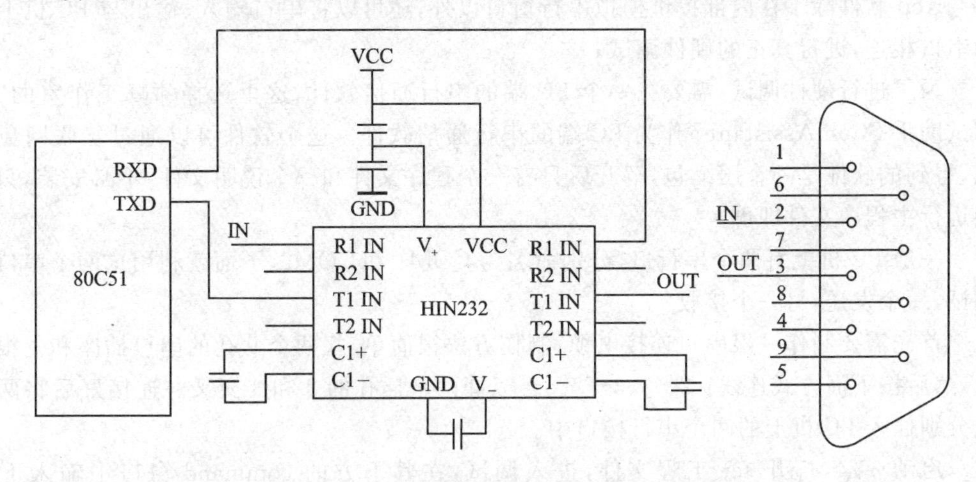

图4-16 单片机与PC机的串行通信接口电路

下面这个例子完成的工作很简单,不断地向PC机送出AA和55两个十六进制数。

【例4-9】 异步通信实验1:单片机向PC送数。

```
        ORG     0000H
        LJMP    START
        ORG     30H
START:  MOV     SP,#5FH             ;初始化堆栈
        MOV     TMOD,#00100000B     ;定时器1工作于方式2
        MOV     TH1,#0FDH           ;置定时初值
        MOV     TL1,#0FDH
        ORL     PCON,#10000000B     ;SMOD=1
        SETB    TR1                 ;定时器1开始运行
```

```
        MOV   SCON,#01000000B   ;串口工作方式1
        MOV   A,#0AAH           ;将数0AAH送往A累加器
SEND:   MOV   SBUF,A            ;将A累加器中的数送往发送缓冲器SBUF
LOOP:   JBC   TI,NEXT           ;如果TI为1,则将TI清0并转NEXT
        LJMP  LOOP              ;否则执行本行程序转到LOOP标号处
NEXT:   LCALL DELAY             ;延时一段时间
        CPL   A                 ;取A累加器中的值
        JMP   SEND              ;转到SEND标号处执行,再次发送
DELAY:……                        ;延时程序
        END
```

下面首先用Keil软件的串口仿真功能来进行这一实验。在Keil软件内建一个模拟串行窗口,可以显示单片机串行口接收到的内容。

输入上述程序,存盘并命名为ser.asm。建立名为ser的工程,将ser.asm源程序加入,然后汇编、链接。完全正确以后,按Ctrl+F5键进入调试。选择Debug→Run命令全速运行程序,然后打开View→Ser #1即可看到一个模拟显示的串行窗口中连续不断地出现55、AA字样。

Keil软件除了在内部提供模拟串行窗口以外,还可以将串口输入、输出与PC机上实际的串口相连,进行真正的硬件调试。

为了进行硬件调试,需要找一个PC端的串行通信软件,这里选择啸峰工作室的"串口调试助手SComAssistant"作为PC端的串行通信软件。这个软件可以通过互联网免费下载,得到的软件是一个压缩包,解开后只有一个程序文件和一个说明文件,不必安装,只要直接运行主程序文件即可。

一般PC机上有两个串行口,分别命名为COM1和COM2,下面就利用这两个串口进行调试,一个发送,另一个接收。

首先需要制作一根串口连接电缆,制作方法很简单,找两个9孔的串口插座和一根3芯线,然后按下面方式连线:2—3、3—2、5—5,即两个插孔的2和3交叉。连接好后将两个插孔分别插入PC机上的两个串行接口中。

启动μV4,打开ser工程文件,进入调试,在其下方的command窗口中输入下面的命令:

```
mode com1 19200,0,8,1
assign com1 < sin>sout
```

第1行命令是为串行口1设置波特率等参数。

第2行命令是将串行口1分配给程序使用,注意这里面的">"和"<"就是键盘上的"大于"和"小于"号,sin和sout的第一个字母"s"代表serial,后面分别是输入和输出的英文单词"in"和"out"。

启动串口调试助手,选择串行口为COM2,其他参数与COM1的设置一致,即波特率为19 200,启动位为0,8位数据位,1位停止位,显示方式选择为十六进制方式。设置后的"串口调试助手"如图4-17所示。选择Keil软件中的Debug→Run命令,可以看到在串口调试助手显示窗口出现了55和AA,这说明Keil软件的确把数据送出去了。

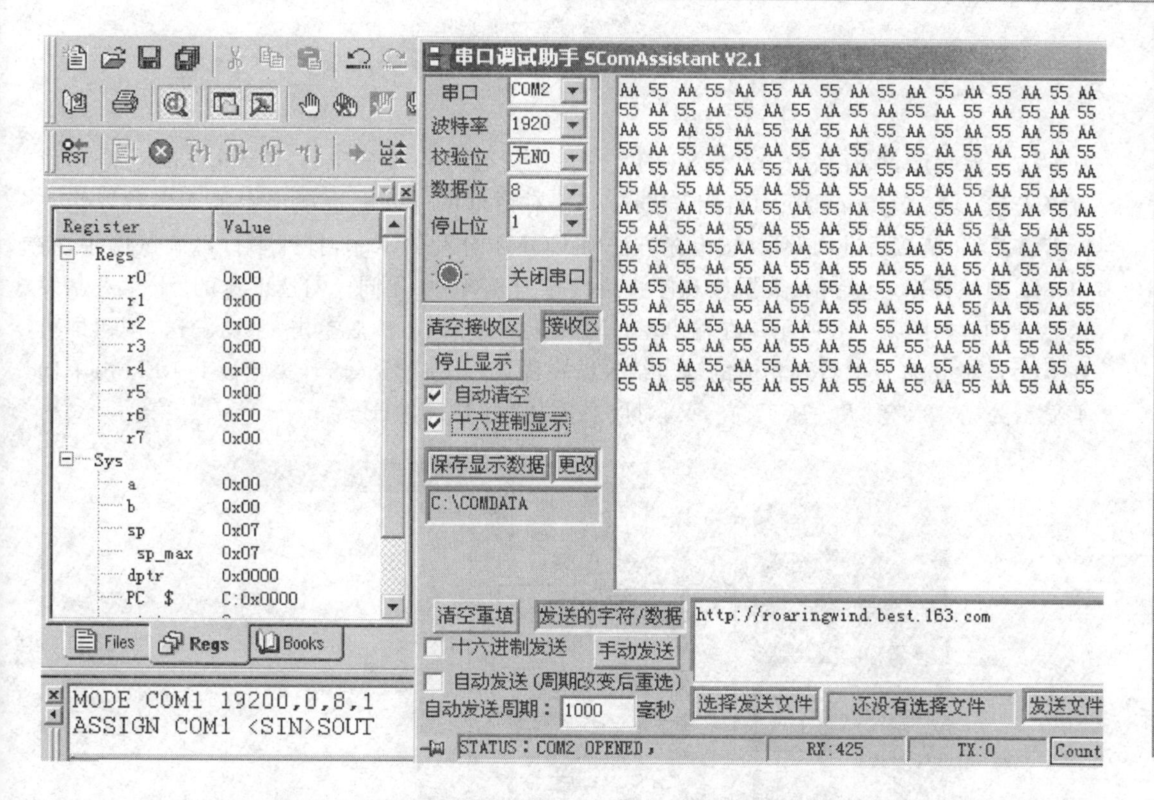

图 4-17　使用串口调试助手和 Keil 软件调试串口输出程序

如果所用 PC 机只有一个串口,那么可以用两台 PC 机来完成上述实验。用串口线分别连接两台 PC 的串行口,其中一台机器上运行 Keil 软件,另一台运行"串口调试助手"软件,即可完成实验。请读者自行完成。

第 2 个异步通信的应用实例是单片机接收数据,单片机接收到由 PC 机送来的十六进制数后将其送到 P1 口,从 P1 口 LED 亮、灭的情况可以看出接收是否正常。

【例 4-10】 异步通信实验 2:单片机接收从 PC 机送来的数据。

```
        ORG     0000H
        LJMP    START
        ORG     30H
START:  MOV     SP,#5FH             ;初始化堆栈
        MOV     TMOD,#00100000B     ;定时器 1 工作于方式 2
        MOV     TH1,#0FDH           ;定时初值
        MOV     TL1,#0FDH
        ORL     PCON,#10000000B     ;SMOD=1
        SETB    TR1                 ;定时器 1 开始运行
        MOV     SCON,#01010000B     ;串行口工作于模式 1
        SETB    REN                 ;允许接收
LOOP:   JBC     RI,REC              ;如果 RI=1,说明已接收完数据,转 REC
        JMP     LOOP                ;否则继续等待
REC:    MOV     A,SBUF              ;将串口缓冲器中的数取出送 A
```

```
        MOV     P1,A                ;将 A 累加器中的值送 P1 口
        JMP     LOOP                ;转到 LOOP 处继续等待接收下一个数据
        END
```

输入源程序,保存名为 ser2.asm 的文件。建立名为 ser2 的工程,将 ser2.asm 加入,设置该工程。在"Options for Target 'Target1'"对话框的 debug 选项卡中加入参数"-dledkey"。汇编、链接后进入调试,按上述方法将 COM1 分配给 Keil,打开串行口调试助手,将 COM2 的波特率、起始位、数据位和停止位设置与例 4-9 相同。勾选下方的"十六进制发送"复选框,如图 4-18 所示。在输出窗口写入十六进制数,然后单击"手动发送"按钮即可在 Keil 实验仿真板上看到相应的输出结果。在图 4-18 中输入 55,实验板上 LED 由下向上显示为亮、灭、亮、灭、亮、灭、亮、灭,对应二进制数 01010101B。

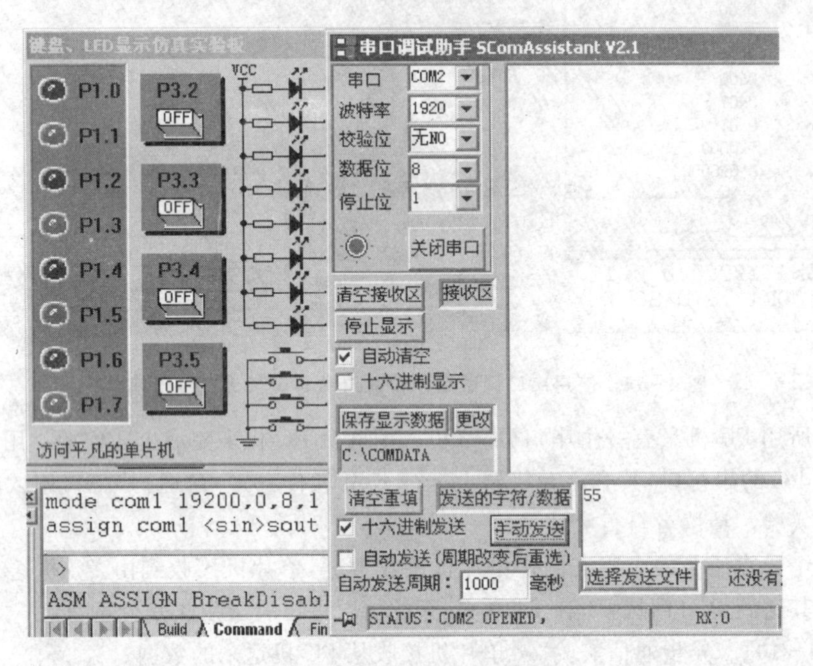

图 4-18　使用串行口调试助手和 Keil 联合调试串行输入程序

以上程序的练习也可以通过硬件实验板完成。实验板用通信电缆与 PC 机相连,将目标代码写入 89S51 芯片,插入实验板,PC 机上串行口调试助手的设置与例 4-9 和例 4-10 完全相同。给实验板通电,显示的结果与上述两例完全相同。

思考题与习题

1. 80C51 单片机内部有几个定时器/计数器?它们是由哪些专用寄存器组成的?
2. 定时器/计数器用作定时器时,其定时时间与哪些因素有关?用作计数器时,对外界计数频率有何限制?
3. 简述定时器/计数器 4 种工作方式的特点,应当如何选择和设定初值?
4. 当定时器 T0 工作于方式 3 时,由于 TR1 位已被 T0 占用,应如何控制定时器 T1 的开启和关闭?

5. 80C51有几个中断源，各中断标志是如何产生的，又是如何清0的？CPU响应中断时，其中断入口地址各是多少？
6. 如何区分串行通信中的发送中断和接收中断？
7. 中断响应过程中，为什么要强调保护现场？通常如何保护？
8. 能否用定时器T1扩充外中断源？
9. 80C51单片机的中断系统有几个优先级，应如何设定？
10. 什么是串行异步通信，它有哪些特点，其一帧格式如何？
11. 某异步通信接口，其帧格式由一个起始位0、8个数据位、1个奇偶校位和1个停止位组成。当该接口每秒钟传送1 800个字符时，计算其传送波特率。
12. 当定时器T1用作串行口波特率发生器时，常用工作方式2。若已知系统时钟频率和通信所用的波特率，应如何计算其初始值？
13. 在80C51应用系统中，时钟频率为12 MHz，现用已知定时器T1工作于方式2时产生的波特率为1 200，试计算初值。并判断实际得到的波特率有误差吗？

第 5 章

80C51 的指令系统

学习和使用单片机的一个很重要的环节是理解和熟练掌握它的指令系统，不同的单片机指令系统一般是不同的。本章将详细介绍 80C51 指令系统的寻址方式、各类指令的格式及功能，还将学习汇编语言程序的基本设计方法，为进一步掌握和应用 80C51 单片机奠定必要的软件基础。

5.1 概 述

本书在前面的章节已介绍了一些指令的用法，并且编写了一些程序。但什么是指令、什么是程序我们还不清楚，下面将对这些概念作一介绍。

5.1.1 有关指令与程序的基本概念

指令是规定计算机进行某种操作的命令。一条指令只能完成有限的功能，为使计算机完成一个较为复杂的功能就必需要用一系列的指令。计算机所能执行的全部指令的集合称之为该计算机的指令系统。

程序是指人们按照自己的思维逻辑，使计算机按照一定的规律进行各种操作，以实现某种特定的控制功能而编制的有关指令的集合。编制程序的过程就叫程序设计。

程序设计语言是实现人机相互交换信息(对话)的基本工具，它可分为机器语言、汇编语言和高级语言 3 种。

1. 机器语言

由于计算机只能识别二进制数，所以计算机的指令均由二进制代码组成。为了阅读和书写方便，常把它写成十六进制形式，通常称这样的指令为机器指令。用机器指令编写的程序称为机器语言程序或指令程序，又因为计算机最终只能识别和执行这种形式的程序，故也称为目标程序。

2. 汇编语言

由于机器指令用一系列二进制编码表示，即便写成十六进制形式也不易记忆，不易查错，不易修改。为了克服这些缺点，人们用一系列有定义的符号来表示这些二进制编码指令，这种符号称之为助记符。助记符是用英文缩写来描述指令的特征，便于记忆。这种用助记符形式来表示的机器指令称为汇编语言指令。用汇编语言指令编写的程序称之为汇编语言程序。

作为对比,下面分别是用机器指令和汇编语言指令编写的两行程序:

```
机器指令   汇编语言指令
74  02     MOV   A,#02H
21  17     ADD   A,#17H
```

显然,右侧的汇编语言程序比左侧的两组数字要容易理解和记忆。目前,单片机开发基本不再直接使用机器语言进行编程了。

汇编语言属于某种计算机所独有,而且与计算机内部硬件结构密切相关。与高级语言相比,其通用性较差,但由于其具有占用存储空间少、执行速度快等优点,在单片机开发中仍占有重要的位置。

汇编语言方便了人们的记忆和理解,但是计算机不能够直接执行这种形式的指令,最终还是要把汇编语言形式的程序转换成计算机可以执行的机器语言形式的指令,这一转换过程称为汇编过程。完成转换通常有以下两种方式:

- 手工汇编:即当人们写完汇编形式的程序后,通过一定的方法(如查表),将汇编形式的指令转换为机器码。
- 机器汇编:由计算机软件完成从汇编程序到机器码的转换,就称之为机器汇编。用于机器汇编的软件称为汇编程序。

3. 高级语言

高级语言是一种面向过程而独立于计算机硬件结构的通用计算机语言,例如,BASIC、C语言等。这些语言是参照数学语言而设计的近似于日常会话的语言,使用者不必了解计算机的内部结构。因此它比汇编语言更易学、易懂,而且通用性强,易于移植到不同类型的计算机上去。

高级语言不能被计算机直接识别和执行,也需要翻译为机器语言,这一翻译工作通常称为编译或解释。进行编译或解释的程序称为编译程序或解释程序。

5.1.2 汇编语言格式

80C51单片机的汇编指令由操作码和操作数两大部分组成,其基本格式可以表示为:

[标号:]操作码助记符 [操作数1] [,操作数2] [,操作数3][;注释]

例如:

```
MOV   A,#12H          ;把立即数12送入A
```

- 标号:用于表示该指令所在的地址。标号以字母开始的1~8个字符或数字串组成,以冒号":"结尾。
- 操作码助记符:由英文缩写组成的字符串,它规定了CPU应当执行何种操作。一条指令中,这部分一定存在。
- [ ]:括号中的内容是可选项。也就是说,根据指令的不同,有些指令中可能会有这一部分内容,有些则没有。
- 操作数部分:它规定了参与指令操作的数据、数据存放的存储单元地址或寄存器等。有些指令没有操作数,有些指令有1个、2个或3个操作数,如果有1个以上的操作数,各操作数之间用“,”分开。

● 注释部分:编写程序时为该条指令作的说明,便于阅读。

5.2 指令的寻址方式

指令的操作对象大多是各类数据,而数据在寄存器、存储器中可以用多种方式存取。指令执行过程中寻找操作数的方式,称为指令的寻址方式。

5.2.1 寻址的概念

为弄清什么是寻址方式,从一些学过的指令着手进行研究。

```
MOV    P1,#0FFH
MOV    R7,#0FFH
```

这些指令都是将一些数据送到相应的位置中去。分析“MOV P1,#0FFH”这条指令,可以看到,MOV是命令动词,决定做什么事情,这条指令的用途是数据传递。数据传递必须要有一个“源”——即送什么数,还要有一个“目的”——要把这个数送到什么地方去。在上述指令中,要送的数(源)是0FFH,而要送达的地方(目的地)是P1这个寄存器。在数据传递类指令中,目的地址总是紧跟在操作码助记符的后面,而源操作数写在最后。

在这条指令中,送给P1的是这个数本身。换言之,做完这条指令后,可以明确地知道,P1中的值是0FFH。但在实际工作中,并不是任何情况下都可以直接给出数据本身。如图5-1(a)中所示是3.2.1小节中出现过的延时程序,从程序来分析,每次调用延时程序其延时的时间都是相同的(系统采用12 MHz晶振时,延时时间大致都是0.13 s)。如果提出这样的要求:LED亮后延时0.13 s,然后LED熄灭;LED熄灭后延时0.1 s灯亮。如此循环,这段程序就不能满足要求了。为达到这样的要求,把延时程序改成如图5-1(b)所示(调用这个程序的主程序也写在其中)。比较两个程序可以看出,主程序在调用子程序之前,

```
MAIN:   SETB   P1.0       ;(1)
        LCALL  DELAY      ;(2)
        CLR    P1.0       ;(3)
        LCALL  DELAY      ;(4)
        AJMP   MAIN       ;(5)
;以下子程序
DELAY:  MOV R7,#250       ;(6)
D1:     MOV R6,#250       ;(7)
D2:     DJNZ R6,D2        ;(8)
        DJNZ R7,D1        ;(9)
        RET               ;(10)
        END               ;(11)
```

(a) 固定延时的延时子程序

```
MAIN:   SETB P1.0         ;(1)
        MOV 30H,#255
        LCALL DELAY
        CLR P1.0          ;(3)
        MOV 30H,#200
        LCALL DELAY       ;(4)
        AJMP MAIN         ;(5)
;以下子程序
DELAY:  MOV R7,30H        ;(6)
D1:     MOV R6,#250       ;(7)
D2:     DJNZ R6,D2        ;(8)
        DJNZ R7,D1        ;(9)
        RET               ;(10)
        END               ;(11)
```

(b) 可变延时的延时子程序

图5-1 两种延时程序的比较

把一个数送入30H,而在子程序中R7中的值并不是一个定值,是从30H单元中获取的。在两次调用子程序时给30H中送不同的数值,使得延时程序中“DJNZ R6,D2”这条指令的执行次数不同,从而实现不同的延时要求,这样就可以满足上述要求。

从这个例子可以看出,有时指令中的操作数直接给出一个具体的数并不能满足要求,这就引出了一个问题:如何用多种方法寻找操作数。因此,寻址就是寻找操作数存放地点。

5.2.2 寻址方式

80C51单片机有多种寻址方式,下面就将分别介绍。

1. 立即寻址(立即数寻址)

在这种方式中,指令中直接给出参与操作的8位或16位二进制常数,并在此常数前面加“#”作为标识。该常数是没有存放地点的数,称为立即数,应立即取走。例如:

```
MOV    A,#3AH              ;将立即数3AH送到A中
MOV    DPTR,#1000H         ;将立即数1000H送到DPTR中
```

2. 直接寻址

在这种寻址方式中,指令直接给出操作数所在的存储单元地址。例如:

```
MOV    A,34H
```

就是把内存地址为34H单元中的数送到A中去。

注意:编写这条指令时,对执行完这条指令后,A中的值究竟是多少并不知道,但可以肯定A中的值一定和34H中的值相同。在形式上,34H前面没有加“#”号。

3. 寄存器寻址

寄存器寻址是指操作数放在指令给出的工作寄存器中。例如:

```
MOV    A,R1            ;将R1中的内容送到A中
MOV    R1,A            ;将A中的内容送到R1中
```

4. 寄存器间接寻址

从一个问题谈起:某程序要求从片内RAM的30H单元开始,取20个数,分别送入A累加器。也就是从30H、31H、32H、33H……44H单元中取出数据,依次送入A中。

就目前掌握的方法而言,要从30H单元取数,只能用“MOV A,30H”指令;下一个数在31H单元中,只能用“MOV A,31H”指令。因此,取20个数,就要用20条指令才能写完。这个例子中只有20个数,如果要送200个数,就要写上200条指令。用这种方法未免太笨了,所以应当避免用这样的方法。出现这种情况的原因是,到目前为止我们只会把地址的具体数值写在指令中。

从前面学过的指令中可以找到解决问题的思路。直接寻址解决了把操作数直接写在指令中(立即寻址)而带来的问题——调用过程中参数要能够发生变化。这种寻址方式把操作数放在一个内存单元中,然后把这个内存单元的地址写在指令中,绕了一个弯,解决了问题。这里遇到的问题是把内存地址的具体数值直接放在指令中而造成的,所以要解决问题,就要设法把这个具体的数值去掉。一种办法是把代表地址的数值不放在指令中,而是放入另外

一个内存单元中，那就有可能解决问题。

寄存器间接寻址就是为了解决这一类问题而提出的。

寄存器间接寻址是以指令中给出某一寄存器的内容作为操作数的存放单元地址，从而获得操作数的方式。在寄存器间接寻址方式的指令中，寄存器前面用符号“@”作为标识。例如：

```
MOV    A,@R0                ;将R0中的值作为地址，到这个地址中取数，然后送到A中去
```

以下是解决上面问题的例子：

```
       MOV    R7,#20        ;(1)
       MOV    R0,#30H       ;(2)
LOOP:  MOV    A,@R0         ;(3)
       INC    R0            ;(4)
       DJNZ   R7,LOOP       ;(5)
```

这个例子中：

第(1)条指令是将立即数20送到R7中，执行完本条指令后R7中的值是20。

第(2)条指令是将立即数30H送入R0中，执行完本条指令后，R0单元中的值是30H。

第(3)条指令是应用寄存器间接寻址方式写的一条指令。其用途是取出R0单元中的值，把这个值作为地址，取这个地址单元的内容送入A中。

第一次执行这条指令时，工作寄存器R0中的值是30H，因此执行这条指令的结果就相当于执行：

```
MOV    A,30H
```

第(4)条指令的用途是把R0中的值加1，这条指令执行完后，R0中的值变成31H。

第(5)条指令的执行过程是将R7中的值减1，然后判断该值是否等于0。如果不等于0，转到标号LOOP处继续执行。由于R7中的值是20，减1后是19，不等于0。因此，执行完这行程序后，将转去执行第3条指令，就相当于执行：

```
MOV    A,31H
```

此时R0中的值已是31H了，然后将R7中的值再次减1并判断是否等于0。若不等于0又转去执行(3)……如此不断循环，直到R7中的值经过逐次相减后等于0为止。

也就是说，第(3)、(4)、(5)条指令一共会被执行20次，实现了上述要求：将从30H单元开始的20个数据送入A中。这样，仅用了5条指令，就替代了20行程序。这里，R0是用来存放“放有数据的内存单元的地址”的，所以称之为“间址寄存器”。

注意：在寄存器间址寻址方式中，只能用R0和R1作为间址寄存器。

5. 变址寻址(基址寄存器+变址寄存器间接寻址)

变址寻址也称基址变址寻址，即寻找的地址有一个固定的偏移量。要寻找的操作数的地址由指令中给出的16位寄存器(DPTR或PC)中的内容作为基本地址，加上指令中给出的累加器A中的地址偏移量形成。例如：

```
MOVC    A,@A+DPTR;
MOVC    A,@A+PC
```

变址寻址方式是专门针对这两条指令而提出的。关于这两条指令将在5.3.1小节作详细介绍,可以从该节的分析中理解变址寻址的含义。

6. 相对寻址

相对寻址所寻找的地址用相对于本指令所在地址的偏移量来表示。这种寻址方式出现在转移指令中,用来指定程序转移的目标地址。目前在单片机程序设计中,一般采用机器汇编,通常用标号来表示目标位置,基本不需要人工计算相对寻址的值,因此本书不详细分析相对寻址的原理,如有需要,请参考其他单片机教材。

7. 位寻址

位寻址指寻找某一位地址的状态。采用位寻址的指令,其操作数是8位二进制数中的某一位,指令中给出的是位地址。它与直接寻址方式的不同是位寻址方式指令中给出的是位地址。例如,"SETB 20H"的作用是将位地址20H单元置1。而指令"CLR 20H"的作用是将位地址20H单元清0。

前面用到的一些符号如P1.0等实际是位寻址的另一种表达方式,即用字节地址加"."的方法来表示,这种表达方式便于人们记忆和使用。

5.2.3 指令中的操作数标记

在描述80C51指令系统功能时,经常使用下面的符号,其意义如下:

Rn　　当前选中的工作寄存器组R0～R7(n=0～7)。它在片内数据存储器中的地址由PSW中的RS1和RS0确定,可以是00H～07H(第0组)、08H～0FH(第1组)、10H～17H(第2组)或18H～1FH(第3组)。

Ri　　当前选中工作寄存器组中可以作为地址指针的两个工作寄存器R0和R1(i=0或i=1)。

#data　　8位立即数,即包含在指令中的8位常数。

#data 16　　16位立即数,即包含在指令中的16位常数。

direct　　8位片内RAM单元(包括SFR)的直接地址。

bit　　片内RAM或特殊功能寄存器的直接寻址位地址。

@　　间接寻址方式中,表示间址寄存器的符号。

/　　位操作指令中,表示对该位的值先取反然后再参与操作,但不影响该位原值。

→　　指令操作流程,将箭头左边的内容送入箭头右边的单元格内。

5.3 数据传送类指令及练习

数据传送类指令是指令系统中最基本的,编程时使用最频繁的一类指令。

数据传送类指令的功能是将指令中的源操作数传送到目的操作数。指令执行后,源操作数不改变,而目的操作数修改为源操作数,或者是源操作数与目的操作数互换,即源操作数变成目的操作数,目的操作数变成源操作数。

数据传送类指令不影响标志位,即不影响C、AC和OV,但不包括检验累加器A的奇偶性标志位P。

5.3.1　数据传送类指令

80C51的指令系统给用户提供了丰富的数据传送指令。除了POP指令、直接将数据送入PSW的指令和以A为目的地址的传送指令影响PSW中的P标志位外，这类指令一般不影响PSW的其他相关标志位。

1. 通用传送指令MOV(16条)

这类指令的格式为：

MOV　　[目的地址]，[源地址]

这类指令的功能是将源地址所指定的操作数(源操作数)传送到目的地址所指定的存储单元或寄存器中，而源操作数保持不变。它们主要用于对片内RAM的操作。

(1) 以A为目的地址的指令

```
MOV    A,Rn           ;(A)←(Rn)
MOV    A,direct       ;(A)←(direct)
MOV    A,@Ri          ;(A)←((Ri))
MOV    A,#data        ;(A)←data
```


【例5-1】 R0＝21H，(21H)＝40H，执行完下列命令后，结果如程序中注释所示。

```
MOV    A,#10H         ;A=10H
MOV    A,R0           ;A=21H
MOV    A,21H          ;A=40H
MOV    A,@R0          ;A=40H
```

(2) 以直接地址为目的地址的指令

```
MOV    direct,A           ;(direct)←(A)
MOV    direct,Rn          ;(direct)←(Rn)
MOV    direct,@Ri         ;(direct)←((Ri))
MOV    direct,#data       ;(direct)←data
MOV    direct1,direct2    ;(direct1)←(direct2)
```

其中direct代表直接地址，写在指令中是一种数字的形式，表示地址。

【例5-2】 A＝30H，R0＝22H，(22H)＝56H。执行下列指令：

```
MOV    10H,A          ;(10H)=30H
MOV    10H,R0         ;(10H)=22H
MOV    10H,@R0        ;(10H)=56H
MOV    10H,#23H       ;(10H)=23H
MOV    10H,22H        ;(10H)=56H
```

(3) 以Rn为目的地址的指令

```
MOV    Rn,A           ;Rn←A
MOV    Rn,#data       ;Rn←data
MOV    Rn,direct      ;Rn←(direct)
```

【例 5-3】　A＝33H,(23H)＝49H。执行下列指令：

```
MOV     R7,A              ;R7=33H
MOV     R6,#27H           ;R6=27H
MOV     R0,23H            ;R0=49H
```

(4) 以间接地址为目的地址的指令

```
MOV     @Ri,A             ;((Ri))←A
MOV     @Ri,#data         ;((Ri))←A
MOV     @Ri,direct        ;((Ri))←A
```

【例 5-4】　(20H)＝47H,A＝34H,R1＝32H,R0＝45H。执行下列指令：

```
MOV     @R0,A             ;(45H)=34H
MOV     @R1,#23H          ;(32H)=23H
MOV     @R0,20H           ;(45H)=47H
```

(5) 16 位数传送(以 DPTR 为目的地址)指令

```
MOV     DPTR,#data16      ;(DPTR)←data16
```


这条指令是 51 单片机中仅有的一条 16 位数据传递指令。用途是将一个 16 位的立即数送到 DPTR 中去。

【例 5-5】

```
MOV     DPTR,#1000H       ;(DPH)=10H,(DPL)=00H
```

2. 累加器 A 与片外 RAM 之间传递数据指令 MOVX(4 条)

```
MOVX    A,@Ri             ;A←((Ri))(片外 RAM)
MOVX    A,@DPTR           ;A←((DPTR))(片外 RAM)
MOVX    @Ri,A             ;(片外 RAM)((Ri))←A
MOVX    @DPTR,A           ;(片外 RAM)((DPTR))←A
```

上述第 1、2 条是输入指令,第 3、4 条是输出指令。

- 对于第 2、4 条指令,DPTR 是 16 位寄存器,而外部芯片的地址也是 16 位的,因此没有什么问题。
- 第 1、3 条指令中,由于 Ri 是 8 位寄存器,只能存放 8 位的地址宽度,因此,如果外部地址超过了 8 位,地址的高 8 位就要由 P2 口输出。

【例 5-6】　若要将片外 RAM 中 2020H 单元中的内容送给累加器 A,可用下列两种方法来实现：

```
方法一:   MOV     P2,#20H
          MOV     R0,#20H
          MOVX    A,@R0
方法二:   MOV     DPTR,#2020H
          MOVX    A,@DPTR
```

【例 5-7】　将单片机内部 RAM 的 30H 单元中的数送到外部 RAM 的 2000H 单元中,并将外部 RAM 的 10FFH 单元中的数送到内部 RAM 的 2FH 单元。

```
MOV     DPTR,#2000H         ;将要对其操作的外部 RAM 的地址送入 DPTR
MOV     A,30H               ;取要送出的数到 A
MOVX    @DPTR,A             ;送出数据
MOV     DPTR,#10FFH         ;将要对其操作的外部 RAM 的地址送入 DPTR
MOVX    A,@DPTR             ;从这个地址单元中获取数据
MOV     2FH,A               ;送入指定的内部 RAM 单元中
```

从上面的例子中可以看出,对外部 RAM 的操作必须要经过 A 累加器才能进行。外部 RAM 不能像内部 RAM 一样有各种寻址方式,所以对外部 RAM 的操作不如对内部 RAM 操作方便,很多运算必须要借助于片内 RAM 才能进行。

此外,51 单片机是一种统一编址的计算机系统,也就是扩展的 I/O 口和 RAM 是统一地址,因此,对于扩展 I/O 口的访问也必须要用 MOVX 类指令来进行。

3. 程序存储器向累加器 A 传送指令 MOVC(2 条)

这类指令有时也被称为查表指令,被查的数据表格存放在程序存储器中。这类指令源操作数用的是变址寻址方式。

```
MOVC    A,@A+PC
MOVC    A,@A+DPTR
```


本书不对第一条指令作解释,如果需要了解,请参考其他教程。

【例 5-8】 根据累加器 A 中的数(0～5),用查表的方法求平方值。

利用 DB 伪指令将 0～5 的平方值存放在程序存储器的平方值表中,将表的首地址送到 DPTR 中,将待查的数(设在 R0 中)送到 A 中,程序如下:

```
MOV     DPTR,#TABLE         ;(1)
MOV     A,R0                ;(2)
MOVC    A,@A+DPTR           ;(3)
⋮
TABLE:  DB 0,1,4,9,16,25
```

要理解这段程序,应从后面看起。

DB 是一条伪指令,它的用途是将其后面的数,也就是 0、4、9、16 和 25 放在 ROM 中。

注意: 这里的“放”不是在程序执行时,而是在程序汇编、链接时就完成了。

内 容	地 址
…	
25	TABLE+5
16	TABLE+4
9	TABLE+3
4	TABLE+2
1	TABLE+1
0	TABLE
…	…

图 5-2 ROM 映像图

图 5-2 是查表指令存储器的映像图,其中已有一些数,并且这些数在 ROM 中是按顺序存放的,而数 0 所在单元的地址就是 TABLE。TABLE 在这里只是一个符号,到最后变成代码时(汇编时),TABLE 就是一个确定的值,如 1FFH 或 23FH 等。但在这里,用符号来表示更方便,所以就用TABLE 来表示。

下面分析程序的执行情况。

① 首先执行第(1)条指令,即将 TABLE 送入 DPTR 中。

② 然后执行第(2)条指令,取出欲查表 x 的值,假设这个值是 2。

③ 接着执行第(3)条指令,将 DPTR 中的值(现在是 TABLE)和 A 中的值相加,得到结

果 TABLE+2,然后以这个值为地址,到 ROM 中相应单元中去取数。查看图 5-2 这个单元中的值是 4,正是 2 的平方,这样就获得了正确的结果。

读者可以假设 R0 中为其他值再次分析,看一看是否能够得到正确的结果。

前面学过,标号的用途是给某一行起一个名字,从这个例子的说明中可以进一步地认识到,标号的真实含义是这一行程序所代表的指令在 ROM 中的起始位置(即存放该指令的 ROM 单元的地址)。

这里以求平方为例来讲解查表的操作,这个例子本身有一定意义,在 51 单片机指令中没有求一个数平方的指令,所以用查表的方法来求平方函数。这种方法除了求平方操作以外,还可以求其他很多函数。但是这里举这个例子,主要目的还不在于此,而是引导读者思考这样一个问题:学单片机时必须要从实际出发,不能和纯数学问题混为一谈。以此例而言,如果说用查表的方法来求平方值,或许很多人马上就会想,这不可能。为什么呢?因为在人们的习惯中,认为求数的平方值,就是要求全体自然数甚至是全体实数的平方值,这么多数,怎么可能放进一个单片机的存储器中呢?所以不可能。事实上这种思维模式脱离了单片机开发中的实际情况,在任何实际问题中,数的取值总有个范围,这就是数学中所说的定义域,这个定义域往往是很窄的。例如,某程序输入的数据由 8 位 A/D 转换得到,那么,这个数一定是在 0～255 之间,不可能是全体自然数,更不可能是全体实数。所以在这里举这个例子,用意在于告诉读者,学单片机时很多问题要从实际的可能出发来考虑,这在以后的学习中必须要注意,否则就会有很多事想不通。

4. 堆栈操作

(1) 进栈指令

```
PUSH        direct      ;((SP))←(direct)
```

(2) 出栈指令

```
POP         direct      ;(direct)←((SP))
```

【例 5-9】 (SP)=5FH,(30H)=50H。执行"PUSH 30H"指令后,(SP)=60H,(60H)=50H。

【例 5-10】 (SP)=61H,(61H)=32H。执行"POP ACC"指令后,(SP)=60H,A=32H。

【例 5-11】 交换片内 RAM 中 40H 单元与 57H 单元的内容。

假设 SP 的值是 5FH,其实 SP 的值具体是多少并没有多大关系,这里给出一个具体的数值是便于对程序的执行过程进行分析。

程序及执行过程如下:

```
PUSH    40H     ;(SP)+1=60H,(60H)=(40H)
PUSH    57H     ;(SP)+1=61H,(61H)=(57H)
POP     40H     ;(40H)=(61H),(SP)-1=60H
POP     57H     ;(57H)=(60H),(SP)-1=5FH
```

从上面的分析可以看到,通过堆栈中"先入后出,后入先出"的规律,实现了两个不同地址单元内容的交换。

从这几个例子中不难发现,在压入堆栈时,首先是堆栈指针(SP)加1,指向堆栈的下一个单元;然后将PUSH指令中操作数所指定地址单元中的值送到SP所指定的堆栈单元中去。而POP指令则正好相反,首先是根据SP的值将SP所指单元的内容送入POP指令中操作数指定的单元中去,然后再把SP的值减1。

在PUSH和POP指令中都只有一个操作数,其中PUSH指令中的操作数实际是一个"源操作数",就是待传递的数。那么,还有一个操作数在什么地方呢?有"源"就要有"目的",但这两条指令中并没有写出来。实际上"目的操作数"是隐含在指令中的,它就是堆栈指针(SP)所指的单元。

5. 数据交换指令(4条)

(1) 字节交换指令

```
XCH     A,Rn          ;(A)←(Rn),(Rn)←(A)
XCH     A,direct      ;(A)←(direct),(direct)←(A)
XCH     A,@Ri         ;(A)←((Ri)),((Ri))←(A)
```

(2) 半字节交换指令


```
XCHD    A,@Ri         ;(A.3~A.0)⇔((Ri.3~Ri.0))
```

在半字节交换操作中,交换的内容是A中低4位和Ri间址寻址的内存单元的低4位。A和Ri间址寻址的高4位内容保持不变。

要快速地了解一个数高、低4位的值,并不需要把它们化成二进制数,只要数是用十六进制表示的,则这个数的前面一位就是高4位,后面一位就是低4位。例如,18H的高4位是1,低4位是8;又如7H,则高4位是0,低4位是7,读者可以自行验证。

【例5-12】 设A=23H,R0=45H,(23H)=36H,R1=39H,(39H)=17H。执行下列指令:

```
XCH     A,R0          ;A=45H,R0=23H
XCH     A,39H         ;A=17H,39H=45H
XCH     A,@R0         ;A=36H,(23H)=17H
XCHD    A,@R1         ;A=35H,(39H)=46H
```

5.3.2 用仿真软件进行指令练习

掌握指令的最好办法是多做编程练习,而练习是要有反馈的。如果有老师指导,当然最好;如果没有老师指导,可以通过模拟仿真的方法来了解学习的效果。这里仍用Keil软件作为指令练习的工具。

打开μVison,单击"新建"按钮,输入以下源程序:

```
MOV     A,#10H        ;立即数10H送A累加器,A=10H
MOV     R0,#34H       ;立即数34H送R0寄存器,R0=34H
MOV     34H,#18H      ;立即数18H送RAM的34H单元,(34H)=18H
MOV     R1,A          ;累加器A中的值送R1,R1=10H
```

```
MOV    A,@R0       ;R0 所指单元(即 34H 单元)中的值送入 A,A=18H
MOV    @R1,#29H    ;立即数 29H 送入 R1 所指单元(10H 单元),(10H)=29H
MOV    SP,#5FH     ;立即数 5FH 送入 SP,(SP)=5FH
PUSH   34H         ;34H 单元中的值入栈
PUSH   10H         ;10H 单元中的值入栈
POP    34H         ;栈中内容弹出到 34H
POP    10H         ;栈中内容弹出到 10H
END
```

输入完毕,以 exec41.asm 为文件名保存,然后关闭该文件。

建立一个新的工程,选择 Atmel 公司的 89S51 为目标 CPU,加入 exec41.asm。在左边工程管理窗口双击 exec41.asm 在右边窗口打开该文件。

按 F7 键汇编、链接,获得目标文件。注意观察窗口的输出信息,如果有错误请仔细检查修改,直到没有错误为止。

按下 Ctrl+F5 键进入调试状态,如图 5-3 所示。下面可以使用单步运行命令执行程序,并观察程序运行的结果。

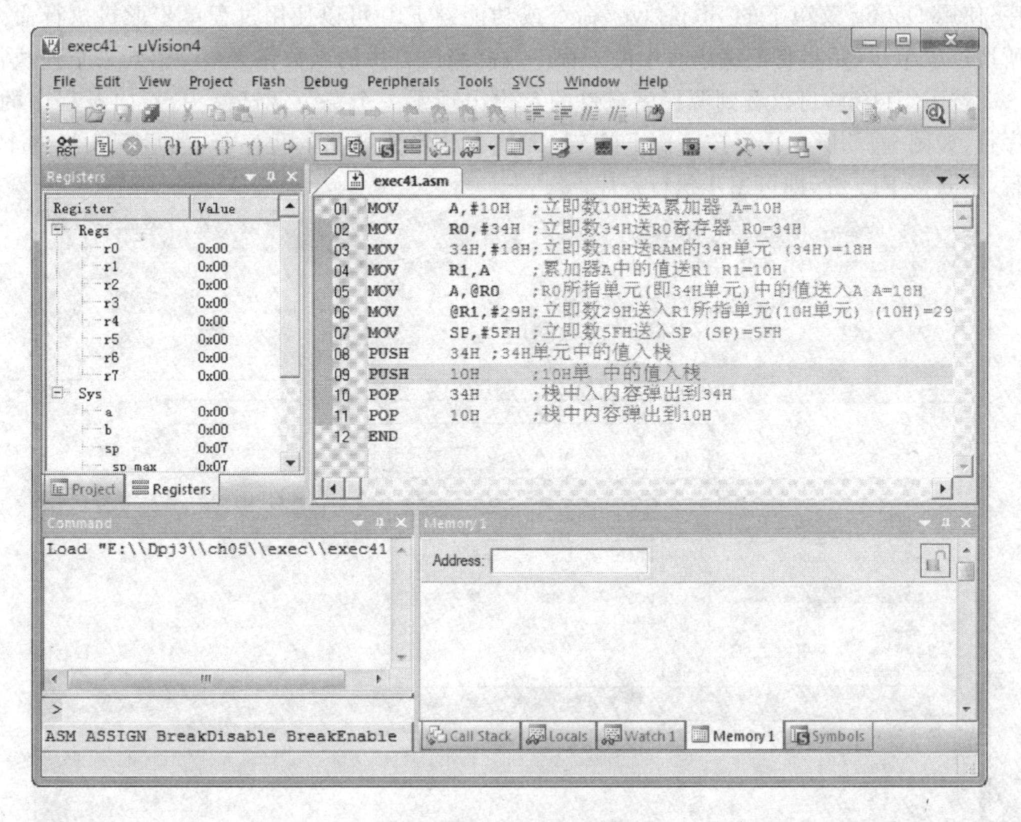

图 5-3　进入程序调试状态

窗口左侧的项目窗口在进入调试状态后显示寄存器页的内容,其上部显示工作寄存器 R0~R7 的内容,下部显示累加器 A、寄存器 B、堆栈指针 SP 等的内容。

Debug 菜单项中原来不能用的命令现在已可以使用了,工具栏多出一个用于运行和调试的工具条,如图 5-4 所示。Debug 菜单上的大部分命令可以在此找到对应的快捷按钮,从左到右依次是复位、运行、暂停、单步、过程单步、执行完当前子程序、运行到当前行、下一状态、打开跟踪、观察跟踪、反汇编窗口、观察窗口、代码作用范围分析、1 号串行窗口、内存窗口、性能分析、工具按钮等命令。

图 5-4　调试工具条

学习程序调试，必须明确两个重要的概念，即单步执行与全速运行。全速执行是指一行程序执行完以后紧接着执行下一行程序，中间不停止。这样程序执行的速度很快，并可以看到该段程序执行的总体效果，即最终的结果正确还是错误。但如果程序有错，则难以确认错误出现在哪些程序行。单步执行是每次执行一行程序，执行完该行程序以后即停止，等待命令执行下一行程序。此时可以观察该行程序执行完以后得到的结果，看该结果是否与写该行程序所想要得到的相同，借此可以找到程序中所存在的问题。程序调试中，这两种运行方式都要用到。

使用 Debug 菜单下的 Step 命令或相应的命令按钮或使用快捷键 F11 可以单步执行程序；使用 Debug 菜单下的 Step Over 命令或功能键 F10 可以使用过程单步形式执行命令。所谓过程单步，是指将汇编语言中的子程序或高级语言中的函数作为一个语句来全速执行。

按下 F11 键，可以看到源程序窗口的左边出现了一个黄色调试箭头，指向源程序的程序行，如图 5-5 所示。每按一次 F11 键，即执行该箭头所指的程序行，然后箭头指向下一行，不断按 F11 键，即可逐步执行程序。

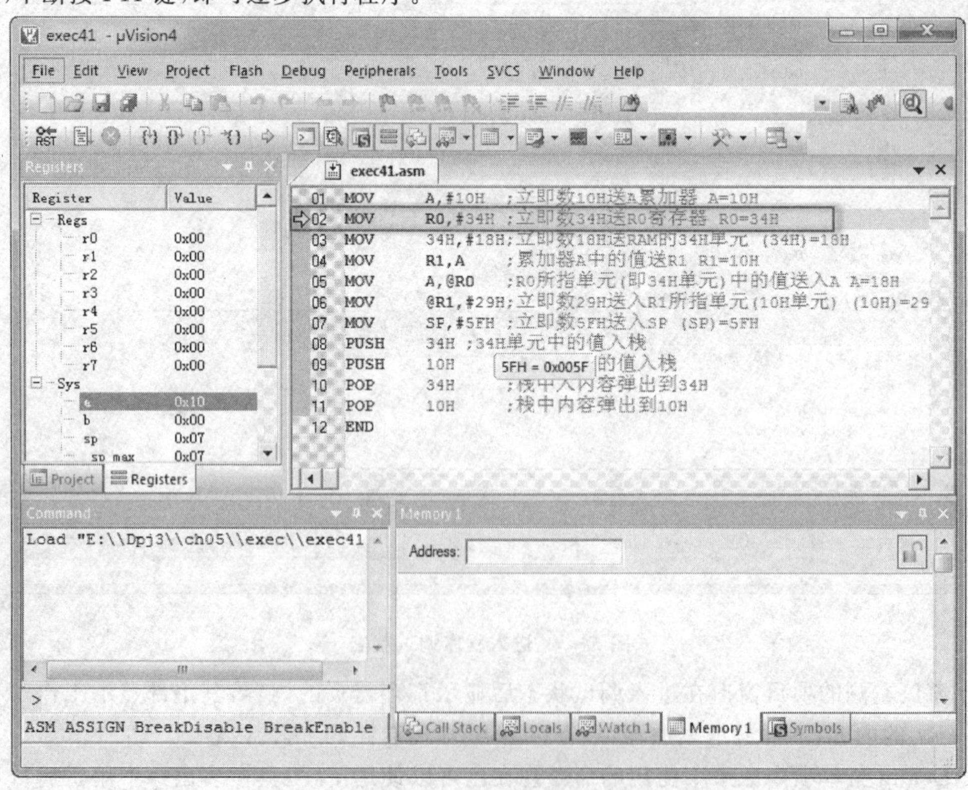

图 5-5　指向程序行的调试箭头

程序执行后的工作寄存器及累加器A的内容可以从左侧工程窗口看到,为观察执行后的内存变化,要用到内存观察窗。该窗口位于下部的中间位置,从图5-5中可以看到该窗口内没有任何内容。可以通过在Address后的文本框内输入“字母:数字”显示相应内存值,其中字母可以是C、D、I、X,分别代表代码存储空间、直接寻址的片内存储空间、间接寻址的片内存储空间、扩展的外部RAM空间;数字代表想要查看的地址。这里输入“d:0x10”,表示要显示内部RAM中从10H开始的内存单元地址,结果如图5-6所示。单步执行程序,观察内存单元值的变化是否与所希望的一样。

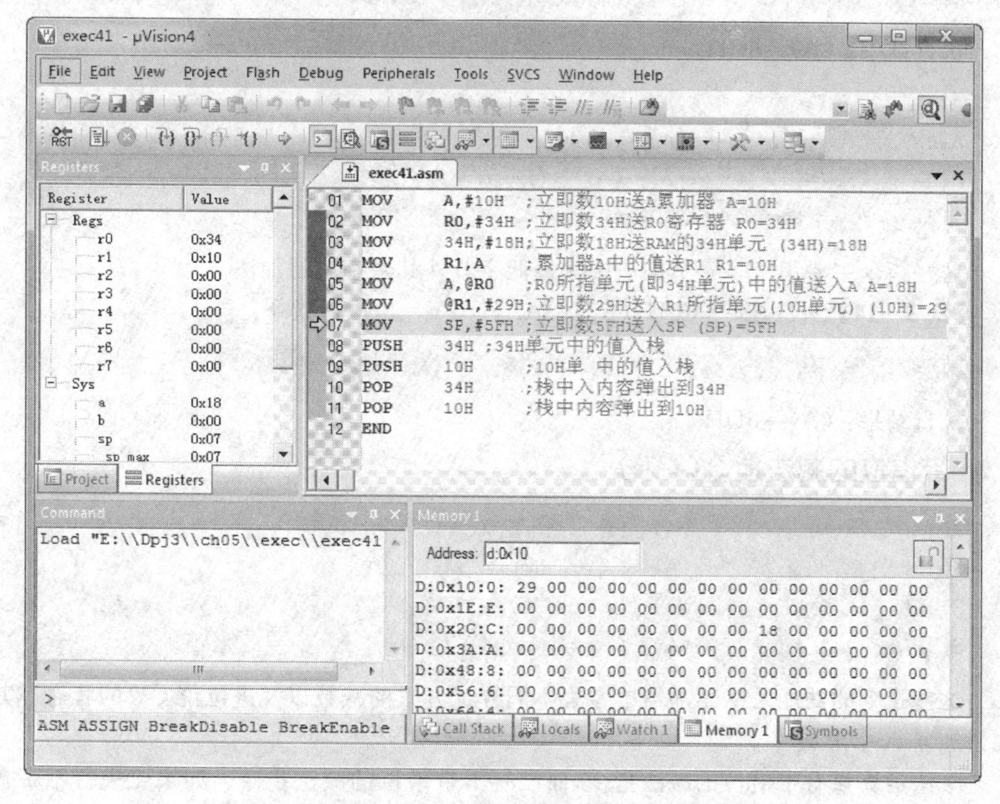

图5-6 在地址栏设定待显示区域及起始地址

5.4 算术运算指令

80C51的算术运算类指令包括加、减、乘、除这4个基本的四则运算。算术运算的结果将对程序状态字PSW中的进位CY、半进位AC、溢出位OV产生影响(置位或复位),只有加1和减1操作不影响这些标志位。

1. 加法指令(8条)

不带进位的加法指令如下:

```
ADD    A,Rn        ;(A)←(A)+(Rn)
ADD    A,direct    ;(A)←(A)+(direct)
ADD    A,@Ri       ;(A)←(A)+((Ri))
ADD    A,#data     ;(A)←(A)+ data
```

8 位二进制数加法运算的一个加数固定在累加器 A 中，而另一个加数可由不同的寻址方式得到，相加的结果送到 A。

加法运算影响 PSW 的状态位。如果位 3 有进位，则辅助进位标志 AC 置 1；否则 AC 为 0(不管 AC 原来是什么值)。如果位 7 有进位，则进位标志 CY 置 1；否则 CY 为 0(不管 CY 原来是什么值)。

【例 5－13】 设(A)＝C2H，(R1)＝AAH，执行指令：

```
ADD     A,R1
```

执行结果：(A)＝6CH

```
ADDC    A,Rn          ;(A)←(A)+(Rn)+(CY)
ADDC    A,direct      ;(A)←(A)+(direct)+(CY)
ADDC    A,@Ri         ;(A)←(A)+((Ri))+(CY)
ADDC    A,#data       ;(A)←(A)+ data+(CY)
```

这些指令主要用于多字节加法中除最低字节外其余字节的加法。

【例 5－14】 设(A)＝ C2H，(R1)＝AAH，CY＝1，执行指令：


```
ADDC    A,R1
```

执行结果：(A)＝6DH

2. 带借位的减法指令(4 条)

```
SUBB    A,Rn          ;(A)←(A)-(Rn)-(CY)
SUBB    A,direct      ;(A)←(A)-(direct)-(CY)
SUBB    A,@Ri         ;(A)←(A)-((Ri))-(CY)
SUBB    A,#data       ;(A)←(A)-data-(CY)
```

这些指令的功能是从累加器中减去不同寻址方式的减数以及进位位 CY 的状态。其差在累加器 A 中形成。

减法运算只有带借位的减法指令，而没有不带借位的减法指令。如果要进行不带借位的减法运算，可以在运算前先清零 CY 位。以“SUBB A，Rn”为例，用下面 2 条指令来实现。

```
CLR     C
SUBB    A,Rn
```

3. 乘法运算指令(1 条)

```
MUL     AB
```

这条指令的功能是将 A 和 B 中的两个 8 位无符号数相乘，16 位乘积的低 8 位存放在 A 中，高 8 位存放于 B 中。

乘法指令影响 PSW 的状态。其中进位标志 CY 总是被清 0。溢出标志位状态与乘积有关，若乘积小于 FFH(高 8 位为 0)，则 OV 清 0；否则 OV 置 1。

4. 除法运算指令(1 条)

```
DIV     AB
```

这条指令进行两个 8 位无符号数的除法运算，其中被除数置于累加器 A 中，除数置于寄存器 B 中。例如，用 5 除以 3，结果就可以表示为商为 1，余数为 2。

除法指令执行完后，商存于 A 中，余数存于 B 中。

【例 5-15】 5 除以 3 的除法操作。

```
MOV     A,#5        ;(A)=5
MOV     B,#3        ;(B)=3
DIV     AB          ;(A)=1,(B)=2
```

5. 加 1 指令(5 条)

```
INC     A           ;(A)←(A)+1
INC     Rn          ;(Rn)←(Rn)+1
INC     direct      ;(direct)←(direct)+1
INC     @Ri         ;((Ri))←((Ri))+1
INC     DPTR        ;(DPTR)←(DPTR)+1
```

这些指令的用途是把各种寻址方式中的数值加 1 然后再存回原来的位置。注意区分它们和加法指令之间的区别，这类指令可以用多种寻址方式对不同位置的数值进行加 1 操作，而加法指令的目标地址只能是累加器 A。此外，这类指令在运算过程中不影响 PSW 的状态。因此这类指令的一个很大的用途是作“增量”处理，而不仅是作为加 1(ADD A，#1)指令的替代。

增量是实际工作中常会遇到的一种情况，同是加 1，在不同的场合却代表了不同的含义。例如，考试成绩 59 分，加 1 分，就是 60 分，这个 1 代表了值的增加。而学号是 19 号，加 1 是 20 号，学号是 20 代表了另一位同学，这里加 1 显然没有什么“值”增加的意思，它实际上是序号的增加。又如，下面的一段程序：

```
        MOV     R7,#20      ;(1)
        MOV     R0,#30H     ;(2)
LOOP:   MOV     A,@R0       ;(3)
        INC     R0          ;(4)
        DJNZ    R7,LOOP     ;(5)
```

其中“INC　R0”指令的用途是将 R0 中的值加 1。R0 中的值代表了地址，所以将 R0 中的值加 1，实际上就实现了在执行“MOV A,@R0”时找到下一个地址的目的。这里的加 1 也代表了一种“增量”，但它和数值也没有什么关系。

当这组指令用于对 P0～P3 口操作时，将从端口寄存器中读取数据，而不是从引脚读入。

6. 减 1 指令(4 条)

```
DEC     A           ;(A)←(A)-1
DEC     Rn          ;(Rn)←(Rn)-1
DEC     direct      ;(direct)←(direct)-1
DEC     @Ri         ;((Ri))←((Ri))-1
```

此类指令的功能是将指定单元的内容减 1，其操作结果不影响 PSW 中的标志位。若原单元内容为 00H，减 1 为 FFH，也不会影响标志位。但指令“DEC A”会影响 PSW 中的 P 标志。

当这组指令用于对 P0～P3 口操作时，将从端口寄存器中读取数据，而不是从引脚读入。

7. 二—十进制调整指令

二—十进制调整指令对累加器 A 的 BCD 码加法结果进行调整，两个压缩型 BCD 码按二进制数方式相加之后，必须经本指令调整才能得到压缩型 BCD 码的和数。

```
DA      A
```

以加法为例，介绍二—十进制调整指令的执行过程。在对十进制进行加法运算时，指令系统中并没有这样的一条指令，因此，只能借助于二进制的加法指令。换言之，CPU 是不能判断所要运算的是什么数的，它只是简单地按照二进制的加法规律执行。但是二进制数的运算规则并不适用于十进制数，有时会产生错误，例如：

```
(1) 1+6=7          (2) 7+6=13          (3) 9+7=16
      0001               0111                1001
    + 0110             + 0110              + 0111
    ------             ------              ------
      0111               1101               10000
```

其中(1)的运算结果是正确的；(2)的运算结果是不正确的，因为 BCD 编码中不存在 1101 这个编码；(3)的结果也是不正确的，正确的结果应当是 16(00010110)，但这里是 10(其实 10 就是 16 的十六进制表示法，但我们想要的是 BCD 码的表示法，所以就说它不对了)。

这种情况表明，二进制数加法指令不能完全适用于 BCD 码运算，因此，在运算后，要对结果进行修正。

出错的原因在于，BCD 码是 4 位二进制数，而 4 位二进制数共有 16 个编码；但 BCD 码只用了其中的前 10 个，剩下的 6 个没有用到。但在进行加法运算时，是按二进制规律进行运算的，所有这 16 个编码都有可能被得到，所以就会出错。

二—十进制的调整过程是：指令“DA　A”根据加法运算后 A 中的值和 PSW 中的 AC、CY 标志位状态，自动选择 4 个修正值(00H、06H、60H 和 66H)中的一个与原运算结果相加，以获得正确的结果。

以(2)为例，如果给运算结果加上 06H 即 0110，则 1101＋0110＝10011。结果是 13 就对了。或许有些读者又糊涂了，10011 不是代表 19 吗？怎么还正确？把 10011 不当成 13H(即 19)，而是当作 13 不就行了吗？好好想一想，把这个关键问题想通了，有助于理解更多其他的东西。

5.5　逻辑运算类指令

80C51 的逻辑运算指令可分为 4 大类：对累加器 A 的逻辑操作，对字节变量的逻辑“与”、逻辑“或”和逻辑“异或”操作。

1. 累加器 A 的逻辑操作

这类指令主要包括直接对累加器进行清 0、求反、循环和移位操作，都是单字节指令。

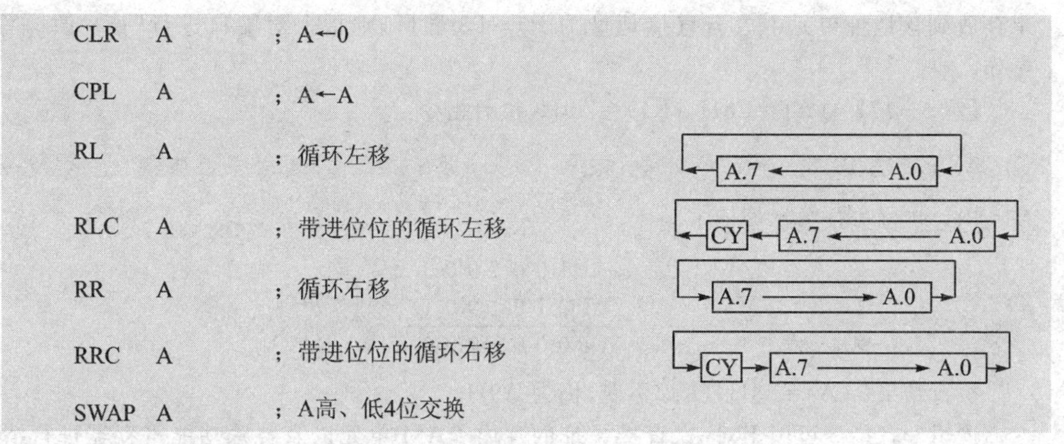


```
CLR   A     ; A←0
CPL   A     ; A←A
RL    A     ; 循环左移
RLC   A     ; 带进位位的循环左移
RR    A     ; 循环右移
RRC   A     ; 带进位位的循环右移
SWAP  A     ; A高、低4位交换
```

在使用上述指令时,应该注意以下几点:

①"CPL　A"指令是对A中内容按位取反,即原来为1变为0,原来为0变为1,不影响标志位。

例如,(A)=37H,即00110111B。执行指令"CPL　A",就是对A中值按位求反,也就是变为11001000B,即(A)=C8H。

②"RL　A"和"RLC　A"指令的相同之处在于两者都是使A中内容左移1位,而两者不同点在于"RLC　A"指令将CY连同A中内容一起左移循环,A7进CY,CY进A0,但不对其他标志位产生影响。"RLC　A"指令通常可用作对A中内容做乘2运算。

例如,无符号数BDH送入A中,(A)=10111101B。运算前先清CY,即CY=0;然后执行指令"RLC　A"的结果是(A)=01111010B=7AH,(CY)=1。而17AH正是BDH的两倍。

③"RR　A"和"RRC　A"指令的异同点类似于"RL　A"和"RLC　A",仅是A中数据位移动方向向右。

④"SWAP　A"的操作是指A的两个半字节(高4位和低4位)内容交换。

【例5-16】 (A)=F5H,执行指令:

```
SWAP    A
```

执行结果:(A)=5FH。

2. 逻辑"与"指令

```
ANL    A,Rn            ;A与Rn中的值按位"与"
ANL    A,direct        ;A和直接地址中的数据按位"与"
ANL    A,@Ri           ;A和间接寻址得到的数据按位"与"
ANL    A,#data         ;A和立即数按位"与"
ANL    direct,A        ;直接地址中的数据与A中的值相"与",并送到该地址单元中
ANL    direct,#data    ;直接地址中的数据与立即数相"与",并送到该地址单元中
```

这组指令中的前4条指令是将A的内容和指定单元的内容或立即数按"位"进行逻辑"与"操作,结果放在A中。这4条指令仅影响P标志。

后2条指令是将直接地址单元中的内容和A或立即数按"位"进行逻辑"与"操作,结

果存放到该地址单元中。若直接地址为 P0～P3 端口，则指令对端口进行“读—改—写”操作。

【例 5-17】 (A)＝C8H，(R1)＝A9H，执行指令：

```
ANL    A,R1
```

用二进制表示就是做如下操作：

```
  11001000
  10101001
 ----------
  10001000
```

执行结果：(A)＝88H，(R1)不变，仍为 A9H。

逻辑“与”指令可用于对 A、直接寻址的片内 RAM 单元以及特殊功能寄存器进行清 0 操作，也可以对指定的位进行清 0(屏蔽指定位)。比如第 4 章曾提到要置 00H 的第 0 位为“低”，就可以用“ANL　00H，#111111110B”指令来实现。执行这条指令不会影响 00H 单元的其他各位，但可以使最低位变为 0。

3. 逻辑“或”指令


```
ORL    A,Rn            ;A 与 Rn 中的值按位“或”
ORL    A,direct        ;A 与直接地址中的数据按位“或”
ORL    A,@Ri           ;A 与间接寻址得到的数据按位“或”
ORL    A,#data         ;A 与立即数按位“或”
ORL    direct,A        ;直接地址中的数据与 A 中的值相“或”，并送到该地址单元中
ORL    direct,#data    ;直接地址中的数据与立即数相“或”，并送到该地址单元中
```

这组指令中的前 4 条指令是将 A 的内容和指定单元的内容或立即数按位进行逻辑“或”操作，结果放在 A 中。这 4 条指令仅影响 P 标志。

后 2 条指令是将直接地址单元中的内容和 A 中的数值或者是立即数按位进行逻辑“或”操作，结果存放至该地址单元中。若直接地址为 P0～P3 端口，则指令对端口进行“读—改—写”操作。

【例 5-18】 根据累加器 A 中位 4～0 的状态，利用逻辑“与”、逻辑“或”指令，控制 P1 口位 4～0 的状态。

```
ANL    A,#00011111B    ;A 的高 3 位清 0
ANL    P1,#1110000B    ;P1 口的低 5 位清 0
ORL    P1,A            ;A 的低 5 位送 P1 口，P1 口的高 3 位改变
```

上面的例子中，先把 P1 口的低 5 位清 0，然后再送 A 的低 5 位到 P1 口。如果某一位原来输出是 1，清 0 后就会变为 0，然后还是输出 1。这时就会产生一个“毛刺”，这在某些场合是不允许的，可能会引起逻辑错误。为避免错误可以改成如下形式：

```
ANL    A,#00011111B    ;A 的高 3 位清 0
ORL    P1,A            ;如果 A 的低 5 位中某位为 1，则将 P1.4～P1.0 相应位置 1
ORL    A,#11100000B    ;A 的高 3 位置 1
ANL    P1,A            ;如果 A 的低 5 位中某位为 0，则将 P1.4～P1.0 相应位清 0
```

4. 逻辑“异或”指令

```
XRL    A,Rn            ;A与Rn中的值按位“异或”
XRL    A,direct        ;A与直接地址中的数据按位“异或”
XRL    A,@Ri           ;A与间接寻址得到的数据按位“异或”
XRL    A,#data         ;A与立即数按位“异或”
XRL    direct,A        ;直接地址中的数据与A中的值“异或”,并送到该地址单元中
XRL    direct,#data    ;直接地址中的数据与立即数“异或”,并送到该地址单元中
```

所谓“异或”，简言之就是参加运算的两个值相异为1，相同为0，这也是一种常用的逻辑运算。

这组指令中的前4条指令是将A的内容和指定单元的内容或立即数按位进行逻辑“异或”操作，结果放在A中。这4条指令仅影响P标志。

后2条指令是将直接地址单元中的内容和A或立即数按位进行逻辑“异或”操作，结果存放至该地址单元中。若直接地址为P0～P3端口，则指令对端口进行“读—改—写”操作。

【例5-19】 (A)＝43H。执行指令：

```
XRL        A,#17H
```


用二进制表示就是做如下操作：

```
  0 1 0 0 0 0 1 1
  0 0 0 1 0 1 1 1
-----------------
  0 1 0 1 0 1 0 0
```

执行结果：(A)＝54H。

5.6 控制转移类指令

在执行程序过程中，有时需要改变程序的执行流程。即并不是将程序一行接一行地执行，而是要跳过一些程序行继续往下执行，或跳回原来已执行的某程序行，重新执行这些程序行。要实现程序的转移，需要用到控制转移类指令，这些指令通过修改程序计数器PC的值来实现。只要使PC中的值有条件地、无条件地或通过其他方式改为另一个数值（待执行指令所在单元的地址），就能改变程序的执行方向。

1. 无条件转移指令

无条件转移指令是指当程序执行到该指令时，程序立即无条件转移到指令所指定的目的地址去执行后面的程序。

(1) 短转移指令

```
AJMP    addr11
```

该指令的用途是跳转到程序中的某行去执行，详见下面的分析。

(2) 长转移指令

```
LJMP    addr16
```

该指令直接提供了程序转移的16位目标地址。执行该指令后，16位目标地址被送入PC，程序无条件转向目标地址。

在书写程序时，通常都是在AJMP或者LJMP后面跟上一个标号，例如：

```
LJMP    NEXT
⋮
NEXT:   MOV     A,#10H
⋮
```

这个程序的意义很明确，就是在执行“LJMP　NEXT”时跳转到标号为NEXT处继续执行程序。如果把LJMP换成是AJMP效果也是一样的。

从最终生成的代码来看，AJMP是一条双字节指令，而LJMP是一条3字节指令。从指令执行的情况来看，AJMP是一条短转移指令，它跳转的范围只有2 KB程序空间。直观地说，如果“AJMP　NEXT”指令和标号NEXT之间隔了很多行，那么AJMP就有可能跳不到NEXT处，以至产生错误。汇编器会提示这个错误，所以不用担心出了错自己还不知道。如果汇编器提示“TARGET OUT OF RANGE”，这时就要用LJMP来替代AJMP，因为LJMP可以在64 KB的范围内跳转。在大部分场合，如果搞不清应当用LJMP还是用AJMP，那么就用LJMP——仅仅是比用AJMP多用了一个字节的程序量。但在下面的例5-20中，用AJMP是比较恰当的，所以这里对AJMP指令也作了介绍。

（3）相对转移指令

```
SJMP    rel
```

如果从原理上进行分析，相对转移指令和前面的两条指令相差甚远；但从使用角度来看，也没有太多区别。一般都是采用标号来使用这条指令，看下面的例子：

```
SJMP    NEXT
⋮
NEXT:   MOV     A,#10H
⋮
```

如果不深究这条指令的原理，直观地说，就是在程序行“SJMP　NEXT”和标号NEXT之间的程序要更短一些。如果按字节数来算，最终生成目标代码后，在“SJMP　NEXT”和NEXT之间的目标代码量不能超过－128～＋127。否则也会出现“TARGET OUT OF RANGE”这样的错误。这里出现了负数，其意义是：SJMP既可以在NEXT这个标号的前面，也可以在NEXT这个标号的后面。

（4）间接转移指令

```
JMP     @A+DPTR
```

这条指令的目标地址是将累加器A的8位无符号数和数据指针DPTR中的16位数相加后形成的。执行该指令时，将相加后形成的目标地址送给PC，使程序产生转移。在指令执行过程中对DPTR、A和标志位的内容均无影响。这条指令的特点是便于实现多分支转移，只要把DPTR的内容固定，而给A赋予不同的值，即可实现多分支转移。

键盘处理是这条指令的典型应用之一，下面通过一个例子来说明。

【例 5-20】　假设有一个键盘共有 5 个键，其功能分别如表 5-1 所列，要求编写键盘处理程序。这其中的键值是由键盘处理程序获得的，关于键盘的处理在本书 6.2 节有分析，这里可以理解为当按下某一个键后，就能在累加器 A 中获得相应的键值。

表 5-1　键名与功能对照表

键　名	键　值	处理该键的子程序标号
切换	00H	SWITCH
移位	01H	SHIFT
加 1	02H	INCREASE
减 1	03H	DECREASE
清 0	04H	CLEAR

程序如下：

```
 ⋮
MOV         DPTR,#TAB                   ;TAB是散转表的起始地址
CLR         C
RLC         A                           ;这两条指令的用途是将 A 中值乘以 2
JMP         @A+DPTR                     ;散转
TAB:        AJMP    SWITCH              ;散转表
            AJMP    SHIFT               ;TAB+2
            AJMP    INCREASE            ;TAB+4
            AJMP    DECREASE            ;TAB+6
            AJMP    CLEAR               ;TAB+8
 ⋮
SWITCH:     …                           ;实现切换功能的程序段
SHIFT:      …                           ;实现移位功能的程序段
INCREASE:   …                           ;实现加 1 功能的程序段
DECREAWE:   …                           ;实现减 1 功能的程序段
CLEAR:      …                           ;实现清 0 功能的程序段
 ⋮
```

AJMP 是一条双字节指令，这样散转表中每个元素都占用了两个字节，因此在指令执行前要先将 A 中的值乘以 2。下面简要分析一下程序的执行过程。

设在执行本程序之前，A 中的值是 2，也就是按下了加 1 键，要转到 INCREASE 子程序处执行。"AJMP　INCREASE"这条指令在 ROM 中所在的位置是 TAB+4。执行本段程序时，先将 TAB 送到 DPTR 中，然后将 A 中的值乘以 2。A 中的值是 2，乘以 2 后就是 4，然后执行："JMP　@A+DPTR"指令，即转到由(A)和(DPTR)中的值相加后形成的地址中去，也就是转到 TAB+4 处执行程序。在 TAB+4 处的指令是"AJMP　INCREASE"。执行这条指令，跳转到标号为 INCREASE 的程序段处继续执行。

这样，只要给出 A 中的键值，就可以转到相应的程序段中去执行并完成相应的功能。这段程序也是 AJMP 指令的一个典型应用。

2. 条件转移指令

条件转移指令是指指令在满足一定条件时才转移。在条件满足时，程序转移到由 PC 当前值与指令给出的相对地址偏移量相加后得到的地址处执行；在条件不满足时，程序则顺序执行下一条指令。

(1) 判A内容是否为0转移指令

```
JZ      rel     ;如果A中的值是0则转移;否则顺序执行本指令的下一条指令
JNZ     rel     ;如果A中的值不是0则转移;否则顺序执行本指令的下一条指令
```

上述两条指令产生转移的条件分别为A中的内容为0和不为0,在执行过程中,不改变A中内容,也不影响任何标志位。

在实际书写例子时,常用如下形式:

```
JZ      NEXT
```

即用标号的形式,至于rel的值就交给汇编程序去计算,用不着自己去计算了。因此,这里不介绍如何计算rel的值,若读者有兴趣可参考其他教材。

(2) 比较转移指令

比较转移指令是把两个数相比,根据比较的结果来决定是否转移。如果两个数相等,就顺序执行;否则转移。一共有4条指令


```
CJNE    A,#data,rel      ;(A)和data比较,如果A=data,则顺序执行;否则转移。如果
                         ;(A)>data,则C=0;否则C=1
CJNE    A,direct,rel     ;(A)和(direct)比较,如果(A)=(direct),则顺序执行;否则转移
                         ;如果(A)>(direct),则C=0;否则C=1
CJNE    Rn,#data,rel     ;(Rn)与data比较,如果(Rn)=data,则顺序执行;否则转移。如果
                         ;(Rn)>data,则C=0;否则C=1
CJNE    @Ri,#data,rel    ;((Ri))与data比较,如果((Ri))=data,则顺序执行;否则转移。
                         ;如果((Ri))>data,则C=0;否则C=1
```

这4条指令是80C51单片机中仅有的4条具有3个操作数的指令。在实际书写时一般用标号来表示待转移的位置。下面以第1条指令为例来说明程序执行的过程。

【例5-21】 假设有一温度控制器,如果温度高于35 ℃,则打开风扇;如果温度低于35 ℃,则打开加热器;如果温度等于35 ℃,则关闭加热器和风扇。假设温度传感器测得温度后置于A中,P1.0用于控制风扇开关,置1为打开风扇,清0关闭风扇;P1.1用于控制加热器,置1打开加热器,清0关闭加热器。

```
        ⋮
        CJNE    A,#35,NEXT
        CLR     P1.1        ;(A)=35关闭加热器
        CLR     P1.0        ;关闭风扇
        AJMP    LOOP        ;转去循环再测温
NEXT:   JC      HOT         ;如果(A)<35,则比较后C=1,转去加热
                            ;如果(A)>35,则比较后C=0,执行本条语句后将会顺序执行
        CLR     P1.1        ;关闭加热器
        SETB    P1.0        ;打开风扇
        ⋮                   ;其他工作
HOT:    CLR     P1.0        ;关闭风扇
        SETB    P1.1        ;打开加热器
        ⋮                   ;其他工作
```

程序分析：这段程序用到了一条新的指令 JC，这条指令的用法是“JC　标号”。含义是如果进位位 CY＝1，就转到标号的程序处继续执行。

CJNE 指令把 A 中的数值和立即数比较，如果两者相等即（A）＝35，则顺序执行程序，即执行“AJMP　LOOP”语句；如果不等，就转到 NEXT 处。如果这条指令仅能判断两数是否相等，则用途并不大。因为很多场合还需要知道两个数哪个大，哪个小。为此需要借助于进位位 CY。执行该指令后，如果 A 中的数值大，则 CY＝0；如果 A 中的数值小，则 CY＝1。

注意：这条指令条件较多，记忆时可以认为两数比较是用前面的减去后面的值。如果前面的数大，则不用借位，所以 CY＝0；如果后面的数大，就需要借位，所以 CY＝1。当然，这只是用来理解，在做比较时并不把两数相减之后的差送到 A 中去。

这个例子可以用来说明 CJNE 的用法，但它本身并不实用。把温度绝对地控制在一个点上，理论上可行，实际中却行不通。由于物体的热惯性，加热的停止并不意味着温升的终止，同样，风扇的停止也不意味着温度下降的停止，所以被控制装置将会在 35 ℃左右摆动，很少会停止在 35 ℃。在实际工作中使用这个程序不能达到预期的效果。请读者尝试编程时将温度控制在 34～36 ℃之间。

(3) 循环转移指令

这是一组把减 1 和条件转移两种功能结合在一起的指令，只有 2 条。


```
DJNZ    Rn,rel
DJNZ    direct,rel
```

第 1 条指令已经相当熟悉，第 2 条只是将寄存器 Rn 改为直接内存地址，其他功能不变。在实际使用中一般使用标号来表示待转移的位置，例如：

```
DJNZ    30H,NEXT
```

或

```
DJNZ    B,NEXT
```

这条指令的执行过程就不再分析了。

3. 调用与返回指令

子程序和主程序：在计算机程序设计中，常常会出现在不同程序或同一程序的不同地方都需要进行功能完全相同的处理和操作。为了简化程序设计，缩短程序的长度和设计周期，便于共享软件资源，常将这种需要频繁使用的基本操作设计成相对独立的程序段，这就是子程序。而主程序则是指用户为完成特定任务，可以调用子程序的程序。必须注意，子程序只能被主程序调用，而不能调用主程序。

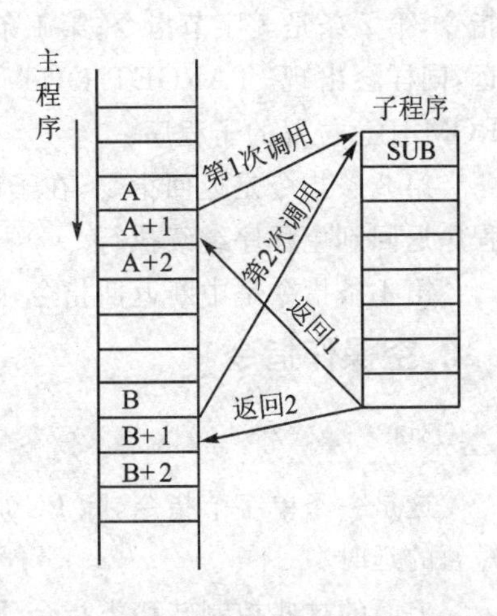

图 5－7　子程序调用与返回示意图

调用及返回过程：主程序调用子程序及子程序的返回过程如图 5－7 所示。当主程序执行到 A 处，执行调用子程序 SUB 时，CPU 将 PC 当前值（下一条指令的第一个字节地址）保存到堆栈区，将子程序 SUB

的起始单元地址送给PC,从而转去执行子程序SUB。这是主程序对子程序的调用过程。

当子程序SUB被执行到位于结束处的返回指令时,CPU将保存在堆栈区中的原PC当前值返回给PC,于是CPU又返回到主程序(A+1)处继续执行,这就是子程序的返回过程。

若主程序执行到B处又需要调用子程序SUB,则再次重复执行上述过程。这样,子程序SUB便可被主程序多次调用。

在程序设计过程中,往往还会出现在子程序中要调用其他子程序的情况,这被称之为子程序的嵌套。

以下是4条与子程序有关的指令：

(1) 短调用指令

```
ACALL    addr11
```

(2) 长调用指令

```
LCALL    addr16
```

(3) 返回指令

```
RET
```

(4) 中断返回指令

```
RETI
```

第1条指令是短调用指令,实际书写程序时常这样写：

```
ACALL    SUB
```

即用标号的形式来指出调用的位置。

第2条指令是长调用指令,实际书写程序时常这样写：

```
LCALL    SUB
```

同样用标号的形式来指出调用的位置。这两条指令的区别在于：第1条指令是双字节指令,第2条是3字节指令;第1条指令与其调用的子程序之间不能相距太远,如果相距太远,同样会出现“TARGET OUT OF RANGE”的错误。而第2条指令可以调用存放在ROM任意位置的子程序。

第3条指令是返回指令,在子程序中必须有这样一条指令,当执行这条指令时,就从子程序返回到主程序继续执行。

第4条指令是中断返回指令,除了具有RET指令的功能外,还有开放中断逻辑的功能。

4. 空操作指令

```
NOP
```

这是一条单字节指令,除PC加1外,不影响其他寄存器和标志。这条指令常用来实现短暂的延时。

上面的这些控制转移类指令,除CJNE外,其他的指令都不影响标志。

5.7　位操作类指令

80C51单片机的硬件结构中，有一个位处理器(布尔处理器)，它有一套位变量处理的指令子集。在进行位操作时，CY位称为位累加器。位存储器是片内RAM字节地址20H～2FH单元中连续的128个位(位地址00H～7FH)和特殊功能寄存器中字节地址能被整除的那部分SFR，这些SFR都具有可寻址的位地址。其中累加器A、寄存器B和片内RAM中128个位都可作为软件标志或存储位变量，而其他特殊功能寄存器中的位则有特定的用途，不可以随便使用。

1. 位传送指令

```
MOV    C,bit    ;(C)←(bit)
MOV    bit,C    ;(bit)←(C)
```

这2条指令的主要功能在于实现进位位CY和其他可寻址位之间的数据传送，不影响其他标志位。

【例5-22】 片内RAM(20H)＝10101111B，执行指令：


```
MOV    C,07H      ;把位地址07H单元的值送到CY(07H就是字节20H的最高位)
```

执行结果：(CY)＝1。

又如，把P3.3的状态传递到P1.3：

```
MOV    C,P3.3
MOV    P1.3,C
```

在位操作指令中，位地址有4种表示方法：直接使用位地址(如“MOV　C,06H”)，位寄存器名(如“MOV　TR0,C”)，字节寄存器名加位数(如“MOV　C,P1.0”)，字节地址加位数(如“MOV　C,21H.7”)。

2. 位修正指令

(1) 位清0指令

```
CLR    C       ;(C)←(0)
CLR    bit     ;(bit)←(0)
```

(2) 位置1指令

```
SETB   C       ;(C)←(1)
SETB   bit     ;(bit)←(1)
```

(3) 位取反指令

```
CPL    C       ;(C)←(/C)
CPL    bit     ;(bit)←(/bit)
```

这组指令的功能分别是清0、取反、置1进位位标志或直接寻址位，执行结果不影响其他标志。当直接地址是端口的某一位时，具有“读—改—写”功能。

3. 位逻辑运算指令

（1）位“与”指令

```
ANL    C,bit     ;(C)←(C&bit)
ANL    C,/bit    ;(C)←(C& bit)
```

（2）位“或”指令

```
ORL    C,bit     ;(C)←(C∨bit)
ORL    C,/bit    ;(C)←(C∨bit)
```

这组指令的功能是把进位位CY的内容和直接位寻址的内容进行逻辑“与”、逻辑“或”，操作的结果返回到C。斜杠“/”表示用这个位的值取“反”，然后再与CY进行运算。注意，只是用这个位取反的结果与C运算，并不改变这个位本身。

【例5-23】 设CY=1，P1.0=1，则执行：

```
ANL    C,/P1.0
```

执行结果：C=0，而P1.0仍为1，并不变为0。

4. 位条件转移指令

（1）判CY转移指令

```
JC     rel        ;如果C=1,则转移;否则顺序执行
JNC    rel        ;如果C=0,则转移;否则顺序执行
```

（2）判位变量转移指令

```
JB     bit,rel    ;如果bit=1,则转移;否则顺序执行
JNB    bit,rel    ;如果bit=0,则转移;否则顺序执行
```

（3）判位变量且清0转移指令

```
JBC    bit,rel    ;如果bit=1,则转移,同时将bit清0;否则顺序执行
```

这组指令的功能是分别判进位CY或直接寻址位是1还是0，条件符合则转移；否则继续执行程序。当直接位地址是端口的某一位时，作“读—改—写”操作。一般采用标号形式来表示待转移的位置。

【例5-24】 比较片内RAM中Number1和Number2两个单元内无符号数的大小，大数存入Max单元，小数存入Min单元，如果两数相等，置位标志位F0。

```
        Number1    EQU    21H
        Number2    EQU    22H
        Max        EQU    23H
        Min        EQU    24H
        MOV        A,Number1             ;取第1个数
        CJNE       A,Number2,BIG         ;与第2个数比较,不等转BIG处
        SETB       F0                    ;相等设置标志返回
        RET
```

```
BIG:    JC      LESS            ;(A)中的数小,则转移到 LESS 处
        MOV     Max,A           ;否则是(A)中的数大
        MOV     Min,Number2
        RET
LESS:   MOV     Min,A
        MOV     Max,Number2
        RET
```

5.8　程序设计实例

指令系统是熟悉单片机功能，合理应用单片机的基础，掌握单片机指令的关键在于多看多练，多上机练习，然后在现有程序的基础上进行模仿性编程。下面举一些单片机程序设计中常用到的功能子程序进行分析，以便读者可以更好地熟悉单片机的指令，这些程序本身也可以应用在实际工作中。

1. 数制转换子程序的设计

数据转换程序是单片机开发过程中常用的一类程序。在单片机内部进行数据处理时，一般用二进制，但是在进行数据输入或数据输出时，要转换成十进制，这样才符合人们的习惯。数据转换子程序有两大类，一类是把十进制数转化为二进制数，另一类是把二进制数转化为十进制数，下面分别说明。

(1) 把十进制数转化为二进制数

这类程序通常应用在键盘等输入数据的场合。以键盘为例，某键盘上印有 0～9 十个数字和一些符号。在编写键盘处理程序时，首先开辟一个输入缓冲区，就是在单片机的内部 RAM 单元中指定若干个单元，用于暂时存放由键盘输入的数据。因为很多时候并不是按下一个数字键立即要求进行操作，而是要输入若干个数字后才算完成一次输入。以前面的温度控制器为例，其中 35 需要由操作者设定，由于键盘上只有 0～9 这 10 个数字键，不存在 35 这个键，所以要按下两个数字键，才算完成一次输入。那么怎样才能知道输入完毕呢？通常可以用一个键代表“回车”，如果按下了回车键，刚才输入的数字就是有效的，单片机在检测到回车键被按下后就调用十进制转换为二进制的程序，把输入数据转换成二进制。

假设用 FIFO0 和 FIFO1 代表键盘的缓冲区。程序设计为每按下一次数字键，先把 FIFO1 单元中的数据送到 FIFO0 中去，然后把这个数字送到 FIFO1，这样，就用了两个字节的键盘缓冲区。现假设按下了“3”，然后再按下“5”，那么 FIFO0 中的值是 3，FIFO1 中的值就是 5，即十进制的 35。调用下面的这段程序，可以把放在两个字节中的数字合并成一个二进制数，这样才能进行计算和进一步的处理，否则 3 和 5 放在两个单元中又怎么能代表 35 并参加运算呢？这里所要做的工作是把放在两个 RAM 单元中的数据合成到一个 RAM 单元中去，这个单元最终的结果应当是 35(23H)。

【例 5－25】　双字节十进制转化为单字节二进制。

如果用于存储十进制的字节数只有 2 个，那么它们能够表达的数据最大就是 99，所以只要用一个字节就可以存放了。

```
        ;双字节十进制转化为单字节二进制(以子程序的形式出现)
        ;程序入口：BCD码的低位在 BCD1 单元中,高位在 BCD0 单元中
        ;程序出口：二进制数在 BIN0 单元中
        ;资源占用：A,B
        BCD0    EQU     40H
        BCD1    EQU     41H
        BIN0    EQU     50H
BCD2BIN:
        MOV     A,BCD0              ;将十位数送到 A 中
        MOV     B,#10               ;乘以 10
        MUL     AB
        ADD     A,BCD1              ;加上个位数,由于最大为 99,所以不会有溢出
        MOV     BIN0,A              ;送入输出单元(BIN0)中
        RET                         ;返回
```

实际编程中,应当开辟的缓冲区数量与具体问题有关。比如,这里只要求输入两位数,那么可以只开辟两个字节的缓冲区。更具体地,如果缓冲区只是用来存放数字,由于数字不超过 9,所以只要用 4 位就可以保存了;那么就可以用一个字节的高 4 位和低 4 位分别保存两个十进制数字(这就是所谓的压缩型的 BCD 码),这样只要一个字节的键盘缓冲就可以了。仍以输入 35 为例,保存在一个字节中就是 00110101B,请读者自行编程写出一个字节的压缩型 BCD 码转换为一个字节的二进制码的程序。

(2) 二进制码向 BCD 码转化

二进制码向 BCD 码转化往往用于输出,将运算的结果在显示之前,需要先把结果由二进制转化为 BCD 码,然后再显示,这样才符合人们的阅读习惯。

【例 5 - 26】 设计一台仪器,用于显示测量所得的温度,其范围是 0～99 ℃。进行硬件设计时,可以用 2 位显示器来显示这个温度;软件设计时,要在内部 RAM 中开辟 2 个字节的显示缓冲区,分别用来存放待显示的 2 位数字。假设某次测得的温度为 45 ℃,这是以二进制形式保存在计算机内部某个 RAM 单元中的。比如存于 TMP 单元中,该单元中的值是 2DH,在显示之前,必须先把 2DH 变成 4 和 5,并将 4 和 5 分别存入显示缓冲区(假设为 DISP0,DISP1)中。调用以下程序可以实现二进制向十进制的转换。

```
        ;单字节转化为双字节十进制
        ;程序入口：二进制数码存放于 TMP 单元中
        ;程序出口：十进制数分别存放于 DISP0 和 DISP1 单元中
        ;资源占用：A、B
        TMP     EQU     20H
        DISP0   EQU     30H
        DISP1   EQU     31H
BIN2BCD:
        MOV     A,TMP
        MOV     B, #10
        DIV     AB
```

```
        MOV     DISP0,A
        MOV     DISP1,B
        RET
```

2. 双字节数运算

双字节数的运算也是编程时经常用到的。由于一个字节只能表示0～255这么狭小的范围,而很多实际问题都会超过这个范围,所以就要用两个字节来表示一个数,数的表达范围可以扩大到0～65 535。

(1) 双字节加法

将(R2R3)和(R6R7)两个双字节无符号数相加,结果送(R4R5)。

```
NADD:   MOV     A,R3
        ADD     A,R7
        MOV     R5,A
        MOV     A,R2
        ADDC    A,R6
        MOV     R4,A
        RET
```


(2) 双字节数的减法

将(R2R3)和(R6R7)两个双字节数相减,结果送(R4R5)。

```
NSUB:   MOV     A,R3
        CLR     C
        SUBB    A,R7
        MOV     R5,A
        MOV     A,R2
        SUBB    A,R6
        MOV     R4,A
        RET
```

(3) 双字节数的乘法

将(R2R3)和(R6R7)两个双字节无符号数相乘,结果送(R4R5R6R7)。

双字节数的乘法参考图5-8,可以看出:

$(R2R3)\times(R6R7)=[(R2)\times(R6)]\times2^{16}+[(R2)\times(R7)+(R3)+(R6)]\times2^{8}+(R3)\times(R7)$

程序如下:

```
NMUL:   MOV     A,R3
        MOV     B,R7
        MUL     AB          ;R3×R7
        XCH     A,R7        ;R7=(R3×R7)的低8位
        MOV     R5,B        ;R5=(R3×R7)的高8位
        MOV     B,R2
        MUL     AB          ;R2×R7
        ADD     A,R5
```

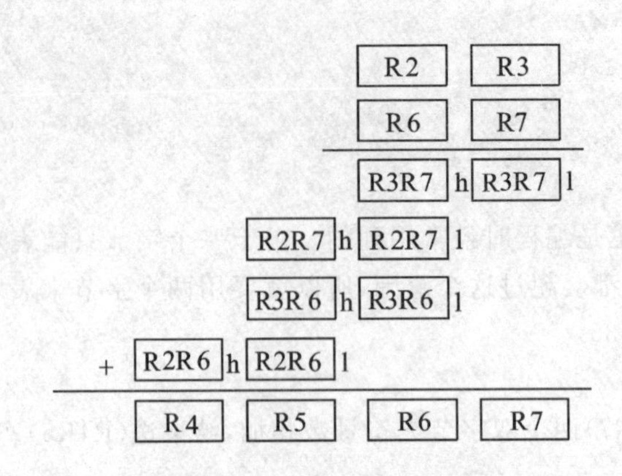

图 5-8　双字节乘法示意图

```
        MOV     R4,A
        CLR     A
        ADDC    A,B
        MOV     R5,A                ;R5=(R2×R7)的高 8 位
        MOV     A,R6
        MOV     B,R3
        MUL     AB                  ;R3×R6
        ADD     A,R4
        XCH     A,R6
        XCH     A,B
        ADDC    A,R5
        MOV     R5,A
        MOV     F0,C                ;暂存 CY
        MOV     A,R2
        MUL     AB                  ;R2×R6
        ADD     A,R5
        MOV     R5,A
        CLR     A
        MOV     ACC.0,C
        MOV     C,F0                ;加以前加法的进位
        ADDC    A,B
        MOV     R4,A
        RET
```


3. 多字节移位程序

要将多个字节连续地移位，移位字节首地址在 R1 中，字节长度在 R2 中。当左移时，它为低字节的地址，因为低位先移；右移时，它为高字节地址，因为高位先移。

(1) 左移 1 位

功能如图 5-9 所示，以 3 字节为例。

图 5-9　多字节左移

```
LEFT：  CLR     C
CONL：  MOV     A,@R1
        RLC     A
        MOV     @R1,A
        INC     R1
        DJNZ    R2,CONL
```

(2) 右移 1 位

功能如图 5-10 所示，以 3 字节为例。

图 5-10　多字节右移

```
RIGHT：CLR     C
CONR：  MOV     A,@R1
        RRC     A
        MOV     @R1,A
        DEC     R1
        DJNZ    R2,CONR
```

以上列举了部分程序的编程实例，其中用到了程序设计中的顺序结构、分支结构、循环结构等。有关程序设计的知识，在本书中不再作详细介绍，请读者自行参考有关教材。但是需要说明，以上程序可以实用，但并不“通用”，主要是使读者熟悉指令，另外使读者感受真实的工程设计氛围。对于通用数学及常用子程序集，国内已有多位专家论述，读者可以参考有关资料。

4. 子程序设计

(1) 子程序结构

一个主程序可以多次调用同一个子程序，也可以调用多个子程序，子程序也可能调用其他子程序。在 80C51 指令系统中，使用 ACALL、LCALL 进行子程序的调用。在子程序中，用 RET 指令返回。

为了做到软件资源共享，子程序应具有通用性。因此，主程序在调用子程序前，应将子程序所需要的参数放至某约定的位置，供子程序在运行时从这个约定的位置取用。同样，子程序在返回主程序前也应将结果送到约定的位置，以便返回主程序后，主程序能从这些约定的位置取得所需的结果。这一过程称为“参数传递”。

(2) 子程序设计

子程序在设计时应注意以下基本事项：

- 每个子程序都应该有一个惟一的入口，并以标号作为标识，以便主程序调用。子程序通常以 RET 指令作为结束，以便正确地返回主程序。

- 为使子程序具有通用性，子程序的操作对象通常采用寄存器或寄存器间址寻址方式，立即寻址方式和直接寻址方式只用在一些简单的子程序中。
- 为使子程序不论存放在存储器的任何区域都能被正确地执行，在子程序中一般用相对转移指令，而不用绝对转移指令。
- 进入子程序时，应对那些在主程序中使用并又在子程序中继续使用的寄存器内容进行保护（即保护主程序现场），在返回主程序时应恢复它们的原来状态。

80C51单片机独特的工作寄存器组的设计为数据保护提供了便利。在程序编制中，常常会使用一些暂存单元，一般的CPU均设计为将这些暂存单元中的内容送入栈保护，但80C51单片机却使用了另一种方法。80C51单片机中一共有4组工作寄存器，每组的名称均为R0～R7。如果主程序和子程序中均使用工作寄存器作为暂存单元，那么，在进行子程序调用时，不必将这些暂存单元都送入堆栈，只要切换一下工作寄存器组，就可以避免相互干扰了。

例如：主程序中有如下代码：

```
MOV     R1,#25H
MOV     R2,10H
CALL    SUB1
⋮
```

而子程序的代码中有：

```
SUB1:
        ⋮
        MOV     R1,#33H
        MOV     R2,#10H
        ⋮
```

如果不作任何处理，则当子程序返回时，R1、R2中的值已发生变化，就会引起错误。如果在子程序的开始使用如下2条命令：

```
PUSH    PSW
SETB    RS0
```

那么，子程序中的R1和R2就不会对主程序的R1和R2产生影响了，因为它们的名称虽都是R1、R2，而实际所用的地址却各不相同，主程序中的R1、R2对应的地址是01H和02H（假设主程序使用第0组工作寄存器），而子程序中的R1和R2对应的地址则是09H和0AH。

当然，除了工作寄存器以外，其他的暂存单元必须用堆栈进行保存。

综上所述，子程序的设计步骤为：

- 确定子程序的名称（标号）；
- 确定子程序的入口参数及出口参数；
- 确定所使用的寄存器和存储单元及其使用目的；
- 确定子程序的算法，编写源程序。

(3) 子程序举例

4位BCD码整数转换成二进制整数。

入口：BCD码字节地址指针R0,位数存于R2中；

出口：二进制数存于R3、R4中。

```
BCDA:    PUSH    PSW
         PUSH    ACC
         PUSH    B
         SETB    RS0            ;选择工作寄存器组1
         MOV     R3,#00H
         MOV     A,@R0
         MOR     R4,A
BCDB:    MOV     A,R4
         MOV     B,#10
         MUL     AB
         MOV     R4,A
         XCH     A,B
         MOV     B,#10
         XCH     A,R3
         MUL     AB
         ADD     A,R3
         XCH     A,R4
         INC     R0
         ADD     A,@R0
         XCH     A,R4
         ADDC    A,#0
         MOV     R3,A
         DJNZ    R2,BCBD
         POP     B
         POP     ACC
         POP     PSW
         RET
```

思考题与习题

1. 简述下列名词的基本概念：
   指令,指令系统,程序,程序设计,机器语言,汇编语言。
2. 在单片机应用领域,应用最为广泛的是哪种语言？单片机能直接执行这种语言吗？为什么？在单片机应用领域中,什么语言越来越占有重要的位置？
3. 80C51单片机有哪几种寻址方式。

4. 在 80C51 片内 RAM 中，已知(30H)＝38H，(38H)＝40H，(40H)＝48H，(48H)＝90H，请分析下面各是什么指令，说明源操作数的寻址方式，写出按序执行每条指令的结果，并在软件仿真器上验证。

```
MOV    A,40H
MOV    R0,A
MOV    P1,#0F0H
MOV    @R0,30H
MOV    DPTR,#3848H
MOV    40H,38H
MOV    R0,30H
MOV    18H,#30H
MOV    A,@R0
MOV    P2,P1
```

5. 设计一个程序，其功能是将寄存器 R0 单元中的值送到 R1 单元中去。

6. 用交换指令实现累加器 A 与寄存器 B 的内容交换。再用堆栈指令实现这一功能。

7. 分析下面程序执行的结果。并用软件仿真器验证分析结果。

```
MOV    SP,#2FH
MOV    A,#30H
MOV    B,#31H
PUSH   A
PUSH   B
POP    A
POP    B
```

8. 逐条分析下面各指令的执行结果，并用软件仿真器验证分析结果。

```
MOV    A,#20H
MOV    B,#0DFH
MOV    20H,#0F0H
XCH    A,R0
XCH    A,@R0
XCH    A,B
```

9. 已知(R0)＝30H，(30H)＝C4H，执行下列指令后，分析累加器 A 和各标志的结果及意义。

```
MOV    A,#0B9H
ADD    A,@R0
```

10. 执行下列程序后，分析 A 和各标志的结果及意义。

```
MOV    A,#0D5H
MOV    R1,#3DH
ADD    A,R1
```

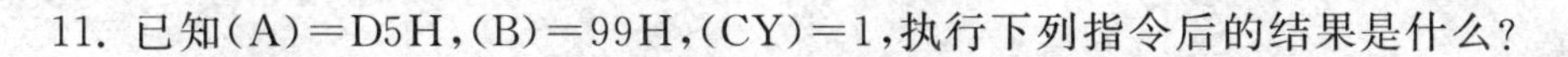

11. 已知(A)＝D5H，(B)＝99H，(CY)＝1，执行下列指令后的结果是什么？

```
ADDC    A,B
```

12. 试编写程序，其功能为实现双字节加法，要求：(R0R1)＋(R2R3)送到(30H31H)。
13. 试用 3 种不同的方法将累加器 A 中的无符号 8 位二进制数乘以 2。
14. 使用位操作指令实现下列逻辑操作：

```
(1) P1.7＝ACC.0×(B.0＋P2.0)＋P3.0
(2) PSW.5＝P1.0×ACC.2＋B.6×P1.5
(3) PSW.4＝P1.1×B.3＋C＋ACC.3×P1.0
```

15. 试编程实现把外部 RAM 中 8000H 开始的 30H 个字节数据传送到 8100H 开始的单元中。

第6章

键盘与显示接口技术

单片机被广泛地应用于工业控制、智能仪表、家用电器等领域，由于实际工作的需要和用户的不同要求，单片机应用系统常常需要配接键盘、显示器、模/数转换器、数/模转换器等外设。接口技术就是解决计算机与外设之间相互联系的问题。第6、7、8章是各种接口技术的介绍，这几章内容都没有进行复杂的原理分析，主要是给出了一些常用器件的驱动程序。通过这种方式让入门者先动起来，利用这些技术去解决一些实际问题，在做的过程中继续提高。本章学习各类显示器接口和键盘接口。

6.1 LED 显示器的接口

在单片机控制系统中，常用 LED 显示器来显示各种数字或符号。这种显示器显示清晰，亮度高，接口方便，广泛应用于各种控制系统中。

6.1.1 8 段 LED 显示器的结构

图 6-1 所示是 8 段 LED 显示器的结构示意图，从图中可以看出，一个 8 段 LED 由 8 个发光二极管组成。其中 7 个长条形的发光管排列成“日”字形，另一个小圆点形的发光管在显示器的右下角作为显示小数点用。这种组合的显示器可以显示 0～9 十个数字及部分英文字母。

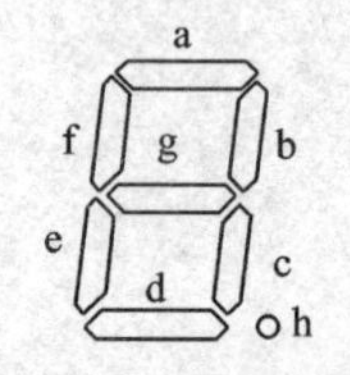

图 6-1 LED 数码管

图 6-2 所示是 LED 数码管的电路原理图，从图中可以看出，LED 显示器在电路连接上有两种形式。一种是 8 个发光二极管的阳极都连在一起的，称之为共阳极型 LED 显示器，如图 6-2(a)所示；另一种是 8 个发光二极管的阴极都连在一起的，称为共阴极型 LED 显示器，如图 6-2(b)所示。

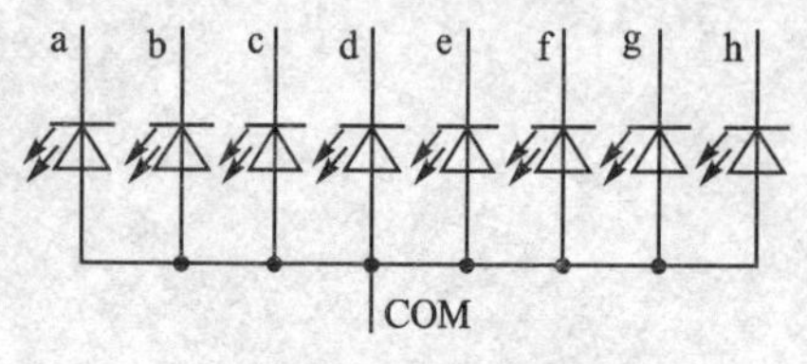

(a) 共阳型LED数码显示器

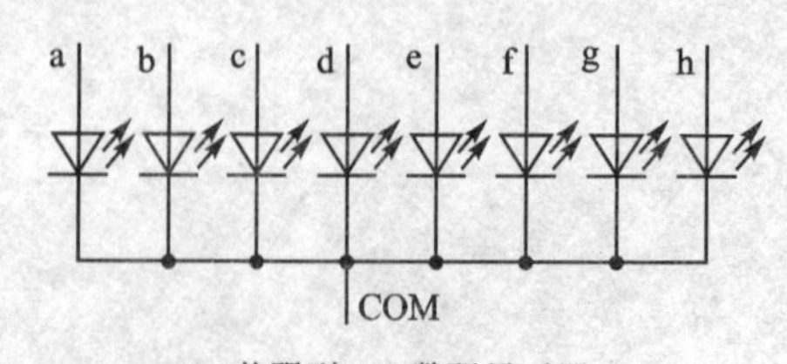

(b) 共阴型LED数码显示器

图 6-2 LED 数码管电路原理图

共阴和共阳结构的LED显示器各笔划段名的位置及名称是相同的。当二极管导通时，相应的笔划段发亮，由发亮的笔划段组合而显示出各种字符。8个笔划段h、g、f、e、d、c、b、a对应于一个字节(8位)的D7、D6、D5、D4、D3、D2、D1、D0，所以用8位二进制码就可以表示欲显示字符的字形代码。在一些资料上可以查到按标准接法的字形码表，但在实际工作中常常遇到不按标准连接的情况，这时书上所列的字形码就不能使用了，必须要自己写出字形码。下面通过一个例子来介绍字形码的编制方法。

图6-3所示是某数码管的接线图，P00代表接到P0.0引脚，P01代表接到P0.1引脚……其他类似，这是共阳接法的数码管，要求写出字形码。

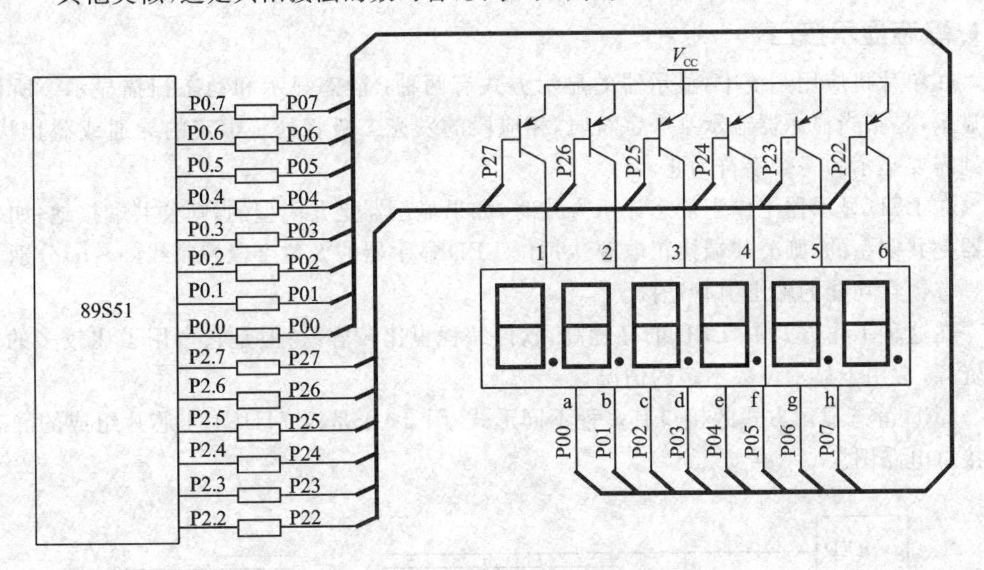

图6-3 数码管与单片机连接图

要写出字形码，其实就是写一下显示各个字符时各个引脚电平的高低状态，然后再组合成相应的数值。由于数码管是共阳型的，因此，要点亮某笔段，相应的引脚必须输出低电平“0”。

表6-1是根据图6-3所示电路原理图列出的字形码。

表6-1 根据数码管连接方法写出字形码

引脚	P07	P06	P05	P04	P03	P02	P01	P00	字形码
字段	C	E	H	D	G	F	A	B	
0	0	0	1	0	1	0	0	0	28H
1	0	1	1	1	1	1	1	0	7EH
2	1	0	1	0	0	1	0	0	A4H
3	0	1	1	0	0	1	0	0	64H
4	0	1	1	1	0	0	1	0	72H
5	0	1	1	0	0	1	0	1	65H
6	0	0	1	0	0	0	0	1	21H
7	0	1	1	1	1	1	0	0	7CH
8	0	0	1	0	0	0	0	0	20H
9	0	1	1	0	0	0	0	0	60H

从表6-1可以看出,设计表格时,第1行将引脚由高位到低位列出,便于最后写字形码;第2行写入对应连接的笔段,便于确定该引脚的高或低电平。填表时,根据字形笔段的亮灭,写出对应引脚应处的状态。然后根据第1行的对应关系,即可写出字形码。

手工编写字形码表是一件枯燥乏味的事,而且容易出错。为此,作者特意写了一个小软件,可自己定义单片机与数码管的连接方法,并根据不同的接法生成字形码表。该软件在随书的光盘中,使用方法在附录E中介绍。

6.1.2 LED显示器的接口电路

1. 静态显示接口

在单片机应用系统中,显示器的显示方式有两种:静态显示和动态扫描显示。所谓静态显示,是指当显示器显示某个字符时,相应段的发光二极管处于恒定的导通或截止状态,直到需要显示另一个字符为止。

在LED显示器工作于静态显示方式时,如果显示器是共阴型的,则公共端接地;如果显示器是共阳型的,则公共端接正电源。每位LED显示器的8位字段控制线(a~h)分别与一个具有锁存功能的输出引脚连接。

在这种工作方式中,LED的亮度高,软件编程也比较容易;但是它占用了比较多的I/O口资源,常用于显示位数不多的情况。

LED静态显示方式的接口有多种不同形式,图6-4是以74HC164芯片组成的静态显示接口电路图。

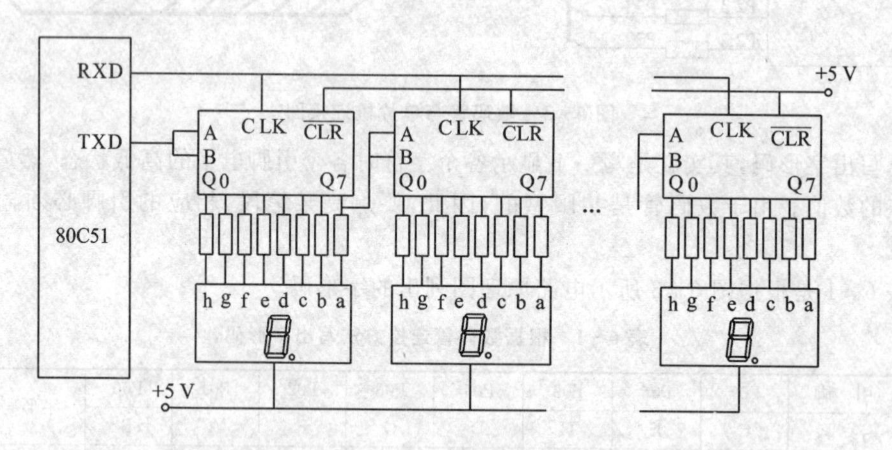

图6-4 用74HC164扩展静态显示接口

80C51单片机串行口工作于方式0,外接6片74HC164芯片作为6位LED显示器的静态显示接口。74HC164是8位移位寄存器,实现串行输入、并行输出,其中A、B(1、2引脚)为串行输入端,两个引脚按逻辑"与"运算规律输入信号。如果只有一个输入信号,这两个引脚可以并接。第一片74HC164芯片的A、B端接到80C51的RXD端;后面74HC164芯片的A、B端则接到前一片74HC164的Q7端。CLK为时钟端,所有74HC164芯片的CLK端并联接到单片机的TXD端。

【例6-1】 串行显示接口电路的子程序清单。

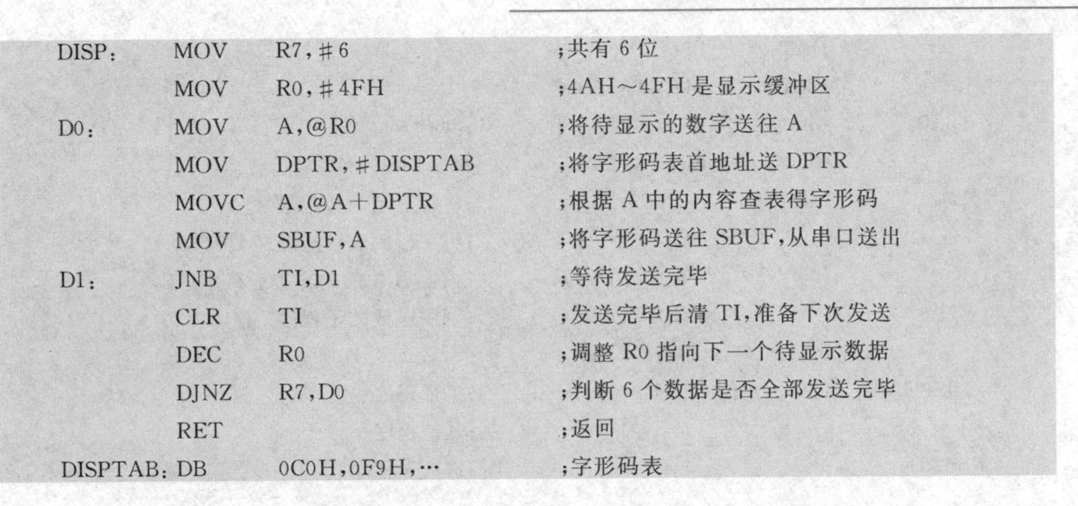

```
DISP:     MOV    R7,#6            ;共有6位
          MOV    R0,#4FH          ;4AH～4FH是显示缓冲区
D0:       MOV    A,@R0            ;将待显示的数字送往A
          MOV    DPTR,#DISPTAB    ;将字形码表首地址送DPTR
          MOVC   A,@A+DPTR        ;根据A中的内容查表得字形码
          MOV    SBUF,A           ;将字形码送往SBUF,从串口送出
D1:       JNB    TI,D1            ;等待发送完毕
          CLR    TI               ;发送完毕后清TI,准备下次发送
          DEC    R0               ;调整R0指向下一个待显示数据
          DJNZ   R7,D0            ;判断6个数据是否全部发送完毕
          RET                     ;返回
DISPTAB:  DB     0C0H,0F9H,…      ;字形码表
```

关于以上程序的几点说明：

- 由于这些74HC164芯片都是串连的，数据会依次往前传。第1次送出来的数会先在第1个LED数码管点亮，然后依次在第2、3、4、5个数码管点亮，在单片机送了第6个数据后，第1个送出的数据最终被传送到右边的那个数码管并显示出来。
- 74HC164芯片没有门控位，所以不能在数据传递时关闭显示。这样，在数据传递时会出现"串红"现象，也就是对比度下降。好在这是静态显示，不需要反复刷新，但也要注意，这类显示电路不宜用在变化很快的显示场合（如秒表）。

如果系统的串口已被占用，也可以用这个电路进行显示扩展。这有两种办法，一种办法是对串口进行扩充。例如，可以使用两个双输入"与"门，每个"与"门的两个输入引脚中的一个并接后接单片机的TXD引脚，每个"与"门的另一个引脚分别接2个I/O口；然后将这两个"与"门的输出端分别接到显示电路的CLK端和另一个设备的TX端。2个I/O口中某一个输出0时，接到该I/O口上的"与"门输出引脚一直输出低电平，封锁TXD信号，使得该路TXD信号无法送出；I/O口为1时，"与"门输出引脚送出正常的TXD信号，利用这种方法分时使用串口。另一种做法是把这两个引脚接到单片机的任意两个I/O引脚上去，用并口来模拟串口，只要把上面程序中的"MOV SBUF,A"换成"CALL SEND"，然后把下面这段SEND程序加入即可。

```
SEND:     CLR    CLK              ;时钟脉冲端拉为低电平
          MOV    R7,#8            ;一次发送8位
SLOOP:    RRC    A                ;先送低位
          MOV    DAT,C            ;最低位已移到C中,把C中值送数据端
          SETB   CLK              ;形成上升沿
          NOP                     ;空操作,延时1个机器周期
          CLR    CLK              ;拉低时钟端
          DJNZ   R7,SLOOP         ;如果没有发送完8个数据,则转SLOOP循环
          RET                     ;返回
```

这段程序中的DAT和CLK是任意两个I/O引脚，在程序的开头用"bit"伪指令进行定义。

【例6-2】 用两根I/O口线模拟串行接口。

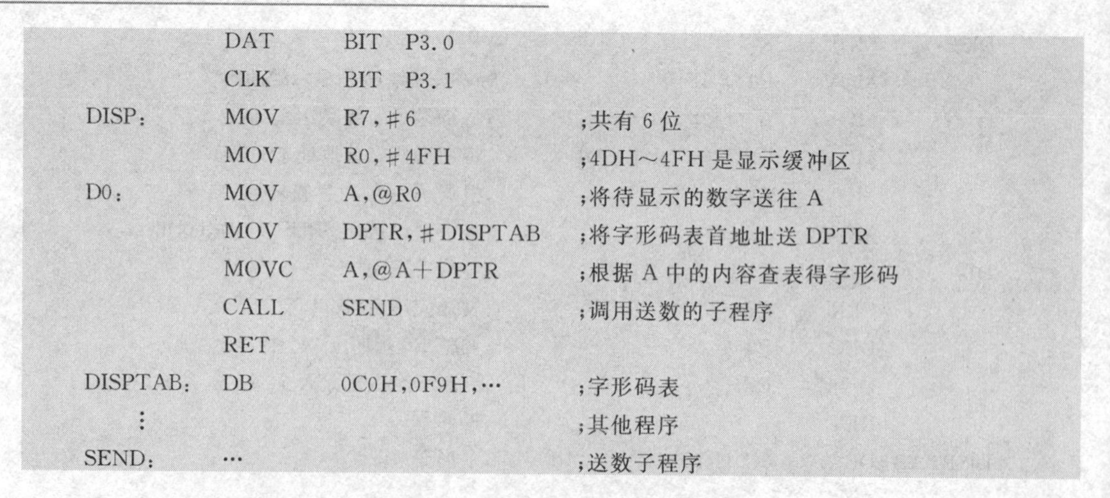

```
          DAT       BIT   P3.0
          CLK       BIT   P3.1
DISP:     MOV       R7,#6               ;共有6位
          MOV       R0,#4FH             ;4DH～4FH是显示缓冲区
D0:       MOV       A,@R0               ;将待显示的数字送往A
          MOV       DPTR,#DISPTAB       ;将字形码表首地址送DPTR
          MOVC      A,@A+DPTR           ;根据A中的内容查表得字形码
          CALL      SEND                ;调用送数的子程序
          RET
DISPTAB:  DB        0C0H,0F9H,…         ;字形码表
    ⋮                                   ;其他程序
SEND:     …                             ;送数子程序
```

这个例子的另一个用途是帮助读者进一步理解P3口第2功能的含义，所以仍用P3.0作为数据端，P3.1作为时钟端。在这个程序里，这两个引脚是作为普通I/O来用，并不是作为串行接口的RXD和TXD来使用。从这个例子可以了解到，P3口第1功能和第2功能并不需要进行特殊的设置。

2. 动态显示接口

LED显示器动态接口的基本原理是利用人眼的“视觉暂留”效应。接口电路把所有显示器的8个笔段a～h分别并联在一起，构成“字段口”，每个显示器的公共端COM各自独立地受I/O线控制，称“位扫描口”。CPU向字段输出口送出字形码时，所有的显示器都能接收到，但是究竟点亮哪一个显示器，取决于此时位扫描口的输出端接通了哪一个LED显示器的公共端。所谓动态，就是利用循环扫描的方式，分时轮流选通各显示器的公共端，使各个显示器轮流导通。当扫描速度达到一定程度时，人眼就分辨不出来了，认为是各个显示器同时发光。

如图6-3所示，P0口作为段控制，P2.7～P2.2通过6个PNP型三极管接第1～6位数码管的COM端。如果要点亮第1位数码管，P2.7必须输出0，这样，PNP型三极管导通，通过第1位数码管的COM端向第1位数码管供电；如果要点亮第2位数码管，P2.6必须输出0，PNP型三极管导通，通过第2位数码管的COM端向第2位数码管供电。依此类推可以分时点亮这6个LED数码管。当然，编程时要注意，不能让P2.2～P2.7引脚中的两个或两个以上同时为0，否则会造成显示的混乱。

【例6-3】 用实验板上的6位数码管显示1、2、3、4、5、6。

```
         Counter   EQU    57H          ;计数器，显示程序通过它得知现在正在显示哪个
                                       ;数码管
         DISPBUF   EQU    58H          ;显示缓冲区从58H开始
                   ORG    0000H
                   AJMP   START
                   ORG    000BH        ;定时器T0的入口
                   AJMP   DISP         ;显示程序
                   ORG    30H
START:
```

```
            MOV     SP,#5FH            ;设置堆栈
            MOV     P1,#0FFH
            MOV     P0,#0FFH
            MOV     P2,#0FFH           ;初始化,所有 LED 显示器灭
            MOV     DISPBUF,#1         ;第 1 位显示 1
            MOV     DISPBUF+1,#2       ;第 2 位显示 2
            MOV     DISPBUF+2,#3       ;第 3 位显示 3
            MOV     DISPBUF+3,#4       ;第 4 位显示 4
            MOV     DISPBUF+4,#5       ;第 5 位显示 5
            MOV     DISPBUF+5,#6       ;第 6 位显示 6
LOOP:
            LCALL   DISP               ;调用显示程序
            ;ACALL  Delay2             ;用于验证两次调用显示程序时间过长会出现的
                                       ;现象
            AJMP    LOOP
;主程序到此结束
DISP:                                  ;定时器 T0 的中断响应程序
            PUSH    ACC                ;ACC 入栈
            PUSH    PSW                ;PSW 入栈
            MOV     R1,#DISPBUF        ;R1 作为数据指针指向显示缓冲区首地址
            MOV     Counter,#0
D_L1:
            MOV     A,Counter          ;取显示位数计数器
            MOV     DPTR,#BitTab
            MOVC    A,@A+DPTR          ;取位
            ORL     P2,#11111100B
            ANL     P2,A               ;驱动位
            MOV     A,R1               ;显示缓冲区首地址
            MOV     R0,A
            MOV     A,@R0              ;根据计数器的值取相应显示缓冲区的值
            MOV     DPTR,#DISPTAB      ;字形表首地址
            MOVC    A,@A+DPTR          ;取字形码
            MOV     P0,A               ;将字形码送 P0 位(段口)
            CALL    DELAY              ;延时一段时间
            INC     R1                 ;调整数据指针
            INC     Counter            ;计数器加 1
            MOV     A,Counter          ;将计数器的值送往 A
            CJNE    A,#6,D_L1          ;计数值如果未到 6,则 6 位数码管尚未显示完毕
            POP     PSW                ;否则已显示完 6 位数码管,退出
            POP     ACC
            RET
BitTab:     DB 7FH,0BFH,0DFH,0EFH,0F7H,0FBH
DISPTAB:    DB 0C0H,0F9H,0A4H,0B0H,99H,92H,82H,0F8H,80H,90H
DELAY:                                 ;显示程序中用的延时程序
            PUSH    PSW
            SETB    RS0
```

```
          MOV     R7,#50
D1:       MOV     R6,#20
D2:       DJNZ    R6,$
          DJNZ    R7,D1
          POP     PSW
          RET
Delay2:                                 ;较长的延时时间
          PUSH    PSW
          SETB    RS0
          MOV     R7,#150
D61:
          MOV     R6,#200
          DJNZ    R6,$
          DJNZ    R7,D61
          POP     PSW
          RET
          END
```


从上面的例子中可以看出，动态扫描显示必须由CPU不断地调用显示程序，才能保证持续不断的显示。

上面的程序可以实现数字的显示，但不太实用，这里仅显示6个数字，因此，6个数码管轮流显示一段时间，没有问题。在用单片机解决实际问题时，当然不可能只显示6个数字，还要做其他工作，这样在两次调用显示程序之间的时间间隔就不一定了。如果两次调用显示程序的时间间隔比较长，会使显示不连续，LED有闪烁的感觉。可以在两次调用显示程序的中间插入一段延时程序，看一看效果。把上面那段程序中的语句“ACALL　Delay2”前面的分号去掉重新编译一下，然后运行，就会看到显示器有明显的闪烁现象。要保证不出现闪烁，则在两次调用显示程序中间所用的时间必须很短，但实际工作中很难保证所有工作都能在很短的时间内完成。况且这个显示程序也太“浪费”了，每个数码管的显示都要占用CPU约2.5 ms的时间，在这段时间内CPU不能做其他工作，为此可借助定时器解决这一问题。设定时器每2.5 ms产生一次中断，当定时时间到了之后，进入中断服务程序，在中断服务程序中点亮LED数码管。

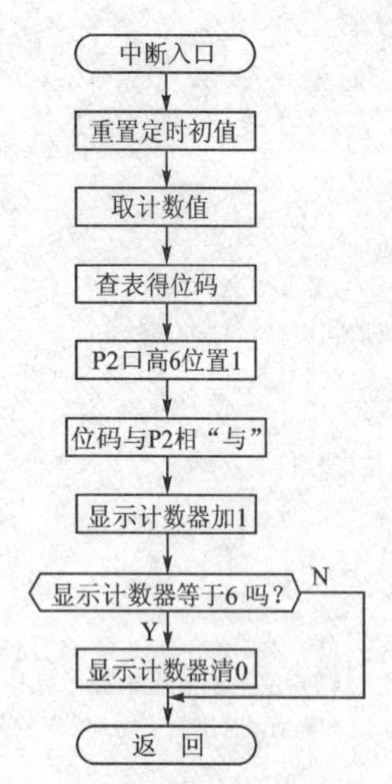

图6-5　动态扫描流程图

图6-5为用定时中断写的显示程序流程图。从图中可以看到，中断程序将点亮一个数码管，然后返回，这个数码管一直亮，下一次定时时间到则熄灭第1个数码管并点亮第2个数码管；然后下一次再熄灭第2个数码管并点亮第3个数码管……这样轮流显示，不需要调用延时程序，避免浪费时间。

【例6-4】 用定时器中断做的显示程序。

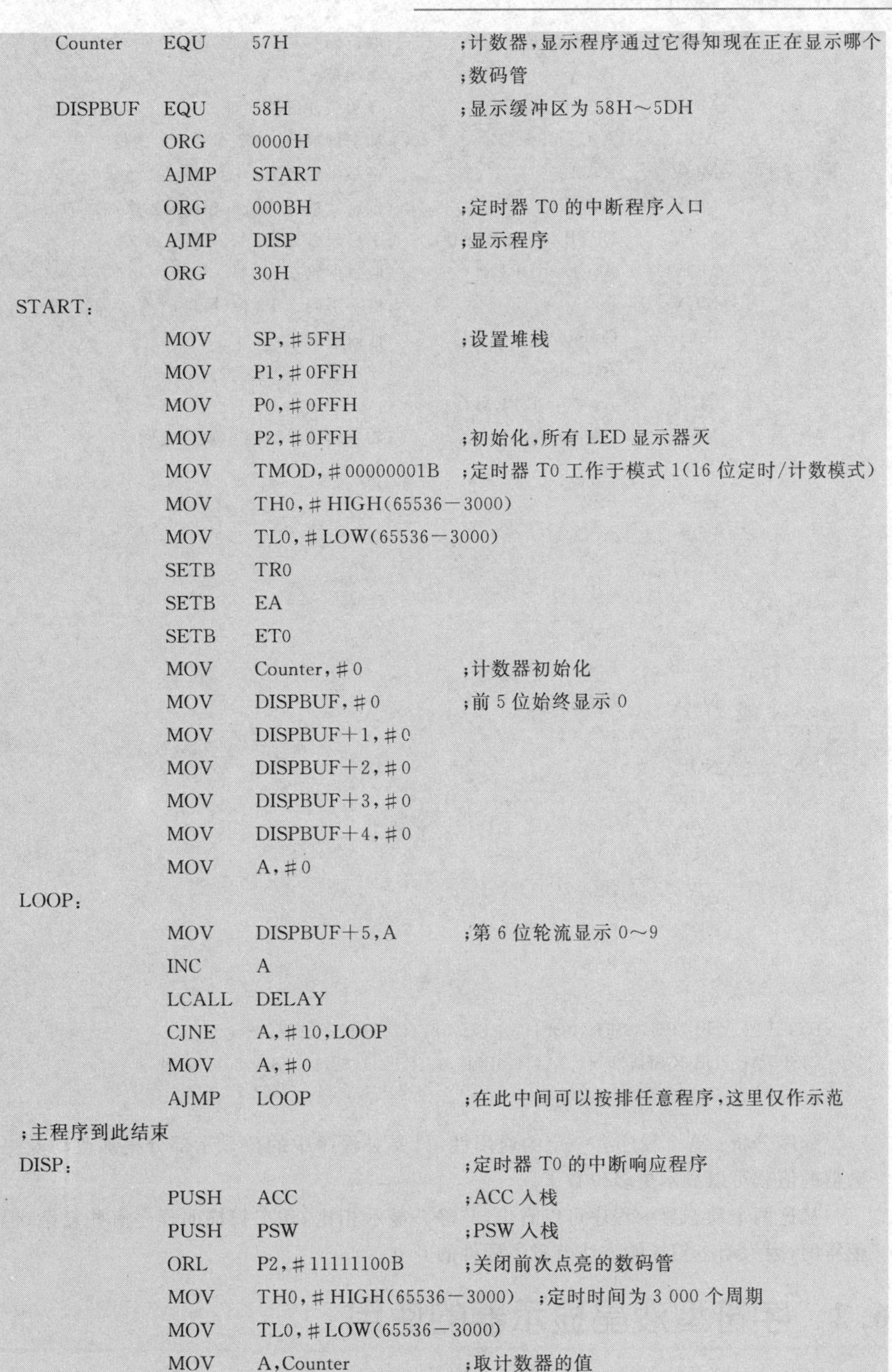

```
    Counter    EQU    57H                 ;计数器,显示程序通过它得知现在正在显示哪个
                                          ;数码管
    DISPBUF    EQU    58H                 ;显示缓冲区为58H～5DH
               ORG    0000H
               AJMP   START
               ORG    000BH               ;定时器T0的中断程序入口
               AJMP   DISP                ;显示程序
               ORG    30H
START:
               MOV    SP,#5FH             ;设置堆栈
               MOV    P1,#0FFH
               MOV    P0,#0FFH
               MOV    P2,#0FFH            ;初始化,所有LED显示器灭
               MOV    TMOD,#00000001B     ;定时器T0工作于模式1(16位定时/计数模式)
               MOV    TH0,#HIGH(65536-3000)
               MOV    TL0,#LOW(65536-3000)
               SETB   TR0
               SETB   EA
               SETB   ET0
               MOV    Counter,#0          ;计数器初始化
               MOV    DISPBUF,#0          ;前5位始终显示0
               MOV    DISPBUF+1,#0
               MOV    DISPBUF+2,#0
               MOV    DISPBUF+3,#0
               MOV    DISPBUF+4,#0
               MOV    A,#0
LOOP:
               MOV    DISPBUF+5,A         ;第6位轮流显示0～9
               INC    A
               LCALL  DELAY
               CJNE   A,#10,LOOP
               MOV    A,#0
               AJMP   LOOP                ;在此中间可以按排任意程序,这里仅作示范
;主程序到此结束
DISP:                                     ;定时器T0的中断响应程序
               PUSH   ACC                 ;ACC入栈
               PUSH   PSW                 ;PSW入栈
               ORL    P2,#11111100B       ;关闭前次点亮的数码管
               MOV    TH0,#HIGH(65536-3000)  ;定时时间为3 000个周期
               MOV    TL0,#LOW(65536-3000)
               MOV    A,Counter           ;取计数器的值
               MOV    R0,A
               MOV    DPTR,#BitTab
```

```
        MOVC    A,@A+DPTR           ;取位码
        ANL     P2,A                ;驱动位
        MOV     A,#DISPBUF          ;显示缓冲区首地址
        ADD     A,Counter           ;加上计数值,确定本次显示的位
        MOV     R0,A                ;将结果送到 R0 中
        MOV     A,@R0               ;根据计数器的值取相应显示缓冲区的值
        MOV     DPTR,#DISPTAB       ;字形表首地址
        MOVC    A,@A+DPTR           ;取字形码
        MOV     P0,A                ;将字形码送 P0 位(段口)
        INC     Counter             ;计数器加 1
        MOV     A,Counter
        CJNE    A,#6,DISPEXIT
        MOV     Counter,#0          ;如果计数器计到 6,则让它回 0
DISPEXIT:
        POP     PSW
        POP     ACC
        RETI
DELAY:                              ;延时
        PUSH    PSW
        SETB    RS0
        MOV     R7,#255
D1:     MOV     R6,#255
D2:     NOP
        NOP
        NOP
        NOP
        DJNZ    R6,D2
        DJNZ    R7,D1
        POP     PSW
        RET
BitTab:  DB 7FH,0BFH,0DFH,0EFH,0F7H,0FBH
DISPTAB: DB 0C0H,0F9H,0A4H,0B0H,99H,92H,82H,0F8H,80H,90H
        END
```


程序分析：这个程序有一定的通用性，只要对程序中的位显示部分稍加改动及更改计数器的值就可以显示更多位数了。

从这两个动态显示程序可以看出，与静态显示相比，动态扫描的程序有些复杂；但这是值得的，因为动态扫描的方法节省了硬件的开支。

6.2　字符型液晶显示器的使用

由于液晶显示器体积小、质量轻、功耗低等优点，日渐成为各种便携式电子产品的理想

显示器件。从液晶显示器显示的内容来分，可分为段式、字符式和点阵式三种。其中字符式液晶显示器以其价廉、显示内容丰富、美观、无须定制、使用方便等特点被广泛使用。图 6-6 是某 1602 字符型液晶显示器外形图。

图 6-6　某 1602 字符型液晶显示器外形图

6.2.1　字符型液晶显示器的基本知识

字符型液晶显示器用于显示数字、字母、图形符号并可显示少量自定义符号。这类显示器均把 LCD 控制器、点阵驱动器、字符存储器等做在一块板上，再与液晶屏一起组成一个显示模块，因此，这类显示器安装与使用都比较简单。

这类液晶显示器的型号通常为×××1602、×××1604、×××2002、×××2004 等。对于××1602 型，其中×××为商标名称；16 代表液晶每行可显示 16 个字符；02 表示共有 2 行，即这种显示器可同时显示 32 个字符。对于×××2002 型，20 表示液晶每行可显示 20 个字符；02 表示共可显示 2 行，即这种液晶显示器可同时显示 40 个字符，其余型号以此类推。

这类液晶显示器通常有 16 根接口线，表 6-2 是这 16 根线的定义。

表 6-2　字符型液晶接口说明

编　号	符　号	引脚说明	编　号	符　号	引脚说明
1	V_{SS}	电源地	9	D2	数据线 2
2	V_{DD}	电源正	10	D3	数据线 3
3	VL	液晶显示偏压信号	11	D4	数据线 4
4	RS	数据/命令选择端	12	D5	数据线 5
5	R/W	读/写选择端	13	D6	数据线 6
6	E	使能信号	14	D7	数据线 7
7	D0	数据线 0	15	BLA	背光源正极
8	D1	数据线 1	16	BLK	背光源负极

图 6-7 是字符型液晶显示器与单片机的接线图。这里用了 P0 口的 8 根线作为液晶显示器的数据线，用 P2.5、P2.6、P2.7 作为 3 根控制线；与 VL 端相连的电位器的电阻值为 10 kΩ，用来调节液晶显示器的对比度；5 V 电源通过一个电阻与 BLA 相连用以提供背光，该电阻可用 10 Ω、1/2 W。

6.2.2　字符型液晶显示器的使用

字符型液晶显示器一般均采用 HD44780 及兼容芯片作为控制器，因此，其接口方式基本是标准的。为便于使用，编写了驱动程序软件包。

1. 字符型液晶显示器的驱动程序

这个驱动程序适用于 1602 型字符液晶显示器，提供了如下一些命令：

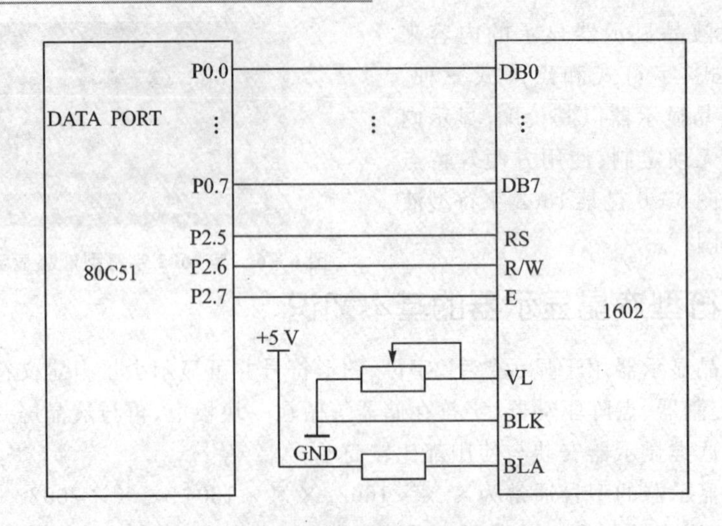

图6-7　字符型液晶显示器与单片机的接线图

(1) 初始化液晶显示器命令(RSTLCD)

设置控制器的工作模式,在程序开始时调用。

参数:无。

(2) 清屏命令(CLRLCD)

清除屏幕显示的所有内容。

参数:无。

(3) 光标控制命令(SETCUR)

用来控制光标是否显示及是否闪烁。

参数:1个,用于设定显示器的开关、光标的开关及是否闪烁。

程序中预定义了4个符号常数,只要使用4个常数作为参数即可,这4个常数的定义如下:

```
NoDisp       EQU    0       ;关显示
NoCur        EQU    1       ;开显示无光标
CurNoFlash   EQU    2       ;开显示有光标但光标不闪烁
CurFlash     EQU    3       ;开显示有光标且光标闪烁
```

(4) 写字符命令(WRITECHAR)

在指定位置(行和列)显示指定的字符。

参数:共有3个,即行值、列值及待显示字符,分别存放在XPOS、YPOS和A中。其中行值与列值均从0开始计数,A中可直接写入字符的符号,编译程序会自动转化为该字符的ASCII值。例如,要在第1行第1列显示字符X可写为:

```
MOV    XPOS,#0
MOV    YPOS,#0
MOV    A,#'X'
CALL   WRITECHAR
```

有了以上4条命令,就可以使用液晶显示器,但为使用方便,再提供一条写字符串命令。

(5) 字符串命令(WRITESTRING)

在指定位置显示指定的一串字符。

参数：共有3个，即行值、列值和R0指向待显示字符串的内存首地址，字符串须以0结尾。如果字符串的长度超过了从该列开始可显示的最多字符数，则其后字符被截断，并不在下一行显示出来。

以下是完整的驱动程序的源程序。

```
WriteString:
            MOV     A,@R0
            JZ      WS_RET
            CALL    WriteChar
            MOV     A,XPOS
            CJNE    A,#15,WS_1      ;如果XPOS中的值未到15(可显示的最多位)
            JMP     WS_RET
WS_1:       INC     R0
            INC     XPOS
            JMP     WriteString
WS_RET:     RET
SetCur:                             ;光标设置命令
        MOV     A,CUR
        JZ      S_1                 ;参数为0,转关显示
        DEC     A
        JZ      S_2                 ;参数为1,转开显示,但无光标
        DEC     A
        JZ      S_3                 ;参数为2,转开显示且有光标,无闪烁
        DEC     A
        JZ      S_4                 ;参数为3,转开显示,光标闪烁
        JMP     S_RET               ;否则返回
S_1:    MOV     A,#00001000B        ;关显示
        CALL    LCDWC
        JMP     S_RET
S_2:    MOV     A,#00001100B        ;开显示但无光标
        CALL    LCDWC
        JMP     S_RET
S_3:    MOV     A,#00001110B        ;开显示有光标但无闪烁
        CALL    LCDWC
        JMP     S_RET
S_4:    MOV     A,#00001111B        ;开显示有光标且闪烁
        CALL    LCDWC
S_RET:RET

ClrLcd:                             ;清屏命令
        MOV     A,#01H
```

```
        CALL    LCDWC
        RET
;在指定的行与列显示字符,xpos——行,ypos——列,A中放待显示字符
WriteChar:
        CALL    LCDPOS
        CALL    LCDWD
        RET

WaitIdle:                               ;检测LCD控制器状态
        PUSH    ACC
        MOV     DPORT,#0FFH
        CLR     RS
        SETB    RW
        SETB    E
        NOP
W_1:    MOV     A,DPORT
        ANL     A,#80H
        JZ      W_2
        JMP     W_1
W_2:    CLR     E
        POP     ACC
        RET

LcdWd:                                  ;写字符子程序
        CALL    WAITIDLE
        SETB    RS
        CLR     RW
        MOV     DPORT,A                 ;以A为数据传递
        SETB    E
        NOP
        CLR     E
        RET
LcdWc:                                  ;送控制字子程序(检测忙信号)
        CALL    WaitIdle
LcdWcn:                                 ;送控制字子程序(不检测忙信号)
        CLR     RS
        CLR     RW
        MOV     DPORT,A
        SETB    E
        NOP
        CLR     E
        RET
```

```
LCDPOS:                                  ;设置第(XPOS,YPOS)个字符的 DDRAM 地址
        PUSH    ACC
        MOV     A,XPOS
        ANL     A,#0FH                   ;X 位置范围(0~15)
        MOV     XPOS,A
        MOV     A,YPOS
        ANL     A,#01H                   ;Y 位置范围(0~1)
        MOV     YPOS,A
        CJNE    A,#00,LPS_LAY            ;(第 1 行)X: 第 0~15 个字符
        MOV     A,XPOS                   ;DDRAM: 0~0FH
        JMP     LPS_LAX
LPS_LAY:
        MOV     A,XPOS                   ;(第 2 行)X: 第 0~15 个字符
        ADD     A,#40H                   ;DDRAM: 40~4FH
LPS_LAX:
        ORL     A,#80H                   ;设置 DDRAM 地址
        CALL    LCDWC
        POP     ACC
        RET

RSTLCD:
        MOV     R6,15
        CALL    DELAY                    ;延时 15 ms
        MOV     A,#38H
        CALL    LCDWCN
        MOV     R6,#5                    ;延时 5 ms
        CALL    DELAY
        CALL    LCDWCN
        MOV     R6,#5                    ;延时 5 ms
        CALL    DELAY
        CALL    LCDWCN

        MOV     A,#38H                   ;显示模式设置
        CALL    LCDWC
        MOV     A,#08H                   ;显示关闭
        CALL    LCDWC
        MOV     A,#01H                   ;显示清屏
        CALL    LCDWC
        MOV     A,#06H                   ;显示光标移动位置
        CALL    LCDWC
        MOV     A,#0CH                   ;显示开及光标设置
        CALL    LCDWC
        RET
```

```
;以下是延时 1 ms 的延时程序,用于液晶显示,该段延时时间不要求精确,这里以 12 MHz
;晶振为例来设计,可用于低于 12 MHz 晶振的场合,如果晶振频率高于 12 MHz,适当修改
DELAY:                              ;延时 1 ms 的子程序
D_1:   MOV     R5,#25               ;如果是 12 MHz 以上的晶振,将这个数值改为 50
D_2:   MOV     R4,#20
       DJNZ    R4,$
       DJNZ    R5,D_2
       DJNZ    R6,D_1               ;R6 用作参数传递
       RET
```

该通用软件包可以设置在程序存储器的任何空间。

该通用软件包占用的资源有 A、R0、R4、R5 和 R6 等。

2. 字符型液晶显示器驱动程序的应用

下面通过一个例子来介绍字符型液晶显示器驱动程序的应用。

【例 6-5】 字符型液晶显示器的接线如图 6-7 所示,要求从第 1 行第 1 列开始显示"Welcome!",打开光标并闪烁显示。

根据要求,既可以用写字符的方式实现要求,也可以用写字符串的方法实现要求,这里用写字符串的方法来实现。程序如下:

```
;根据硬件连线,对引脚作如下定义:
RS       bit      P2.5             ;P2.5 接 RS 端
RW       bit      P2.6             ;P2.6 接 RW 端
E        bit      P2.7             ;P2.7 接 E 端
DPORT    EQU      P0               ;8 根数据线接到 P0 口
         ORG      0000H
         JMP      START
         ORG      30H
START:
         MOV      SP,#5FH
         CALL     RSTLCD           ;复位液晶显示器
         MOV      CUR,#CURFLASH
         CALL     SETCUR           ;开光标显示并闪烁
         MOV      20H,#'W'
         MOV      21H,#'e'
         MOV      22H,#'l'
         MOV      23H,#'c'
         MOV      24H,#'o'
         MOV      25H,#'c'
         MOV      26H,#'e'
         MOV      27H,#0
;作为演示,这里直接把字符串写入 RAM 中,实际工作中可能会有各种生成字符串的方法,
;但不要忘记在字符串的最后要多用一个单元并送入数值 0 作为结束
```

```
        MOV     XPOS,#0             ;第1行
        MOV     YPOS,#0             ;第2列
        CALL    WRITESTRING         ;调用写字符串函数
        …这里写其他部分程序
        …
        …在这里加入驱动程序,统一汇编即可
```

6.3 点阵式液晶显示屏及其使用

点阵式液晶显示屏既可以显示数据,又可以显示包括汉字在内的各种图形。点阵式液晶显示屏驱动较为复杂,常用的是由液晶显示板和控制器部分组合而成的一个模块,因此,人们也往往称之为LCM(Liquid Crystal Module)即液晶模块。

目前,市场上的LCM产品非常多,从其接口特征来分可以分为通用型和智能型两种。智能型LCM一般内置汉字库,具有一套接口命令,使用方便。通用型LCM必须由用户自行编程来实现各种功能,使用较为复杂,但其成本较低。LCM的功能特点主要取决于其控制芯片,目前常用的控制芯片有T6963、HD61202、SED1520、SED13305、KS0107、ST7920、RA8803等。其中使用ST7920和RA8803控制芯片的LCM产品一般都内置汉字库,而使用RA8803控制芯片的LCM产品一般都具有触摸屏功能。

由于LCM产品众多,本书只能选择其中的一部分作介绍。从系统地理解LCM产品及学习单片机知识的角度出发,这里选择使用传统控制芯片制作的一款LCM产品FM12864I来介绍。

6.3.1 FM12864I的工作原理

FM12864I显示器屏幕共有64列,每列128个点,这些点可以被控制"亮"或"灭",从而显示出各种图案。如图6-8所示是FM12864I产品的外形图。

这款液晶显示模块使用的是HD61202控制芯片,内部结构示意图如图6-9所示。由于此芯片只能控制64×64点,因此产品中使用了2块HD61202,分别控制屏的左、右两个部分。也就是这块128×64的显示屏实际上可以看作是2块64×64显示屏的组合。除了这两块控制芯片外,图中显示还用到了一块HD61203A芯片,但该芯片仅供内部使用以提供列扫描信号,没有与外部的接口,因此,这里不对这块芯片进行分析。

图6-8　FM12864I外形图

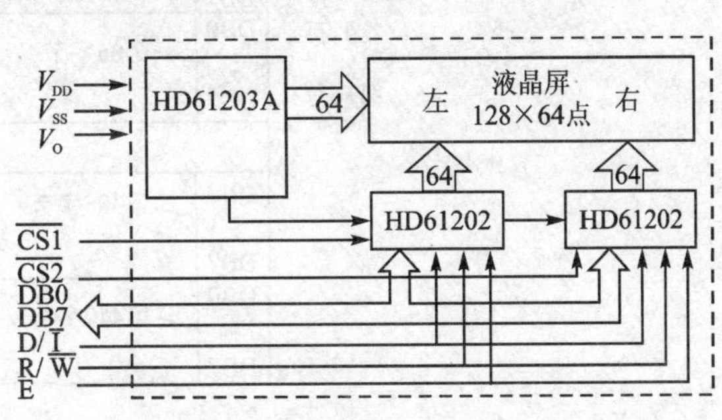

图6-9　FM12864I的内部结构示意图

图 6-9 中一共展示了 16 根引脚，除此之外，还有 RST 引脚、V_{EE}引脚、背光源引脚也被引出，这块液晶显示器共有 20 根引脚，其引脚排列如表 6-3 所列。

表 6-3　FM12864I 接口

编　号	符　号	引脚说明	编　号	符　号	引脚说明
1	V_{SS}	电源地	15	CSA	片选 IC1
2	V_{DD}	电源正极（+5 V）	16	CSB	片选 IC2
3	V_O	LCD 偏压输入	17	RST	复位端（H：正常工作，L：复位）
4	RS	数据/命令选择端（H/L）	18	V_{EE}	LCD 驱动负压输出（−4.8 V）
5	R/W	读/写控制信号（H/L）	19	BLA	背光源正极
6	E	使能信号	20	BLK	背光源负极
7～14	DB0～DB7	数据输入口			

1. HD61202 控制驱动器的驱动方式

HD61202 是一种带有列驱动输出的液晶显示控制器，它可与行驱动器 HD61203 配合使用组成液晶显示驱动控制系统。HD61202 芯片具有如下一些特点：

- 内藏 64×64 共 4 096 位显示 RAM，RAM 中每位数据对应 LCD 屏上一个点的亮暗状态，每个字节有 8 位，因此 4 096 位 RAM 被组织成 512 字节，以便与外部 CPU 接口。
- HD61202 是列驱动，具有 64 路列驱动输出。
- HD61202 读/写操作时序与 68 系列微处理器相符因此它可直接与 68 系列微处理器接口相连，在与 80C51 系列微处理接口时要作适当处理，或使用模拟口线的方式。
- HD61202 占空比为 1/32～1/64。

图 6-10 所示是 HD61202 内部 RAM 结构示意图。从图中可以看出，HD61202 的 512 字节 RAM 被分成 8 页，每 1 页有 8 行，对应一个字节的 8 个位，高位在下。每 1 页中有 64 字节，对应屏幕上的 64 列。

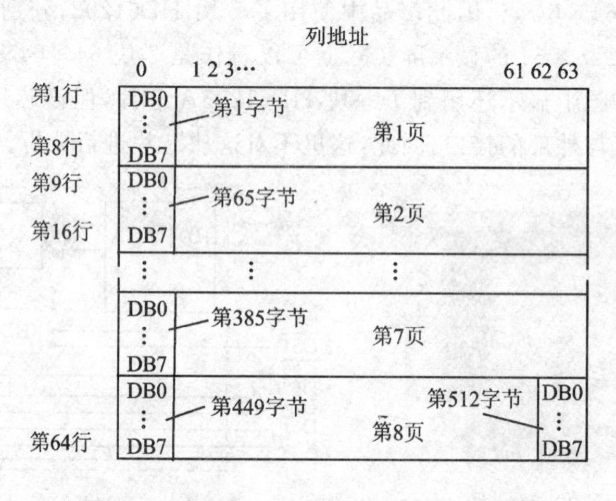

图 6-10　HD61202 内部 RAM 结构示意图

如果要显示屏幕左上角的一个像素点，就应该给第1字节送入01H，即00000001B；如果要在屏幕的第1行第2列到第16行第2列显示一条长度为16点的竖直线，就应该给第2字节、第66字节送入0FFH。这样，无论要显示什么图案，总能找到这些图案与HD61202内部RAM之间的对应关系，只要给相应的RAM中送入符合要求的数据，屏幕上就能显示所需要的图像。要找到这种对应关系，既可以使用人工方法，也可以使用各种辅助软件，6.3.2小节将介绍一种字模软件的使用方法。

2. HD61202及其兼容控制驱动器的指令系统

HD61202的指令系统比较简单，总共只有7种。

(1) 显示开/关指令

R/W	D/I	DB7	DB6	DB5	DB4	DB3	DB2	DB1	DB0
0	0	0	0	1	1	1	1	1	1/0

注：表中前两列是此命令所对应的引脚电平状态，后8位是读/写字节。以下各指令表中的含义相同，不再重复说明。

该指令中，如果DB0为1则LCD显示RAM中的内容，DB0为0时关闭显示。

(2) 显示起始行ROW设置指令

R/W	D/I	DB7	DB6	DB5	DB4	DB3	DB2	DB1	DB0
0	0	1	1	显示起始行0～63					

该指令设置了对应液晶屏最上面的一行，显示RAM的行号，有规律地改变显示起始行，可实现显示滚屏的效果。

(3) 页PAGE设置指令

R/W	D/I	DB7	DB6	DB5	DB4	DB3	DB2	DB1	DB0
0	0	1	0	1	1	1	页号0～7		

显示RAM可视作64行，分8页，每页8行对应一个字节的8位。

(4) 列地址设置指令

R/W	D/I	DB7	DB6	DB5	DB4	DB3	DB2	DB1	DB0
0	0	0	1	显示列地址0～63					

设置了页地址和列地址，就唯一地确定了显示RAM中的一个单元。这样MCU就可以用读指令读出该单元中的内容，用写指令向该单元写进一个字节数据。

(5) 读状态指令

R/W	D/I	DB7	DB6	DB5	DB4	DB3	DB2	DB1	DB0
1	0	BUSY	0	ON/OFF	REST	0	0	0	0

该指令用来查询HD61202的状态，执行该条指令后，得到一个返回的数据值，根据数据各位来判断HD61202芯片当前的工作状态。各参数的含义如下：

- BUSY：1 为内部在工作；0 为正常状态。
- ON/OFF：1 为显示关闭；0 为显示打开。
- REST：1 为复位状态；0 为正常状态。

如果芯片当前正处在 BUSY 和 REST 状态，除读状态指令外其他指令均无操作效果。因此，在对 HD61202 操作之前要查询 BUSY 状态，以确定是否可以对其进行操作。

（6）写数据指令

R/W	D/I	DB7	DB6	DB5	DB4	DB3	DB2	DB1	DB0
0	1	写数据指令							

该指令用于将显示数据写入 HD61202 芯片中的 RAM 区中。

（7）读数据指令

R/W	D/I	DB7	DB6	DB5	DB4	DB3	DB2	DB1	DB0
1	1	读数据指令							

该指令用于读出 HD61202 芯片中 RAM 指定单元的数据。

读/写数据指令每执行完一次，读/写操作列地址就自动增 1。必须注意的是在进行读操作之前，必须要有一次空读操作，紧接着再读，才会读出所要读的单元中的数据。

6.3.2　用点阵式液晶屏显示汉字

人们使用点阵式液晶屏（LCM）往往需要显示汉字，因此这里以使用 LCM 显示汉字为例来学习 LCM 的使用方法。

1. 硬件连线

图 6－11 是 80C51 系列 MCU 与 FM12864I 型 LCM 接口电路图，这里采用的是非总线接口方式。由图可以看到，P0 口与数据口连接，各控制引脚分别由一根 I/O 口线控制。VO 端用于对比度调整，由于本模块内置了负电源发生器，因此连接非常方便，只要外接一只电阻和一只电位器即可。

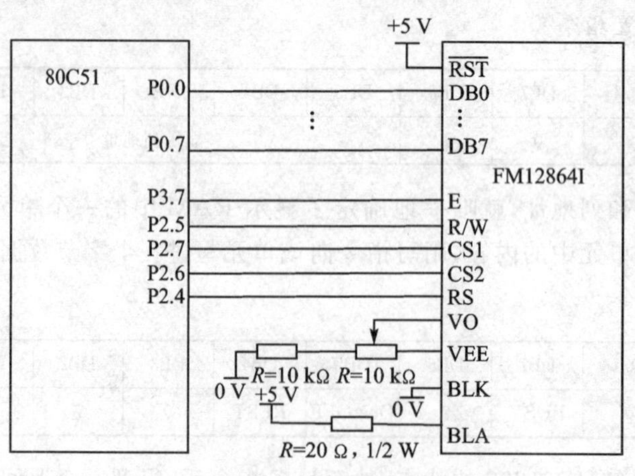

图 6－11　液晶显示屏与 80C51 的连接

2. 字模生成

要使用LCM来显示汉字,需要获得待显示汉字的字模数据。网上可以下载到很多不同的字模软件,为用好这些字模软件,有必要学习一下字模的一些基本知识,这样才能理解字模软件中参数设置的方法。

(1) 字模生成软件的使用

如图6-12所示是某字模生成软件,其中用黑框圈起来的是其输出格式及取模方式设定部分。

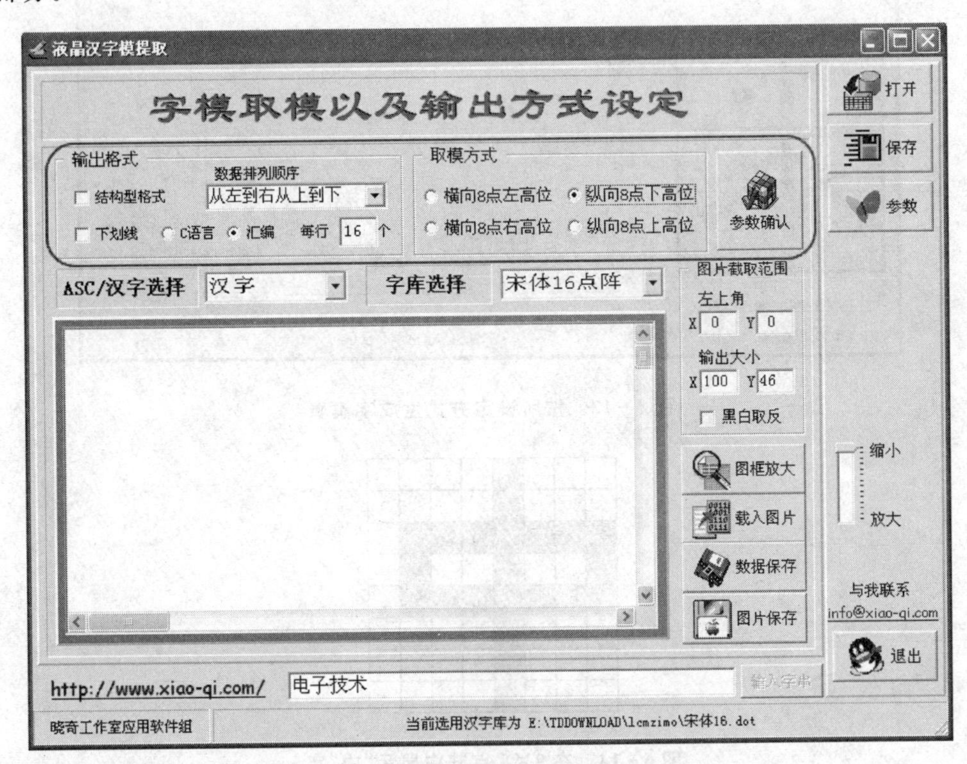

图6-12　某字模提取软件取模方式的设置

使用该软件生成字模时,按需要设定好各种参数,单击"参数确认"按钮。界面下方的"输入字串"按钮变为可用,在该按钮前的文本输入框中输入需要转换的汉字,单击"输入字串"按钮,即可按所设定的输出格式及取模方式来获得字模数据。如图6-13所示即按所设置方式生成"电子技术"这4个字的字模表。

从图6-12可以看到该软件有4种取模方式,使用时究竟应选择何种取模方式,取决于所用LCM驱动芯片内部RAM与显示点之间的映射关系,下面就来介绍一下这4种取模方式的具体含义。

(2) 8×8点阵字模的生成

为简单起见,先以8×8点阵为例来说明几种取模方式。如图6-14所示的"中"字,有4种取模方式可分别参考图6-15～6-18。

如果将图中有颜色的方块视为为"1",空白区域视为"0",则按图6-15～6-18这4种不同方式取模时,字模分别如下:

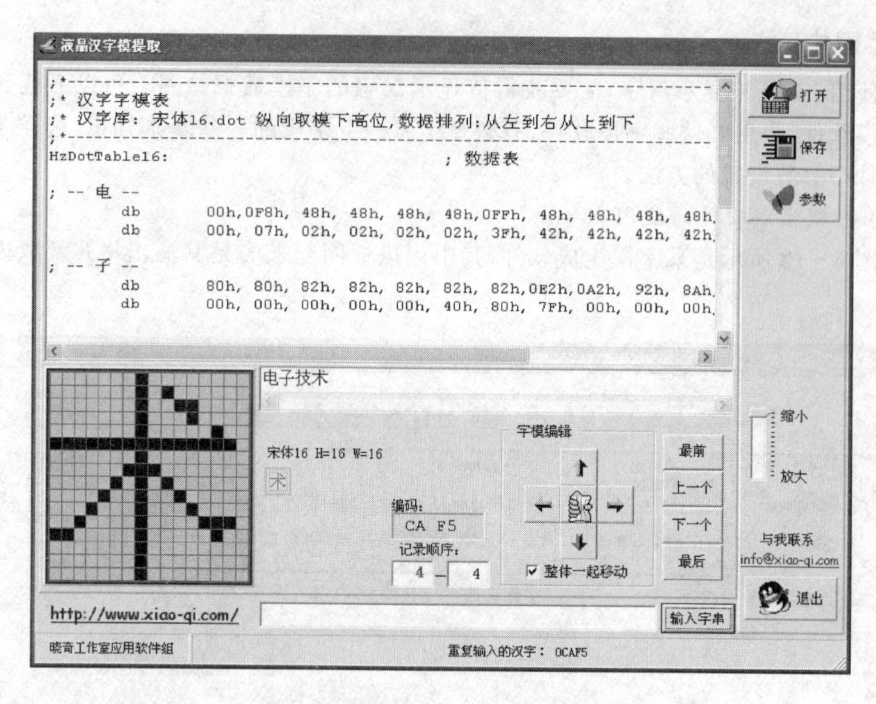

图6-13 按所设定方式生成字模表

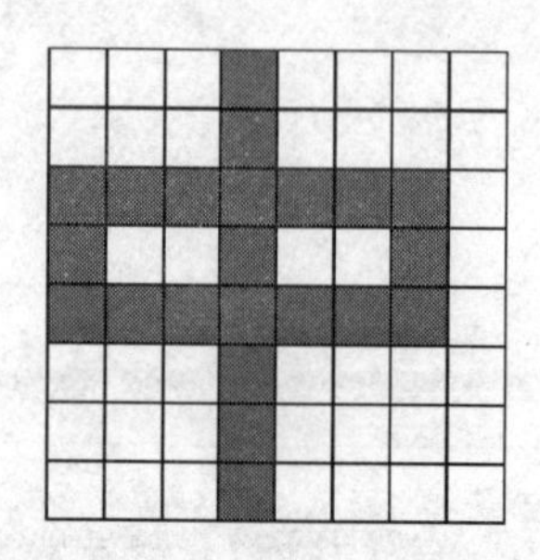

图6-14 在8×8点阵中显示“中”字

① 横向取模左高位。横向取模左高位,字形与字模的对照关系如表6-4所列。

表6-4 字形与字模的对照关系表一(横向取模左高位)

位	7	6	5	4	3	2	1	0	
字节1	0	0	0	1	0	0	0	0	10H
字节2	0	0	0	1	0	0	0	0	10H
字节3	1	1	1	1	1	1	1	0	0FEH
字节4	1	0	0	1	0	0	1	0	92H
字节5	1	1	1	1	1	1	1	0	0FEH
字节6	0	0	0	1	0	0	0	0	10H
字节7	0	0	0	1	0	0	0	0	10H
字节8	0	0	0	1	0	0	0	0	10H

在该种方式下字模表为：

```
ZM  DB:10H,10H,0FEH,92H,0FEH,10H,10H,10H
```

② 横向取模右高位。这种取模方式与表 6-4 类似,区别仅在于表格的第一行,即位排列方式不同,如表 6-5 所列。

表 6-5 字形与字模的对照关系表二(横向取模右高位)

位	0	1	2	3	4	5	6	7	
字节 1	0	0	0	1	0	0	0	0	08H
⋮									
字节 8	0	0	0	1	0	0	0	0	08H

在该种方式下字模表为：

```
ZM  DB:08H,08H,7FH,49H,7FH,08H,08H,08H
```

③ 纵向取模上高位。这种取模方式如图 6-17 所示,将列顺序排列的字节改为水平方向,图逆时针转 90°,列出字模表如表 6-6 所列。

表 6-6 字形与字模的对照关系表三(纵向取模上高位)

位	7	6	5	4	3	2	1	0	
字节 1	0	0	1	1	1	0	0	0	38H
⋮									
字节 8	0	0	0	0	0	0	0	0	00H

在该种方式下字模表为：

```
ZM  DB:38H,28H,28H,0FFH,28H,28H,38H,00H
```

④ 纵向取模下高位。这种取模方式与表 6-6 类似,区别在于第一行,即位的顺序不同,如表 6-7 所列。

表 6-7 字形与字模的对照关系表四(纵向取模下高位)

位	0	1	2	3	4	5	6	7	
字节 1	0	0	1	1	1	0	0	0	1CH
⋮									
字节 8	0	0	0	0	0	0	0	0	00H

在该种方式下字模表为：

```
ZM  DB:1CH,14H,14H,0FFH,14H,14H,1CH,00H
```

将图 6-15～6-18 分别与图 6-10(HD61202 内部 RAM 结构示意图)对比,可以看到,使用 FM12864 时,应该使用纵向取模下高位这种取模方式。

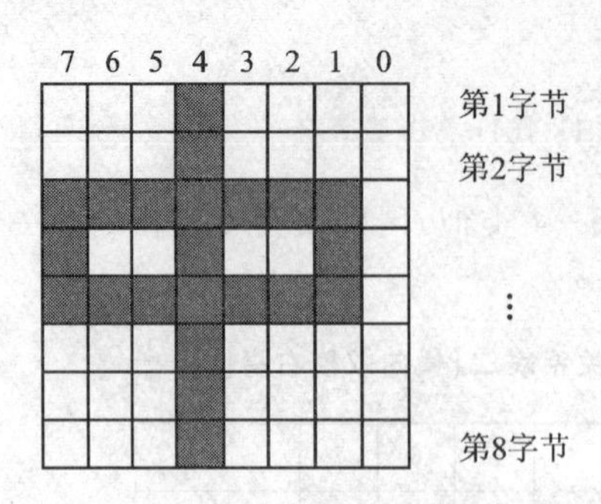

图 6-15　横向取模左高位

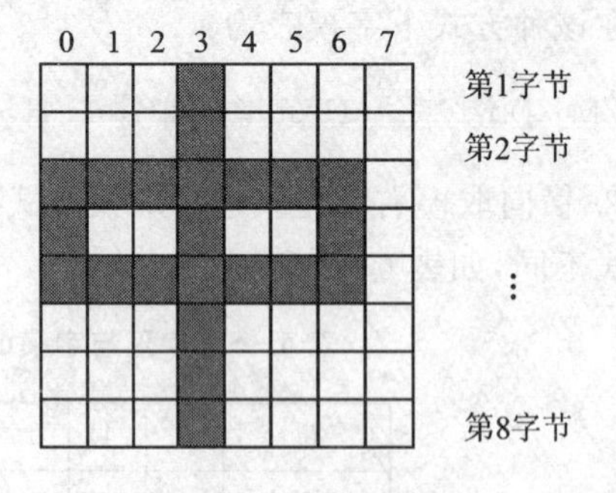

图 6-16　横向取模右高位

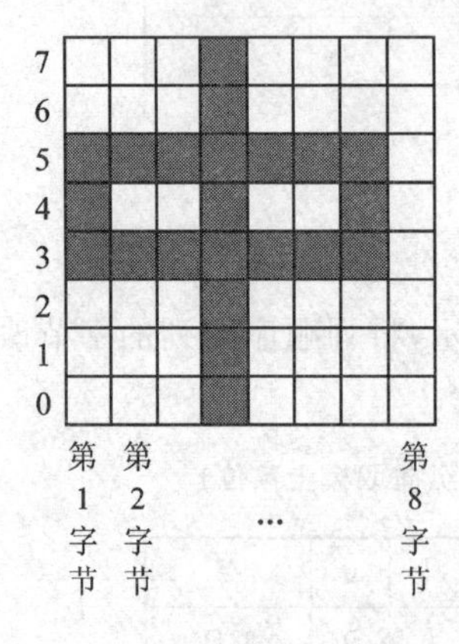

图 6-17　纵向取模上高位

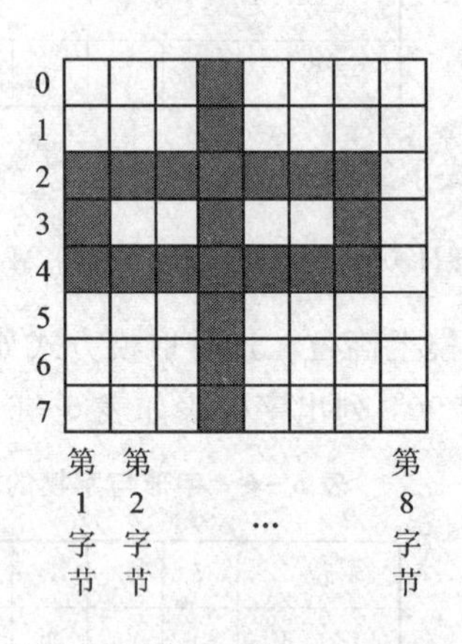

图 6-18　纵向取模下高位

(3) 16 点阵字模的产生

通常用 8×8 点阵来显示汉字太过粗糙，为显示一个完整的汉字，至少需要 16×16 点阵的显示器。这样，每个汉字就需要 32 字节的字模，这时就需要考虑字模数据的排列顺序。图 6-12所示软件中有两种数据排列顺序，如图 6-19 所示。

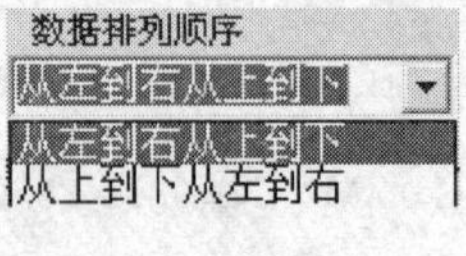

数据排列顺序
从左到右从上到下
从左到右从上到下
从上到下从左到右

图 6-19　数据排列方式

要解释这两种数据排列顺序，就要了解 16 点阵字库的构成。如图 6-20 所示，是“电”字的 16 点阵字形。

这个 16×16 点阵的字形可以分为 4 个 8×8 点阵，如图 6-21 所示。

对于这 4 个 8×8 点阵的每一部分的取模方式由上述的 4 种方式确定，并且一定相同，每个部分有 8 个字节的数据。各部分数据的组合方式有 2 种，第一种是“从左到右，从上到下”，字模数据应按照“ ”、“ ”、“ ”、“ ”的顺序排列，即先取第 1 部分的字模数据共 8 个字节，然后取第 2 部分的 8 个字节放在第 1 部分的 8 个字节之后。剩余的两部分依此类推，这种方式不难理解。

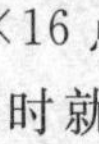

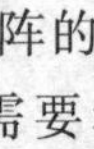

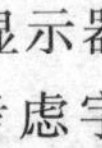

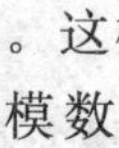

第二种数据排列顺序是“从上到下，从左到右”，字模数据应按照“ ”、“ ”、“ ”、“ ”的顺序排列，但其排列方式并非先取第 1 部分的 8 个字节，然后将第 2 部分的 8 个字节加在第 1 部分的 8 个字节之后，而是第 1 部分的第 1 个字节后是第 2 部分的第 1 个字节，然后是第 1 部分的第 2 个字节，后面接着的是第 2 部分的第 2 个字节，依此类推。如果按此种

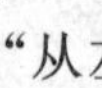

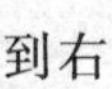

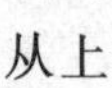

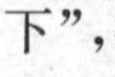

方式取模,则部分字模如下:

```
db   00h, 00h,0F8h, 07h, 48h, 02h, 48h, 02h
……
```

读者可以对照字形来看,其中第 1 和第 2 个字节均为 00H,从图 6－21 中可以看到这正是该字形左侧的上下两个部分的第 1 个字节。而 0F8H 和 07H 则分别是左侧上下两个部分的第 2 个字节,余者依次类推。

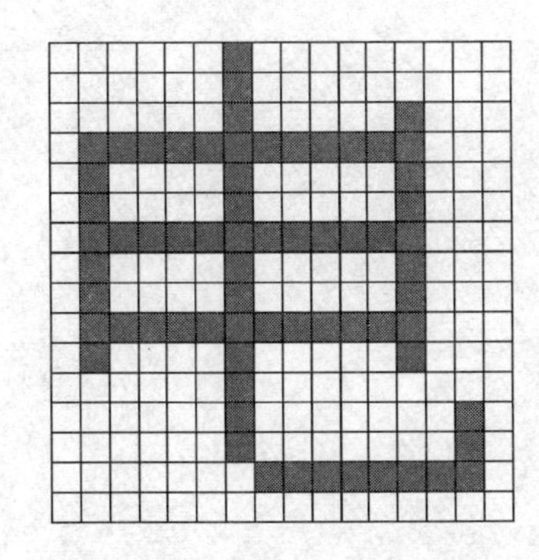

图 6－20　"电"字的 16 点阵字形

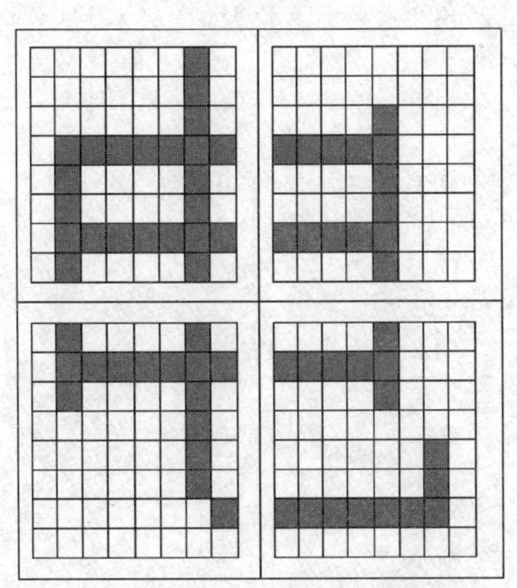

图 6－21　将 16×16 点阵分成 4 个 8×8 点阵

选用哪种数据排列顺序,与程序编写有关。原则上两种顺序都可以使用,只是要根据不同的方式来编写程序即可。

3. 程序实现

【例 6－6】　硬件电路如图 6－11 所示,要求在 FM12864 模块中显示"电子技术"4 个汉字。

```
DispOn        EQU      3FH       ;开显示
DispOff       EQU      3EH       ;关显示
ColAdd        EQU      40H       ;列地址
PageAdd       EQU      0B8H      ;页地址
StartLin      EQU      0C0H      ;起始页

CSL           EQU      P2.7
CSR           EQU      P2.6
RW            EQU      P2.5
DI            EQU      P2.4

WrCmdAddL     EQU      8FH       ;写指令地址左
WrCmdAddR     EQU      4FH       ;写指令地址右
```

```
    RdStateAddL   EQU        0AFH          ;读状态地址左
    RdStateAddR   EQU        6FH           ;读状态地址右

    WrDataAddL    EQU        9FH           ;写数据地址左
    WrDataAddR    EQU        5FH           ;写数据地址右

    RdDataAddL    EQU        0BFH          ;读数据地址左
    RdDataAddR    EQU        7FH           ;读数据地址右

    Epin          EQU        P3.7

    ORG           0000H
    JMP           START
    ORG           30H
START:
    CLR           Epin

    CALL          ClrScrL;
    CALL          ClrScrR
    MOV           R7,#4
    MOV           R6,#0
    MOV           R5,#0
    CALL          ChineseDispR              ;显示"电"字

    MOV           R7,#4
    MOV           R6,#16
    MOV           R5,#1
    CALL          ChineseDispR              ;显示"子"字

    MOV           R7,#4
    MOV           R6,#32
    MOV           R5,#2
    CALL          ChineseDispR              ;显示"技"字

    MOV           R7,#4
    MOV           R6,#48
    MOV           R5,#3
    CALL          ChineseDispR              ;显示"术"字
    JMP           $
BusyChkL:                                   ;检测忙状态左
    MOV           P2,#RdStateAddL;          ;地址设定
    SETB          Epin
    MOV           A,P0
```

```
    CLR       Epin
    JB        ACC.7,BusyChkL              ;如果读到的最高位是1,转去继续检测
    RET                                   ;返回
BusyChkR:                                 ;检测忙状态右
    MOV       P2,#RdStateAddR;            ;地址设定
    SETB      Epin
    MOV       A,P0
    CLR       Epin
    JB        ACC.7,BusyChkR              ;如果读到的最高位是1,转去继续检测
    RET                                   ;返回
WriteCmdL:                                ;写命令左,A中为命令字
    MOV       P0,A                        ;命令字先送到数据端口
    CALL      BusyChkL
    MOV       P2,#WrCmdAddL
    SETB      Epin
    NOP
    CLR       Epin
    RET
WriteCmdR:                                ;写命令右,A中为命令字
    MOV       P0,A                        ;命令字先送到数据端口
    CALL      BusyChkR
    MOV       P2,#WrCmdAddR               ;
    SETB      Epin
    NOP
    CLR       Epin
    RET
WriteDataL:                               ;写数据,A中为待写入数据
    MOV       P0,A                        ;命令字先送到数据端口
    CALL      BusyChkL
    MOV       P2,#WrDataAddL
    SETB      Epin
    NOP
    CLR       Epin
    RET
WriteDataR:                               ;写数据,A中为待写入数据
    MOV       P0,A                        ;命令字先送到数据端口
    CALL      BusyChkR
    MOV       P2,#WrDataAddR
    SETB      Epin
    NOP
    CLR       Epin
    RET
/*参数:R7-PAGE,R6-col*/
```

```
ClrScrL:                                          ;清屏左
    MOV         R1,#0
ClrL_L1:
    MOV         A,#PageAdd
    ADD         A,R1
    ADD         A,R7
    CALL        WriteCmdL
    MOV         A,ColAdd
    ADD         A,R6
    CALL        WriteCmdL
    ;第二层循环开始
    MOV         R2,#8
ClrL_L2:
    MOV         A,#00h                            ;清零用的数据
    CALL        WriteDataL
    DJNZ        R2,ClrL_L2
    INC         R1
    CJNE        R1,#2,ClrL_L1                     ;不等于 2 转去循环
    RET                                           ;等于 2 退出
/*参数:R7-PAGE,R6-col*/
ClrScrR:                                          ;清屏左
    MOV         R1,#0
ClrR_L1:
    MOV         A,#PageAdd
    ADD         A,R1
    ADD         A,R7
    CALL        WriteCmdR
    MOV         A,ColAdd
    ADD         A,R6
    CALL        WriteCmdR
    ;第二层循环开始
    MOV         R2,#8
ClrR_L2:
    MOV         A,#0
    CALL        WriteDataR
    DJNZ        R2,ClrR_L2
    INC         R1
    CJNE        R1,#2,ClrR_L1                     ;不等于 2 转去循环
    RET                                           ;等于 2 退出
;
ClearRamL:                                        ;清内存左
    MOV         A,#PageAdd
    ADD         A,#0
```

```
    CALL        WriteCmdL
    MOV         A,#ColAdd
    ADD         A,#0
    CALL        WriteCmdL
    MOV         R7,#0                   ;PAGE
C_L1:
    MOV         A,#PageAdd
    ADD         A,R7
    CALL        WriteCmdL
    ;以下第二层循环
    MOV         R6,#0                   ;COL
C_L2:
    CALL        ClrScrL
    INC         R6
    CJNE        R6,#64,C_L2             ;未到 64,循环
    INC         R7
    CJNE        R7,#8,C_L1              ;未到 8,转 C_L1 循环
    RET
ClearRamR:                              ;清内存右
    MOV         A,#PageAdd
    ADD         A,#0
    CALL        WriteCmdR
    MOV         A,#ColAdd
    ADD         A,#0
    CALL        WriteCmdR
    MOV         R7,#0                   ;页
C_R1:
    MOV         A,#PageAdd
    ADD         A,R7
    CALL        WriteCmdR
    ;以下第二层循环
    MOV         R6,#0                   ;COL
C_R2:
    CALL        ClrScrR
    INC         R6
    CJNE        R6,#64,C_R2             ;未到 64,循环
    INC         R7
    CJNE        R7,#8,C_R1              ;未到 8,转 C_R1 循环
    RET
/*汉字显示,参数 R7:PAG,R6:COL R5:序号*/
ChineseDispL:                           ;汉字显示左
    MOV         R1,#0
;以下根据传入的序号计算该序号所对应的字符的首地址
```

```
    MOV         DPTR,＃CHTAB
    MOV         A,R5                    ;送入序号
    MOV         B,＃32
    MUL         AB
    ADD         A,DPL
    MOV         DPL,A                   ;回送到 DPL 中
    MOV         A,B                     ;取高 8 位数据
    ADDC        A,DPH
    MOV         DPH,A
;DPTR＋n＊32,指向了序号所对应的字符的首地址
Ch_L1:
    MOV         A,＃PageAdd
    ADD         A,R7
    ADD         A,R1
    CALL        WriteCmdL
    MOV         A,＃ColAdd
    ADD         A,R6
    CALL        WriteCmdL
    ;第一层循环结束
    MOV         R2,＃0                  ;R2 作为第二层循环的指针
    ;开始第二层循环
Ch_L2:
    MOV         A,R1
    MOV         B,＃16
    MUL         AB
    ADD         A,R2
    MOVC        A,@A＋DPTR
    CALL        WriteDataL
    INC         R2
    CJNE        R2,＃16,Ch_L2
    INC         R1
    CJNE        R1,＃2,Ch_L1
    RET
/＊汉字显示,参数 R7:PAG,R6:COL R5:序号＊/
ChineseDispR:                           ;汉字显示左
    MOV         R1,＃0
;以下根据传入的序号计算该序号所对应的字符的首地址
    MOV         DPTR,＃CHTAB
    MOV         A,R5                    ;送入序号
    MOV         B,＃32
    MUL         AB
```

```
        ADD         A,DPL
        MOV         DPL,A                       ;回送到 DPL 中
        MOV         A,B                         ;取高 8 位数据
        ADDC        A,DPH
        MOV         DPH,A
;DPTR+n*32,指向了序号所对应的字符的首地址
Ch_R1:
        MOV         A,#PageAdd
        ADD         A,R7
        ADD         A,R1
        CALL        WriteCmdR
        MOV         A,#ColAdd
        ADD         A,R6
        CALL        WriteCmdR
        ;第一层循环结束
        MOV         R2,#0                       ;R2 作为第二层循环的指针
        ;开始第二层循环
Ch_R2:
        MOV         A,R1
        MOV         B,#16
        MUL         AB
        ADD         A,R2
        MOVC        A,@A+DPTR
        CALL        WriteDataR
        INC         R2
        CJNE        R2,#16,Ch_R2
        INC         R1
        CJNE        R1,#2,Ch_R1
        RET
Delay:
        SETB        RS0
        MOV         R7,#200
D_L1:
        MOV         R6,#200
        DJNZ        R6,$
        DJNZ        R7,D_L1
        CLR         RS0
        RET
CHTAB:
;*-------------------------------------------------------*
;*  汉字字模表                                             *
```

```
;*  汉字库：宋体 16.dot 纵向取模下高位，数据排列：从左到右从上到下                    *
;*-------------------------------------------------------------------------*
;-- 电 --
      DB   00h,0F8h,48h,48h,48h,48h,0FFh,48h
      DB   48h,48h,48h,0FCh,08h,00h,00h,00h
      DB   00h,07h,02h,02h,02h,02h,3Fh,42h
      DB   42h,42h,42h,47h,40h,70h,00h,00h
;-- 子 --
      DB   80h,80h,82h,82h,82h,82h,82h,0E2h
      DB   0A2h,92h,8Ah,86h,80h,0C0h,80h,00h
      DB   00h,00h,00h,00h,00h,40h,80h,7Fh
      DB   00h,00h,00h,00h,00h,00h,00h,00h
;-- 技 --
      DB   10h,10h,10h,0FFh,10h,10h,88h,88h
      DB   88h,0FFh,88h,88h,8Ch,08h,00h,00h
      DB   04h,44h,82h,7Fh,01h,80h,81h,46h
      DB   28h,10h,28h,26h,41h,0C0h,40h,00h
;-- 术 --
      DB   20h,20h,20h,20h,20h,20h,0A0h,0FFh
      DB   0A0h,22h,24h,2Ch,20h,30h,20h,00h
      DB   10h,10h,08h,04h,02h,01h,00h,0FFh
      DB   00h,01h,02h,04h,08h,18h,08h,00h
END
```

程序实现：输入源程序，命名为 LCM.asm，在 Keil 软件中建立名为 Hz 的工程文件。将 lcm.asm 文件加入工程，编译、链接获得 HEX 文件。第 2 章介绍的成品实验电路板支持 FM12864I 液晶显示模块，将此模块连入电路板，将 HEX 文件写入芯片，即可在显示屏上显示“电子技术”4 个汉字。

6.4　键盘接口

在单片机应用系统中，通常都要有人机对话功能。例如，将数据输入仪器、对系统运行进行控制等，这时就需要键盘。

计算机所用的键盘有全编码键盘和非编码键盘两种，全编码键盘能够由硬件逻辑自动提供与被按键对应的编码，通常还有去抖、多键识别等功能。这种键盘使用方便，但价格较贵，一般在单片机应用系统中较少采用。

非编码键盘只简单地提供行和列的矩阵，其他工作都靠软件来完成，由于其经济实用，目前在单片机应用系统中多采用这种方法，本节介绍非编码键盘接口。

6.4.1　键盘工作原理

单片机系统中一般由软件来识别键盘上的闭合键，图 6-22 是单片机键盘的一种接法。

单片机引脚作为输入使用,首先置“1”。当按键没有被按下时,单片机引脚上为高电平;而当键被按下去后,引脚接地,单片机引脚上为低电平。通过编程即可获知是否有键按下,被按下的是哪一个键。

组成键盘的按键有触点式和非触点式两种,单片机中应用的键盘一般是由机械触点构成的。在图 6-22 中,当键未被按下时,P3.2 输入为高电平;按键被按下后,P3.2 输入为低电平。由于按键是机械触点,当机械触点断开、闭合时,会有抖动,如图 6-23 所示是 P3.2 引脚所接键动作时,P3.2 引脚上的输入波形。前沿和后沿抖动对于人来说是感觉不到的;但对单片机来说,则是完全可以检测到的。因为计算机处理的速度是在 μs 级,而机械抖动的时间至少是 ms 级,对单片机而言,这已是一个“漫长”的时间了。在本书 4.3 节的中断实验时提到有个问题,即按键有时灵,有时不灵,就是这个原因。只按了一次按键,可是单片机却已执行了多次中断的过程,如果执行的次数正好是奇数次,那么结果正如所料;如果执行的次数是偶数次,那就不对了。

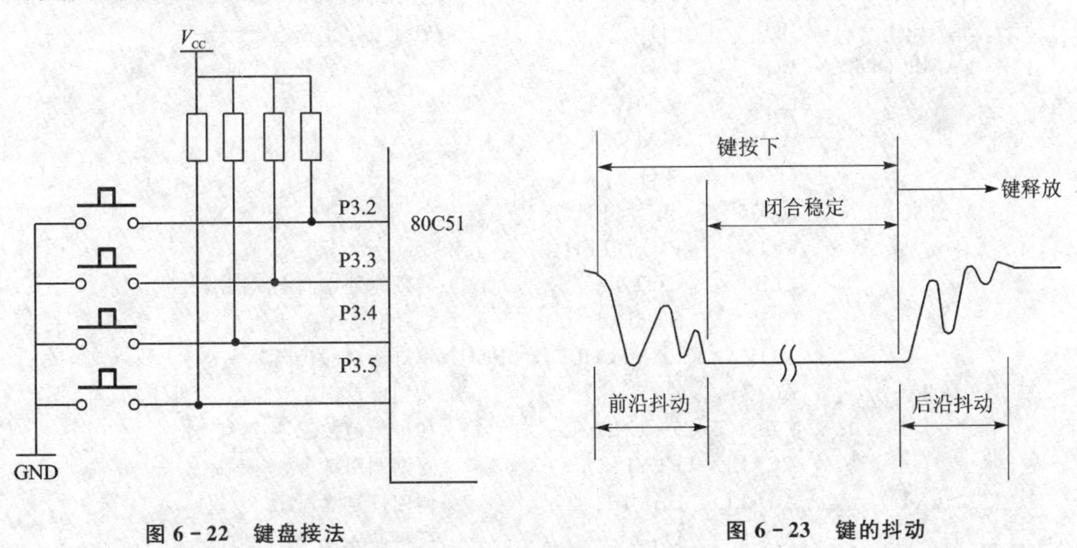

图 6-22 键盘接法　　　　图 6-23 键的抖动

为使单片机能正确地读出键盘所接 I/O 的状态,对每一次按键只作一次响应,必须考虑如何去除抖动。常用的去抖动的方法有两种:硬件方法和软件方法。单片机中常用软件法,这里对于硬件去抖动的方法不作介绍。

软件去抖动的思路是:在单片机获得某 I/O 口为低电平的信息后,不是立即认定该键已被按下,而是延时 10 ms 或更长一些时间后再次检测该 I/O 口。如果仍为低,说明这个键的确被按下了,这实际上是避开了按键按下时的前沿抖动。而在检测到按键释放后(该 I/O 口为高)再延时 5~10 ms,消除键释放时的后沿抖动,然后对键值处理。当然,实际应用中,键的机械特性各不相同,对按键的要求也是千差万别,要根据不同的需要来编制处理程序,但以上是消除键抖动的原则。

6.4.2 键盘与单片机的连接

1. 键盘与单片机连接的方式

键盘与单片机连接的方式通常有通过 I/O 口直接相连与矩阵式连接两种,下面分别介绍这两种连接方式。

(1) 通过I/O口连接

将每个按键的一端接到单片机的I/O口，另一端接地，这是最简单的方法，如图6-22所示是实验板上按键的接法，4个按键分别接到P3.2、P3.3、P3.4和P3.5。对于这种接法程序可以采用不断查询的方法，即检测是否有键闭合，如有键闭合，则去除键抖动，判断键号并转入相应的键处理程序。下面给出一个用按键控制流水灯的程序，4个按键定义如下：

P3.2：开始，按此键则灯开始流动（由上而下）；

P3.3：停止，按此键则停止流动，所有灯为暗；

P3.4：上，按此键则灯由上向下流动；

P3.5：下，按此键则灯由下向上流动。

【例6-7】 具有控制功能的流水灯的程序。

```
UpDown      BIT     00H                 ;上下行标志
StartEnd    BIT     01H                 ;启动及停止标志
LAMPCODE    EQU     21H                 ;存放流动的数据代码
            ORG     0000H
            AJMP    MAIN
            ORG     30H
MAIN:       MOV     SP,#5FH
            MOV     P1,#0FFH
            CLR     UpDown              ;启动时处于向上状态
            CLR     StartEnd            ;启动时处于停止状态
            MOV     LAMPCODE,#0FEH      ;单灯流动的代码
LOOP:       ACALL   KEY                 ;调用键盘程序
            JNB     F0,LNEXT            ;如果无键按下，则继续
            ACALL   KEYPROC             ;否则调用键盘处理程序
LNEXT:      ACALL   LAMP                ;调用灯显示程序
            AJMP    LOOP                ;反复循环，主程序到此结束
;延时程序，键盘处理中调用
DELAY:      MOV     R7,#100
D1:         MOV     R6,#100
            DJNZ    R6,$
            DJNZ    R7,D1
            RET
KEYPROC:
            MOV     A,B                 ;从B寄存器中获取键值
            JB      ACC.2,KeyStart      ;分析键的代码，某位被按下，则该位为1
            JB      ACC.3,KeyOver
            JB      ACC.4,KeyUp
            JB      ACC.5,KeyDown
            AJMP    KEY_RET
KeyStart:   SETB    StartEnd            ;第1个键按下后的处理
            AJMP    KEY_RET
KeyOver:    CLR     StartEnd            ;第2个键按下后的处理
```

```
            AJMP    KEY_RET
KeyUp:      SETB    UpDown              ;第 3 个键按下后的处理
            AJMP    KEY_RET
KeyDown:    CLR     UpDown              ;第 4 个键按下后的处理
KEY_RET:    RET
KEY:        CLR     F0                  ;清 F0,表示无键按下
            ORL     P3,#00111100B       ;将 P3 口接有按键的 4 位置 1
            MOV     A,P3                ;取 P3 的值
            ORL     A,#11000011B        ;将其余 4 位置 1
            CPL     A                   ;取反
            JZ      K_RET               ;如果为 0,则一定无键按下
            CALL    DELAY               ;否则延时,去按键抖动
            ORL     P3,#00111100B
            MOV     A,P3
            ORL     A,#11000011B
            CPL     A
            JZ      K_RET
            MOV     B,A                 ;确实有键按下,将键值存入 B 中
            SETB    F0                  ;设置有键按下的标志
K_RET:      ORL     P3,#00111100B       ;此处循环等待按键释放
            MOV     A,P3
            ORL     A,#11000011B
            CPL     A
            JZ      K_RET1              ;读取的数据取反后为 0,说明按键已释放
            AJMP    K_RET
K_RET1:     CALL    DELAY               ;消除后沿抖动
            RET

D500MS:                                 ;流水灯的延迟时间(自行编写)
            ⋮
            RET
LAMP:
            JB      StartEnd,LampStart  ;如果 StartEnd=1,则启动
            MOV     P1,#0FFH
            AJMP    LAMPRET             ;否则关闭所有显示,返回
LampStart:
            JB      UpDown,LAMPUP       ;如果 UpDown=1,则向上流动
            MOV     A,LAMPCODE
            RL      A                   ;实际就是左移位而已
            MOV     LAMPCODE,A
            MOV     P1,A
            LCALL   D500MS
            AJMP    LAMPRET
LAMPUP:
            MOV     A,LAMPCODE
```

```
            RR      A              ;向下流动实际就是右移
            MOV     LAMPCODE,A
            MOV     P1,A
            LCALL   D500MS
LAMPRET:
            RET
END
```

以上程序演示了一个键盘处理程序的基本思路，程序本身很简单，也不很实用，实际工作中还会有一些要考虑的因素。例如，主循环每次都调用灯的循环程序，会造成按键反应“迟钝”；如果一直按着键不放，灯就不会再流动，一直要到松开手为止。读者可以仔细考虑一下这些问题，再想想有什么好的解决办法。

(2) 矩阵式连接

以上连接方法每一个I/O口只能接一个按键。如果按键较多，应当采用矩阵式接法，这样可以节省I/O口线。

图6-24是一种矩阵式键盘的接法，图中P1.4～P1.7作为输出使用，而P1.0～P1.3则作为输入使用，在它们交叉处由按键连接。在键盘中无任何键按下时，所有的行线和列线被断开，相互独立，行线P1.0～P1.3为高电平。当有任意一键闭合时，则该键所对应的行线和列线接通。例如，图6-24中1键按下后，接通P1.1和P1.4，此时作为输入使用的P1.1的状态由作为输出的P1.4决定。如果把P1.4～P1.7全部置为“0”，则只要有任意一个键闭合，P1.0～P1.3读到的就不全为“1”，说明有键按下，然后再进行键值的判断。

进行矩阵式键盘的键值判断一般可以用行扫描法进行，图6-25是采用这种方法的流程图。从图6-25中可以看出，行扫描法的过程是：

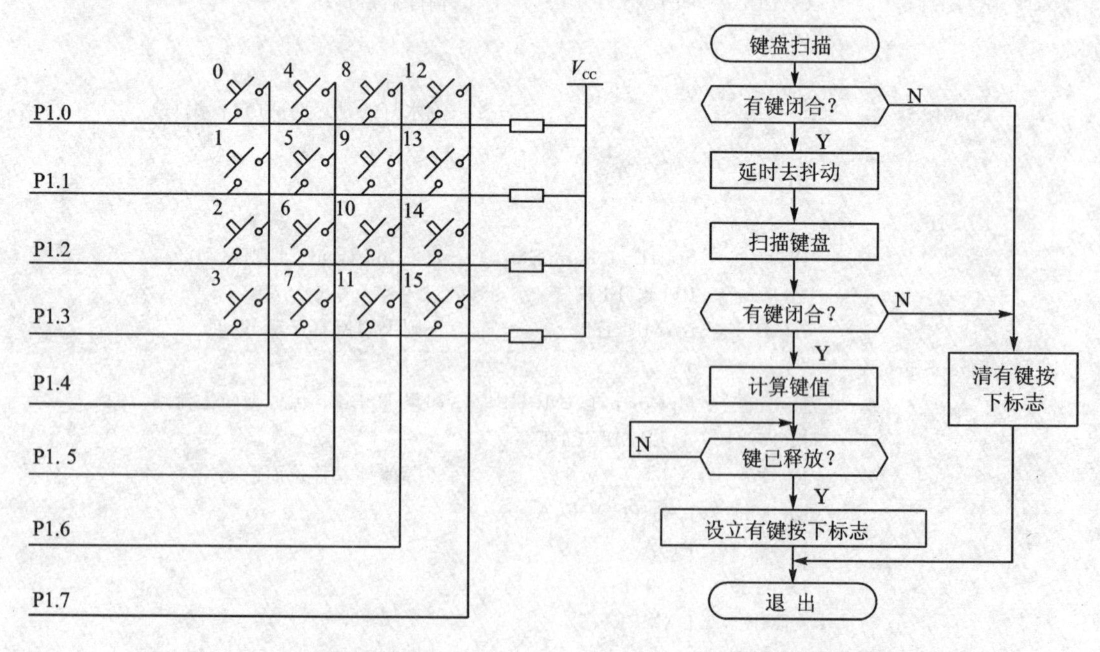

图6-24 矩阵式键盘连接

图6-25 键盘扫描程序流程图

① 判断键盘中有没有键按下。将 P1.4～P1.7 置为低电平，然后检测输入线，如果有任意一根或一根以上为低电平，则表示键盘中有键按下。若所有行线均为高电平状态，则表示键盘中无键按下。

② 去除键抖动。延时一段时间再次检测，延迟的时间与键的机械特性有关，一般可以取 10～20 ms 的时间。

③ 判断闭合键所在的位置。在确认键盘中有键按下后，依次将 P1.4～P1.7 置为低电平，然后检测输入线的状态。若某行是低电平，则表明该输入行与列输出线之间的交叉键被按下。

④判断键是否释放。如果释放，则返回；否则等待键释放后再返回，以保证每次按键只作一次处理。

【例 6-8】 键盘扫描程序。

```
        KEYMARK   BIT   00H          ;键是否按下标志,0 未按下,1 按下
KEY:    MOV       P1,#0FH            ;所有输出行全为 0
        MOV       A,P1               ;读取输入信号
        ANL       A,#0FH
        CJNE      A,#0FH,KEY1        ;输入不全为 1,有键按下
        JMP       KEY3               ;无键按下,返回
KEY1:   CALL      DELAY              ;延时去抖动
        MOV       A,#0EFH            ;输出扫描值
KEY2:   MOV       P1,A               ;扫描输出
        MOV       R1,A               ;存输出值
        MOV       A,P1               ;读输入值
        ANL       A,#0FH
        CJNE      A,#0FH,KVALUE      ;转键值计算
        MOV       A,R1               ;准备扫描下一行
        SETB      C                  ;C 置 1
        RLC       A                  ;左移一次
        JC        KEY2               ;如果 C=1,说明尚未扫描完毕,转
KEY3:   CLR       KEYMARK            ;清键按下标志,返回
        RET
KVALUE:
        MOV       B,#0FBH            ;置初值,即 11111011B
KEY4:   RRC       A                  ;输出值运算
        INC       B                  ;B 中的值加 1
        JC        KEY4               ;如果 C=1,则转
        MOV       A,R1               ;输入值运算
        SWAP      A
KEY5:   RRC       A
        INC       B
        INC       B
        INC       B
```

```
        INC     B
        JC      KEY5
KEY6：  MOV     A,P1                ;等待按键释放
        ANL     A,#0FH
        CJNE    A,#0FH,KEY6
        SETB    KEYMARK             ;本次按键有效
        RET                         ;返回,(B)＝键值
```

程序分析:在本程序开始处,首先让4条输出线全部输出为低电平0,然后读4条输入线,判断读到的值中是否全是1,如果不是,说明有键被按下。接下来让4条输出线轮流变为低电平,每变一次读一次输入值,这样就可以判断出究竟是哪个按键被按下了。最后对所得的数据进行处理,并置位"有键被按下"的标志位后返回,以便主程序根据这一标志来进行相关处理工作。如果在第2步读4条输入线均为1,说明没有键被按下,清除"有键被按下"的标志位并返回。

(3) 采用中断方式

图6-26是采用中断方式的键盘连接方法。各个按键都接到一个"与"门上,当有任何一个按键按下时,都会使"与"门输出为低电平,从而引起单片机的中断,它的好处是不用在主程序中不断地循环查询,如果有键被按下,单片机再去做相应的处理。

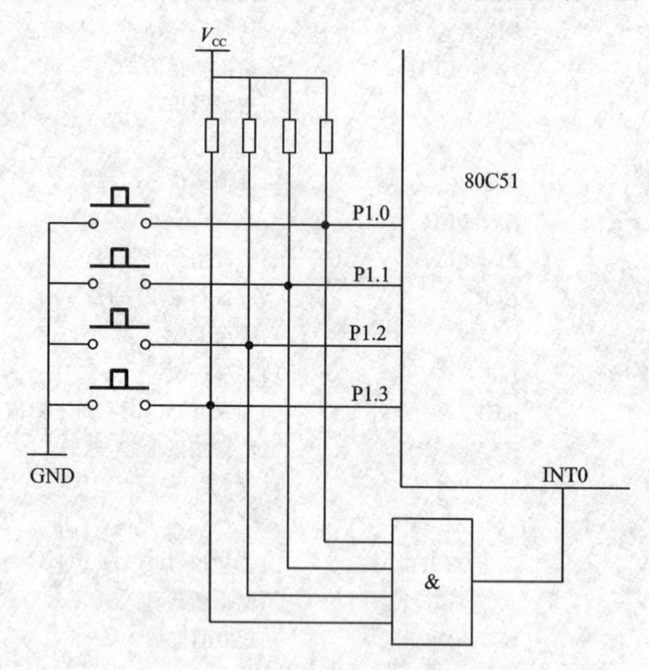

图6-26 采用中断方式的键盘连接

2. 单片机编程中键盘的处理

在应用系统的主程序中,系统初始化后,CPU反复不断地轮流调用显示程序和键盘扫描程序。在识别有键闭合后,取得相应的键值,执行相应的操作,然后再次循环,所以主程序就是一个反复和不断循环的过程。对于每一个按键也必须赋予明确的含义,即按下一个键要做的事必须事先分配好,而这一点往往是没有编程基础的读者所不易理解的。在编程时

可能直接处理，也可能要加一些辅助手段。例如，很多仪器上有“运行”按键，当按下这个按键时，整个机器就开始启动，这需要做多少事呢？想象中应当不少，但事实上很可能只需要一条语句。将某个标志置1就行了，而停止也只要把这个标志清0就行了。

另一个需要说明的是键号。从图6-24中可以看到，键号标示于键的旁边，但一定要注意，这仅代表这个键按下去后，键盘程序将这个键处理成一个数值送出，并不代表这个键的键面必须印上这样的数字，有一些键盘上有0～9共10个数字键，其他6个可以作为命令键，如“运行”、“停止”、“复位”、“打印”等，这些键究竟怎么安排，完全取决于设计者。例如，可以把键号是10的键上面写上“运行”，那么它就代表运行。在后面的键处理程序中，如果取得的键值是10，那就去执行“运行”所要执行的程序。当然也可以不这样安排，可以把键号是15的键作为“运行”，或者把键号是0的键作为“运行”，只要键处理程序作出相应的处理就行了。

图6-27为某应用系统主程序流程图。从图中可以看出，该系统在获得键值后，再去进行键值的处理，也就是键值的处理与键面上的内容的相关性可以在键值处理程序中加以解决。

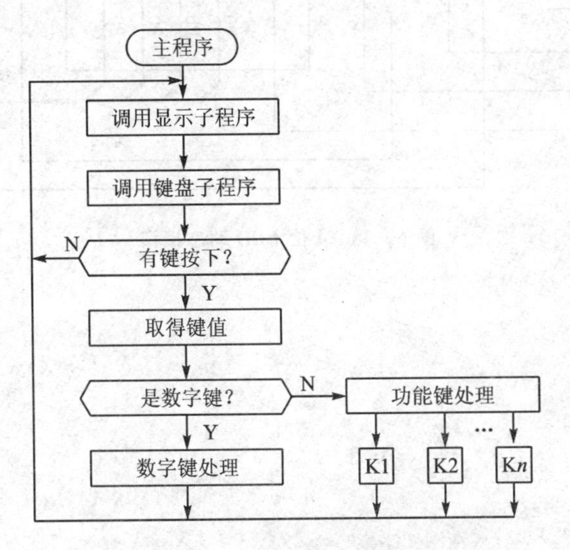

图6-27　某应用系统主程序流程图

思考题与习题

1. 串行显示接口电路如图6-4所示，请编程显示“HELLO”字样。

2. 某动态显示器的接口电路如图6-28所示，请用非中断方式和中断方式编写程序，显示“1234”字样。并尽可能编写出“通用”的显示程序。

3. 键盘接法如图6-22所示，请编程实现：

(1) 开机后，P13、P14所接LED发亮。

(2) S1键：上移键，按下S1键，P13上所接LED熄灭，P12所接LED点亮，（下半部分LED发光情况不变）；再按S1键，再次上移，移到P10所接LED亮后，再次按下S1

键，则回到 P13 所接 LED 亮。

(3) S2 键：下移键，按下 S2 键，P14 上所接 LED 熄灭，P15 所接 LED 点亮……其余情况与上类似，移到 P17 所接 LED 亮后，再按，则回到初始状态。

(4) S3 键：取反键，任何时候，按下 S3 键，则发亮与熄灭的 LED 交换。

(5) S4 键：复位键，任何时候，按下 S4 键，回到初始状态。

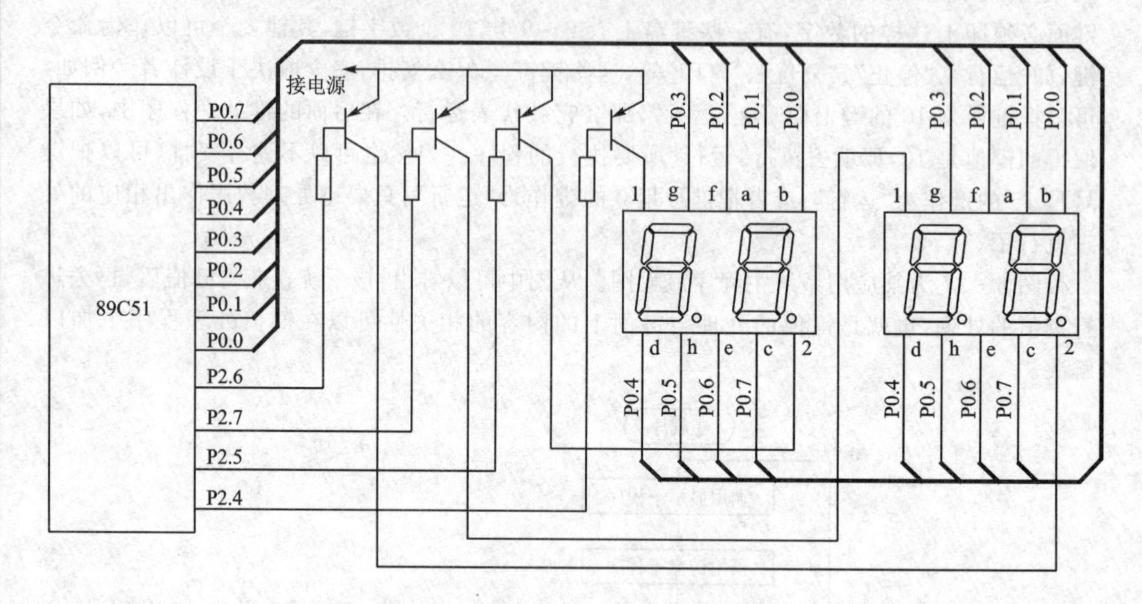

图 6-28　4 位 LED 动态接口

第7章 常用串行总线接口

传统的单片机外围扩展通常使用并行方式，即单片机与外围器件用 8 根数据线进行数据交换，再加上一些地址、控制线，占用了单片机大量的引脚，这往往是难以忍受的。目前，越来越多的新型外围器件采用了串行接口，因此可以说，单片机应用系统的外围扩展已从并行方式过渡到以串行方式为主的时代。常用的串行接口方式有 UART、SPI、I^2C 等，

7.1 I^2C 总线接口

I^2C 总线是一种用于 IC 器件之间连接的二线制总线，它通过两根线（SDA，串行数据线；SCL，串行时钟线）在连到总线上的器件之间传送信息，根据地址识别每个器件，可以方便地构成多机系统和外围器件扩展系统。其传输速率为 100 Kbit/s（改进后的规范为 400 Kbit/s），总线的驱动能力为 400 pF。

7.1.1 I^2C 总线简介

I^2C 总线为双向同步串行总线，因此，I^2C 总线接口内部为双向传输电路，总线端口输出为开漏结构，故总线必须要接有上拉电阻，通常该电阻可取 5～10 kΩ。

挂接到总线上的所有外围器件、外设接口都是总线上的节点。在任何时刻总线上只有一个主控器件实现总线的控制操作，对总线上的其他节点寻址，分时实现点对点的数据传送，因此，总线上每个节点都有一个固定的节点地址。

I^2C 总线上的所有外围器件都有规范的器件地址，器件地址由 7 位组成，它和 1 位方向位构成了 I^2C 总线器件的寻址字节 SLA，寻址字节格式如表 7-1 所列。

表 7-1　I^2C 总线器件的寻址字节 SLA

位	D7	D6	D5	D4	D3	D2	D1	D0
含　义	DA3	DA2	DA1	DA0	A2	A1	A0	$R/\overline{W}$

- 器件地址（DA3、DA2、DA1、DA0）：是 I^2C 总线外围接口器件固有的地址编码，器件出厂时，就已给定。例如，I^2C 总线器件 AT24C××的器件地址为 1010。
- 引脚地址（A2、A1、A0）：是由 I^2C 总线外围器件地址端口 A2、A1、A0 在电路中接电源或接地的不同所形成的地址数据。
- 数据方向（$R/\overline{W}$）：数据方向位规定了总线上主节点对从节点的数据方向。该位为 1

是接收,该位为 0 是发送。

80C51 单片机并未提供 I²C 接口,但是通过对 I²C 协议的分析,可以通过软件模拟的方法来实现 I²C 接口,从而可以应用诸多 I²C 器件。

本书提供的实验板上设计了具有 I²C 接口的存储器芯片插座,可以插入 AT24C××类的芯片,本书以此类芯片为例介绍 I²C 总线的应用。下面首先介绍 24 系列 EEPROM 的结构及特性。

7.1.2　AT24C 系列 EEPROM 的结构及特性

在单片机应用中,经常会有一些数据需要长期保存。一般数据保存可以用 RAM,但 RAM 的缺点是掉电之后数据即丢失,因此需要用比较复杂的后备供电电路进行断电保护,因而增加了成本。近年来,非易失性存储器技术发展很快,EEPROM 就是其中的一种,这种器件在掉电之后其中的数据仍可保存。在 EEPROM 的应用中,目前应用非常广泛的是串行接口的 EEPROM,AT24C××就是这样一类芯片。

1. 特点介绍

典型的 24 系列 EEPROM 有 24C01(A)/02(A)/04(A)/08/16/32/64 等型号,它是一种采用 CMOS 工艺制成的内部容量分别是 128/256/512/1 024/2 048/4 096/8 192×8 位的具有串行接口、可用电擦除、可编程的只读存储器,一般简称为串行 EEPROM。这种器件一般具有两种写入方式:一种是字节写入,即单个字节的写入;另一种是页写入方式,允许在一个周期内同时写入若干个字节(称之为 1 页),页的大小取决于芯片内页寄存器的大小。不同公司的产品,其页容量是不同的,同一公司的不同品种,其页容量也不一定相同。例如,Atmel 公司的 AT24C01/01A/02A 页寄存器为 4/8/8 字节,而 Microchip 公司的 24C01A/02A 页寄存器容量都是 2 字节。擦除/写入的次数一般在 10 万次以上,也有一些产品(如 Microchip 公司的 24AA01)已达 1 000 万次。断电后的数据保存时间一般可达 40 年以上,有的可以达 100 年以上。

2. 引脚图

AT24C01A 有多种封装形式,以 8 引脚双列直插式为例,其芯片的引脚如图 7－1 所示,引脚定义如下:

- SCL:串行时钟端。该信号用于对输入和输出数据的同步,写入串行 EEPROM 的数据用其上升沿同步,输出数据用其下降沿同步。
- SDA:串行数据输入/输出端。这是串行双向数据输入/输出线,该引脚是漏极开路驱动,可以与任何数目的其他漏极开路或集电极开路的器件构成"线或"连接。

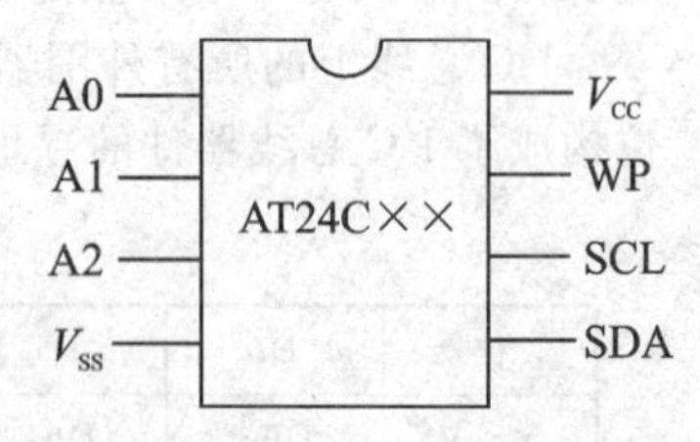

图 7－1　AT24C××系列引脚图

- WP:写保护。该引脚用于硬件数据保护功能,当其接地时,可以对整个存储器进行正常的读/写操作;当其接高电平时,芯片具有数据写保护功能,被保护部分因不同型号芯片而异,对 24C01A 而言,是整个芯片被保护。被保护部分的读操作不受影响,但不能写入数据。

- A0、A1、A2：片选或页面选择地址输入。
- V_{CC}：电源端。
- V_{SS}：接地端。

3. 串行 EEPROM 芯片寻址

在一条 I^2C 总线上可以挂接多个具有 I^2C 接口的器件。在一次传送中，单片机所送出的命令或数据只能被其中的某一个器件接收并执行，为此，所有的串行 I^2C 接口芯片都需要一个 8 位的含有芯片地址的控制字，这个控制字可以确定本芯片是否被选通以及将进行读还是写的操作。这个 8 位控制字节的前 4 位是针对不同类型器件的特征码，对于串行 EEPROM 而言，这个特征码是 1010。控制字节的第 8 位是读/写选择位，以决定微处理器对 EEPROM 进行读还是写操作。该位为 1 时，表示读操作；该位为 0 时，表示写操作。除这 5 位外，另外 3 位在不同容量的芯片中有不同的定义。

在 24 系列 EEPROM 的小容量芯片中，使用 1 个字节来表示存储单元的地址，但对于容量大于 256 个字节的芯片，用一个字节来表示地址就不够了。为此采用两种方法：第一种方法是针对从 4 Kb(512 B)开始到 16 Kb(2 KB)的芯片，利用控制字中这 3 位中的某几位来定义，其定义如表 7－2 所列。

表 7－2 EEPROM 芯片地址安排

位 / 芯片容量/Kb	D7	D6	D5	D4	D3	D2	D1	D0
1/2	1	0	1	0	A2	A1	A0	$R/\overline{W}$
4	1	0	1	0	A2	A1	P0	$R/\overline{W}$
8	1	0	1	0	A2	P1	P0	$R/\overline{W}$
16	1	0	1	0	P2	P1	P0	$R/\overline{W}$
32	1	0	1	0	A2	A1	A0	$R/\overline{W}$
64	1	0	1	0	A2	A1	A0	$R/\overline{W}$

从表中可以看出，对 1 Kb/2 Kb 的 EEPROM 芯片，控制字中的这 3 位(即 D3、D2、D1)代表的是芯片地址 A2、A1、A0，与引脚名称 A2、A1、A0 相对应。如果引脚 A2、A1、A0 所接的电平与命令字所送来的值相符，代表本芯片被选中。例如，将某芯片的 A2、A1、A0 均接地，那么要选中这块芯片，发送给芯片的命令字中的这 3 位应当均为 0。这样，一共可以有 8 片 1 Kb/2 Kb 的芯片并联，只要它们的 A2、A1、A0 接法不同，就能通过指令来区分这些芯片。

对于 4 Kb 容量的芯片，D1 位被用作芯片内单元地址的一部分(4 Kb 即 512 字节，需要 9 位的地址数据，其中一位就是这里的 D1)，只有 A2 和 A1 两根地址线，所以最多只能接 4 片 4 Kb 芯片；8 Kb 容量的芯片只有一根地址线，所以只能接 2 片 8 Kb 芯片；至于 16 Kb 的芯片，则只能接 1 片。

第二种是针对 32 Kb 以上的 EEPROM 芯片。32 Kb 以上的 EEPROM 芯片要用 12 位以上的地址，这里已经没有可以借用的位了，解决的办法是把指令中的存储单元地址由一个字节改为两个字节。这时 A2、A1、A0 又恢复成作为芯片的地址线使用，所以最多可以接上

8 片这样的芯片。

例如，AT24C01A 芯片的 A2、A1、A0 均接地，那么该芯片的读控制字为 10100001B，用十六进制表示即 A1H。而该芯片的写控制字为 10100000B，用十六进制表示即 A0H。

7.1.3　AT24C 系列 EEPROM 的使用

由于 80C51 单片机没有硬件 I^2C 接口，因此，必须用软件模拟 I^2C 接口的时序，以便对 24 系列芯片进行读、写等编程操作。由于 I^2C 总线接口协议比较复杂，从 I^2C 总线结构原理到 I^2C 总线应用的直接设计难度较大，因此这里不对 I^2C 总线接口原理进行分析，而是学习如何使用成熟的软件包对 24 系列 EEPROM 进行编程操作。

这个软件包即按平台模式设计的虚拟 I^2C 总线软件包 VIIC，由何立民教授设计，关于该软件包的详细情况，请参阅参考文献[1]。

该软件包的出口界面被简化为 3 条命令，即

```
MOV     SLA,#SLAR/SLAW          ;总线上节点寻址并确定传送方向
MOV     NUMBYT,#N               ;确定传送字节数 N
LCALL   RDNBYT/WRNBYT           ;读/写操作调用
```


VIIC 使用系统 R0、R1、R2、R3、F0 及 C 等资源。

VIIC 中有许多符号标记，使用者必须了解，这些符号有：

VSDA　　虚拟 I^2C 总线的数据线；
VSCL　　虚拟 I^2C 总线的时钟线；
SLA　　寻址字节存放单元；
NUMBYT　　传送字节数存放单元；
MTD　　发送数据的缓冲区；
MRD　　接收数据的缓冲区。

使用 VIIC 时，使用者根据实际情况，定义这些符号所指的实际单元值。

VIIC 软件包中的源程序如下：

```
STA:    SETB    VSDA            ;启动 I2C 总线
        SETB    VSCL
        NOP
        NOP
        NOP
        NOP
        CLR     VSDA
        NOP
        NOP
        NOP
        NOP
        CLR     VSCL
        RET
```

```
STOP:   CLR     VSDA            ;停止 I²C 总线数据传送
        SETB    VSCL
        NOP
        NOP
        NOP
        NOP
        SETB    VSDA
        NOP
        NOP
        NOP
        NOP
        CLR     VSDA
        CLR     VSCL
        RET
MACK:   CLR     VSDA            ;发送应答位
        SETB    VSCL
        NOP
        NOP
        NOP
        NOP
        CLR     VSCL
        SETB    VSDA
        RET

MNACK:  SETB    VSDA            ;发送非应答位
        SETB    VSCL
        NOP
        NOP
        NOP
        NOP
        CLR     VSCL
        CLR     VSDA
        RET
CACK:   SETB    VSDA            ;应答位检查
        SETB    VSCL
        CLR     F0
        MOV     C,VSDA
        JNC     CEND
        SETB    F0
CEND:   CLR     VSCL
        RET

WRBYT:
```

```
         MOV     R0,#08H         ;向 VSDA 线上发送 1 个数据字节
WLP:     RLC     A
         JC      WR1
         AJMP    WR0
WLP1:    DJNZ    R0,WLP
         RET
WR1:     SETB    VSDA
         SETB    VSCL
         NOP
         NOP
         NOP
         NOP
         CLR     VSCL
         CLR     VSDA
         AJMP    WLP1
WR0:     CLR     VSDA
         SETB    VSCL
         NOP
         NOP
         NOP
         NOP
         CLR     VSCL
         AJMP    WLP1

RDBYT:
         MOV     R0,#08H         ;从 VSDA 线上读取 1 个数据字节
RLP:     SETB    VSDA
         SETB    VSCL
         MOV     C,VSDA
         MOV     A,R2
         RLC     A
         MOV     R2,A
         CLR     VSCL
         DJNZ    R0,RLP
         RET

WRNBYT:
         MOV     R3,NUMBYT       ;虚拟 I²C 总线发送 N 个字节数据
         LCALL   STA
         MOV     A,SLA
         LCALL   WRBYT
         LCALL   CACK
         JB      F0,WRNBYT
```

```
         MOV     R1,#MTD
WRDA:    MOV     A,@R1
         LCALL   WRBYT
         LCALL   CACK
         JB      F0,WRNBYT
         INC     R1
         DJNZ    R3,WRDA
         LCALL   STOP
         RET
RDNBYT:
         MOV     R3, NUMBYT     ;模拟I²C总线接收n个字节数据
         LCALL   STA
         MOV     A,SLA
         LCALL   WRBYT
         LCALL   CACK
         JB      F0,RDNBYT
RDN:     MOV     R1,#MRD
RDN1:    LCALL   RDBYT
         MOV     @R1,A
         DJNZ    R3,ACK
         LCALL   MNACK
         LCALL   STOP
         RET
ACK:     LCALL   MACK
         INC     R1
         SJMP    RDN1
```

在本书9.3节有关于该软件包操作24C01A器件的实例介绍，这里就不再举例了。

7.2 SPI 总线接口

SPI(Serial Peripheral Interface)是Motorola公司推出的串行扩展接口。目前，有很多器件具有这种接口，其中X5045是目前应用比较广泛的芯片①。该芯片具有以下功能：上电复位、电压跌落检测、看门狗定时器、SPI接口EEPROM。通过学习这块芯片与单片机接口的连接方法，可以了解和掌握SPI总线接口的工作原理及一般编程方法。

7.2.1 SPI 串行总线简介

SPI由时钟线SCK、数据线MOSI(主发从收)和MISO(主收从发)组成。

单片机与外围扩展器件在时钟线SCK、数据线MOSI和MISO上都是同名端相连，由

① X5045芯片的引脚说明与另一种串行总线——Microwire相同，有一些资料称其为Microwire接口，这里采用X5045数据手册中的说法，称其为SPI接口。

于外围扩展多个器件时，无法通过数据线译码选择，故带SPI接口的外围器件都有片选端$\overline{CS}$。在扩展单个外围器件时，外围器件的$\overline{CS}$端可接地处理或通过I/O口来控制；在扩展多个SPI外围器件时，单片机应分别通过I/O口线来分时选通外围器件。

SPI有较高的数据传送速度，主机方式最高速率可达1.05 Mbit/s，在单个器件的外围扩展中，片选线由外部硬件端口选择，软件实现方便。

7.2.2 X5045的结构和特性

1. 器件功能及性能特点

- 可选时间的看门狗定时器。
- V_{CC}的电压跌落检测和复位控制。
- 5种标准的开始复位电压。
- 使用特定的编程顺序即可对跌落电压检测和复位的开始电压进行编程。
- 在V_{CC}为1 V时，复位信号仍保持有效。
- 具有省电特性：
  - 在看门狗打开时，电流小于50 μA；
  - 在看门狗关闭时，电流小于10 μA；
  - 在读操作时，电流小2 mA。
- 不同型号的器件，其供电电压可以是1.8～3.6 V、2.7～5.5 V或4.5～5.5 V。
- 有4 Kb EEPROM，1 000 000次的擦写周期。
- 具有数据的块保护功能——可以保护1/4、1/2、全部的EEPROM，当然也可以置于无保护状态。
- 内建的防误写措施：
  - 用指令允许写操作；
  - 写保护引脚。
- 时钟可达3.3 MHz。
- 比较短的编程时间：
  - 16字节的页写模式；
  - 写时由器件内部自动完成；
  - 典型的器件写周期为5 ms。

2. 功能描述

本器件将4种功能合于一体：上电复位控制功能、看门狗定时器功能、电压跌落检测功能以及具有块保护功能的串行EEPROM。这有助于简化应用系统的设计，减少印制板的占用面积，提高可靠性。

① 上电复位控制功能：在通电时产生一个足够长时间的复位信号，以保证微处理器在正常工作之前，其振荡电路已工作于稳定状态。

② 看门狗定时器功能：该功能被激活后，如果在规定时间内单片机没有在$\overline{CS}$/WDI引脚上产生规定的电平变化，芯片内的看门狗电路将会动作，产生复位信号。

③ 电压跌落检测功能：当电源电压下降到一定值后，虽然单片机依然能够工作，但工

作可能已经不正常，或者极易受到干扰。在这种情况下，让单片机复位是比让其工作更好的选择。X5045中的电压跌落检测电路将会在供电电压下降到一定程度时产生复位信号，以中止单片机工作。

④ 串行EEPROM：该芯片内的串行EEPROM是具有块写保护功能的CMOS串行EEPROM，被组织成8位结构，由一个4线构成的SPI总线方式进行操作，其擦写周期至少有1 000 000次，写好的数据能够保存100年。

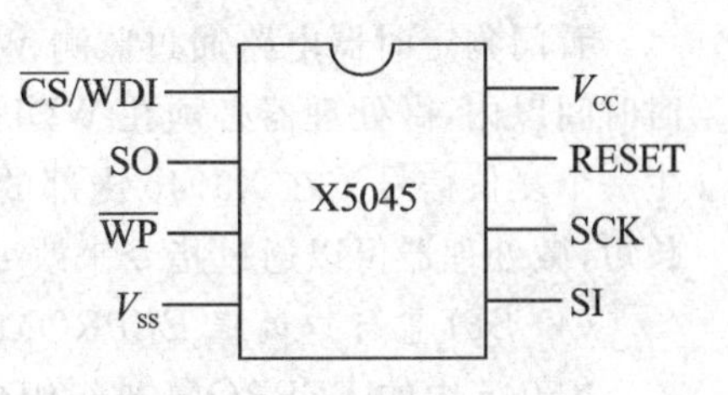

图7-2　X5045的引脚图

图7-2是该芯片的8引脚PDIP/SOIP/MSOP封装形式的引脚图。表7-3是X5045芯片引脚功能的说明。

表7-3　X5045的引脚功能说明

引　脚	名　称	功能描述
1	$\overline{CS}$/WDI	芯片选择输入：当$\overline{CS}$为高电平时，芯片未被选中，SO呈高阻态。在$\overline{CS}$是低电平时，将$\overline{CS}$拉低，使器件处于被选择状态。 看门狗输入：在看门狗定时器超时并产生复位之前，一个加在WDI引脚上的由高到低的电平变化将复位看门狗定时器
2	SO	串行输出：SO是一个推/拉串行数据输出引脚，在读数据时，数据在SCK脉冲的下降沿由这个引脚送出
3	$\overline{WP}$	写保护：当$\overline{WP}$引脚是低电平时，向X5045中写的操作被禁止，但是其他功能可以正常执行。如果在$\overline{CS}$是低时，$\overline{WP}$变为低电平，则会中断向X5045中正在进行的写操作。但是，如果此时内部的非易失性写周期已经初始化了，$\overline{WP}$变为低电平将不起作用
4	V_{SS}	地
5	SI	串行输入：SI是串行数据输入端，指令码、地址、数据都通过这个引脚进行输入。在SCK的上升沿进行数据输入，并且高位（MSB）在前
6	SCK	串行时钟：串行时钟的上升沿通过SI引脚进行数据输入，下降沿通过SO引脚进行数据输出
7	RESET	复位输出：RESET是一个开漏型输出引脚。只要V_{CC}跌落到最小允许值，这个引脚就会输出高电平，一直到V_{CC}上升超过最小允许值之后200 ms。同时它也受看门狗定时器控制，只要看门狗处于激活状态，并且WDI引脚上电平保持为高或为低超过了定时时间，就会产生复位信号。$\overline{CS}$引脚上的一个下降沿会复位看门狗定时器。由于这是一个开漏型的输出引脚，所以在使用时必须接上拉电阻
8	V_{CC}	正电源

3. 使用方法

(1) 上电复位

当器件通电并超过内部预定的电压V_{TRIP}时，X5045的复位电路将会提供一个约为200 ms的复位脉冲，让微处理器能够正常复位。

(2) 电压跌落检测

工作过程中，X5045监测V_{CC}端的电压下降，并且在V_{CC}电压跌落到V_{TRIP}以下时会产生一个复位脉冲。这个复位脉冲一直有效,直到 V_{CC} 降到 1 V 以下。如果 V_{CC} 在降落到 V_{TRIP} 后上升,则在 V_{CC} 超过 V_{TRIP} 后延时约 200 ms,复位信号消失,使得微处理器可以继续工作。

(3) 看门狗定时器

看门狗定时器电路通过监测 WDI 的输入来判断微处理器是否工作正常。在设定的定时时间以内,微处理器必须在 WDI 引脚上产生一个由高到低的电平变化,否则 X5045 将产生一个复位信号。在 X5045 内部的一个控制寄存器中有两位可编程位决定了定时周期的长短,微处理器可以通过指令来改变这两位从而改变看门狗定时时间的长短。

(4) SPI 串行口编程 EEPROM

X5045 内的 EEPROM 被组织成 8 位的形式,通过 4 线制 SPI 接口与微处理器相连。片内的 4 Kb EEPROM 除可以由 WP 引脚置高保护以外,还可以被软件保护,通过指令可以设置保护这 4 Kb 存储器中的某一部分或者全部。

在实际使用时,SO 和 SI 不会被同时用到,可以将 SO 和 SI 接在一起,因此,也称这种接口为 3 线制 SPI 接口。

X5045 中有一个状态寄存器,其值决定了看门狗定时器的定时时间和被保护块的大小。状态寄存器的定义如表 7-4 所列,定时时间的长短及被保护区域的设置如表 7-5 和表 7-6 所列。

表 7-4　状态寄存器(缺省值是 00H)

7	6	5	4	3	2	1	0
0	0	WD1	WD0	BL1	BL0	WEL	WIP

表 7-5　看门狗定时器溢出时间设定

状态寄存器位		看门狗定时溢出时间/ms
WD1	WD0	
0	0	1 400
0	1	600
1	0	200
1	1	禁止

表 7-6　EEPROM 数据保护设置

状态寄存器位		保护的地址空间
BL1	BL0	
0	0	不保护
0	1	180H～1FFH
1	0	100H～1FFH
1	1	000H～1FFH

7.2.3　X5045 的使用

为了读者使用方便,作者设计了一个 X5045 驱动程序,驱动程序的出口界面由下面几条命令组成:

- 写数据(write_data):将指定个数的字节写入 EEPROM 指定的单片机单元中。
- 读数据(read_data):读出 EEPROM 中指定单片机单元中的指定数据。
- 设置芯片的工作状态(set_state):通过预设的常数设置芯片的工作状态。

这 8 个预设的常数是:

WDT200　　　设置 200 ms 看门狗;

WDT600　　　设置 600 ms 看门狗;

WDT1400　　设置 1 400 ms 看门狗；
NOWDT　　看门狗禁止；
PROQTR　　写保护区域为高 128 字节；
PROHALF　　写保护区域为高 256 字节；
PROALL　　写保护区域为整个存储器；
NOPRO　　不对存储进行写保护。

程序中定义了一些符号：

CS　　接 X5045 的 $\overline{CS}$ 引脚的单片机引脚；
SI　　接 X5045 的 SI 引脚的单片机引脚；
SCK　　接 X5045 的 SCK 引脚的单片机引脚；
SO　　接 X5045 的 SO 引脚的单片机引脚；
WP　　接 X5045 的 WP 引脚的单片机引脚；
MTD　　发送数据缓冲区；
MRD　　接收数据缓冲区；
NUMBYT　　传送字节数存放单元；
STATBYT　　状态字节存放单元；
DataAddr　　该单元及 DataAddr+1 是待操作的 EEPROM 的地址单元，该单元存入高 1 位地址，AddrData+1 单元存入低 8 位地址。

在使用该驱动程序之前，先用 bit 伪指令定义好引脚，用 EQU 伪指令定义好发送、接收数据缓冲区首地址、传送字节数存放单元、状态字节存放单元和地址单元，直接调用有关命令即可使用。

X5045 的完整驱动程序如下：

```
;写数据,将数据缓冲区的数据写入指定的地址
;MTD 指定数据缓冲区首地址,NUMBYT 指定字节数,DataAddr 及 DataAddr+1 指定
;被写器件地址
;不允许跨页
;数据写完,全部存储单元处于保护状态
Write_data:
    MOV     R0,#dATAaDDR            ;地址单元的高 8 位
    MOV     A,@R0
    MOV     DPH,A
    INC     R0
    MOV     A,@R0
    MOV     DPL,A
    MOV     R1,NUMBYT               ;从传送字节数存储单元中获取待写字节数
    MOV     R0,#MTD                 ;待写数据缓冲区
W_1:
    SETB    SP
    CALL    WREN_CMD                ;写允许
```

```
    CLR     SCK                     ;将 SCK 拉低
    CLR     CS                      ;将CS拉低
    MOV     A,,#WRITE_INST
    MOV     B,DPH
    MOV     C,B.0
    MOV     ACC.3, C
    LCALL   OUTBYT                  ;送出含有地址最高位的写指令
    MOV     A,DPL
    LCALL   OUTBYT                  ;送出地址的低 8 位
    MOV     A,@R0
    LCALL   OUTBYT                  ;送出数据
    CLR     SCK                     ;将 SCK 拉低
    SETB    CS                      ;升高CS
    LCALL   WIP_POLL                ;测试器件内部是否写完
    INC     DPL
    INC     R0
    DJNZ    R1,W_1
    MOV     STATBYT,#PROALLl        ;状态存放单元
    CALL    SET_STATUS              ;整个存储器均被保护
    RET
;*******************************************************
;指定地址单元中的数据读入数据缓冲区
;MRD 指定数据缓冲区首地址,NUMBYT 指定字节数,DataAddr 及 DataAddr+1 指定
;被写器件地址
;不允许跨页
;***************
READ_DATA:
    MOV     R0,#DataAddr            ;地址单元的高 8 位
    MOV     A,@R0
    MOV     DPH,A
    INC     R0
    MOV     A,@R0
    MOV     DPL,A
    MOV     R1,NUMBYT               ;从传送字节数存储单元中获取待写字节数
    MOV     R0,#MRD                 ;待读数据缓冲区
R_1:
    CLR     SCK                     ;将 SCK 拉低
    CLR     CS                      ;将CS拉低
    MOV     A,#READ_INST
    MOV     B, DPH
    MOV     C, B.0
    MOV     ACC.3, C
    LCALL   OUTBYT                  ;送出含有地址最高位的读指令
```

```
    MOV     A, DPL
    LCALL   OUTBYT                  ;送出低 8 位地址
    LCALL   INBYT                   ;读数据
    CLR     SCK                     ;将 SCK 拉低
    SETB    CS                      ;升高CS
    MOV     @R0,A
    INC     R0
    INC     DPL
    DJNZ    R1,R_1
    RET
; *****************
;名称：set_status
;7  6  5    4    3    2    1    0
;0  0  WD1  WD0  BL1  BL0  WEL  WIP
;如果需要设置保护和看门狗,需分两次进行
;statbyt 传递参数,共 8 个预定义常量
;资源使用：R0,rl,a,b
; *****************
SET_STATUS:
    CALL    RDSR_CMD                ;读当前寄存器的状态,在 A 中
    MOV     B,A                     ;存入 B
    MOV     A,STATBYT               ;读入参数
    JB      ACC.7,SET_WDT           ;如果最高位是 1,则转设置看门狗
    MOV     C,ACC.2                 ;否则设置保护区域
    MOV     B.2,C
    MOV     C,ACC.3
    MOV     B.3,C
    JMP     WRITE_STATUS
SET_WDT:
    MOV     C,ACC.4
    MOV     B.4,C
    MOV     C,ACC.5
    MOV     B.5,C
WRITE_STATUS:
    CLR     SCK                     ;将 SCK 拉低
    CLR     CS                      ;将CS拉低
    MOV     A, #WRSR_INST
    LCALL   OUTBYT                  ;送出 WRSR 指令
    MOV     A,B
    LCALL   OUTBYT                  ;送出状态寄存器的状态
    CLR     SCK                     ;将 SCK 拉低
    SETB    CS                      ;升高CS
    LCALL   WIP_POLL                ;测试器件内部是否写完
```

```
    RET
;允许写存储器单元和状态寄存器
WREN_CMD:
    CLR     SCK                     ;将 SCK 拉低
    CLR     CS                      ;将CS拉低
    MOV     A, #WREN_INST
    LCALL   OUTBYT                  ;送出 WREN_INST 指令
    CLR     SCK                     ;将 SCK 拉低
    SETB    CS                      ;将CS升高
    RET
;禁止对存储单元和状态寄存器写
WRDI_CMD:
    CLR     SCK                     ;将 SCK 拉低
    CLR     CS                      ;将CS拉低
    MOV     A, #WRDI_INST
    LCALL   OUTBYT                  ;送出 WRDI 指令
    CLR     SCK                     ;将 SCK 拉低
    SETB    CS                      ;升高CS
    RET
;读状态寄存器
RDSR_CMD:
    CLR     SCK                     ;将 SCK 拉低
    CLR     CS                      ;将CS拉低
    MOV     A, #RDSR_INST
    LCALL   OUTBYT                  ;发送 RDSR 指令
    LCALL   INBYT                   ;读状态寄存器
    CLR     SCK                     ;将 SCK 拉低
    SETB    CS                      ;升高CS
    RET
;复位看门狗定时器
RST_WDOG:
    CLR     CS                      ;将CS拉低
    SETB    CS                      ;将CS升高
RET
;器件内部编程检查
WIP_POLL:
    MOV     R3, #MAX_POLL           ;设置用于尝试的最大次数
WIP_POLL1:
    LCALL   RDSR_CMD                ;读状态寄存器
    JNB     ACC.0,WIP_POLL2         ;如果 WIP 位是 0,说明内部写周期完成
    DJNZ    R3,WIP_POLL1            ;如果 WIP 位是 1,说明内部写周期还未完成
WIP_POLL2:
    RET
```

```
;将一个字节送到 EEPROM
OUTBYT:
    MOV    R2, #08              ;设置位计数(共 8 位)
OUTBYT1:
    CLR    SCK                  ;将 SCK 拉低
    RLC    A                    ;带进位位的左移位
    MOV    SI, C                ;送出进位位
    SETB   SCK                  ;将 SCK 升高
    DJNZ   R2,OUTBYT1           ;循环 8 次
    CLR    SI                   ;将 SI 置于已知状态
    RET
;从 EEPROM 中接收数据
INBYT:
    MOV    R2, #08              ;设置计数(共 8 位)
INBYT1:
    SETB   SCK                  ;将 SCK 升高
    CLR    SCK                  ;将 SCK 拉低
    MOV    C,SO                 ;将输出线的状态读到进位位
    RLC    A                    ;带进位位循环左移
    DJNZ   R2, INBYT1           ;循环 8 次
    RET
END
```

在本书9.4节有关于该软件包的应用实例,这里就不再举例了。

第8章

模拟接口技术

在工业控制和智能化仪表中，常由单片机进行实时控制及实时数据处理。单片机所加工的信息总是数字量，而被控制或测量对象的有关参量往往是连续变化的模拟量，如温度、速度、压力等，与此对应的电信号是模拟电信号。单片机要处理这种信号，首先必须将模拟量转换成数字量，这一转换过程就是模/数(A/D)转换，实现模/数转换的设备称为A/D转换器或ADC。

8.1 A/D转换接口

8.1.1 A/D转换的基本知识

A/D转换电路的种类很多，根据转换原理可分为逐次逼近式、双积分式、并行式、跟踪比较等，目前使用比较多的是前3种。并行式A/D是一种用编码技术实现的高速A/D转换器，其速度最快，价格也很高，通常用于视频处理等需要高速的场合；逐次逼近式A/D转换器在精度、速度和价格上都适中，是目前最常用的A/D转换器；双积分型A/D转换器具有精度高、抗干扰性好、价格低廉等优点，但速度较慢，经常用于对速度要求不高的仪器仪表中。以下介绍A/D转换的主要技术指标，供选择A/D转换器时参考。

1. 转换时间和转换频率

A/D转换器完成一次模拟量转数字量所需的时间即为A/D转换时间。通常，转换频率是转换时间的倒数，它反映了采样系统的实时性能，因而是一个很重要的技术指标。

2. 量化误差与分辨率

A/D转换器的分辨率是指转换器对输入电压微小变化响应能力的度量，习惯上以输出的二进制位或者BCD码位数表示。与一般测量仪表的分辨率表达方式不同，A/D转换器的分辨率不采用可分辨的输入模拟电压的相对值表示。例如，A/D转换器AD574A的分辨率为12位，即该转换器的输出数据可以用2^{12}个二进制数据进行量化，其分辨率为1 LSB。用百分数来表示分辨率为：

$$1/2^{12}\times 100\%=(1/4\ 096)\times 100\%\approx 0.024\%$$

输出为BCD码的A/D转换器一般用位数表示分辨率。例如，MC14433双积分式A/D转换器的分辨率为3(1/2)位。满度为1 999，用百分数表示分辨率为：

$$(1/1\ 999)\times 100\%=0.05\%$$

量化误差与分辨率是统一的，量化误差是由于用有限数字对模拟数值进行离散取值而引起的误差，因此，量化误差理论上为一个单位分辨率，即$\pm\frac{1}{2}$ LSB。提高分辨率可减少量化误差。

3. 转换精度

A/D 转换器转换精度反映了一个实际 A/D 转换器在量化值上与一个理想 A/D 转换器进行模/数转换的差值。转换精度可表示成绝对误差或相对误差，其定义与一般测试仪表的定义相似。

A/D 转换器的精度所对应的误差指标不包括量化误差。

8.1.2　典型 A/D 转换器的使用

A/D 转换器的种类非常多，这里以具有串行接口的 A/D 转换器为例介绍其使用方法。

TLC0831 是德州仪器公司出品的 8 位串行 A/D 转换器，其特点是：

- 8 位分辨率；
- 单通道；
- 5 V 工作电压下其输入电压可达 5 V；
- 输入/输出电平与 TTL/CMOS 兼容；
- 工作频率为 250 kHz 时，转换时间为 32 μs。

图 8-1 是该器件的引脚图。图中 $\overline{CS}$ 为片选端；IN_+ 为正输入端，IN_- 为负输入端。TLC0831 可以接入差分信号，如果输入单端信号，IN_- 应该接地；REF 是参考电压输入端，使用时应接参考电压或直接与 V_{CC} 接通；DO 是数据输出端，CLK 是时钟信号端，这两个引脚用于与 CPU 通信。图 8-2 是 TLC0831 与单片机的接线图。

置 $\overline{CS}$ 为低开始一次转换，在整个转换过程中 $\overline{CS}$ 必须为低，连续输入 10 个脉冲完成一次转换，数据从第 2 个脉冲的下降沿开始输出。转换结束后应将 $\overline{CS}$ 置 1，当 $\overline{CS}$ 重新拉低时将开始新的一次转换。

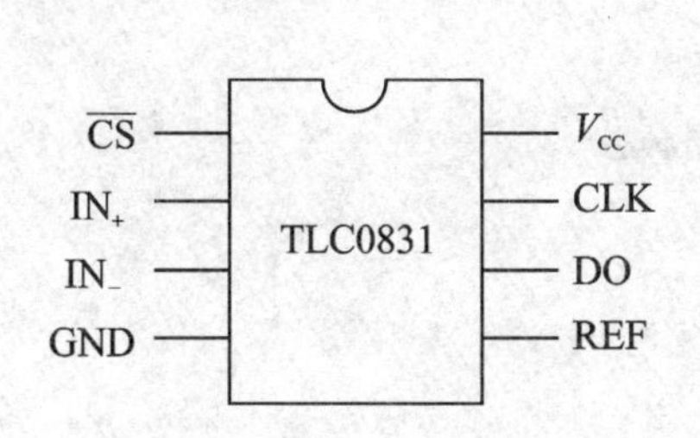

图 8-1　TLC0831 引脚图

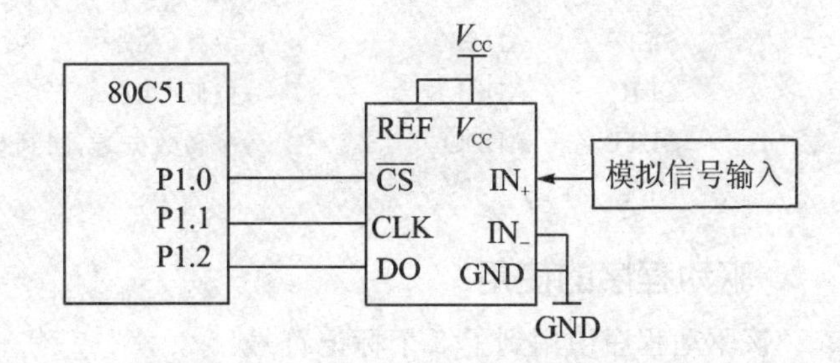

图 8-2　80C51 单片机与 TLC0831 接线图

1. TLC0831 的驱动程序

命令：GetADValue

参数：无

资源占用：R7，ACC

出口：累加器 A 获得 A/D 转换结果

```
ADConv:
    CLR     ADCS          ;拉低CS端
    NOP
    NOP
    SETB    ADCLK         ;拉高 CLK 端
    NOP
    NOP
    CLR     ADCLK         ;拉低 CLK 端,形成下降沿
    NOP
    NOP
    SETB    ADCLK         ;拉高 CLK 端
    NOP
    NOP
    CLR     ADCLK         ;拉低 CLK 端,形成第 2 个脉冲的下降沿
    NOP
    NOP
    MOV     R7,#8         ;准备送后 8 个时钟脉冲
AD_1:
    MOV     C,ADDO        ;接收数据
    MOV     ACC.0,C
    RL      A             ;左移一次
    SETB    ADCLK
    NOP
    NOP
    CLR     ADCLK         ;形成一次时钟脉冲
    NOP
    NOP
    DJNZ    R7,AD_1       ;循环 8 次
    SETB    ADCS          ;拉高CS端
    CLR     ADCLK         ;拉低 CLK 端
    SETB    ADDO          ;拉高数据端,回到初始状态
    RET
```


2. 驱动程序的使用

该驱动程序中用到了 3 个标记符号:

ADCS　　与 TLC0831 的 $\overline{CS}$ 引脚相连的单片机引脚;

ADCLK　与 TLC0831 的 CLK 引脚相连的单片机引脚;

ADDO　　与 TLC0831 的 DO 引脚相连的单片机引脚。

实际使用时,根据接线的情况定义好 ADCS、ADCLK、ADDO 即可使用。

8.1.3　制作数字电压表

如图 8-3 所示是实现数字电压表的电路原理图,这里使用了 TLC0831 作为 A/D 转换

器，1602 型字符液晶显示器用于显示所测得的电压。

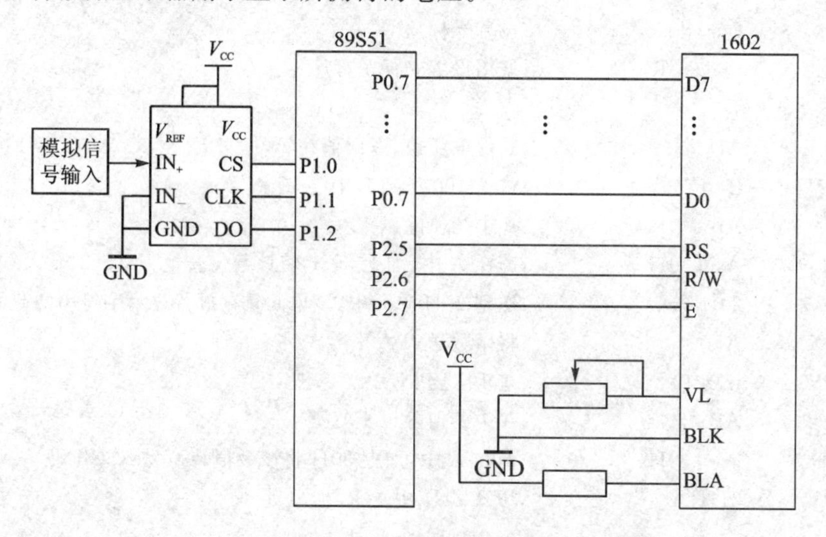

图 8-3　数字电压表电路图

【例 8-1】　使用 TLC0831 制作数字电压表。


```
;A/D 转换器引脚设置
    ADCS        bit     P3.0
    ADCLK       bit     p3.1
    ADDO        bit     P3.2

;液晶屏引脚设置
    RS          bit     P2.5
    RW          bit     P2.6
    E           bit     P2.7

    DPORT       EQU     P0
    XPOS        EQU     R1              ;列方向地址指针
    YPOS        EQU     R2              ;行方向地址指针
    CUR         EQU     R3              ;设定光标参数

    NoDisp      EQU     0               ;无显示
    NoCur       EQU     1               ;有显示无光标
    CurNoFlash  EQU     2               ;有光标但不闪烁
    CurFlash    EQU     3               ;有光标且闪烁

    ORG         0000H                   ;从 0000H 开始
    JMP         START                   ;跳转到真正的入口
    ORG         30H                     ;从 30H 开始
START:
    MOV         SP,#5FH                 ;初始化堆栈
```

```
        CALL    RSTLCD          ;复位 LCD
        MOV     Cur,#NoCur      ;设置光标
        CALL    SETCUR          ;调用设置光标子程序
M_1:
        CALL    ADConv          ;获得电压值,返回值在 A 中
        MOV     B,#100          ;将值 100 送到 B 中
        DIV     AB              ;A 中的值除以 100
        ADD     A,#30H          ;商在 A 中,加上 30H,将该数值转换为 ASCII 码
        MOV     20H,A           ;送到 20H 单元中,该单元是存放待显示字符串的起始位
        MOV     A,B             ;将余数送入 A 中
        MOV     B,#10           ;将 10 送到 B 中
        DIV     AB              ;A 中的值除以 10
        ADD     A,#30H          ;商在 A 中,加上 30H 将该数值转换为 ASCII 码
        MOV     21H,A           ;送入 21H 中
        MOV     A,B             ;将余数送到 A 中
        ADD     A,#30H          ;转换成为 ASCII 码
        MOV     22H,A           ;送到 22H 中
        MOV     23H,#0          ;给定字符的结束字符
        MOV     R0,#20H         ;设置字符起始地址
        MOV     XPOS,#0         ;字符起始位 x
        MOV     YPOS,#0         ;字符起始位 y
        CALL    WriteString     ;调用显示字符子程序
        JMP     M_1             ;转到 M_1 循环
;主程序结束

;AD 转换程序
ADConv:
        ……                      ;见上面驱动程序
        RET
;以下液晶驱动程序
WriteString:                    ;写一个字符串
……                              ;
        END
```

程序实现:程序名为 dvm.asm,建立名为 dvm 的 Keil 工程文件。将 dvm.asm 加入工程,编译、链接直到没有错误为止。

程序分析:程序初始化以后,即调用 A/D 转换程序,将获得的 A/D 值分离出来为百位、十位和个位。由于液晶显示器需要送入字符显示,所以必须将分离出来的数值转换为 ASCII 字符。转换的方法也很简单,查 ASCII 表可知,数值 0 的 ASCII 码是 30H,而数值 1 的 ASCII 值是 31H,依此类推,因此直接将数值加上 30H 即可将数值转换为相应的 ASCII 值。

8.2　D/A 转换接口

由单片机运算处理的结果（数字量）往往也需要转换为模拟量，以便控制对象，这一过程即为数/模（D/A）转换。

8.2.1　D/A 转换器的工作原理

D/A 转换是将数字量信号转换成模拟量信号的过程。D/A 转换的方法比较多，这里仅举一种权电阻 D/A 转换的方法来说明 D/A 转换的过程。

权电阻 D/A 转换电路实质上是一只反相求和放大器，图 8-4 是 4 位二进制 D/A 转换示意图。电路由权电阻、位切换开关、反馈电阻和运算放大器组成。

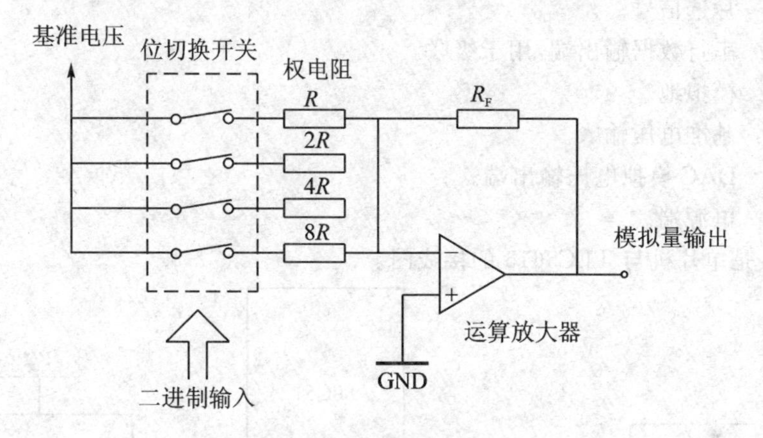

图 8-4　D/A 转换的原理

权电阻的阻值按 8:4:2:1的比例配置，按照运算放大器的“虚地”原理，当开关 D3～D0 闭合时，流经各权电阻的电流分别是 $V_R/8R$、$V_R/4R$、$V_R/2R$ 和 V_R/R，其中 V_R 为基准电压。而这些电流是否存在则取决于开关的闭合状态。输出电压为：

$$V_O = -(D3/R + D2/2R + D1/4R + D0/8R) \times V_R \times R_F$$

其中 D3～D0 是输入二进制的相应位，其取值根据通断分别为 0 或 1。显然，当 D3～D0 在 0000～1111 范围内变化时，输出电压也随着发生变化，这样，数字量的变化就转化成电压（模拟量）的变化了。这里，由于仅有 4 位开关，所以这种变化是很粗糙的，从输出电压为 0 到输出电压为最高值仅有 16 挡。显然，增加开关的个数和权电阻的个数，可以将电压的变化分得更细。一般，至少要有 8 个开关才比较实用。8 个开关，可以将输出量从最小到最大分成 256 挡。

实际的 D/A 电路与这里所讲述的原理并不完全相同，但从这里的描述可以看到数字量的确可以变为模拟量。

8.2.2　典型 D/A 转换器的使用

D/A 转换器有各种现成的集成电路，对使用者而言，关键是选择好适用的芯片以及掌握芯片与单片机的正确连接方法。目前越来越多的应用中选用具有串行接口的 D/A 转换器，这里以 TLC5615 为例作介绍。

TLC5615 是带有 3 线串行接口的具有缓冲输入的 10 位 DAC，可输出 2 倍 REF 的变化范围，其特点如下：

- 5 V 单电源工作；
- 3 线制串行接口；
- 高阻抗基准输入；
- 电压输出可达基准电压的 2 倍；
- 内部复位。

图 8－5 是 TLC5615 的引脚图，各引脚的含义如下：

DIN：　串行数据输入端。

SCLK：　串行时钟输入端。

$\overline{CS}$：　片选信号。

DOUT：串行数据输出端，用于级联。

AGND：模拟地。

REFIN：基准电压输入。

OUT：　DAC 模拟电压输出端。

V_{DD}：　电源端。

图 8－6 是单片机与 TLC5615 的接线图。

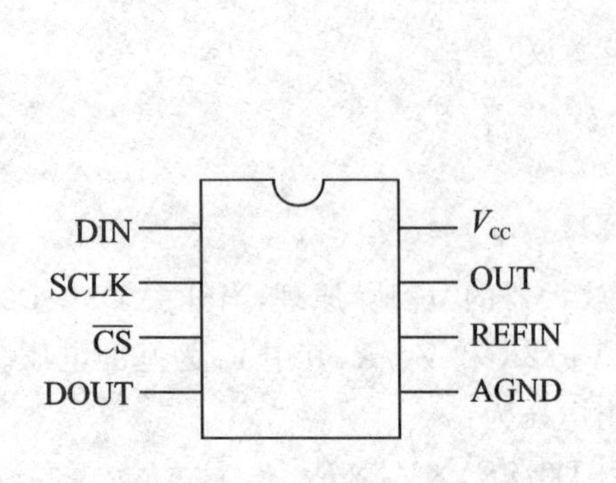

图 8－5　TLC5615 引脚图

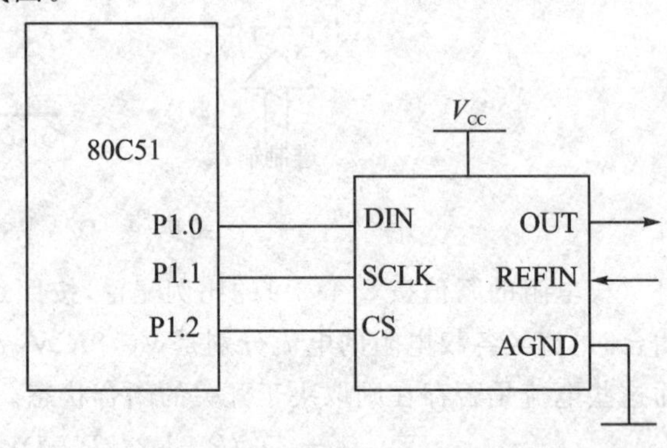

图 8－6　80C51 与 TLC5615 接线图

1. TLC5615 的驱动程序

```
命令：DAConv
参数：R1,R2 中分别存放待转换数据的高 2 位和低 8 位
资源占用：R1,R2,R3,A
出口：无
DAConv:
    SETB    DACS            ;拉高CS端
    NOP
    NOP
    CLR     DADIN
    CLR     DASCLK
```

```
    CLR     DACS            ;拉低时钟、数据和片选端
    NOP
    NOP
    MOV     A,R1            ;取得待输出数据的高 2 位
    MOV     R3,#02H         ;准备循环 2 次
DA_1:
    RLC     A
    MOV     DADIN,C         ;送出数据
    NOP
    NOP
    SETB    DASCLK
    NOP
    NOP
    CLR     DASCLK          ;形成时钟脉冲
    DJNZ    R3,DA_1
    MOV     R3,#08H
    MOV     A,R2            ;取得待输出数据低 8 位
DA_2:
    RLC     A
    MOV     DADIN,C         ;送出数据
    NOP
    NOP
    SETB    DASCLK          ;形成时钟脉冲
    NOP
    NOP
    CLR     DASCLK
    DJNZ    R3,DA_2
    SETB    DACS
    CLR     DASCLK
    CLR     DADIN           ;拉高片选端,拉低时钟端与数据端,回到初始状态
    RET
```

2. 驱动程序的使用

该驱动程序中用到了 3 个标记符号：

DADIN　　与 TLC5615 的 DI 引脚相连的单片机引脚；

DASCLK　与 TLC5615 的 CLK 引脚相连的单片机引脚；

DACS　　与 TLC5615 的 $\overline{CS}$ 引脚相连的单片机引脚。

实际使用时，根据接线的情况定义好 DAIN、DACLK、ADCS 即可使用。

制作全数字信号发生器的电路如图 8－6 所示，该电路配合软件即可完成各种信号的产生。

8.2.3　用 TLC5615 制作任意波形信号发生器

1. 三角波的产生

三角波即输出电压线性增加到最高值以后再线性下降，如此循环。实现三角波的源程序如下，这里使用的是 10 位的 D/A，但为简单起见，这里仅用其中的低 8 位。

【例 8-2】　三角波的产生。

```
        DADIN       bit     P1^0            ;数据引脚定义
        DASCLK      bit     P1^1            ;时钟引脚定义
        DACS        bit     P1^2            ;片选引脚定义

        ORG         0000H                   ;从 0000H 开始
        JMP         START                   ;跳转到程序入口
        ORG         30H                     ;从 30H 开始存放程序
START:
        MOV         SP,#5FH                 ;初始化堆栈
        MOV         R1,#00H                 ;高 2 位清零
        MOV         R2,#00H                 ;低 8 位清零
S_0:
        MOV         R7,#0FFH                ;计数器置初值
S_1:
        INC         R2                      ;R2 值加 1
        CALL        DAConv                  ;调用 D/A 转换程序
        DJNZ        R7,S_1                  ;如果 R7 没到 0 则转到 S_1 继续循环
        MOV         R7,#0FFH                ;重置计数器初值
S_2:
        DEC         R2                      ;R2 值减 1
        CALL        DAConv                  ;调用 DA 转换程序
        DJNZ        R7,S_2                  ;R7 没有到 0 则转 S_2 继续循环
        JMP         S_0                     ;完成一次波形的产生过程，回到 S_0 继续循环
;主程序到此结束
DAConv:
        ……DA 转换程序
END
```

程序实现：输入源程序，命名为 triangle.asm，在 Keil 软件中建立名为 triangle 的工程文件。将源程序文件加入 triangle 工程中，编译、链接获得 HEX 文件。如图 8-7 所示是程序运行后生成的三角波。

程序分析：这段程序使用了 R7 作为计数器，先给计算器置初值 255，用于存放 D/A 转换数据的高 2 位的 R1 和低 8 位的 R2 清零。在每次循环中，R2 加 1，同时用 DJNZ 指令对 R7 进行减 1 判断零，这样一共循环 256 次，R2 值由 0 增加到 255。循环到 R7 等于 0 后，重置 R7 为 255，进入下一个循环，即每个循环将 R2 中的值减 1，同样也是循环 256 次，这样

R2 的值又由 255 减到 0。循环到 R7 等于 0 后,跳转到第一次循环的起点,重新让 R2 不断增加,这样就使得 R2 中的数据不断增加,然后又减少……如此循环,R2 中的值每次变化都调用 DAConv 子程序进行 D/A 转换,在 D/A 芯片的输出端形成三角波。

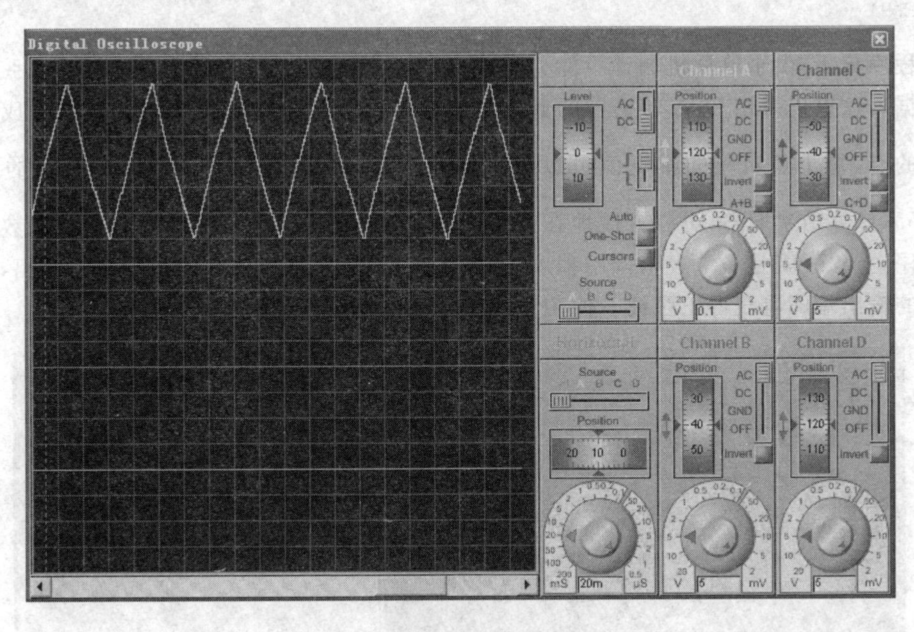

图 8-7 三角波

2. 正弦波的产生

将正弦波一个周期划分为 256 等分,算出每一个等分点的电压值,将该值放在一个表中,程序实现时,查表即可。

【例 8-3】 正弦波的产生。

```
        ORG     0000H           ;程序入口地址
        JMP     START           ;跳转到真正的起点
        ORG     30H             ;从 30H 开始
START:
        MOV     SP,#5FH         ;初始化堆栈
        MOV     R1,#00H         ;存放 D/A 转换器的高位数据
        MOV     R0,#00H         ;计数器
S_0:
        MOV     DPTR,#SINTAB    ;正弦量变化表
        MOV     A,R0            ;读入当前计数值
        MOVC    A,@A+DPTR       ;查表
        MOV     R2,A            ;这个值送到用于 D/A 低 8 位数据的 R2 中
        CALL    DACnv           ;调用 D/A 转换程序
        INC     R0              ;计数器加 1
        JMP     S_0             ;转 S_0 处继续循环
DAConv:
        ……                      ;D/A 转换程序
```

```
    SINTAB:
    db 128,131,134,137,140,143,146,149,152,156,159,162,165,168,171,174,176,179… ;波形表,此处没有写完整,完整的程序可以在光盘中找到
    END
```

程序分析：由于单片机的计算能力有限，所以这里采用了查表的方法来获得正弦波各点的数据。这里仍采用D/A转换器的低8位数据进行转换，这样，每个正弦波被分成256个不同的点，每个点对应的幅度值可以表示如下：$256\times\sin\left(360\times\frac{x}{256}\right)$。其中$x$的取值是0～255，计算结果取整，可以方便地在Excel中计算以获得这个表格。将这个表格数据写入源程序，主程序就是一个表格调用程序，不断地查表，然后将查找到的数据进行输出，在D/A芯片的输出端即可获得正弦波。使用该程序产生的正弦波如图8-8所示。

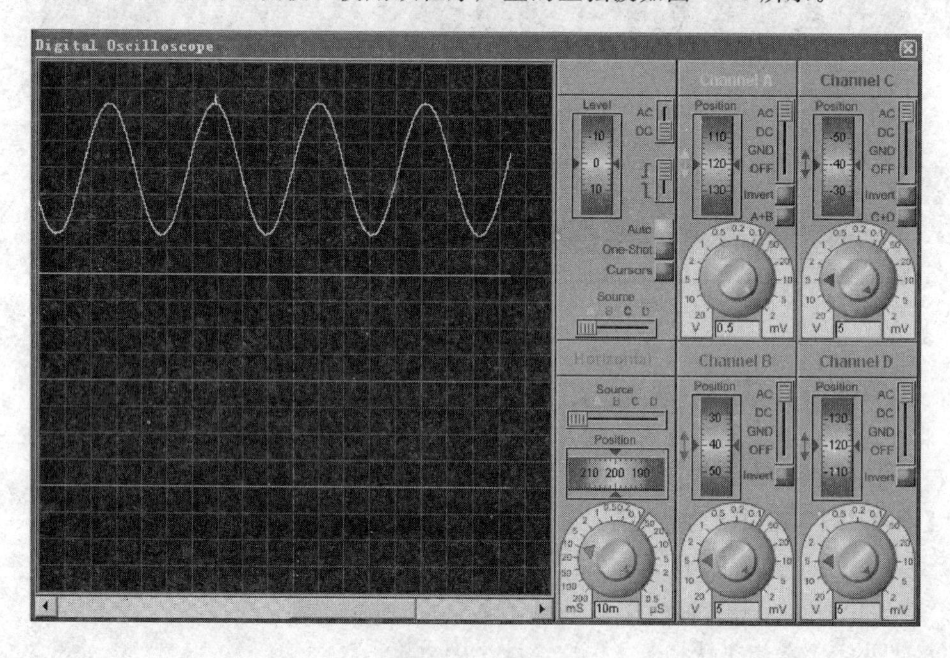

图8-8　正弦波

3. 阶梯波的产生

阶梯波常用于晶体管特性图示仪等仪器中，其上升沿呈阶梯状逐级增加，增加到最高点后快速降到最低点，然后再逐级增加。要产生这样的阶梯波可以采用查表的方案，也可以直接在程序中进行运算。下面的例子是采用运算方法来获得所需数据。

【例8-4】　阶梯波的产生。

```
        ORG     0000H           ;从0000H开始存放程序
        JMP     START           ;跳转到真正的入口
        ORG     30H             ;从30H开始
    START:
        MOV     SP,#5FH         ;初始化堆栈
        MOV     R1,#00H         ;R1清零
        MOV     R2,#00H         ;R2清零
```

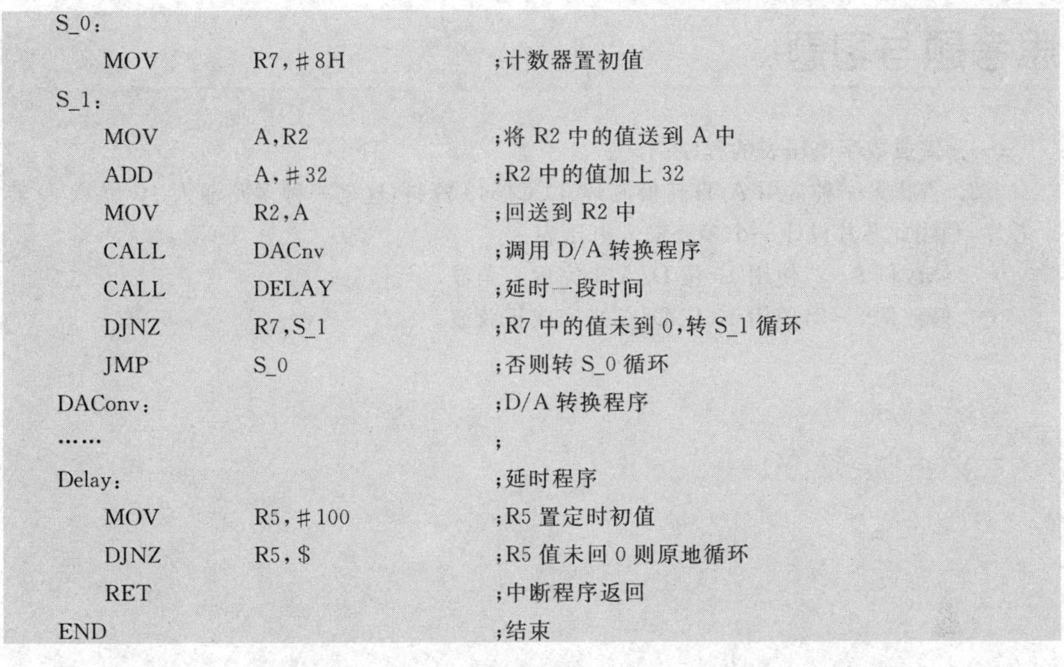

```
S_0:
    MOV     R7,#8H          ;计数器置初值
S_1:
    MOV     A,R2            ;将R2中的值送到A中
    ADD     A,#32           ;R2中的值加上32
    MOV     R2,A            ;回送到R2中
    CALL    DACnv           ;调用D/A转换程序
    CALL    DELAY           ;延时一段时间
    DJNZ    R7,S_1          ;R7中的值未到0,转S_1循环
    JMP     S_0             ;否则转S_0循环
DAConv:                     ;D/A转换程序
……                          ;
Delay:                      ;延时程序
    MOV     R5,#100         ;R5置定时初值
    DJNZ    R5,$            ;R5值未回0则原地循环
    RET                     ;中断程序返回
END                         ;结束
```


程序分析:程序中首先将用于D/A转换数的R1和R2清零,然后给计数器R7置初值。本例中的阶梯波由最低到最高一共分成8级,因此R7置初值8。随后进入循环,在循环中,将R2的值送A,加上32,调用DAConv程序进行D/A转换,转换以后调用一段延时程序,然后使用DJNZ指令判断R7是否到零,如果R7到零,此时R2中的值是224(32×7=224),转回循环,下一次R2中的值再加1就变为0(因为224+32=256,相当于二进制100000000,最高位的1丢失),因此输出值降到最低点。调整延时程序的时间可以调节阶梯波输出的频率。使用该程序实现的阶梯波如图8-9所示。

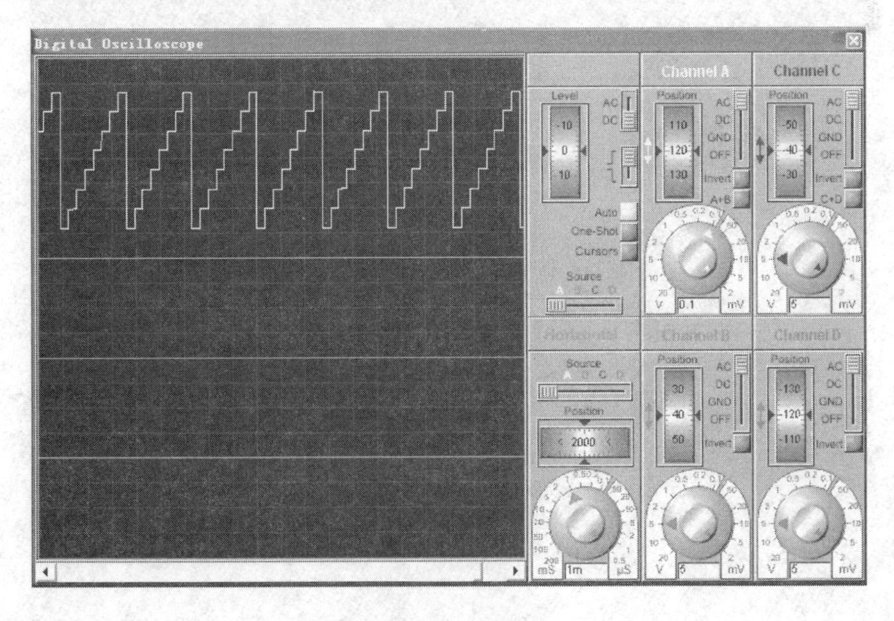

图8-9　阶梯波

思考题与习题

1. 完成数字电压表的程序调试。

2. 查找另一种常用 A/D 转换芯片 TLC1543 资料,这是一种多路输入 10 位 A/D 转换芯片,利用此芯片设计一个多路输入电压表。

3. 修改例 8-2,使用 10 位 D/A 来完成三角波。

4. 修改例 8-3,使用 10 位 D/A 来完成正弦波。

第9章 应用设计举例

本章首先利用第2章中介绍的实验电路板设计若干个简单但比较全面的程序，读者可以利用它们来做一些比较完整的“产品”；然后就一个系统的开发展开讨论，对这个系统的开发过程做一个比较详细的介绍；并且提供了说明书、原理图、源程序等较全面的材料，使读者不仅掌握一定的知识，而且能够对系统开发的过程有一定了解。本章的目的是帮助读者实现从学习到开发的跨越，读者在学习本章时尽可能做一下有关练习，这样才能有较大的收获。

9.1 秒 表

这个程序的用途是做一个0～59 s不断运行的秒表，每过1 s，数码管显示的秒数加1，加到59 s，再过1 s，又回到0，从0开始加。实验电路板相关部分的电路如图9-1所示。从图中可以看出，这里用到了实验板的6位LED数码管及驱动电路。

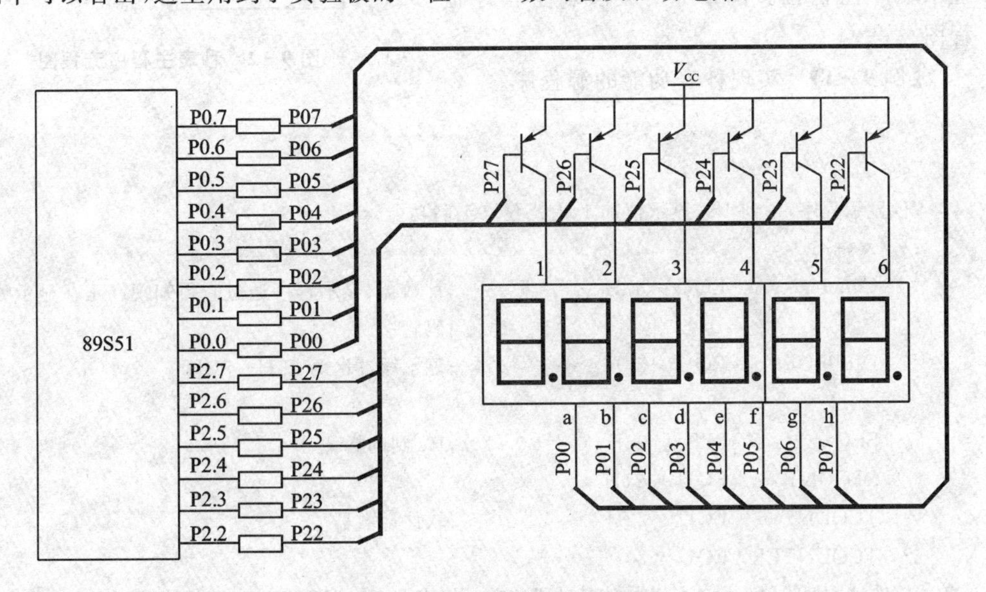

图9-1 用实验板实现秒表功能

为实现这样的功能，程序中应具有以下几个部分内容：

① 秒信号的产生：这可以利用定时器来做，但直接用定时器做不行，因为定时器没有那么长的定时时间，所以要稍加变化。

② 计数器：用一个内部 RAM 单元，每过 1 s，该 RAM 单元的值加 1，加到 60 就回到 0，这个功能用一条比较指令不难实现。

③ 把计数器的值转换成十进制并显示出来：由于这里的计数值最大只到 59，也就是一个两位数，所以只要把这个数值除以 10，得到的商和余数就分别是十位和个位了。例如，计数值 37 在内存中以十六进制数 25H 表示，该数除以 10，商是 3，而余数是 7，分别把这两个值送到显示缓冲区的高位和低位，然后调用显示程序，就会在数码管上显示 37。此外，在程序编写时还要考虑到首位 0 消隐的问题，即十位上如果是 0，那么应该不显示。在进行十进制转换后，对首位进行判断，如果是 0，就送一个消隐码到累加器 A，再将 A 中的值送往显示缓冲区首位；否则将累加器 A 中的值直接送往显示缓冲区首位。图 9-2 是秒表主程序流程图。

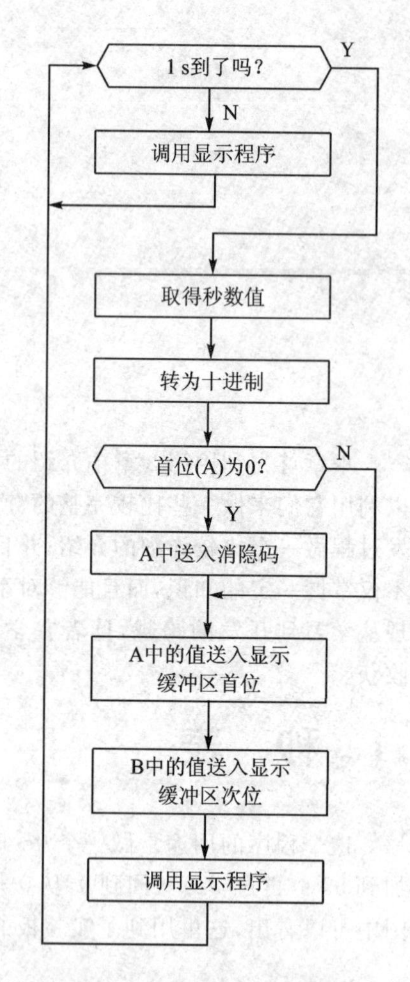

图 9-2 秒表主程序流程图

【例 9-1】 实现秒表功能的源程序。

```
;*****************************************************
;sec. asm
;秒显示程序，每到 1 s，显示值加 1，有高位 0 消隐功能
;*****************************************************
    Counter     EQU   57H        ;计数器，显示程序通过它得知现在正在显示哪个数
                                 ;码管
    DISPBUF     EQU   58H        ;显示缓冲区为 58H～5DH

    SEC         BIT   00H        ;1 s 到的标记
    SCOUNT      EQU   21H
    TCOUNT      EQU   22H        ;软件计数器
    TCOUNTER    EQU   20
;软件计数器的计数值，该值乘以定时器的定时值(50 ms)，即得到 1 s 的定时值
    TMRVAR      EQU   16857      ;(65 536－50 000)×12/11.059 2 定时器初值
    HIDDEN      EQU   10H
    ORG         0000H
```

```
        JMP         START
        ORG         0*8+3                       ;INT0 中断入口
        RETI
        ORG         1*8+3                       ;TIMER0 中断入口
        JMP         INT_T0                      ;转去定时器 0 中断服务程序入口
        ORG         2*8+3                       ;INT1 中断入口
        RETI
        ORG         3*8+3                       ;TIMER1 中断入口
        RETI
        ORG         4*8+3                       ;串行中断入口
        RETI
START:
        MOV         SP,#5FH                     ;设置堆栈指针初值
        MOV         SCOUNT,#0                   ;秒计数器
        MOV         DISPBUF,#HIDDEN;
        MOV         DISPBUF+1,#HIDDEN;
        MOV         DISPBUF+2,#HIDDEN;
        MOV         DISPBUF+3,#HIDDEN;
        CALL        INIT_T0                     ;T0 中断初始化处理
        CLR         SEC                         ;清除 1 s 时间到的标志
        SETB        EA                          ;开总中断
LOOP:
        JBC         SEC,NEXT                    ;1 s 到,清除 1 s 时间到的标志,并转 NEXT 处执行
        CALL        DISP                        ;调用显示程序
        JMP         LOOP                        ;1 s 未到,继续循环
NEXT:
        MOV         A,SCOUNT                    ;获得秒的数值
        MOV         B,#10                       ;将 10 送到 B,准备将秒的数值除以 10 分离出 10 位
                                                ;和个位
        DIV         AB                          ;二进制转化为十进制,十位和个位分别送入显示缓
                                                ;冲区
        JZ          NEXT1                       ;如果 A 中值是 0,转 NEXT1 执行
        JMP         NEXT2                       ;否则直接送去显示
NEXT1:
        MOV         A,#HIDDEN                   ;如果 A 中的值是 0,则将消隐码送到 A 中
NEXT2:
        MOV         DISPBUF+4,A                 ;将 A 中的值送到第 5 位显示缓冲区
        MOV         DISPBUF+5,B                 ;个位送显示缓冲区
        JMP         LOOP                        ;继续循环
;主程序到此结束
;显示程序开始
DISP:                                           ;定时器 T0 的中断响应程序
        PUSH        ACC                         ;ACC 入栈
```

```
        PUSH     PSW               ;PSW 入栈
        ORL      P2,#11111100B     ;将 P2 口的高 6 位全部置 1,关所有显示单元
        MOV      A,Counter         ;取计数器的值
        MOV      DPTR,#BitTab      ;将位码表的首地址送到 DPTR 中
        MOVC     A,@A+DPTR         ;取位码
        ANL      P2,A              ;将取到的位码与 P2 相“与”,将指定位变为低电平
        MOV      A,#DISPBUF        ;显示缓冲区首地址
        ADD      A,Counter         ;加上计数值
        MOV      R0,A              ;送到 R0 中暂存
        MOV      A,@R0             ;根据计数器的值取相应显示缓冲区的值
        MOV      DPTR,#DISPTAB     ;字形表首地址
        MOVC     A,@A+DPTR         ;取字形码
        MOV      P0,A              ;将字形码送 P0 位(段口)
        INC      Counter           ;计数器加 1
        MOV      A,Counter         ;将计数值送到 A 中去
        CJNE     A,#6,DISPEXIT     ;计数值是否到 6 了
        MOV      Counter,#0        ;如果计数器计到 6,则让它回 0
DISPEXIT:
        CALL     DELAY             ;调用延时程序,让每一位有足够时间显示出来
        POP      PSW
        POP      ACC
        RET
;延时程序开始
DELAY:
        PUSH     PSW
        SETB     RS0
        MOV      R7,#10
D1:     MOV      R6,#50
D2:     DJNZ     R6,$
        DJNZ     R7,D1
        POP      PSW
        RET
DISPTAB:  DB 0C0H,0F9H,0A4H,0B0H,99H,92H,82H,0F8H,80H,90H,88H,83H,0C6H,
          0A1H,86H,8EH,0FFH
BitTab:   DB 7FH,0BFH,0DFH,0EFH,0F7H,0FBH

INIT_T0:                           ;初始化 T0 为 50 ms 的定时器
        MOV      TMOD,#01H
        MOV      TH0,#HIGH(TMRVAR)
        MOV      TL0,#LOW(TMRVAR)
        SETB     ET0               ;开 T0 中断
        SETB     TR0               ;定时器 0 开始运行
        RET                        ;返回
```

```
;初始化 T0
INT_T0:
    PUSH     ACC
    PUSH     PSW                        ;中断保护
    MOV      TH0,#HIGH(TMRVAR)
    MOV      TL0,#LOW(TMRVAR)
    INC      TCOUNT                     ;软件计数器加 1
    MOV      A,TCOUNT
    CJNE     A,#TCOUNTER,INT_RET
    MOV      TCOUNT,#0                  ;计到 20,软件计数器清 0
    SETB     SEC                        ;将秒标志置为 1
    INC      SCOUNT                     ;秒的值加 1
    MOV      A,SCOUNT
    CJNE     A,#60,INT_RET
    MOV      SCOUNT,#0
INT_RET:
    POP      PSW
    POP      ACC
    RETI
END
```

程序分析如下：

① 在程序的开始部分，使用 EQU 伪指令定义一些符号变量和符号常量，便于理解程序。例如，用 HIDDEN 代替 11，实现消隐；用 TMRVAR 代替定时器初值 54 685；用 VALUE 代替内存单元地址 21H 等。

② 程序段：

```
ORG     1*8+3
RETI
```

的用途是设置外中断 1 的中断入口，相当于是"ORG　0BH"。

③ 秒信号的形成：由于单片机外接晶振是 11.059 2 MHz，即使定时器工作于方式 1（16 位的定时/计数模式），最长定时时间也只有 71 ms 左右，不能直接利用定时器来实现1 s 时间的定时值，为此利用软件计数器的概念。设置一个计数单元（COUNT）并置初值为 0，把定时器 T0 的定时时间设定为 10 ms，每次定时时间一到，COUNT 单元中的值加 1。当 COUNT 加到 100，说明已有 100 次 10 ms 的中断，也就是 1 s 的时间到了。1 s 时间到后，置位 1 s 时间到的标记（SEC）后返回，图 9－3 是定时中断处理的流程图。主程序是一个无限循环，不断判断（SEC）标志是否为 1。如果为 1，说明 1 s 时间已到。首先把 SEC 标志清 0，避免下次错误判断，然后把用作秒计数的内存单元（VALUE）加 1，再把 VALUE 单元中的数据变换成 BCD 码，送入显示缓冲区，并调用显示程序，这样，就可以把这个值显示出来。这里的显示程序就是 6.1 节介绍的显示程序，没有重复写出，但在所附光盘中有完整的程序。

④程序中有如下两行程序：

```
MOV    TH0,#HIGH(TMRVAR)
MOV    TL0,#LOW(TMRVAR)
```

其中 HIGH 和 LOW 分别是两条伪指令，HIGH 的用途是取其后面括号中数值的高 8 位，而 LOW 则是取其后面括号中数值的低 8 位。例如，TMRVAR＝FE08H，那么 HIGT(TMRAVR)＝FEH，而 LOW (TMRAVR)＝08H。利用这两条伪指令，可以简化计算，明确变量的含义，防止出错。

⑤ 程序中有如下程序行：

```
JMP     START
CALL    DISP
```

其中 JMP 和 CALL 并不是 80C51 的指令，而是 Keil 所支持的两条伪指令。在对源程序汇编时，Keil 软件中的汇编程序会根据实际情况自动选择 LJMP、AJMP、SJMP 中的某一条指令替代 JMP，选择 LCALL、ACALL 中的某一条指令替代 CALL。

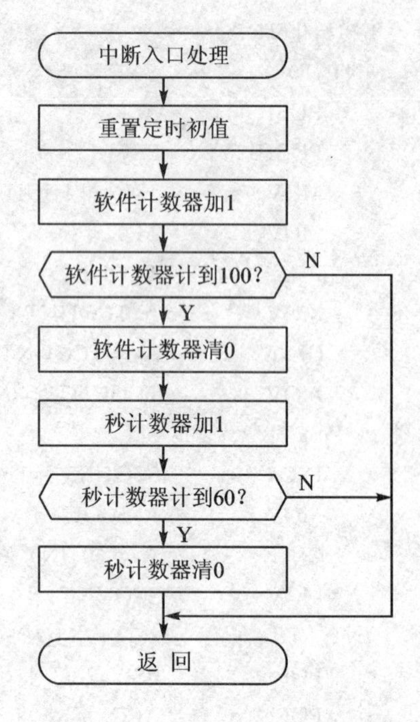

图 9-3 定时中断处理流程图

9.2 可预置倒计时时钟

这是 9.1 节例 9-1 的扩展，实现用键盘设置的 60 s 倒计时时钟。其功能是：从一个设置值开始倒计时到 0，然后回到该设置值重新开始倒计时，如此不断循环；该设置值可以用键盘来设定，共有 4 个按键 S1、S2、S3 和 S4，各键的功能分别是：

S1 开始运行；

S2 停止运行；

S3 高位加 1，按一次，数码管的十位加 1，从 0～5 循环变化；

S4 低位加 1，按一次，数码管的个位加 1，从 0～9 循环变化。

实验电路板相关部分的电路如图 9-4 所示。从图中可以看出，这里用了实验板上的 6 位 LED 数码管驱动电路，4 位按键电路，其中 P3.2～P3.5 所接的按键分别是 S1～S4。

图 9-5 是有可预置倒计时时钟的程序流程图。从图中可以看到，主程序首先调用键盘程序，判断是否有键按下。如果有键按下，转去键值处理；否则将秒计数值转化为十进制，并分别送显示缓冲区的高位和低位，然后调用显示程序。

与前一个程序相比，这个程序增加了键盘功能。对于初学者而言，单片机键盘处理的难点往往并不在于如何编写程序，而在于如何明确键盘的定义。很多参考资料上都有非常好和非常完善的键盘处理程序，可以直接引用，但对如何确定键的定义和功能却很少有详细的说明。一个键的功能设置必须有明确的含义，保证程序可以实现，要从字面上去理解一个键的功能最终如何由程序来实现，需要多看有关实例的分析和一定的经验积累。下面分析各键的功能，读者应着重学习其功能实现的思路。

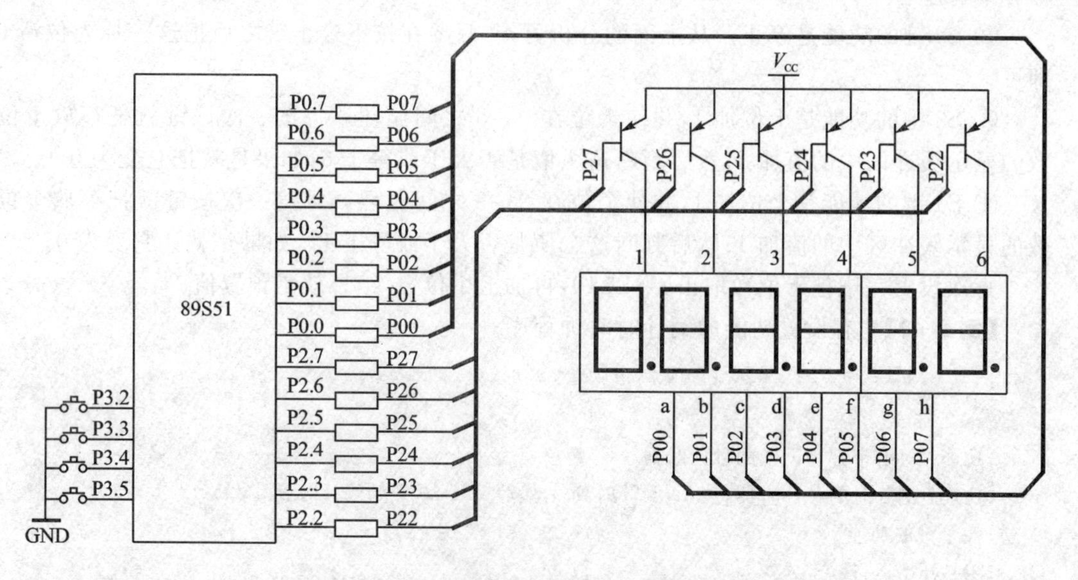

图 9-4 用实验板实现可预置倒计时时钟

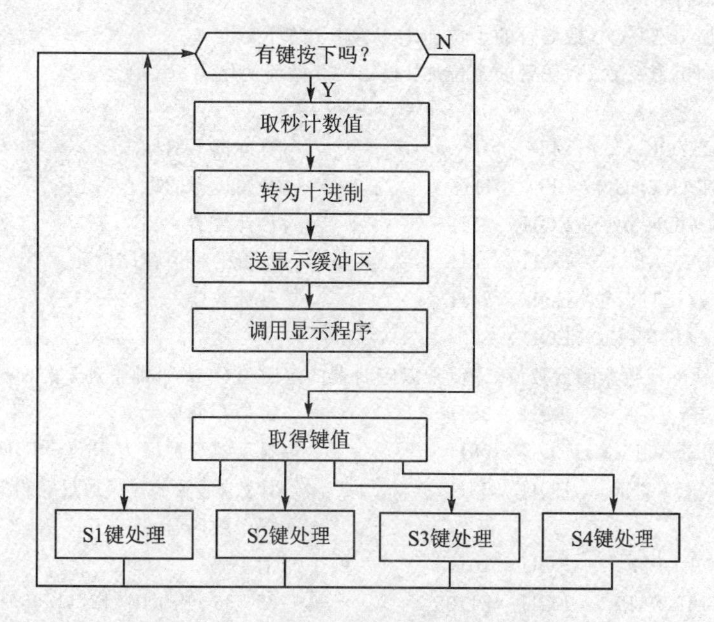

图 9-5 可预置倒计时时钟的主程序流程图

① S1 键的功能是开始运行。按照一般硬件制作的思路，一台仪器从不动（不运行）到动（运行），就像是电源开关打开，应当有很多事要做；但如果真的把一台仪器运行需要做的所有工作都留给键按下之后再做，往往是不恰当的。例如，在按下这个键之前，应当有显示，那么显示部分的程序就应当工作。当键按下后，程序要能作出判断，因此键盘部分的程序也要工作；所以“开始”按钮不等同于电源开关从开到关。事实上，在这个按键按下之前，所有部分几乎都已经开始工作，包括秒发生器也在运行；但在这个键还没有按下时，每 1 s 到后不执行秒值减 1 这项工作，所以只要设置一个标志位，每 1 s 到后检测这个标志位即可。如果该标志位为 1，就执行减 1 工作；如果该位是 0，就不执行减 1 工作。这样，按下“开始”键所进行的操作就是把这一标志位置为 1。

② S2 键的功能是停止。从上面的分析可知,只要在按下这个键之后把这一标志位清 0 即可。

③ S3 键的功能是十位加 1,并使十位在 0～5 之间循环。每按一次该键就把存放十位数的显示缓冲区中的值加 1;然后判断这个值是否大于或等于 6,如果是就把它变为 0。

④ S4 键的功能是个位加 1,并使个位在 0～9 之间循环。每按一次按键就把存放个位数的显示缓冲区中的值加 1;然后判断这个值是否大于或等于 10,如果是就让它变为 0。

每次设置完毕把十位数取出,乘以 10,再加上个位数,结果就是预置值。

【例 9-2】 有设置功能的倒计时时钟程序。

```
;****************************************************
;sec2.asm
;功能描述：带键盘设置的秒计时器
;功能：倒计时的秒计时器,从 59 倒计时到 0,然后又从 59 开始倒计时到 0
;各个键的功能
;S1：开始运行
;S2：停止运行
;S3：高位加 1,按一次,数码管的十位加 1,从 0～5 循环变化
;S4：低位加 1,按一次,数码管的个位加 1,从 0～9 循环变化
;****************************************************
        KEYOK       BIT    00H          ;有键按下的标志
        STARTRUN    BIT    01H          ;开始运行的标志
        SCOUN       EQU    21H          ;秒计数器
        SETVAL      EQU    22H          ;预置的秒值存储单元
        TCOUNT      EQU    24H          ;秒计数器
        TCOUNTER    EQU    250
        ;软件计数器的计数值,该值乘以定时器的定时值(4 ms),即得到 1 s 的定时值
        KEYVAL      EQU    25H          ;键值存储单元
        DISPBUF     EQU    58H          ;显示器缓冲区为 58H～5DH
        COUNTER     EQU    57H          ;计数器,显示程序通过它得知现在正在显示
                                        ;哪个数码管
        HIDDEN      EQU    10H          ;消隐码
        TMRVAR      EQU    61195        ;65 536-4 000×12/11.059 2 定时器初值
                                        ;为 5 ms

        ORG         0000H
        JMP         START
        ORG         0*8+3               ;INT0 中断入口
        RETI
        ORG         1*8+3               ;TIMER0 中断入口
        JMP         INT_T0              ;转去定时器 0 中断服务程序入口
        ORG         2*8+3               ;INT1 中断入口
        RETI
        ORG         3*8+3               ;TIMER1 中断入口
```

```
        RETI
        ORG     4*8+3               ;串行中断入口
        RETI
START:
        MOV     SP,#5FH
        MOV     SCOUNT,#0
        MOV     SETVAL,#59          ;启动程序时默认值为 59
        MOV     SCOUNT,SETVAL       ;将预置值送到计数器单元
        MOV     DISPBUF,#HIDDEN
        MOV     DISPBUF+1,#HIDDEN
        MOV     DISPBUF+2,#HIDDEN
        MOV     DISPBUF+3,#HIDDEN   ;高 4 位全部消隐
        CLR     STARTRUN            ;开机时不运行
        CLR     KEYOK               ;清除有键按下标志位
        CALL    INIT_T0             ;初始化 T0
        SETB    EA                  ;开总中断
LOOP:
        CALL    KEY                 ;调用键盘程序
        JB      KEYOK,KEYPROC       ;如果有键按下,转键盘处理
NEXT:
        MOV     A,SCOUNT            ;获得秒的数值
        MOV     B,#10
        DIV     AB                  ;二进制转化为十进制,十位和个位分别送入显
                                    ;示缓冲区
NEXT1:
        MOV     DISPBUF+4,A
        MOV     DISPBUF+5,B         ;个位送显示缓冲区
        JMP     LOOP
;以下是键值处理程序
KEYPROC:
        MOV     A,KEYVAL            ;取得键值
        JZ      KEYRUN              ;如果键值是 0,转
        DEC     A
        JZ      KEYSTOP             ;如果键值是 1,转
        DEC     A
        JZ      KEYLEFT             ;如果键值是 2,转
        JMP     KEYRIGHT            ;如果键值是 3,转
KEYRUN:
        SETB    STARTRUN            ;开始工作,即开始每秒减 1 的操作
        JMP     LOOP                ;转去继续循环
KEYSTOP:
        CLR     STARTRUN            ;停止工作,即停止每秒减 1 的操作
        JMP     LOOP                ;转去继续循环
```

```
KEYLEFT:                                ;对十位数进行操作的按键
        CLR     STARTRUN                ;先停止运行
        INC     DISPBUF+4               ;然后将显示缓冲区中的数加1
        MOV     A,DISPBUF+4             ;送到A累加器中
        CJNE    A,#6,LEFT0              ;判断是否等于6
        MOV     A,#0                    ;若等于6,则让其等于0,因为十位数最大就是5
LEFT0:
        MOV     B,#10                   ;将数10送到B中,准备求出新的预置值
        MUL     AB                      ;将10与设置的十位数相乘
        ADD     A,DISPBUF+5             ;加上个位数,就是当前的设置值
        MOV     SETVAL,A                ;送到设置数据储存单元保存起来
        MOV     SCOUNT,SETVAL
        JMP     LOOP                    ;转去循环
KEYRIGHT:                               ;对个位数进行操作的按键
        CLR     STARTRUN                ;先停止运行
        INC     DISPBUF+5               ;将显示缓冲区个位数中的值加1
        MOV     A,DISPBUF+5             ;将该数送到A累加器中
        CJNE    A,#10,REFT0             ;判断是否等于10
        MOV     DISPBUF+5,#0            ;如果确实等于10,则将其清0
REFT0:
        MOV     A,DISPBUF+4
        MOV     B,#10
        MUL     AB
        ADD     A,DISPBUF+5
        MOV     SETVAL,A
        MOV     SCOUNT,SETVAL
        JMP     LOOP
;键盘程序
KEY:
        MOV     P3,#0FFH
        CLR     KEYOK
        MOV     A,P3
        ORL     A,#11000011B
        CPL     A
        JZ      KEY_RET
        CALL    DELAY
        MOV     A,P3
        ORL     A,#11000011B
        CPL     A
        JZ      KEY_RET
        SETB    KEYOK
        JNB     ACC.2,KEY_1             ;S1键没有按下,转
        MOV     KEYVAL,#0
```

```
        JMP     KEY_RET
KEY_1:
        JNB     ACC.3,KEY_2             ;S2 键没有按下,转
        MOV     KEYVAL,#1
        JMP     KEY_RET
KEY_2:
        JNB     ACC.4,KEY_3
        MOV     KEYVAL,#2
        JMP     KEY_RET
KEY_3:
        MOV     KEYVAL,#3
KEY_RET:
        MOV     A,P3
        ORL     A,#11000011B
        CPL     A
        JNZ     KEY_RET
        RET

DELAY:
        PUSH    PSW
        SETB    RS0
        MOV     R7,#50
D1:     MOV     R6,#10
D2:     DJNZ    R6,D2
        DJNZ    R7,D1
        POP     PSW
        RET

INIT_T0:                                ;初始化 T0 为 5 ms 的定时器
        MOV     TMOD,#01H
        MOV     TH0,#HIGH(TMRVAR)
        MOV     TL0,#LOW(TMRVAR)
        SETB    ET0                     ;开 T0 中断
        SETB    TR0                     ;定时器 0 开始运行
        RET                             ;返回

;以下是中断程序,实现秒计数和显示
INT_T0:                                 ;定时器 T0 的中断响应程序
        PUSH    ACC                     ;ACC 入栈
        PUSH    PSW                     ;PSW 入栈
        MOV     TH0,#HIGH(TMRVAR)
        MOV     TL0,#LOW(TMRVAR)
        INC     TCOUNT                  ;软件计数器加 1
```

```
            MOV         A,TCOUNT
            CJNE        A,#TCOUNTER,INT_N2
            MOV         TCOUNT,#0               ;计到20,软件计数器清0
INT_N1:
            JNB         STARTRUN,INT_N2         ;停止运行,转
            DEC         SCOUNT                  ;计数器减1
            MOV         A,SCOUNT
            JNZ         INT_N2                  ;不等于0,转
            MOV         SCOUNT,SETVAL           ;否则,再置初值
INT_N2:
;以下是显示部分
            ORL         P2,#11111100B           ;将P2口的高6位全部置1,关所有显示单元
            MOV         A,Counter               ;取计数器的值
            MOV         DPTR,#BitTab            ;将位码表的首地址送到DPTR中
            MOVC        A,@A+DPTR               ;取位码
            ANL         P2,A                    ;将取到的位码与P2相"与",将指定位变为低
                                                ;电平
            MOV         A,#DISPBUF              ;显示缓冲区首地址
            ADD         A,Counter               ;加上计数值
            MOV         R0,A                    ;送到R0中暂存
            MOV         A,@R0                   ;根据计数器的值取相应显示缓冲区的值
            MOV         DPTR,#DISPTAB           ;字形表首地址
            MOVC        A,@A+DPTR               ;取字形码
            MOV         P0,A                    ;将字形码送P0位(段口)
            INC         Counter                 ;计数器加1
            MOV         A,Counter               ;将计数值送到A中去
            CJNE        A,#6,DISPEXIT           ;计数值是否为6
            MOV         Counter,#0              ;如果计数器计为6,则让它回0
DISPEXIT:
            POP         PSW
            POP         ACC
            RETI
    DISPTAB:    DB 0C0H,0F9H,0A4H,0B0H,99H,92H,82H,0F8H,80H,90H,88H,83H,
                0C6H,0A1H,86H,8EH,0FFH
    BitTab:     DB 7FH,0BFH,0DFH,0EFH,0F7H,0FBH
            END
```

9.3 AT24C01A的综合应用

这个例子用以演示对AT24C01A芯片的读/写操作。该例中包含了一个串口通信程序,把PC机作为一个远程终端来使用。该例的功能是:单片机从串行口接收命令,对实验板上的AT24C01A芯片进行读/写操作。

9.3.1 功能描述

本例一共提供了2条命令,每条命令由3个字节组成。在第1条命令中,第1个字节是0,说明该命令是向EEPROM中写入数据;第2个字节表示要写入的地址;第3个字节表示要写入的数据。在第2条命令中,第1个字节是1,说明该命令是要读EEPROM中的数据;第2个字节表示要读出的单元地址;第3个字节无意义,可以取任意值,但一定要有这么一个字节,否则命令不完整,不会被执行。例如,命令"00 10 22"表示将22写入10单元中;而命令"01 12 10"则表示将12单元中的数据读出并送回到主机,最后一个数可以是任意值。地址将显示在实验板的第1、2位数码管上,而写入或读出的数据将显示在实验板的第5、6位数码管上。

至于命令中的数究竟是什么数制,由PC端软件负责解释。写入或读出的数据会同时以十六进制的形式显示在数码管上。

9.3.2 实例分析

实验电路板相关部分的电路如图9-6所示。从图中可以看出,这里使用了实验板的6位LED数码管及驱动电路、串行接口电路。

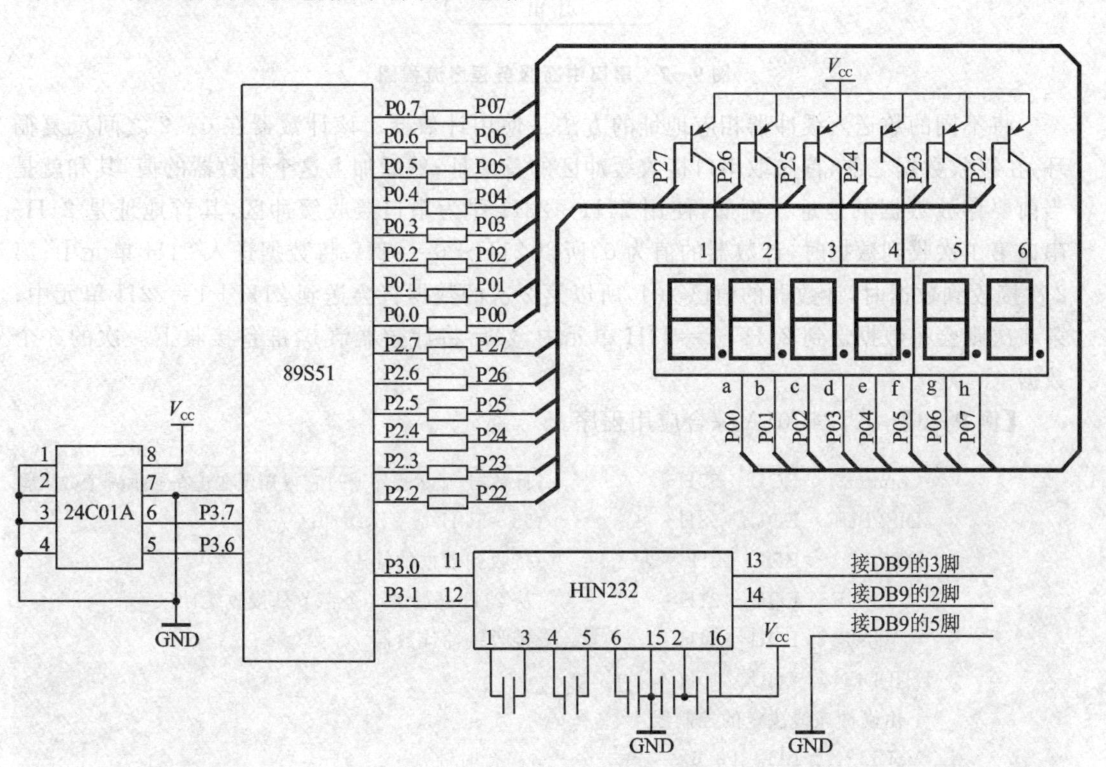

图9-6 AT24C01A的综合应用实验

串行口使用中断方式编程,图9-7是串口中断服务程序的流程图。从图中可以看出,单片机每收到1个数据就把它依次送到缓冲区中。如果收到3个字节,则恢复存数的指针(计数器清0),同时置位一个标志(REC)。该标志将通知主程序,并作相应处理。

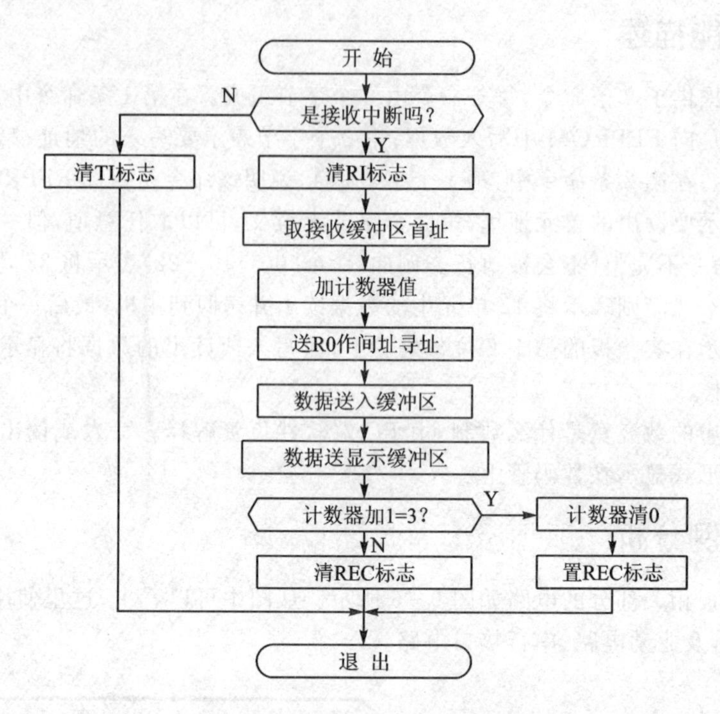

图9-7 串口中断服务程序流程图

将不同的数送入缓冲器相应地址的方法是使用计数器。该计数器在0～2之间反复循环，在接收数据之前，首先取串口接收缓冲区的首地址；然后加上这个计数器的值，其和就是当前要存放数据的地址。例如，使用21H～23H作为串口接收缓冲区，其首地址是21H。串口第1次收到数据时，计数器的值为0，所以21H＋0＝21H，将数据送入21H单元中；第2次接收到数据时，计数器的值已为1，所以第2次的数据将会送到21H＋1＝22H单元中；第3次则会将数据送到21H＋2＝23H单元中，然后将计数器清0，准备接收下一次的3个数据。

【例9-3】 AT24C01A综合应用程序。

```
        Counter    EQU   57H         ;计数器，显示程序通过它得知现在正在显示哪个数码管
        DISPBUF    EQU   58H         ;58～5DH是显示缓冲区
        REC        BIT   00H         ;接收到数据的标志
        RECBUF     EQU   21H         ;从21H开始的3个字节是接收缓冲区
        COUNT      EQU   24H         ;接收缓冲计数器
        HIDDEN     EQU   10H
        ；由硬件连线决定的控制线
        VSCL       BIT   P3.6        ；串行时钟
        VSDA       BIT   P3.7        ；串行数据
        SLA        EQU   50H         ;寻址字节存放单元
        NUMBYT     EQU   51H         ;传送字节数存放单元
        MTD        EQU   52H         ;发送数据缓冲区
        MRD        EQU   52H         ;接收数据缓冲区
```

```
        SLAW    EQU   0A0H          ;写命令字
        SLAR    EQU   0A1H          ;读命令字

        ORG     0
        LJMP    MAIN
        ORG     23H
        LJMP    RECIVE
        ORG     30H
MAIN:
        MOV     SP,#5FH
        MOV     TMOD,#00100000B     ;定时器 1 工作于方式 2
        MOV     TH1,#0FDH           ;定时初值
        MOV     TL1,#0FDH
        ORL     PCON,#10000000B     ;SMOD=1
        SETB    TR1                 ;定时器 1 开始运行
        MOV     SCON,#01000000B     ;串口工作方式 1
        MOV     DISPBUF,#0
        MOV     DISPBUF+1,#0
        MOV     DISPBUF+2,#HIDDEN
        MOV     DISPBUF+3,#HIDDEN
        MOV     DISPBUF+4,#0
        MOV     DISPBUF+5,#0
        MOV     COUNT,#0            ;清接收缓冲计数器
        SETB    REN                 ;允许接收
        SETB    EA
        SETB    ES
        CLR     REC                 ;清接收到数据的标志
MAIN_1:
        CALL    DISP
        JB      REC,PROC_REC
        JMP     MAIN_1
PROC_REC:
        CLR     REC
        MOV     R0,#RECBUF
        MOV     A,@R0
        CJNE    A,#0,PROC_REC_1     ;如果接收到的第 1 个字节是 0,则为写片命令
        INC     R0
        MOV     A,@R0
        MOV     R1,#MTD             ;发送数据缓冲区首地址
        MOV     @R1,A               ;地址放在发送数据缓冲区的第 1 位
;将待显示的地址放在第 1、2 位数码管显示
        MOV     B,#16
        DIV     AB
```

```
        MOV     DISPBUF,A
        MOV     DISPBUF+1,B
        INC     R0
        INC     R1
        MOV     A,@R0                   ;接收到的第 3 个字节是待写入数据
        MOV     B,#16
        DIV     AB
        MOV     DISPBUF+4,A
        MOV     DISPBUF+5,B
        MOV     A,@R0
        MOV     @R1,A
        CLR     EA
        MOV     NUMBYT,#2
        MOV     SLA,#SLAW               ;准备写入数据
        CALL    WRNBYT
        SETB    EA
        JMP     MAIN_1
PROC_REC_1:
        CJNE    A,#1,MAIN_1             ;如果接收到的是 1,则为读命令
        INC     R0
        MOV     A,@R0
        MOV     R1,#MRD
        MOV     @R1,A
;将地址显示在第 1、2 位数码管上
        MOV     B,#16
        DIV     AB
        MOV     DISPBUF,A
        MOV     DISPBUF+1,B

        MOV     SLA,#SLAW
        MOV     NUMBYT,#1
        CALL    WRNBYT                  ;送出地址信号
        MOV     SLA,#SLAR
        MOV     NUMBYT,#1
        CALL    RDNBYT                  ;随机读
        MOV     SBUF,A                  ;送往主机
        MOV     B,#16
        DIV     AB
        MOV     DISPBUF+4,A
        MOV     DISPBUF+5,B
        JMP     MAIN_1
;       MAIN    END
RECIVE:
```

```
        PUSH    ACC
        PUSH    PSW
        JB      RI,REC1                 ;如果是接收中断,则转
        JB      TI,REC3                 ;如果是发送中断,则直接退出
REC1:
        CLR     RI
        MOV     A,#RECBUF
        ADD     A,COUNT
        MOV     R0,A
        MOV     A,SBUF
        MOV     @R0,SBUF
        MOV     B,#16
        DIV     AB
        INC     COUNT
        MOV     A,COUNT
        CJNE    A,#3,REC2
        MOV     COUNT,#0
        SETB    REC                     ;已收到 3 个数据
        JMP     REC4
REC2:
        CLR     REC
REC3:
        CLR     TI
REC4:
        POP     PSW
        POP     ACC
        RETI
        DISP:   ……                      ;显示子程序,与 6.1 节显示子程序相同

        DELAY:  ……                      ;5 ms 延时程序,与 6.1 节延时程序相同
        RET
        DISPTAB: DB 28H,7EH,0A4H,64H,72H,61H,21H,7CH,20H,60H,30H,23H,0A9H,
                 26H,0A1H,0B1H,0FFH
    ……                                  ;这里加入 VIIC 软件包源程序
```

说明:限于篇幅,这里有关子程序没有写出,只在相应位置注明了应该在此引用某一子程序,但附书光盘上的例子是完整的。

程序分析:这个程序使用了 VIIC 软件包对 AT24C01A 进行读/写操作,使用该软件包之前,首先根据硬件连线定义好 VSDA 和 VSCL。另外,电路中使用了芯片的写保护引脚 WP,也要先定义好,各引脚的定义如下:

```
VSCL    BIT     P3.6            ;串行时钟
VSDA    BIT     P2.5            ;串行数据
WP      BIT     P3.7            ;写保护引脚
```

然后根据7.1节关于AT24C01A的器件说明及硬件连线，确定其读/写控制字SLAR和SLAW分别为0A1H和0A0H。

最后分配好数据缓冲区，定义好发送缓冲区、接收缓冲区首址MTD和MRD，确定寻址字节SLA、传送字节数*N*的存放单元。至此，调用虚拟软件包所需的符号定义完毕。

对于AT24C××类芯片而言，如果要将数据写入该芯片，则除待写的数据外，还要确定要将数据写入哪一个单元；如果要读出数据，则须先确定要读哪一个单元的数据，即要先传递一个地址数据。根据该芯片的操作说明，地址信号是紧跟在确定寻址字节SLA之后送出的，因此，写数据时，只需要将该地址放在待写数据之前发送即可。当然发送时要多加1个字节，即原为写入1个字节的数据，现改为写入2个字节数据。程序中是这样处理的：

```
MOV     R1,#MTD           ;发送数据缓冲区首地址
MOV     @R1,A             ;地址放在发送数据缓冲区的第1位
⋮
CLR     WP                ;允许写数据
MOV     NUMBYT,#2         ;实际只需写入一个数据,因首先要写入地址,故送2
MOV     SLA,#SLAW         ;准备写入数据
CALL    WRNBYT
SETB    WP                ;置芯片为写保护状态
⋮
```


读数据时，程序采用了另一种处理方法，即先调用一次写数据程序将地址写入；然后再调用读数据程序读出数据。这部分程序如下：

```
MOV     R1,#MTD
MOV     @R1,A             ;将待读单元的地址值送入发送数据缓冲区
CLR     WP                ;允许写数据
MOV     SLA,#SLAW
MOV     NUMBYT,#1         ;准备写一个数据,即刚才送入的地址值
CALL    WRNBYT            ;送出地址信号
MOV     SLA,#SLAR
MOV     NUMBYT,#1
CALL    RDNBYT            ;随机读
SETB    WP                ;置芯片为写保护状态
```

9.3.3 实例应用

将该程序汇编得到目标代码，写入芯片；将芯片插入实验电路板，用串口线将实验电路板与PC机相连。在PC机上运行“串口助手”软件，选中“十六进制发送”，然后在其发送数据窗口分别写入0、10、22。每写一个数字，单击一次发送，待3个数据全部送完，实验板的数码管上显示22，表示将22H写入10H单元中。给实验板断电，然后再通电，实验板应显示00，然后再分别发送1、10、1，表示要读出10H单元中的数据。当命令发送完毕，可以在串口助手的显示窗口看到传回的数据。如果选中“十六进制显示”，则窗口中显示的就是22；否则按十进制显示为34，同时，实验板的数码管上显示22。

这个例子比较简单,但它演示了远程控制的基本原理,读者可以自行扩充,使它具有更多的命令和更强大的功能。例如,可以自己做一个24C××类芯片的编程器。

9.4 X5045的综合应用

这个实例演示了对X5045芯片的读/写操作,还提供了一种常用键盘程序设计的方法。实验电路板相关部分的电路如图9-8所示。从图中可以看出,这里用到了实验板的6位LED数码管及驱动电路、键盘接口电路和8位LED指示灯电路。

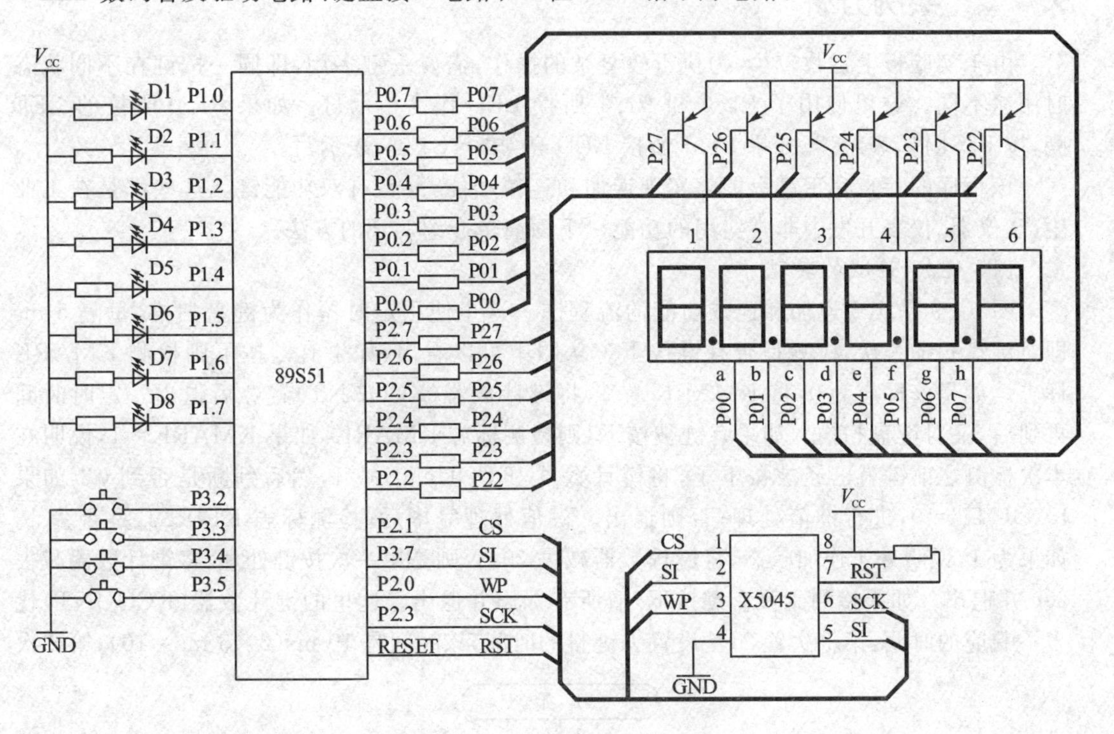

图9-8 X5045综合应用实验

9.4.1 功能描述

为对X5045进行测试,设计了一个具有如下功能的程序。

开机后,LED数码管的第1、2位和第5、6位显示00,分别表示地址和数据,而第3、4位消隐,P1.0所接LED点亮。

(1) 读指定地址的内容

按下S1键或S2键,第1、2位显示的地址值加1或减1;按下S4键,读出该单元的内容,并且以十六进制形式显示在LED数码管的第5、6位上。

(2) 将值写入指定单元

按下S1键或S2键,第1、2位显示的地址值加1或减1;按下S3键,该地址值被记录,P1.1所接LED亮;按S1或S2,第5、6位显示的数据将随之变化;按下S4键,该数据被写入指定的EEPROM单元中。

为使表达更加明确，现将各键功能单独列出并描述如下：

- S1：加1键，具有连加功能，按下该键，显示器显示值加1；如果按着不放，过一段时间后，快速连加。
- S2：减1键，功能与S1类似。
- S3：切换键，按此键，将使P1.0和P1.1所接LED轮流点亮。
- S4：执行键，根据P1.0和P1.1所接LED点亮的情况分别执行读指定地址的EEPROM内容和将设定内容写入指定EEPROM单元中的功能。

9.4.2　实例分析

由于实验板上键数较少，为执行较复杂的操作，需要一键多用，即同一按键在不同状态时用途不同。这里使用了P1.0和P1.1所接LED作为指示灯。如果P1.0所接的LED亮，按下S4键，表示读；如果P1.1所接LED亮，按下S4键，表示写。

该程序的特点在于键盘能够实现连加和连减功能，并且有双功能键。这些都是在工业生产、仪器、仪表开发中非常实用的功能。下面简单介绍实现的方法。

(1) 连加、连减的实现

图9-9是实现连加和连减功能的流程图。这里使用定时器作为键盘扫描，每隔5 ms即对键盘扫描一次，检测是否有键按下。从图中可以看出，如果有键按下则检测KMARK标志。如果该标志为0，将KMARK置1，将键计数器(KCOUNT)置2后退出。定时时间再到后，又对键盘扫描。如果有键被按下，则检测标志KMARK，如果KMARK=1，说明在本次检测之前键就已经被按下了，将键计数器(KCOUNT)减1，然后判断是否到0。如果KCOUTN=0，进行键值处理；否则退出。键值处理完毕后，检测标志KFIRST是否为1。如果为1，说明处于连加状态，将键计数器减去20；否则是第一次按键处理，将键计数器减去200并退出。如果检测到没有键按下，清所有标志并退出。这里的键计数器(KCOUNT)代表了响应的时间，第1次置2，是设置去键抖的时间，该时间是10 ms(2×5 ms=10)；第2次

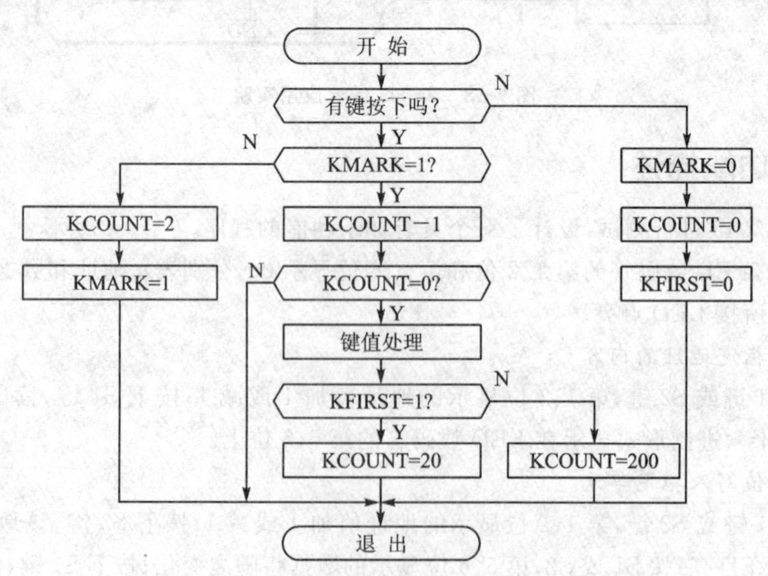

图9-9　实现连加和连减功能的键盘处理流程图

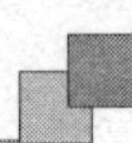

置200，是设置连续按的时间超过1 s(5×200=1 000 ms)后进行连加的操作；第3次置20，是设置连加的速度是0.1 s/次(20×5=100 ms)。这些参数是完全分离的，可以根据实际要求加以调整。

(2) 键盘双功能的实现

这一功能的实现比较简单，由于只有两个功能，所以只要设置一个标志位(KFUNC)，按下一次键，取反一次该位，然后在主程序中根据这一位是"1"还是"0"作相应处理即可。需要说明的是，由于键盘设计为具有连加、连减功能，人们可能习惯于长时间按住键盘的某一键。因此，这个键也可能会被连续按着，这样会出现反复切换的现象，为此，再用一个变量KFUNC1，在该键被处理后，将这一位变量置1。而在处理该键时，首先判断这一位是否是1，如果是1，就不再处理，而这一位变量只有在键盘释放后才会被清0，这样就保证了即使连续按着S3键，也不会出现反复振荡的现象。

这个程序中的键盘程序有一定的通用性，读者可以直接应用于自己的项目中。

【例9-4】 X5045的综合应用程序。

```
        CS          BIT     P2.1
        SI          BIT     P3.7
        SCK         BIT     P3.6
        SO          BIT     P3.7
        WP          BIT     P2.0

        WREN_INST   EQU     06H             ;写允许命令字(WREN)
        WRDI_INST   EQU     04H             ;写禁止命令字(WRDI)
        WRSR_INST   EQU     01H             ;写状态寄存器命令字(WRSR)
        RDSR_INST   EQU     05H             ;读状态寄存器命令字(RDSR)
        WRITE_INST  EQU     02H             ;写存储器命令字 (WRITE)
        READ_INST   EQU     03H             ;读存储器命令字 (READ)
        MAX_POLL    EQU     99H             ;测试的最大次数

        WDT200      EQU     90H             ;WD1 WD0=01
        WDT600      EQU     0A0H            ;WD1 WD0=10
        WDT1400     EQU     80H             ;如果最高位是1代表设置看门狗 WD1 WD0 =00
        NOWDT       EQU     0B0H            ;WD1 WD0=11
        PROQTR      EQU     04H             ;BL1 BL0=01 写保护区域为高128字节
        PROHALF     EQU     08H             ;BL1 BL0=10 写保护区域为高256字节
        PROALL      EQU     0CH             ;BL1 BL0=11 写保护区域为整个存储器
        NOPRO       EQU     00H
        ;如果最高位是0，代表设置保护区域 BL1 BL0=00，不写保护

        KMARK       BIT     00H             ;有键被按下
        KFIRST      BIT     01H             ;第1次有键被按下
        KFUNC       BIT     02H             ;代表两种功能
        KENTER      BIT     03H             ;代表执行S4键的操作
```

```
    KS12        BIT    04H          ;S1 和 S2 两个键被按下
    KFUNC1      BIT    05H
    KCOUNT      EQU    21H          ;统计次数
    DAT         EQU    22H          ;用于存放待写入的数据
    ADDR        EQU    23H          ;用于存放待写入 EEPROM 的单元地址

    COUNTER     EQU    24H          ;用于显示的计数器
    MTD         EQU    30H          ;写 EEPROM 的数据缓冲区
    MRD         EQU    30H          ;读 EEPROM 的数据缓冲区
    NUMBYT      EQU    2FH          ;传送字节数存放单元
    STATBYT     EQU    2FH          ;状态字节存放单元
    DATAADDR    EQU    2DH
    ;该单元及 DATAADDR＋1 是待操作的 EEPROM 的地址单元，该位存入高 1 位地址，ADDR-
    DATA＋1 单元存入低 8 位地址
    DISPBUF     EQU    58H          ;58～5DH 是显示缓冲区
    TMRVAR      EQU    61195        ;(65 536－4 000)×12/11.059 2 定时器初值 5 ms
    HIDDEN      EQU    10H

    ORG         0
    JMP         START
    ORG         0BH
    JMP         INT_T0
    ORG         30H
START:
    MOV         SP,#5FH
    CALL        INIT_T0
    SETB        P2.0
    SETB        CS
    SETB        SO
    CLR         SCK
    CLR         SI                  ;初始化
    MOV         20H,#0              ;复位所有标志
    CLR         A
    MOV         KCOUNT,A
    MOV         COUNTER,A
    MOV         DAT,A
    MOV         ADDR,A
    MOV         DISPBUF,A
    MOV         DISPBUF+1,A
    MOV         DISPBUF+2,#HIDDEN
    MOV         DISPBUF+3,#HIDDEN
    MOV         DISPBUF+4,A
    MOV         DISPBUF+5,A
```

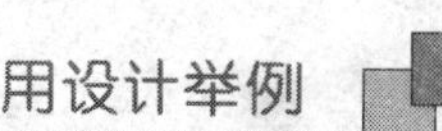


```
    MOV     P1,#11111110B       ;点亮“读”控制灯
    SETB    CS
    SETB    SO
    CLR     SCK
    CLR     SI                  ;初始化
    SETB    EA
LOOP:
    JB      KS12,MAIN_0
    JMP     MAIN_1
MAIN_0:
    CALL    CALC
MAIN_1:
    JB      KFUNC,MAIN_2        ;如果是第 2 功能(写),则转
    MOV     P1,#11111110B       ;否则点亮 D1
    MOV     DATAADDR,#0         ;在本应用中,高位地址始终为 0
    MOV     DATAADDR+1,ADDR     ;将地址值送到地址寄存器中
    JMP     MAIN_3
MAIN_2:
    MOV     P1,#11111101B       ;点亮 D2
    MOV     R0,#MTD
    MOV     A,DAT
    MOV     @R0,A               ;将计数值送入数值寄存器中
MAIN_3:
    JB      KENTER,MAIN_4       ;如果有回车键,则转
    JMP     LOOP                ;否则回去继续循环
MAIN_4:
    JB      KFUNC,MAIN_5        ;如果是第 2 功能,则转
    CLR     P1.7                ;点亮 D8,显示命令被正确执行
    MOV     NUMBYT,#1           ;读出 1 个字节
    CALL    READ_DATA           ;读到的数据存于 MRD 开始的缓冲区
    MOV     R0,#MRD
    MOV     A,@R0
    MOV     DAT,A               ;送到计数器中
    CALL    CALC                ;调用计算显示程序
    CLR     KENTER              ;清回车标记
    CALL    DELAY
    SETB    P1.7
    JMP     LOOP                ;继续循环
MAIN_5:
    SETB    WP
    CLR     P1.7                ;点亮 D8,显示命令被正确执行
    MOV     NUMBYT,#1           ;写入 1 个字节
    CALL    WRITE_DATA          ;将数据写入 EEPROM
```

```
    CLR         KENTER
    CLR         WP
    CALL        DELAY
    SETB        P1.7
    JMP         LOOP
;主程序到此结束

DELAY:
    MOV         R7,#0FFH
D1: MOV         R6,#0FFH
    DJNZ        R6,$
    DJNZ        R7,D1
    RET

CALC:
    MOV         A,DAT
    MOV         B,#16
    DIV         AB
    MOV         DISPBUF+4,A
    MOV         DISPBUF+5,B
    MOV         A,ADDR
    MOV         B,#16
    DIV         AB
    MOV         DISPBUF,A
    MOV         DISPBUF+1,B
    RET

INIT_T0:                                ;初始化 T0 为 5 ms 的定时器
    MOV         TMOD,#01H
    MOV         TH0,#HIGH(TMRVAR)
    MOV         TL0,#LOW(TMRVAR)
    SETB        ET0                     ;开 T0 中断
    SETB        TR0                     ;定时器 0 开始运行
    RET                                 ;返回

;以下是中断程序,实现显示及键盘处理
INT_T0:                                 ;定时器 T0 的中断响应程序
    PUSH        ACC                     ;ACC 入栈
    PUSH        PSW                     ;PSW 入栈
    SETB        RS0                     ;用第 2 组工作寄存器
    MOV         TH0,#HIGH(TMRVAR)
    MOV         TL0,#LOW(TMRVAR)
    ORL         P2,#11111100B           ;将 P2 口的高 6 位全部置 1,关所有显示单元
```

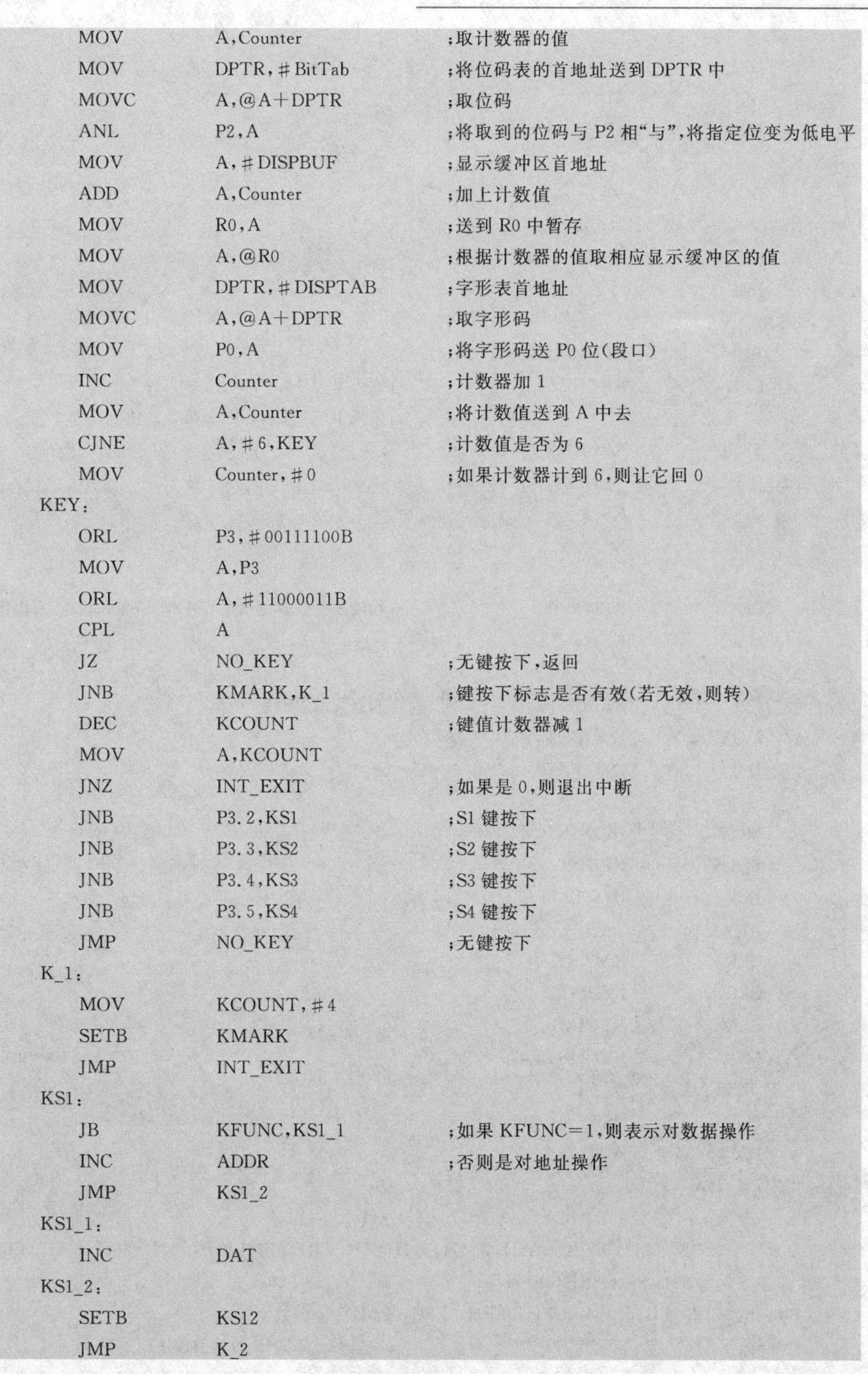

```
    MOV     A,Counter           ;取计数器的值
    MOV     DPTR,#BitTab        ;将位码表的首地址送到DPTR中
    MOVC    A,@A+DPTR           ;取位码
    ANL     P2,A                ;将取到的位码与P2相"与",将指定位变为低电平
    MOV     A,#DISPBUF          ;显示缓冲区首地址
    ADD     A,Counter           ;加上计数值
    MOV     R0,A                ;送到R0中暂存
    MOV     A,@R0               ;根据计数器的值取相应显示缓冲区的值
    MOV     DPTR,#DISPTAB       ;字形表首地址
    MOVC    A,@A+DPTR           ;取字形码
    MOV     P0,A                ;将字形码送P0位(段口)
    INC     Counter             ;计数器加1
    MOV     A,Counter           ;将计数值送到A中去
    CJNE    A,#6,KEY            ;计数值是否为6
    MOV     Counter,#0          ;如果计数器计到6,则让它回0
KEY:
    ORL     P3,#00111100B
    MOV     A,P3
    ORL     A,#11000011B
    CPL     A
    JZ      NO_KEY              ;无键按下,返回
    JNB     KMARK,K_1           ;键按下标志是否有效(若无效,则转)
    DEC     KCOUNT              ;键值计数器减1
    MOV     A,KCOUNT
    JNZ     INT_EXIT            ;如果是0,则退出中断
    JNB     P3.2,KS1            ;S1键按下
    JNB     P3.3,KS2            ;S2键按下
    JNB     P3.4,KS3            ;S3键按下
    JNB     P3.5,KS4            ;S4键按下
    JMP     NO_KEY              ;无键按下
K_1:
    MOV     KCOUNT,#4
    SETB    KMARK
    JMP     INT_EXIT
KS1:
    JB      KFUNC,KS1_1         ;如果KFUNC=1,则表示对数据操作
    INC     ADDR                ;否则是对地址操作
    JMP     KS1_2
KS1_1:
    INC     DAT
KS1_2:
    SETB    KS12
    JMP     K_2
```

```
KS2:
    JB          KFUNC,KS2_1
    DEC         ADDR
    JMP         KS2_2
KS2_1:
    DEC         DAT
KS2_2:
    SETB        KS12
    JMP         K_2
KS3:
    JB          KFUNC1,KS3_1
    CPL         KFUNC                    ;如果 KFUNC=0,代表第 1 种功能
                                         ;如果 KFUNC=1,代表第 2 种功能
    SETB        KFUNC1
KS3_1:
    CLR         KS12
    JMP         K_2
KS4:
    SETB        KENTER                   ;如果该位是 1,则根据 KFUNC 分别执行读/写操作
    CLR         KS12
K_2:
    JNB         KFIRST,K_3               ;如果无效,则转
    MOV         KCOUNT,#20
    JMP         INT_EXIT
K_3:
    MOV         KCOUNT,#200
    SETB        KFIRST
    JMP         INT_EXIT
NO_KEY:
    CLR         KMARK
    CLR         KFIRST
    CLR         KFUNC1
    MOV         KCOUNT,#0
INT_EXIT:
    POP         PSW
    POP         ACC
    RETI

DISPTAB: DB 0C0H,0F9H,0A4H,0B0H,99H,92H,82H,0F8H,80H,90H,88H,83H,0C6H,
            0A1H,86H,8EH,0FFH
BitTab:  DB 7FH,0BFH,0DFH,0EFH,0F7H,0FBH
    …                                    ;这里写上 X5045 的驱动程序
```

说明：限于篇幅，这里有关子程序没有写出，只在相应的位置注明了应该引用某一子程序，但附书光盘上的例子是完整的。

程序分析：这个例子演示了使用X5045的驱动程序，首先根据硬件连线确定CS、SI、SCK、SO和WP的定义：

```
CS      BIT     P2.4
SI      BIT     P2.2
SCK     BIT     P2.3
SO      BIT     P2.0
WP      BIT     P2.1                    ;根据硬件确定引脚定义
```

然后将驱动程序中定义的几个常量放在程序的最前面，即程序中

```
WREN_INST       EQU     06H             ;写允许命令字(WREN)
⋮
NOPRO           EQU     00H             ;BL1 BL0=00,不写保护
```

这一部分。

最后将X5045驱动程序源程序加入到应用程序中，原则上可以放在任何位置，但为方便起见，这里放在最后，统一编译即可。

9.4.3 实例应用

将汇编后的目标代码写入芯片，插入实验板中通电。数码管的第1、2位和第5、6位显示00，第3、4位消隐，同时P1.0所接LED点亮，表示目前处于待读状态。按下S1键，使显示变为第1、2位数码管的显示值10；按下S4键，即读10H单元的内容。此时数码管将显示一个数据(如00)，就是目前10H单元中的内容。

重新按下S1或S2键，将数码管的显示值调至10，然后按下S3键，P1.1所接LED点亮；按下S1、S2键，直到显示值变为2F；按下S4键，则4FH被写入X5045中EEPROM的10H单元中。

给实验板断电，然后接通电源，重复刚才的读操作，读取10H单元中的数据，看一看此时显示出来的是不是2FH。

9.5 发动机传感器控制仪的研制

这一节通过对一个较小的设计系统分析，使读者对该系统的开发过程有所了解。该系统用于发动机传感器线路的通断控制。

接到一个项目，首先要和对方充分探讨，了解项目的要求，这种讨论必须是全面的、有效的，一定要将最终的要求文字化，双方都通过文字认可。这不仅是为了避免最终产生纠纷，一旦产生纠纷时有依据可查；更重要的是有助于开发者全面了解项目需求，以及需求方全面和清晰地了解开发的结果。有一些内容在用口头语言表达时比较模糊，而使用文字表达则要求对问题进行清晰地描述。这有助于减少失误，正确地进行项目开发。

9.5.1 开发背景

现代汽车越来越多地使用电子技术,比如汽车发动机中就使用了很多传感器来探测发动机的工作情况。一旦发动机出现异常,可以及时发现并采取措施,避免问题进一步扩大。这对于汽车行驶的安全性、可靠性显然大有好处,但同时也给汽车的修理带来了更高的要求。这种故障车的修理必须借助于汽车生产厂商提供的专用工具来检测传感器的工作情况,这样对于修理人员的素质要求就提高了,要求修理人员能够正确地掌握和使用这种专用工具。目前采用的教学方法是购买一台发动机进行现场教学,上课时人为地"制造"一些故障,以此来训练学生以及检查学生的掌握情况。

制造故障的方法很简单,只要切断发动机上相应传感器的电路就行了。但是,由于传感器的数量众多,如果在现场人工进行这项工作,既费时费力,又不易控制,也不方便对学生进行检查。为此,要求设计一台专用仪器,可以通过仪器上的键盘来控制各个传感器电路的"通"和"断",这样教师设置故障方便,也便于考核学生。

9.5.2 系统分析与设计

按要求,发动机传感器控制仪需要控制 32 路通断,其中 1~8 路必须具有 3 种控制状态,即通、断和可变电阻状态,其他 24 路具有通断控制能力。系统的结构如图 9-10 所示,其中图(a)是仅需进行通断控制的示意图。实际工作时,将发动机上某一个传感器的引线切断,将两端分别接到继电器的触点两端即可。

① 设计中遇到的第 1 个问题是这 8 路具有可变电阻状态的电路设计,可以有多种方案,最终的设计如图 9-10(b)所示。使用了两个继电器,左侧的继电器触点用于断开电路,另一个继电器的触点与电位器并联。这样设计的目的主要是保证在任意时刻电路都能处于"通"的状态,而不必考虑电位器的旋钮置于什么位置。这样设计的好处是电路有较高的可靠性,毕竟继电器的可靠性要比经常拧的电位器高,一旦某路电位器断路了,依然可以使其处于接通位置,不影响其他部分的正常工作。

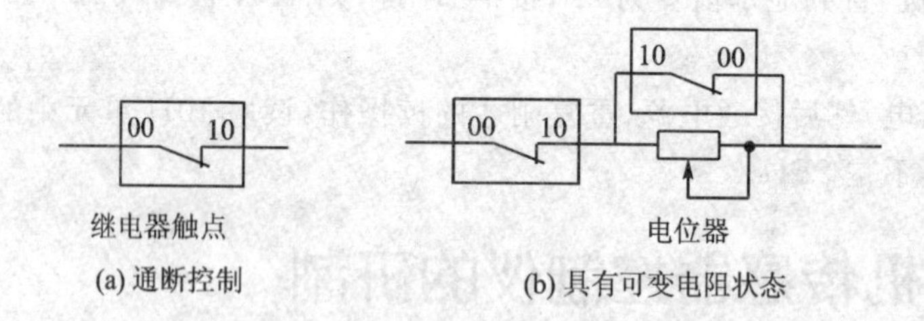

图 9-10 发动机传感器控制仪系统结构图

② 设计中遇到的第 2 个问题是开关的选择问题。如果选用电子开关,则设计、制造较方便;但是传感器的内部结构我们不了解,也不可能一一地进行检测,而且电子开关是有一定工作要求的。如果出现超压,过流等就会影响电子开关工作的可靠性;而且电子开关导通时有一定的内阻,关断时有一定漏电流,可能会对传感器的正常工作造成影响。为此不采用电子开关,而是采用机械开关——继电器。这样,不管传感器是什么性质,都没有关系,保证传感器可以正常地工作。由于传感器的工作电流很小,在选用高质量的全封闭继电器后,可以保证触点有较长的工作寿命。

③ 设计中遇到的第 3 个问题是仪器的结构。本机有较多的输入、输出通道，一共使用 40 只小型继电器。如果采用常规的方法来设计，把 40 只继电器装在一块板上，必将使得印制板、机箱体积庞大。仪器是专用的，只做一台，印刷线路板面积大，初次制版价格昂贵，导致项目费用增加；而且将所有继电器安装于一块板上，大量引线会使制作困难，可靠性也难以保证。为此采用总线式概念设计，图 9－11 是仪器总体结构示意图。使用一块主控制板，将 CPU 安装在主控制板上。使用 5 块开关板，在每块开关板上安装 8 只继电器，每块开关板的结构完全一样，接口采用总线的概念，地址可变。因此 5 块开关印刷电路板完全相同，只要在安装时改变各块板的地址即可。这样设计之后，开关板采用单面板设计，且面积缩小了很多，大大降低了制作成本。

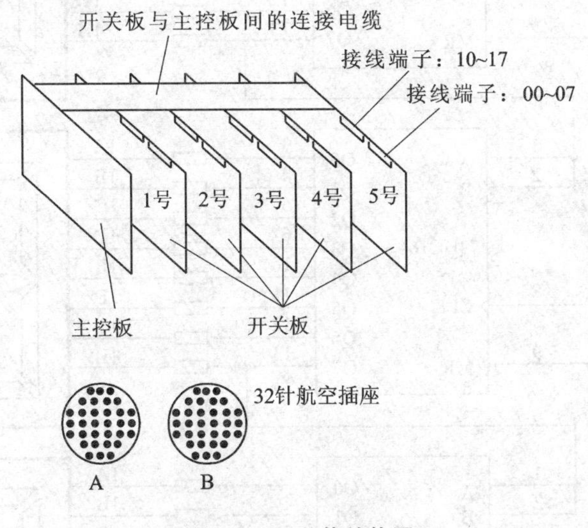

图 9－11　总体结构图

④ 设计中遇到的第 4 个问题是引线的结构。由于仪器一共有 32 路输出，也就是有 64 根引线接出，处理不好，必成一团乱麻。考虑到易制作，易用等方面的因素，并参考用户意见，最后确定使用 32 引脚的航空插头(座)实现引线的接出。航空插座安装于仪器的后面板，其与开关板的连接方法参考图 9－11。2 号、3 号、4 号开关板上引线编号为 10～17 的接线端子接到 32 针航空插座 A 上，引线编号为 00～07 的接线端子接到 32 针航空插座 B 上。每个接线端子有 8 根引线，这样，航空插座 A 与 B 分别用去了 24 针，还剩下 8 针。这 8 针由 1 号和 2 号开关板共同接入，接线的方法参考图 9－11。具体的连线方法是：1 号板引线编号为 10～17 的接线端子接到航空插座 A，引线编号为 00～07 的接线端子与 2 号板引线编号为 00～07 的接线端子相连，并且这 8 根引线分别与面板上的 8 个电位器的一端相连；2 号板引线编号为 10～17 的接线端子接到航空插座 B，同时这 8 根线分别与面板上的 8 个电位器的另一端相连。

⑤ 设计中遇到的第 5 个问题是键盘和显示器的选择。由于采用 LED 显示器，显示器的安装方式是个大问题，要安装得既美观又不能花很多精力在外观的设计和制作上，为此决定尽量选用现成的面板。经过市场考察，市面上有一类嵌入式仪表(测电流、电压、速度等)外观比较漂亮，而且安装也很方便，只要在面板上开孔嵌入即可。但是购买现成的仪表并不能满足项目的需求，因此，购买了这种嵌入式仪表的表框，自行制作电路部分。

图9-12是显示部分的电路原理图。从图中可以看到,这里采用了74HC164构成的静态显示电路。这个仪表框可以安装4只LED数码管,但安装于电路板后面的小印制板只能安装到3只74HC164,也就是只能有3位LED有显示。正好本项目中只需要用到3位,所以完全可以使用。制作好后的显示部件仅用4根线与主电路板相连,非常简洁,制作方便。

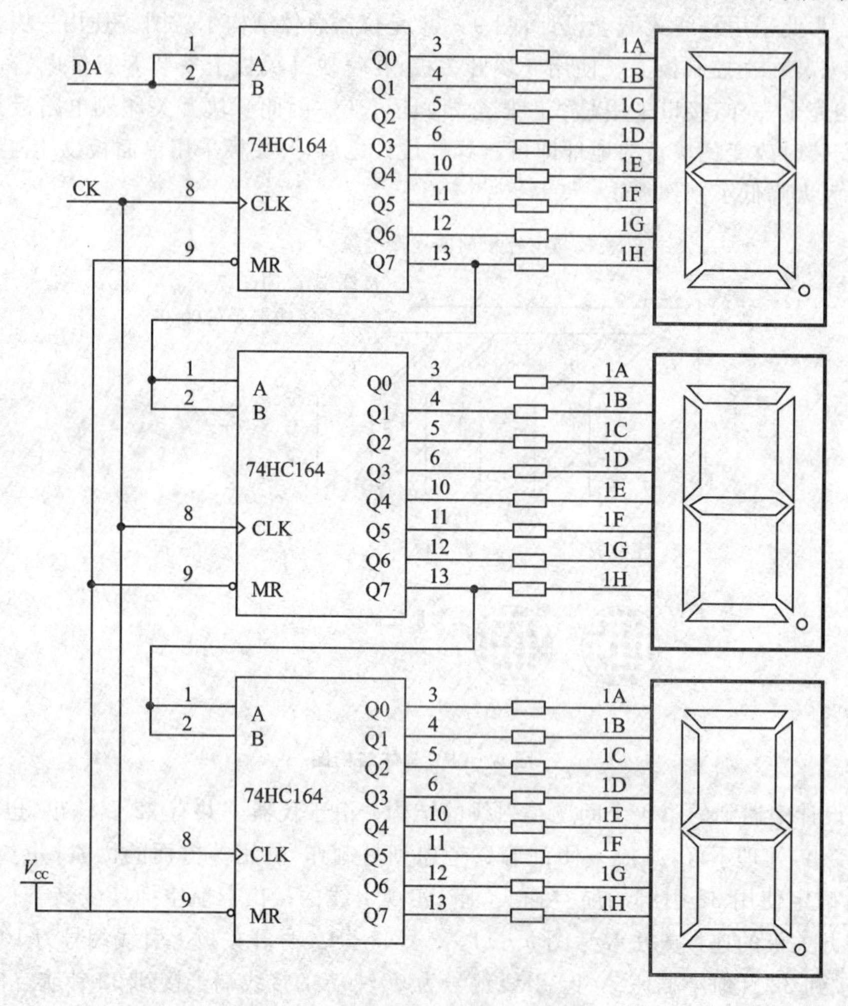

图9-12 显示部分的电路原理图

⑥ 设计中遇到的第6个问题是键盘问题。按用户要求,并考虑到操作的易用性,必须要有0~9共10个数字键再加上其他一些功能键组成,键的数量比较多。如果采用轻触按键自行制作,不太美观,安装也不方便。较好的办法是定做薄膜键盘,但定做一块薄膜键盘的一次性花费较高。于是又进行市场考察,发现市场上有一种通用的薄膜键盘销售,有0~9共10个数字键和A~F共6个字母键,价格低廉,而且用户也认可这种键盘。

在解决了上面的一些问题之后,开始进行电路设计。主控板采用89C51单片机控制,89C51单片机工作于单片模式,不进行外部存储器的扩展,可以使用全部的32根I/O口线。图9-13是主控板的电路原理图。从图中可以看出,P1口被用于键盘正好构成4×4键盘,通过JS1与薄膜键盘的引线相连;串行口被用于输出显示,由JS4与构成串行显示的电路板相连;由于P0口有较强的输出能力,因而被用来驱动开关板,它的输出接到一个8针的接线端子；而P2口则构成地址译码电路，用于控制不同的开关板。

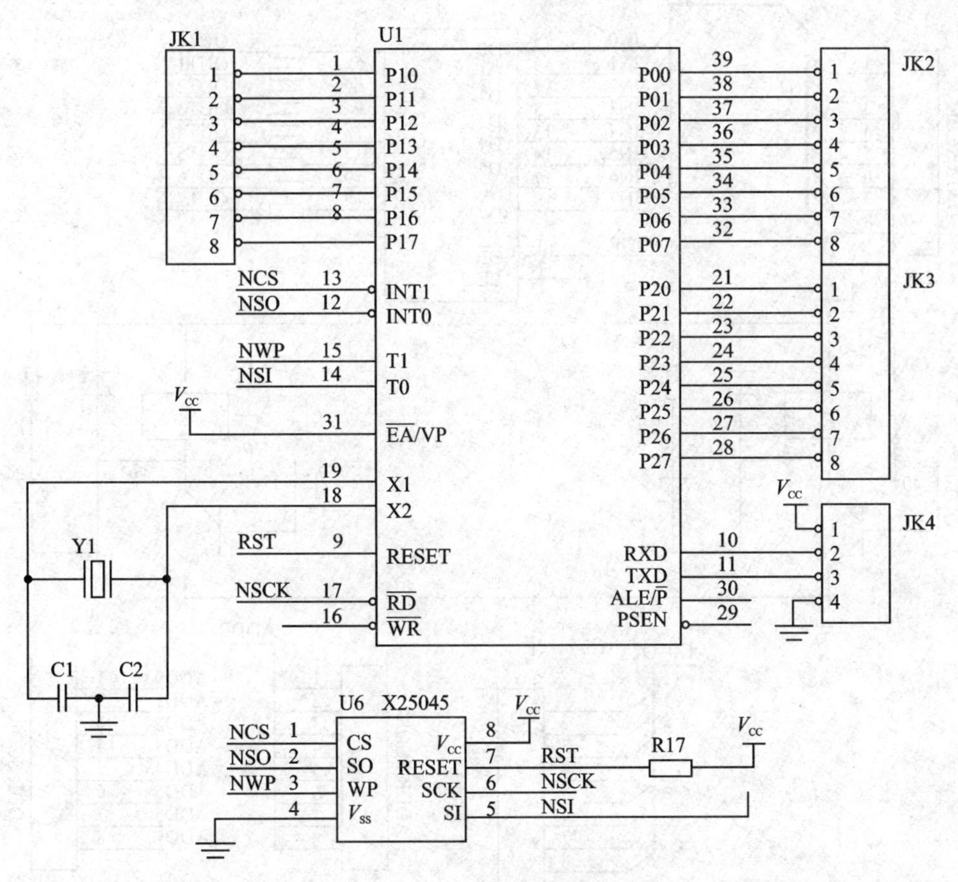

图9-13 主控板电路原理图

开关板由74HC573 8D锁存器构成，可以把74HC573的功能描述为：当控制端LE为高电平时，输出端(Q0～Q7)和输入端(D0～D7)相连，因此，输出端的状态与输入端相同。当控制端LE是低电平时，输出端(Q0～Q7)与输入端(D0～D7)断开连接，并且保持原来的状态；或者说当控制端LE是低电平时，即便输入端(D0～D7)的状态发生变化，输出端(Q0～Q7)的状态也不会随之改变。

由74HC573构成的开关板电路如图9-14所示。从图中可以看出，74HC573的8个输入端接到一个接线端子(DATA SCOK)上，这个端子将通过电缆与其他所有开关板的同一端子并联，并接到主控制板的P0口(JS2端)。5块开关板的锁存端则通过跳线的方式接端子的不同引脚，然后接到主控制板的JS3端子，从而获得不同的地址。例如，第一块开关板的锁存端接ADD0，则该控制板就由P2.0引脚控制，其他各块板可以分别接ADD1～ADD4。这样5块板的锁存端就由单片机P2口的不同引脚控制，从而可以区分开。

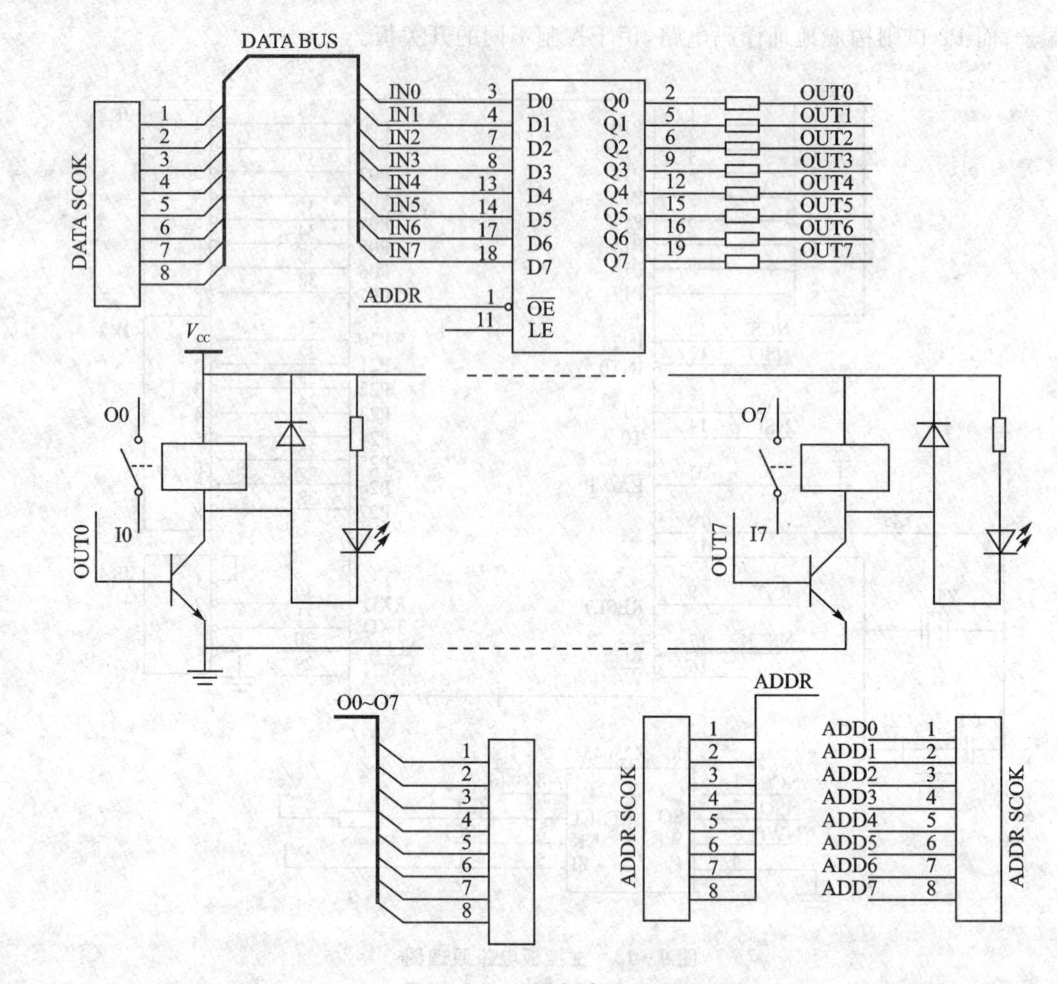

图 9 - 14　开关板电路原理图

9.5.3　使用说明

为了便于看懂程序,这里首先给出发动机传感器控制仪的使用说明,以便了解仪器的功能,然后再对照程序来看,这样会比较容易看懂。

1. 面板示意图

图 9 - 15 是仪器的面板示意图。图中:

1——电位器调节旋钮,共有 8 个。

2——电位器接入指示灯。每个电位器调节旋钮上方各有一个,当它点亮时代表该电位器被接入,使用者可以据此调节该路电位器。

3——带有指示灯的电源开关。按下电源开关,电源指示灯点亮,表示机器开始工作。

4——显示器,4 位 LED。实际只使用其中的 3 位。

5——键盘,4×4 结构的 16 位键盘。实际工作中只用到前面 0～10 个数字键和 A～C 共 3 个字母键。

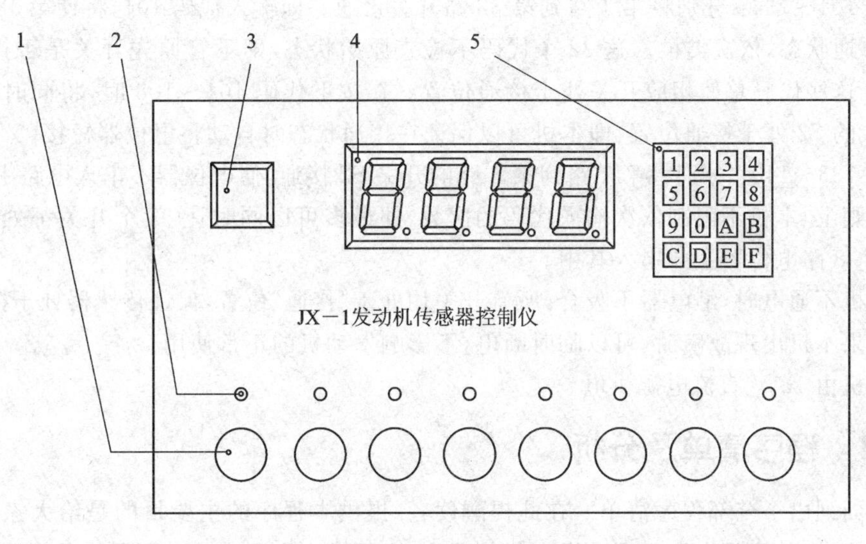

1—电位器；2—指示灯；3—电源开关；4—显示器；5—键盘

图9－15 仪器的面板示意图

2. 操 作

① 按下电源开关，开关上的电源指示灯应发亮，开始工作。此时显示器应显示888，并延时1 s，然后显示字母H。使用时可以据此了解电路工作是否正常。

② 按下键盘上的数字键，该数字出现在显示器的最后一位上。连续按键，则数字依次前推。当3位显示器上显示的数值与所希望输入的代码相同时，按下A键，显示器闪烁一次，表示该代码已被机器认可，并执行相应动作。如果显示器上的代码不是本机合法输入代码，按下A键后，显示器不闪烁，该代码也不会被接受。例如，第一次按下0，则显示器显示0；再次按下2，则显示器显示02；然后按下8，显示器显示028；按下A键，即可执行。如果在显示同一个代码时连续多次按下A键，会发现每次显示器都闪烁，表示代码被多次读入，但这不影响该机的正常使用。如果输入时按错了键，不必理会，可以重新输入直到显示器上显示数值是所希望的代码为止。例如，需按028，不小心在按2键时多按一下，变成了022，此时可以再按0，然后按2，再按8，直到显示器上出现028为止，然后再按下A键即可执行。

③ B键的功能是切换显示器的显示与不显示。这是一个开关键，反复按下B键，将使显示器交替显示和不显示。这个功能用于学生的考核，教师在进行一些设置后，可以用这个键把显示器关闭，然后由学生用仪器来判断故障。不必担心学生会看到教师预设的代码。

④ C键是开关重置键，按下这个键，将使所有开关处于接通位置。

D、E和F键暂未定义，可用于将来的功能扩展。

本机可用的合法代码如下：

- 001～032：分别将第1路到第32路开关S1断开。即输入代码001将使第1路处于“断开”位置，输入002将使第2路处于“断开”位置，依次类推。这32个代码不检查原始状态，即不管原先开关是否断开，按下这些代码总使相应开关处于断开位置。
- 033～040：分别将第1到第8路电位器接入电路。

- 101～132：分别将第 1 路到第 32 路开关接通。即输入代码 101,将使第 1 路处于接通状态,依次类推。这 32 个代码不检查原始状态,即不管原先开关是否接通,按下这些代码总使相应开关处于接通位置。在按下代码 101～108 时,将同时使相应位的 S2 处于接通位置,即本机可以保证在接通状态时自动将电位器短接。
- 133～140：分别将第 1 路到第 8 路的开关 S2 接通,使电位器不串入电路中。

原则上,本机不限制依次输入代码的次数,即最多可以同时让 32 个开关都处于断开状态,并将 8 路电位器全部串入其中。

本机不通电时,继电器不吸合,所有开关均处于“接通”位置,保证传感器处于接通位置。这样如果本机出现故障时,可以临时断电,不影响发动机的正常使用。

本机由 12 V 直流电源供电。

9.5.4　程序清单及分析

下面列出了全部程序清单。在此提醒读者,提供本程序的主要目的是给大家一个完整的开发概念,并不代表本程序中没有任何瑕疵,也不代表本程序的书写风格或编程风格是一种典范。以下的全部源程序有详细的注释,可以对照使用说明书来看。本程序是通过实际证明可以正确运行的程序。

1. 程序清单

```
;键盘缓冲区
FIFO1       DATA    30H
FIFO2       DATA    31H
FIFO3       DATA    32H
;以下显示缓冲区
DISP1       DATA    40H
DISP2       DATA    41H
DISP3       DATA    42H
DISPCTRL    DATA    43H
;显示控制字
DISP_CTRL   BIT     42H                 ;显示控制字,如果为 1 则显示,为 0 则不显示
;键盘有键按下标志
K_MARK      BIT     41H
;控制字堆栈
STAC        DATA    50H
;由 FIFO 得到的控制字
CTRL        DATA    33H
    ORG     0000H
    AJMP    START
    ORG     40H
START:
    MOV     SP,#5FH                     ;设置堆栈
    MOV     P1,#0FFH
```

```
    MOV     P2,#00H
    MOV     P0,#0FFH
    SETB    DISP_CTRL                   ;调用显示程序前设置该位,要求显示出来
    MOV     DISP3,#8
    MOV     DISP2,#8
    MOV     DISP1,#8
    ACALL   DISP                        ;显示 888
    ACALL   D1S                         ;延时 1 s
    MOV     DISP3,#16                   ;H 字符的代码
    MOV     DISP2,#17                   ;消隐代码
    MOV     DISP1,#17
    ACALL   DISP
    CLR     A
    MOV     DISPCTRL,A
    MOV     R0,#20H
    MOV     R7,#10H
INIT:
    MOV     @R0,A
    INC     R0
    DJNZ    R7,INIT                     ;清除 20H～2FH 单元的内容
    SETB    DISP_CTRL
    MOV     DISPCTRL,#10
    MOV     FIFO1,#0
    MOV     FIFO2,#0
    MOV     FIFO3,#0
MAIN:
    INC     DISPCTRL
    MOV     A,DISPCTRL
    JZ      RDISP
    AJMP    MKEY
RDISP:
    MOV     DISPCTRL,#10
    ACALL   DISP                        ;如果计数到 255 次,则刷新一次显示
MKEY:
    ACALL   KEY                         ;调用键盘处理程序
    JB      K_MARK,KEY_PROC             ;如果有键被按下,则转去键盘处理
;*************************以下将内存对应内容输出
    MOV     A,20H
    NOP
    MOV     20H,A                       ;取出 20H 内容,再转入 20H
    MOV     P0,A
    SETB    P2.3
    ACALL   DOUT
```

```
    CLR     P2.3                    ;延时形成下降沿脉冲
;*******************************
    MOV     A,21H
    NOP
    MOV     21H,A
    MOV     P0,A
    SETB    P2.4
    ACALL   DOUT
    CLR     P2.4
;*******************************
    MOV     A,22H
    NOP
    MOV     22H,A
    MOV     P0,A
    SETB    P2.5
    ACALL   DOUT
    CLR     P2.5
;*********************************
    MOV     A,23H
    NOP
    MOV     23H,A
    MOV     P0,A
    SETB    P2.6
    ACALL   DOUT
    CLR     P2.6
    MOV     A,24H
;********************************
    MOV     A,24H
    NOP
    MOV     24H,A
    MOV     P0,A
    SETB    P2.7
    ACALL   DOUT
    CLR     P2.7
    AJMP    MAIN
;用于输出的延时程序
DOUT:
    PUSH    PSW
    SETB    RS1
    MOV     R6,#3
    DJNZ    R6,$
    POP     PSW
    RET
```

```
;********************************键盘处理
;数字键直接进入键值 FIFO
;功能键分别处理
;A：判断待显示的是否为规定范围内的代码，是则接受，并根据代码作相应动作，显示闪烁一次。如
    果不是规定范围内的代码，则不接受，并不闪烁
;规定的代码为：001～032，使相应位置 1，使各继电器吸合，断路
;             033～040，使相应位置 1，串入电阻
;             101～132，使相应位清 0，各继电器触点吸合
;注意：
;     033～040 代码将相应的 0～7 位清 0，以防止继电器触点断路
;     101～108 代码除将相应的 0～7 位清 0 外，还要将 32～39 相应位清 0，防止串入电阻
;B 键：显示和消隐的切换开关
;C 键：复位开关，按下此键，将所有位(00～40)全部清 0，使所有继电器断电(即全部触点处于吸合
    状态)
KEY_PROC:
    CLR     K_MARK              ;清除有键按下标志
    CLR     C                   ;清进位位
    MOV     A,B                 ;取键值
    CJNE    A,#10,KEY_NEXT1
    AJMP    FUN_PROC            ;如果键值等于 10，则转功能键处理
KEY_NEXT1:
    JC      DATA_PROC           ;如果小于 10，则转数字键处理
    AJMP    FUN_PROC            ;如果键值大于 10，则转功能键处理
DATA_PROC:                      ;数字键处理
    MOV     FIFO3,FIFO2
    MOV     FIFO2,FIFO1
    MOV     FIFO1,B             ;如果是数字键，则将数字送入 FIFO
    MOV     DISP3,FIFO3
    MOV     DISP2,FIFO2
    MOV     DISP1,FIFO1
    ACALL   DISP                ;调用显示程序
    AJMP    MAIN                ;数字程序处理完毕，重新开始循环
;*****************************以下为各功能键处理部分
A_PROC:                         ;A 键处理
    MOV     A,FIFO3             ;取 FIFO 的首字节
    CLR     C
    CJNE    A,#2,A_1
A_ERR:
    AJMP    MAIN
A_1:
    JC      A_2
    AJMP    MAIN
A_2:
```

```
        MOV     A,FIFO3                 ;取首字节
        MOV     B,#100
        MUL     AB
        MOV     R0,A
        MOV     A,FIFO2
        MOV     B,#10
        MUL     AB
        ADD     A,R0
        ADD     A,FIFO1
        MOV     R0,A
        CJNE    A,#141,A_3
        AJMP    MAIN
A_3:
        JC      A_4
        AJMP    MAIN
A_4:
        MOV     A,R0
        CJNE    A,#100,A_5
        AJMP    MAIN
A_5:
        JC      A_6
        AJMP    A_ACTION1
A_6:
        MOV     A,R0
        CJNE    A,#41,A_7
        AJMP    MAIN
A_7:
        JC      A_8
        AJMP    MAIN
A_ACTION1:
        DEC     R0
        MOV     CTRL,R0
        ACALL   CLR_OUT
        CLR     DISP_CTRL
        ACALL   DISP
        ACALL   D1S
        SETB    DISP_CTRL
        ACALL   DISP                    ;开显示并闪烁一次
        AJMP    MAIN
A_8:
        MOV     A,R0
        JNZ     A_ACTION2
        AJMP    MAIN
```

```
A_ACTION2:
    DEC     R0
    MOV     CTRL,R0
    ACALL   SET_OUT
    CLR     DISP_CTRL
    ACALL   DISP                    ;关显示
    ACALL   D1S
    SETB    DISP_CTRL
    ACALL   DISP                    ;闪烁一次
    AJMP    MAIN
FUN_PROC:
    MOV     A,B
    SUBB    A,#10
    JZ      A_PROC
    DEC     A
    JZ      B_PROC                  ;B 键处理
    DEC     A
    JZ      C_PROC                  ;C 键处理
    DEC     A
    JZ      D_PROC                  ;D 键处理
    DEC     A
    JZ      E_PROC                  ;E 键处理
    DEC     A
    JZ      F_PROC                  ;F 键处理
KEY_ERR:                            ;如果不是以上键(可能双键同时按下)
    NOP                             ;错误处理,在此直接返回即可
    AJMP    MAIN
B_PROC:
    CPL     DISP_CTRL               ;取反显示控制
    ACALL   DISP
    LJMP    MAIN
C_PROC:
    MOV     20H,#00H
    MOV     21H,#00H
    MOV     22H,#00H
    MOV     23H,#00H
    MOV     24H,#00H                ;C 键是开关重置键,将所有位清 0
    MOV     DISP3,#16               ;"H"
    MOV     DISP2,#17               ;消隐
    MOV     DISP1,#17               ;消隐
    ACALL   DISP
    LJMP    MAIN
D_PROC:
```

```
    LJMP    MAIN
E_PROC:
    LJMP    MAIN
F_PROC:
    LJMP    MAIN                        ;这 3 个键目前不使用
;*************************************置位
SET_OUT:
    CLR     C
    MOV     A,CTRL                      ;CTRL 是要设置的位
    CJNE    A,#32,SET1
    AJMP    SETPROC                     ;等于 32 要特殊处理
SET1:
    JNC     SETPROC                     ;大于 32 要特殊处理
SET2:                                   ;是 1～32 中的一个值
    MOV     A,CTRL
    ACALL   SETOUT1
SETPROC:                                ;如果大于或等于 32,则作两个动作
    MOV     A,CTRL                      ;一是将相应位置 1,以串入电位器
    ACALL   SETOUT1                     ;二是将相应的 1～8 位清 0,以接通电路
    MOV     A,CTRL
    SUBB    A,#31
    ADD     A,#100
    ACALL   CLROUT1
    RET
SETOUT1:
    MOV     B,#8                        ;先求出待设置字节
    DIV     AB
    PUSH    PSW
    SETB    RS0                         ;选第 2 工作区
    MOV     R0,#1FH                     ;用 R0 作间址寻址
    INC     A
    MOV     R7,A
LP:
    INC     R0
    DJNZ    R7,LP                       ;确定是哪个字节
;*************************************
    MOV     A,B                         ;将除得的结果送 A(哪一位)
    JZ      LP3                         ;如果是 0,直接转,否则会有错
    MOV     A,@R0                       ;取这个字节
    MOV     R7,#8                       ;将这个字节循环右移 8 次
    MOV     R6,B                        ;分两段,一段由 R6 控制,正好将该位移到 ACC.0 的
                                        ;位置
LP1:
```

```
    DEC     R7                      ;R7 中减去 R6 已移的次数
    RR      A
    DJNZ    R6,LP1
    SETB    ACC.0                   ;由 R6 控制的移动结束,该位处于 ACC.0 位置,置该位
LP2:
    RR      A
    DJNZ    R7,LP2                  ;剩下来该移动的次数由 R7 中的值决定
    AJMP    LP4
LP3:                                ;这是用来处理一种特殊情况,即某一字节的最低位
    MOV     A,@R0                   ;此时 B 中是 0,如果仍用上面的方法处理,会出错,只
    SETB    ACC.0                   ;直接将该位置 1 即可
LP4:
    MOV     @R0,A
    POP     PSW
    RET
CLR_OUT:
    CLR     C
    MOV     A,CTRL                  ;CTRL 是要清的位
    CJNE    A,#107,CLR1
    AJMP    CLRPROC                 ;等于 107,则转
CLR1:
    JC      CLRPROC                 ;小于 107,则转
    MOV     A,CTRL
    ACALL   CLROUT1
CLRPROC:                            ;如果输入的代码是 101～108,则作如下两个动作
    MOV     A,CTRL                  ;一是将相应位清 0,使继电器触点吸合
    ACALL   CLROUT1                 ;二是将 133～140 相应位清 0,使继电器触点吸合
    MOV     A,CTRL                  ;防止串入电阻
    ADD     A,#32
    ACALL   CLROUT1
    RET
CLROUT1:
    CLR     C
    SUBB    A,#100                  ;先减去 100(因为该位为位数加上 100 构成)
    MOV     B,#8                    ;先将要清 0 的字节求出
    DIV     AB
    PUSH    PSW
    SETB    RS0                     ;选第 2 工作区
    MOV     R0,#1FH                 ;用 R0 作间址寻址
    INC     A
    MOV     R7,A
CLP:
    INC     R0
```

```
    DJNZ    R7,CLP                  ;确定是哪个字节
;****************************************
    MOV     A,B                     ;将除得的结果送 A(哪一位)
    JZ      CLP3                    ;如果是 0,直接转,否则会有错
    MOV     A,@R0                   ;取这个字节
    MOV     R7,#8                   ;将这个字节循环右移 8 次
    MOV     R6,B                    ;分两段,一段由 R6 控制,正好将该位移到 ACC.0 的
                                    ;位置
CLP1:
    DEC     R7                      ;R7 中减去 R6 已移的次数
    RR      A
    DJNZ    R6,CLP1
    CLR     ACC.0                   ;由 R6 控制的移动结束,该位处于 ACC.0 位置,清该位
CLP2:
    RR      A
    DJNZ    R7,CLP2                 ;剩下来该移动的次数由 R7 中的值决定
    AJMP    CLP4
CLP3:                               ;用来处理一种特殊情况,即某一字节的最低位
    MOV     A,@R0                   ;此时 B 中是 0,如果仍用上面方法处理,会出错,只要
    CLR     ACC.0                   ;直接将该位清 0 即可
CLP4:
    MOV     @R0,A
    POP     PSW
    RET
;显示子程序
DISP:
    PUSH    DPH
    PUSH    DPL
    MOV     SCON,#00H               ;置串行口工作方式 0
    JNB     DISP_CTRL,HIDDEN        ;如果 DISP_CTRL 位为 0,则消隐处理
    AJMP    DISP_NEXT               ;要求消隐,则消隐处理
HIDDEN:
    MOV     A,#0FFH                 ;消隐代码
    ACALL   DISP_LED
    ACALL   DISP_LED
    ACALL   DISP_LED                ;3 次调用显示子程序,发出 3 位
    POP     DPL
    POP     DPH
    RET                             ;消隐处理完毕,直接返回
DISP_NEXT:
    MOV     DPTR,#DISP_TAB
    MOV     A,DISP3                 ;显示缓冲区的最高位
    MOVC    A,@A+DPTR
```

```
    LCALL   DISP_LED              ;显示最高位
    MOV     A,DISP2
    MOVC    A,@A+DPTR
    LCALL   DISP_LED              ;显示中间位
    MOV     A,DISP1
    MOV     DPTR,#DISP_TAB
    MOVC    A,@A+DPTR
    LCALL   DISP_LED              ;显示低位
    POP     DPL
    POP     DPH
    RET
;以下显示子程序
DISP_LED:
    MOV     SBUF,A
DISP_L1:
    JNB     TI,DISP_L1            ;发送第 1 位
    CLR     TI
    RET
DISP_TAB:
    DB  88H,   0BEH,  0C4H,  94H,   0B2H,  91H
    ;   0      1      2      3      4      5
    DB  81H,   0BCH,  80H,   090H,  0A0H,  83H
    ;   6      7      8      9      A      B
    DB  0C9H,  86H,   0C1H,  0E1H,  0A2H,  0FFH
    ;   C      D      E      F      H      消隐
;键盘程序
;返回的键值在 B 中
KEY:
    CLR     K_MARK
    MOV     B,#0
    MOV     R0,#0
    MOV     R1,#0F7H
    MOV     R7,#4
    MOV     A,R1
K_LOOP:
    MOV     P1,A                  ;输出到 P1 口
    MOV     A,P1
    ORL     A,#0FH                ;高 4 位为 1
    CPL     A                     ;如果低 4 位也为 1,取反后为 0,无键按下
    JZ      K_NEXT
    AJMP    K_NEXT1
K_NEXT:
    INC     R0
```

```
        MOV     A,R1
        RR      A
        MOV     R1,A
        DJNZ    R7,K_LOOP
        AJMP    NO_KEY
K_NEXT1:
        JB      ACC.4,K_RET                 ;0 键被按下
        INC     B
        INC     B
        INC     B
        INC     B
        JB      ACC.5,K_RET                 ;4 键被按下
        INC     B
        INC     B
        INC     B
        INC     B
        JB      ACC.6,K_RET                 ;8
        INC     B
        INC     B
        INC     B
        INC     B
        JB      ACC.7,K_RET
K_ERR:
        AJMP    NO_KEY
        MOV     A,R1
        RR      A                           ;右移(F7～FB)
        MOV     R1,A                        ;回存
        INC     R0
        DJNZ    R7,K_LOOP
K_RET:
        MOV     P1,#0F0H
        NOP
        MOV     A,P1
        ORL     A,#0FH
        CPL     A
        JNZ     K_RET                       ;循环直到所有按键被释放
        SETB    K_MARK                      ;置有键按下标志
        MOV     A,B
        ADD     A,R0
        MOV     B,A
        RET
NO_KEY:
        RET
```

```
;1 s延时子程序
D1S:
    PUSH   PSW
    SETB   RS1
    MOV    R7,#7FH
DLP1:
    MOV    R6,#8FH
DLP2:
    MOV    R5,#3
    DJNZ   R5,$
    DJNZ   R6,DLP2
    DJNZ   R7,DLP1
    POP    PSW
    RET
;10 ms延时子程序
D10MS:
    PUSH   PSW
    MOV    R7,#20
D1:
    MOV    R6,#250
    DJNZ   R6,$
    DJNZ   R7,D1
    POP    PSW
    RET
END
```

2. 程序分析

(1) 程序中部分伪指令的含义

① DATA。DATA是用来定义字节类型的存储单元，赋予字节类型的存储单元一个符号名，以便在程序中通过符号名来访问这个存储单元，以帮助对程序的理解。例如：

```
SPEED    DATA    30H
```

以后，如果要用到30H这个地址单元，只要用SPEED代替即可。

例如，“MOV　A,30H”可以写成“MOV　A,SPPED”。

② DB。DB伪指令用于定义一个连续的存储区，给该存储区的存储单元赋值。该伪指令的参数即为存储单元的值，在表达式中对变量个数没有限制，只要此条伪指令能容纳在源程序的一行内即可，其格式为：

[标号：] DB 表达式

只要表达式不是字符串，每一表达式值都被赋给一个字节。计算表达式值时按16位处理，但其结果只取低8位，若多个表达式出现在一个DB伪指令中，它们必须用逗号分开。

表达式中有字符串时，以单引号“'”作分隔符，每个字符占一个字节，字符串不加改变地被存在各字节中，并不将小写字母转换成大写字母。

例如：

```
DB 00H 01H 03H 46H
DB 'This is a DEMO! '
```

③ BIT。BIT伪指令定义了一个位类型的符号名，其格式为：

符号名 BIT 表达式

这里表达式的值是一个位地址，这个伪指令有助于位地址的符号化。

例如：

```
LOG3    BIT    47H
Y731    BIT    14H
```

以后使用这个位地址时，只要用这个符号替代就可以了。例如，“SETB 14H”可以写成“SETB Y731”。

(2) 部分程序说明

程序中有一部分是关于显示的。仔细观察程序可以发现，显示部分的程序中有一个计数器，当该计数器计满255后就会向显示部分发送一次数据。按理说，用74HC164作为显示，是一种静态显示设计，只有在需要进行数据更新时才需要刷新，但这里却在不断地刷新。这样做是因为74HC164是一种串行器件，易受到干扰，它的时钟端只要有脉冲输入，就会产生移位，出现错误。这台仪器的主机和显示器部分是用电缆连接的，容易受到外界信号的干扰。在实际实验时，如果不采取措施，那么拔、插电烙铁所造成的干扰也足以使显示混乱，这当然不行。要解决这个问题，可以从硬件和软件两个方面着手，本机中没有采用过多的硬件措施，而是用软件的方法，也就是主机定期刷新显示器，刷新的周期大致在1 s左右。这样，即便显示器受到干扰，那么在1 s过后就会恢复正常。之所以采用这种方法，是因为在工作现场的干扰并不严重，难得会遇上一次干扰。如果工作现场的干扰非常严重，干扰不断出现，就不能采用这种方法，否则会严重影响显示质量。

这里采用了每255个工作周期刷新一次而不是每个工作周期都刷新，这是由于74HC164没有门控端，每次刷新都会通过每根输出线反映在显示器上。如果每个工作循环都刷新一次，会造成显示器严重的“串红”现象，也就是会造成显示器的对比度下降，这是不可接受的，所以采用了大约1 s刷新一次的方法，给人的主观感受会好很多。另一个关键是这种方式是开发者与用户协商后，用户感到是可以接受的，所以才采用了这种方式。

在程序中还有一段是关于控制开关板输出的，注意分析其中开关板的输出是每个周期都进行一次，这样做的目的是防止干扰。

其他各子程序不难看懂，主要有延时子程序、键盘处理子程序、显示子程序等，都与前面介绍过的程序类似，这里就不再一一分析了。

9.6 综合练习

学习单片机需要多加练习，但是要做一个比较完整的项目却是诸多不易，要找到一个适合自己能力的项目，要准备硬件，要对项目进行分析等。这些东西虽然也属于应用单片机必须掌握的东西，但毕竟不是在学习单片机时着重考虑的。因此，很多人学完单片机的教材内容后无法做一个相对完整项目,影响了对单片机知识的掌握。

为此,这里提供一个综合练习的素材,对此进行一些初步分析,使读者集中精力于单片机开发本身上,暂时不需要分心考虑其他的问题。

这个综合练习是做一个抢答器,比较简单并有一定实用价值。

抢答器的含义、原理读者都清楚,要做一个能够实际使用的抢答器,需要考虑下面一些问题。

1. 指　示

抢答开始必须要有个统一的标志,不能单纯依赖主持人的语音信号"开始",因为"始"字的余音较长,各个选手判断主持人是否说完这个"开始"的标准不好统一。如果抢答激烈,会影响公正性,最好用灯光做统一的标准。布置灯光的时候要注意,如果选手离得比较近,那么可以选用一盏灯;如果相距较远,则最好是每个选手前面有一盏灯;如果单独设计电路,则在设计时电路板上要预留控制端口。

2. 功　能

作为练习,该抢答器的功能不要太多。设共有8路输入,允许8组同时抢答。

① 判断抢答的按钮号,并在显示器上显示出来,同时用1号音响提示。

② 判断是否有人犯规抢答(在指示灯亮之前有人按下了抢答按钮),如果有,则本次抢答失败,用2号音响提示,显示出犯规的按钮号。

③ 有计时功能,如果规定的时间到后尚无人抢答,用3号音响提示。时间可以由使用者在1～99 s之间设置。

3. 电路设计

这里仅作为一个练习,使用第2章介绍的实验电路板。其中P1口的引脚作为抢答器的8路输入;2位数码管可以用作显示抢答按钮号的指示和设置计时的时间指示;4个按键开关可以用作控制、时间设置等;声音电路可以用作音响的输出。

4个按键的功能定义如下:

- S1:开始键。主持人说出"开始"后按下此键,指示灯亮,代表抢答可以开始。
- S2:加1键,用于设置时间。每按一次键,显示器上的值加1,一直加到99,再按就不再变化。
- S3:减1键,用于设置时间。每按一次键,显示器上的值减1,一直减到0,再按就不再变化。
- S4:复位键。一般情况下,抢答完成或未能成功抢答,即自动回到初始状态,如果在抢答中间要重新开始,按下此键一切复原。

S2和S3功能键要考虑有连加和连减的功能。

4. 结构、接线及其他

要做出一个完整的产品,并不是编程完了就算结束,还有很多工作要做。如上所述,这个项目是提供给读者学习单片机的,因此,读者应当先将上面所介绍的功能完整地编程实现。在正确地编程完成上述功能之后,如果能做一些结构、接线等方面的工作,力争将其做成一个完整的产品,或者即便不去实现,也对这些方面的问题多加考虑,那么就会有比较大的收获。以下是有关提示,可供参考。

抢答器的现场连线必须要可靠和方便,不能把全部连线都接到机器上,这样不便于携带,要能够分离,所以线与主机间要通过接插件相连。市场上的接插件种类很多,但要选择到连接可靠、价格合适的接插件还是必须要进行仔细的调查和试验。选定接插件后,其与电路板的连接,及其在机箱上的安装方式就要仔细考虑,合理安排。

抢答器的显示器部分必须足够大且亮,才能让大家都看得见,以示公平。实验板上的两个小数码管只能让主持人看见,并不实用。具体应用时,可以考虑扩展大型的 LED 显示器或者与 PC 机接口,利用 PC 机的屏幕显示。

抢答器的各种音响必须足够响,一般可以接入现场的功放输入端,那么电路板上的音频部分必须处理好,否则可能引入较大的噪声。

……

以上这些工作,看似与单片机开发无关,但如果这些工作做得不好,同样不能完成一个项目的开发工作,这也体现一个人的技术功底问题。我们并不强调每个人都要对各种知识或现场应用都十分精通,但是一些基本的电路还是必须要熟悉的,一些常见的实际问题也必须有所了解。

一旦做了这些工作,可以回过来再考虑重新设计电路板,综合安排各个部件,利用硬件措施提高系统的抗干扰能力等。总之,这个项目虽小,但如果能够完完整整地做出来,对读者从学习到实践有一定的帮助。

思考题与习题

1. 为秒表加上计分钟的功能,通过 P1 口所接的 8 个 LED 以二进制形式记录分钟数。
2. 为倒计时时钟加上音响功能,在 60 s 到后,以 400 Hz 的声音鸣响 1 s。
3. 分析 9.5 节中的程序,分解出显示、键盘、输出等各个子程序。
4. 根据 9.6 节的描述做出抢答器,为抢答器加上与 PC 机联机的功能,将有关信息通过 PC 机显示出来。

附录 A

实战——接真正的灯

在学习了一段时间之后，读者已有了一定的理论和实践经验，但是很多人——特别是擅长于动手的电子爱好者还是会有些焦虑——老是纸上谈兵，点个 LED 有什么用？LED 又不能拿出来用，能不能让单片机来做点实际的工作呢？

这里安排一个能够点亮真正电灯的课题——做一个舞台灯。

在开始做之前，需要特别提醒：

即便是完全正确的电路原理图，也不能保证在制作等其他环节不出问题，没有接触过强电的读者请不要随便试，特别要注意用电安全。

A.1 工作原理

图 A－1 是制作好的强电接口板的实物图(制作的实物使用了一只外接直流电源，所以没有在板上安装 4 个整流二极管，而是安装了一个电源接头)，图 A－2 是该板的电路原理图，图 A－3 是该板的印刷线路板图，这块板用于强电和单片机的接口。单片机部分可以使用本书提供的实验板，如果需要把它做成独立的产品，可参考实验板自行设计单片机部分。

图 A－1 制作好的强电接口电路板

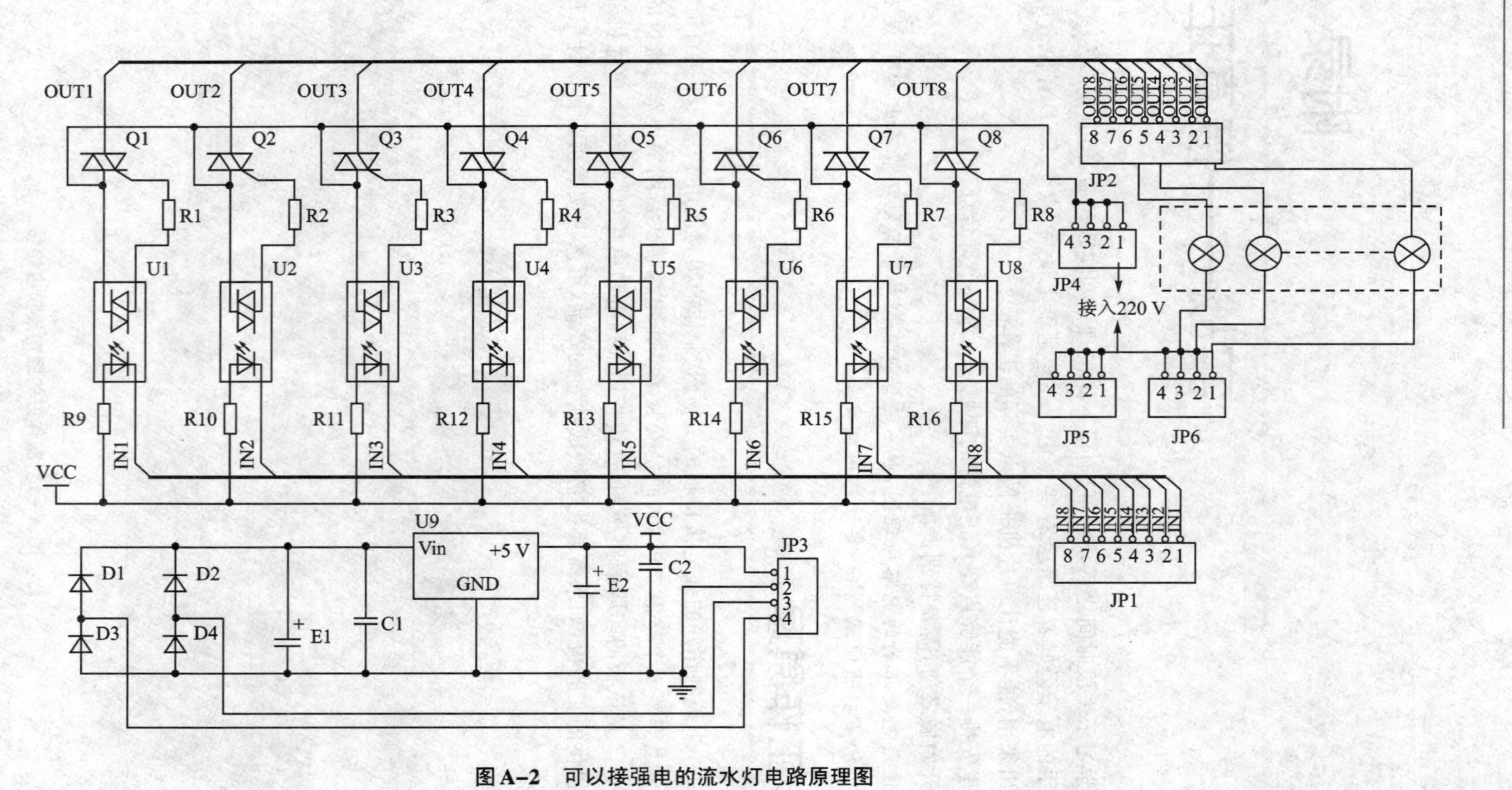

图A-2　可以接强电的流水灯电路原理图

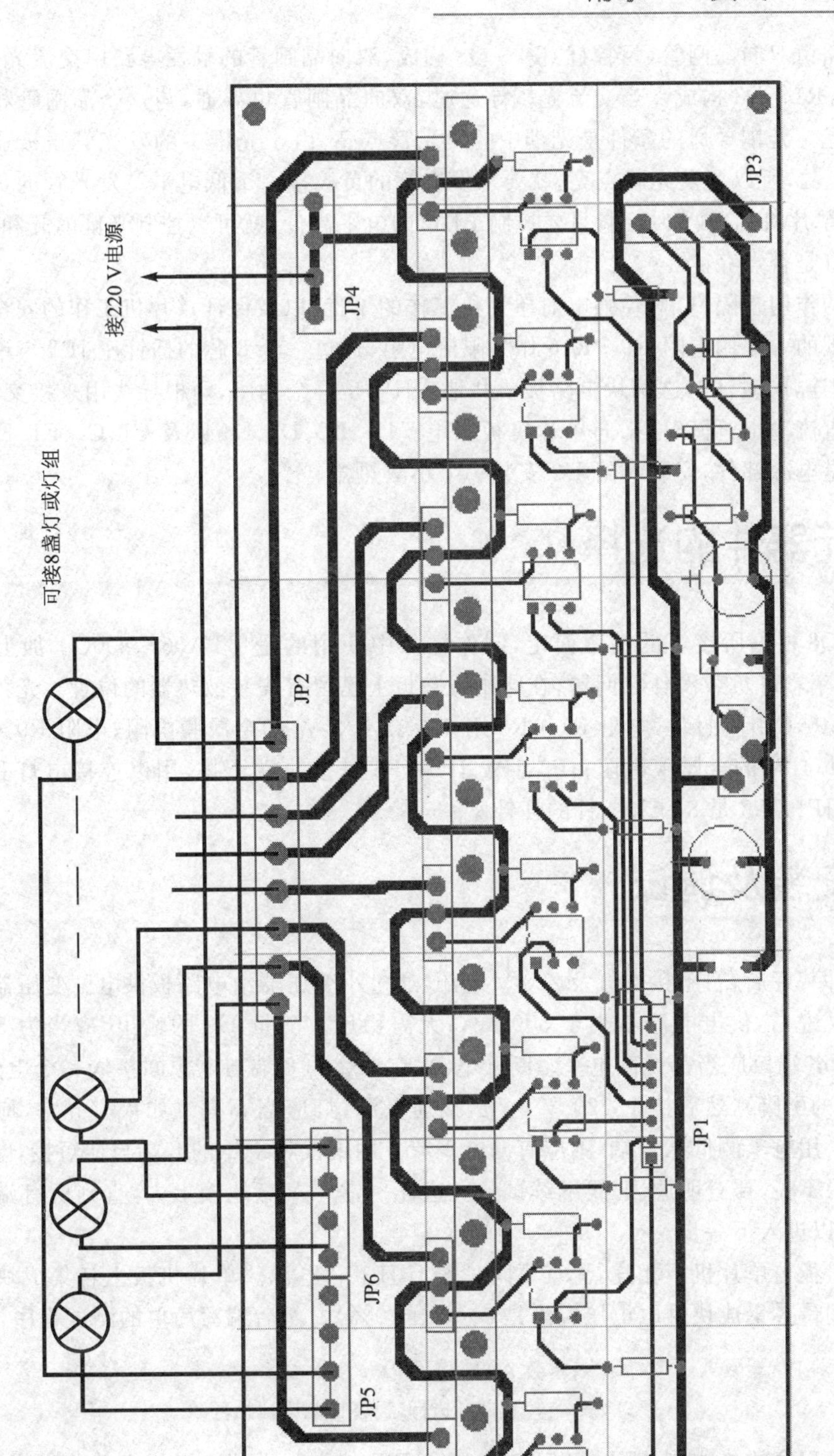

图A-3　可以接强电的流水灯印刷线路板图

主电路由双向晶闸管(可控硅)Q1～Q8构成，双向晶闸管的触发电路由交流光耦U1～U8及电阻R1～R8构成。当交流光耦导通时，双向晶闸管也导通，与这个晶闸管相连的电灯就会发光。光耦导通的条件是光耦中的发光管点亮，由于光耦中的发光管正极通过电阻接+5 V电源，所以要发光管点亮，就要求发光管的负极接一个低电平。发光管的负极是接到JP1，由单片机的P1口控制，只要控制P1口的电平高低，就可以控制光耦的开和关，也就控制了电灯是否点亮。

光耦的作用是隔离，避免强电对单片机工作的干扰，以及保证单片机工作的安全和人身安全。光耦的一端用电阻R9～R16作为限流电阻，通过一个8芯的插针座JP1与单片机板的P1口相连，同时注意这两块电路板要共地。JP3是一个插座，两根导线用来接交流电源，另两根是直流输出，可以用来向单片机板供电。D1、D2、D3、D4以及C1、C2、E1、E2和U9(7805)等是电源部件，安装时给U9安装一个小散热器。

A.2　元器件的选择

Q1～Q8根据所接灯的功率而定，制作样品中使用的是BTA06-800C。加上散热片后，带小功率彩灯负载没什么问题，在印刷线路板上已留有安装散热器的位置。光耦的型号是MOC3040，6引脚封装，电阻R1～R8用330 Ω、1/2 W的金属膜电阻；电阻R9～R16采用470 Ω、1/4 W的金属膜电阻；JP2、JP4、JP5、JP6是接线端子排，用以连接电灯和220 V的电源线；JP1、JP3是8针和4针的插针座。

A.3　安装及调试

元器件装好后，暂不接电灯及220 V电压，通过小变压器给电路板供电。变压器的输出电压在9 V左右，供电电流不小于300 mA，无需稳压。测量U9的输出，应当为5×(1±10%)，JP1各端口应当都是高电平。断开电源，在JP2的8端与电源间接入一个电灯(即与Q1所连接的引脚)，然后接上220 V电压，接通电源，灯应当不亮。如果有异常，应立即断电并检查。用电笔测低压一端，不应有漏电现象。用铜线将JP1的8端与地短接，电灯应当发亮。如果不亮，要查明原因，再继续试验。这样一盏一盏灯地接上去，直到所有端子都通过测试，可以进入下一步。

将接口板与单片机板相连，注意要同时连上JP1和电源。单片机板上各集成块暂不插入，通电，测量各集成块供电电压应当是5×(1±10%)。然后编写简单的测试程序：

```
MOV    P1,#0AAH        ;将数AAH送入P1
SJMP   $               ;跳转到自身执行,程序在此原地循环
```

这两行程序的二进制代码是75 90 AA 80 FE，将它写入片内。插入单片机实验板，通电，实验板上接在P1口的LED应当是“灭、亮、灭、亮、灭、亮、灭、亮”。给接口板接上220 V电源，接在端子上的各个灯的状态应当与LED亮灭相同，然后再写入另外一个程序：

```
MOV    P1,#55H
SJMP   $
```

这一行程序的二进制代码是 75 90 55　80 FE,将它写入片内。通电,实验板上 LED 的亮、灭应当和刚才相反。然后接上电灯,如果灯亮的情况与 LED 亮的情况相同,说明已通过测试。

通过测试后即可把流水灯的目标代码写入单片机芯片,并插入单片机实验板,查看真正流水灯的工作情况。

学过电子的读者可能知道很多用分立器件做的流水灯电路,现在这么一个电路的性能已完全超过那一类电路了。那一类电路通常只有 4 路输出,而这里有 8 路;那一类电路的花样是有限的,而这里的是无限的,基本上可以说取决于设计者的想象力。

这个电路用了 8 只光耦,有点大材小用的感觉,但是为安全考虑,还是这样安排了。实际上这个电路的用途远不止是用单片机来控制灯,读者可以自行考虑这个电路还有什么其他用途。

附录 B

单片机常见问题问与答

以下内容是作者回答网友的 E-mail 及解答论坛上的部分问题的总结和提炼，其内容涉及初学单片机的方方面面。有些内容在已入门者或者身边有老师、朋友可以请教的人看来是非常简单的，但是对于一个刚刚开始接触单片机的人来说，却是很难弄懂的。如果没有老师可以请教，也许会被这个问题挡住达数天、数月甚至数年之久，一个简单问题也许就断送了学习的热情，这决不是危言耸听。没有人教的痛苦，有时是很难想象的。

这里的问题，有一些是属于常识性的；有一部分是书上提到了原理，但没有明确的答案，这里作了一些介绍；有一部分在书上是有明确答案的，但是这些问题有很多人问，所以也将其列出；有一部分是通过问题来说明一些在教材中没办法安排，但又很重要的内容；有一部分是本书第一、第二版出版后读者的提问。

问： 是不是所有可以用来编写汇编程序的软件都可以用来编辑单片机的程序？例如，PE、WIN98 自带的 EDIT 等，是通用的吗？

答： 对编程的结果而言，并没有什么不同。当然，就是否使用方便而言，各种编缉器是有区别的。

问： 在编写单片机程序时，与 WIN98 自带的 EDIT 相比，PE 有哪些优点？

答： 我认为 PE 的优点是使用比较方便。推荐使用 UltraEdit 作为编缉软件。

问： AT89C51 中已有 4 KB 的 Flash ROM，可以装下我的程序，不需要再扩展内存。这时，P0、P2 口能作为普通的 I/O 口使用吗？是否需要额外的设置？

答： 可以。但要注意，P0 口的结构与其他几个 I/O 口不同，做 I/O 口用时要接上拉电阻，不需要在软件中进行任何设置。

问： 十进制数和二进制数究竟有什么区别呢？

答： 十进制和二进制的区别在于数的存放形式。

举例来说，一个内存单元中的数是 01010100B，可以认为这个内存单元中的数是 54H (84)，也可以认为它就是 54，关键是要看在什么场合。例如，若认为存储器里的 01010100B 是 54，则对这个数进行加、减、乘、除等运算，就得用十进制的运算规则来写一段程序来处理。例如，做完一次加以后，要用“DA　A”这条指令来调整，最终得到的结果是十进制的。而如果认为它是二进制，那么做完加法，就不需要进行这样的调整，当然最终得到的结果是二进制的。例如，54H＋27H，然后再用“DA　A”指令调整，结果是 81H，而不用“DA　A”指令，结果是 7BH。再如，如果认为这个数是 54，并且要把这个数显示出来，那么可以直接将这个数进行分离(用 00001111B“与”这个数得到 4，用

11110000B“与”这个数，得到 50H，然后用“SWAP　A”得到 05)，即将其变成 5 和 4，然后分别送去显示缓冲区即可显示出 54。如果认为这个数是 54H，要把这个数送去显示，就得先编一段二—十进制的变换程序，把它变成 8 和 4 然后再送去显示，示例程序如下：

```
MOV     B,#10
DIV     AB
```

即把这个数除以 10，结果 A 中是 8，B 中是 4，然后分别送到显示缓冲区，即可显示 84。

问： 我最近想做 A/D 转换的练习，用汇编写，可是 A/D 转换后的数据为二进制数，而 LED 数码管显示的是十进制数。另外，如果要显示 9.8 等带小数位的数据，该如何写？

答： 这个问题看起来简单，但是它的答案却是出人意料的复杂，如果要从头开始讲这个问题，没有十几页甚至几十页不可能讲清楚，所以这里也仅提供一些思路，供进一步研究。

小数在计算机内部有两种存放形式，一种是定点形式，另一种浮点形式。如果需要表达的数的范围较小，可以用定点形式来表示。如果要表达的数的范围较大(有一些要表达的数本身的范围并不大，但是运算的中间结果范围却很大)，就必须用浮点形式来保存数据和做数据的运算。所谓定点，就是小数点确定，比如用两个字节来表示一个小数，把小数定在两个字节中间。以上面的 9.8 为例，这个值可以存放为 09H，08H。

浮点形式的数据在存放方式上与定点方式有很大区别，不能直接用于显示，必须把浮点数转化为十进制数，然后才能进行显示。现在已有一些很成熟的浮点数的计算程序，可以将二进制数或十进制数转化为浮点数；可以做加、减、乘、除及一些函数运算；可以将浮点数转化为十进制数，这样就可以把数送去进行显示了。但是，即便有了现成的程序，在使用这些程序时，最好还是弄清楚浮点数的表达原理，在计算机中的存放格式等问题，这些知识在计算机原理书中有介绍。

要在 LED 数码管上显示小数点，有若干种方法。如果采用静态法显示，而且小数点是固定的，比如固定在倒数第 2 位显示小数点并且这个小数点一直点亮，而其他位置一定不会用到小数点；那么可以把这个 LED 数码管的小数点直接通过限流电阻接到电源而点亮(不用单片机的某个口控制)，其他的则不接。如果小数点是浮动的，也就是说要显示在不同位置的 LED 数据管上，或者采用的是动态的显示方案，可以用两个表格，一个是不带小数点的字模表，一个是带小数点的字模表，根据需要查不同的表格，然后再送去显示。另一种方法是只用一个不带小数点的字模表，在判断某位需要小数点后，在将该字模送出显示之前，用运算的方法(例如，用某个数和字模进行“与”、“或”等，将相应位清 0 或置 1，视要求而定)点亮小数点。至于具体程序，与硬件电路设计有关。以本书介绍的实验板为例，如果要显示小数点，那么可以写出字形码表如表 B-1 所列。

把上述的字形码代替原字形码，就可以实现显示小数点了。但一般小数点只能在一位显示，若直接用这个字形码替代原字形码，则两位 LED 都会显示小数点，所以要用两个字形码表。需要用小数点时，取带小数的字形码表；不需要小数时，取不带小数的字形码表。

表 B-1　根据数码管连接方法写出字形码表(带小数点)

引　脚	P07	P06	P05	P04	P03	P02	P01	P00	字形码
字　段	C	E	H	D	G	F	a	B	
0	0	0	0	0	1	0	0	0	08H
1	0	1	0	1	1	1	1	0	5EH
2	1	0	0	0	0	1	0	0	84H
3	0	1	0	0	0	1	0	0	44H
4	0	1	0	1	0	0	1	0	52H
5	0	1	0	0	0	1	0	1	45H
6	0	0	0	0	0	0	0	1	01H
7	0	1	0	1	1	1	0	0	5CH
8	0	0	0	0	0	0	0	0	00H
9	0	1	0	0	0	0	0	0	40H


```
DISP:
        ⋮
        MOV     DPTR,#DISPTAB1          ;带小数点的字形码表首地址
        MOVC    A,@A+DPTR               ;取字形码
        MOV     P0,A                    ;将字形码送 P0 位(段口)
        CLR     FIRST                   ;开第 1 位显示器位口
        LCALL   DELAY                   ;延时 5 ms
        SETB    FIRST                   ;关闭第 1 位显示器(开始准备第 2 位的数据)
        MOV     A,DISPBUF+1             ;取显示缓冲区的第 2 位
        MOV     DPTR,#DISPTAB2          ;不带小数点的字形码表首地址
        MOVC    A,@A+DPTR
        ⋮
        RET
DISPTAB1:  DB 08H,5EH,84H,44H,52H,41H,01H,5CH,00H,40H
DISPTAB2:  DB 28H,7EH,0A4H,64H,72H,61H,21H,7CH,20H,60H
```

仔细观察两个字形码表可以发现，只要把 DISPTAB2 和 11011111B 相“与”就是 DISPTAB1，所以如果不用两个字形码表，只要在显示第 1 位数码时，取出字形码表后，做一个：

```
ANL    A,11011111B
```

的操作，然后再把这个值送往 P0 口，也一样实现小数点的显示。

上面是总的原则，其实明白了这个道理，就可以变通使用。比如，一般而言，如果程序需要进行小数运算，用 C 语言写程序就要用 float 型的数据，也就是要用到浮点形式的数据。但是，如果只用到有限的小数，而且所有的中间运算结果范围也并不是很大，那么就有可能用 2 位(int 型)或 4 位的整型数(long 型)来替代浮点数。例如，某项目用的是 8 位 A/D，则

A/D之后的结果就在0～255之间变化，现要求将A/D的结果除以3后送往显示器显示。

由于0～255之间的一些数除以3以后就会出现小数，通常要用浮点程序来进行运算。但是仔细分析一下，用于数码管的位数是有限的，不可能显示出所有的小数。假设有4位数码管，则显示的值就在0～85.00之间变化，中间的一些值，如253除以3是84.333 333 333…，这就出现了小数问题。考虑实际情况，用于显示的数码管只有4位，所以只能够显示到84.33。这样，可以在除3之前先将被除数扩大100倍，然后再除以3，结果当然只得到了整数部分。以253为例，就是25 300/3＝8 433，将8 433送往数码管显示，并且强制第2位数码管显示小数点。这样一来，虽然送去显示的是8 433，实际人们所看到的则是84.33，完全符合要求。

既然有现成的浮点运算程序，直接调用则很方便；如果用高级语言则更方便，只要定义一个数据类型就行了，为什么要这样大费周折呢？很多人，特别是从PC编程转去做单片机编程的人常常感到困惑。这是因为单片机的资源有限，其内部的ROM数量较小，运算速度较慢；而浮点运算程序是非常占用时间和空间的，一旦在程序中引入了浮点程序，将会大大增加对ROM的需求和降低运行速度。比如，89S51芯片的ROM容量是4 KB，某程序不用浮点程序计算，就不需要这4 KB的容量，一旦用上了浮点程序计算，容量可能一下就增到4 KB以上。这时就不能用89S51，而不得不改用89S52了，这样产品成本就上去了。使用浮点运算后，运行速度也会慢下来，如果慢到一定程度，可能就不能满足使用要求了。

问：教材上多次出现的延时程序：

```
        MOV     R7,#200
D1:     MOV     R6,#100
        DJNZ    R6,$
        DJNZ    R7,D1
```

如果在R6中放入0，即第2行变为：

```
D1: MOV     R6,#0
```

会有什么样的结果？是程序走死了，DJNZ无法减1导致死机；还是只走了250次程序就结束？我实验的结果是P10的LED因高电平不亮，是程序走死造成，还是程序结束造成的？

答：在R6中放入0，减1成255，然后再减到0，所以执行256次。如果您的实验结果真的是程序进入死循环了，肯定不是这个原因。

问：51单片机中仅有两个外部中断。但我有一个课题：要求在P1口8位的每位有外部输入时，P2口相应位置高电平，且置高电平时间为1～8 s。这用仅有两个中断的8051如何实现呢？另外，在应用定时中断时(仅两个定时中断)，也有上述问题。

答：这是关于中断扩展的，如果实时性要求不是很高(如毫秒级)可以用定时器中断做扫描，每毫秒扫描一次，查到P1口相应位变低，则置P2口的相应位。如果实时性要求很高，可用硬件扩展，最简单的是用8输入端“与”门，每个输入端与P1口相连，输出接单片机的外部中断INT0或INT1引脚。一旦P1口有输入为低，则会有外中断产生，单片机就能知道，然后在中断程序里进行判断，到底是哪个引脚被拉低，然后再进行相应处理。

定时中断也可以这样处理，用一个定时器，再用若干个RAM单元构成软件计数器。举例来说,系统有 5 个定时中断要求,定时的时间分别是 5 ms、8 ms、12 ms、15 ms 和 20 ms。那么可以用一个定时器做成一个时基发生器,产生 1 ms 的定时中断信号;另外,用 5 个 RAM 单元作软件定时器。每次定时时间到,就给这 5 个 RAM 单元加 1,然后判断是否到了 5、8、12、15、20。如果到了,说明定时时间到了,相应的事件就要发生了,于是就对这些进行处理;如果没有到,就不作处理,直接返回。当然这样做实时性肯定要受影响,但是很多时候这样做就可以胜任工作了。如果还是不行,可以考虑扩展定时器,例如,用 8253、8254 之类的芯片。如何处理,还需视实际情况而定。

问: 下面是我所做的练习,请批阅。

设计一个延时 100 ms 的延时程序。若采用 0.8 MHz 的晶振,则延时程序清单如下:

……

答: 晶振假设为 0.8 MHz 不符合实情。事实上 89 系列单片机常工作于 6 MHz,12 MHz 等频率,有时也用 4 MHz 或更低一些的频率,但用到 0.8 MHz 的情况并不多。实际上这个练习是要求用 3 重循环来做。

问: 请问学习开发单片机非要先学汇编语言吗?如果可以直接从高级语言入手,哪一种比较适合?是 C 语言吗?通常讲的 C51 是不是 C 的一种?如果想用 C51 编程是不是要先学 C 语言?要学到什么程度?对于像我这样有一些电子实践基础但不会编程的初学者,应该列一个怎样的计划才可以在较短的时间里学会一些实际的开发?另外,C++ 是 C 的升级,它和单片机开发的关系如何?是否可以直接学习 C++?

答: 个人观点,最好先学汇编,至少学到能看懂的程度。如果一定要从高级语言入手,则 C 语言比较合适。但不管学汇编还是学 C,单片机的内部结构是必须要清楚的,在学完之后,你会发现,与其他部分相比,汇编只是一个小小的门槛,所以不用害怕汇编,与 PC 机的汇编相比,51 的汇编要简单许多。C51 是针对 51 单片机的 C 编译器,目前以 Keil C 为最热门,可以直接从单片机的 C 语言开始学习,目前有几本不错的单片机 C 语言教材可以作为指导,而且 Keil C 也带有一个集成环境,可以进行模拟调试。

到目前为止还没有见到针对 51 的 C++ 编译器,所以不能直接学 C++。

至于计划,我想无非就是多做一点练习,再做块实验板,把每个程序都试着运行一遍,然后按要求做修改,做过几个之后,就会心中有数了。

问: 工作寄存器就是内存单元的一部分。如果选择工作寄存器组 0,则 R0 就是 RAM 的 00H 单元,这样“MOV A,#00H”和“MOV A,R0”这两条指令似乎没有什么区别,为什么要用两条指令来加以区分呢?

答: 的确,这两条指令执行的结果是完全相同的,都是将 00H 单元中的内容送到 A 中去,但是执行的过程不同。执行第 1 条指令需要 2 个周期,而执行第 2 条则只需要 1 个周期;第 1 条指令变成最终的目标代码要 2 个字节(E5 00),而第 2 条只要 1 个字节(E8)就可以了。

这两条指令就相差一个周期,如果使用 12 MHz 的晶振,也就只相差 1 μs!可能会有读者认为既然这样,那何必考虑呢?实际情况并非如此,如果这条指令只执行一次,也许无所谓,但一条指令如果执行 1 000 次,就是 1 ms;如果要执行 1 000 000 次,就是 1 s 的误差,这就很可观了。单片机是做实时控制的,所以有时是必须如此“斤斤计较”。此外将数据送入工作寄存器有一些特定的功能,所以 51 单片机中设计了寄存器寻址这种寻址方式。

问: 我在Atmel公司的网站上下载了93C46的51接口程序,里面有几句语法不甚明了。请问以下汇编语言写法的意义?

(1) 指令“MOV DPL,#110B”中间的110B是什么数字?

(2) 指令“MOV DPTR,#(10001B SHL(NADDR-2))”中的SHL是什么意思?还有支持“(10001B SHL(NADDR-2))”这样写法的编译器吗?

答: 以B为后缀的是二进制数,110B即6。SHL是左移,即将10001B左移NADDR-2次。Intel公司的A51以及Keil所带的汇编器都可以支持以上语法,其他的编译软件没试过。

问: 我初次接触单片机,有下面的一些问题请教:

(1) 晶振两边没有电压,用万用表测是导通的,晶振两边接的是30 pF的瓷片电容。

(2) 源程序用MASM51编译通过,并用DBG8051调试过,没发现什么问题。然后向片子里写了一个只有一条指令的程序“SETB P1.0”。理论上这时二极管应该灭掉,可通电之后,依然发光。

(3) 由于没有5 V变压器,所以电路中用的是6 V电源,此时发现电路只接通了大概10 min左右,单片机的温度就非常高了。

答: (1) 一般而言,用万用表测量晶振两端应当有2 V多一点的电压,但是由于各人所用的万用表特性各异,所以并不总是这样。我手边有两款同样为MF-47型的万用表,一个可以测出电压,另一个就测不出。如果有条件,可以用示波器看晶振两端是否有振荡的波形,这是最准确的;如果没有条件,可以用万用表分别测两个晶振端的对地电压,两个引脚对地电压有一定的差值,注意不同型号的芯片其差值也不相同,读者可以积累自己常用芯片的数据。

(2) 应该是您的硬件电路有问题,从后面的叙述看,有可能芯片已损坏。另外,程序通过软件仿真并不能代表就一定正确,比如:

```
SETB    P1.0
CLR     P1.0
```

这两行程序在软件仿真时,可以看到P1.0发生了变化,因为指令是单步执行的,但是写到片中运行,却是不可以的。

(3) 单片机的供电电压不能超过5.5 V,一定要准备一个5 V电源。

此外,能通过编程器编程并不代表芯片一定是好的。实践中多次发现有芯片引脚损坏,但编程可以通过的情况。另外,还要提醒一下,实践中发现有些芯片在编程时必须写好保密位,否则不能正常工作。请检查您的编程器设置,是否在编程后有写保密位的设置。

问: 89C51的程序是从哪里开始运行的?我的意思是系统复位后,接下来执行的第1个程序的地址应该是多少?我看调试器上都是从0开始的,所以我想问。中断入口应该放在哪呢?

答: 系统复位后是从0000H开始执行程序的,而中断入口从0003H开始一直到23H是最后一个中断入口地址,所以您可以看到,很多程序的第1条指令是“LJMP 0030H”。

就是要跳过中断的入口地址。

问：(1) 80C51 系列中，I/O 口第 2 功能应如何理解，是否可以单独定义使用？例如，P3.0 和 P3.1 的第 2 功能定义为 RXD 和 TXD 后，这两个口是否就不能当做普通 I/O 口使用了，而只可以当串行口用？那么此时未指定的 I/O 口 P3.2(INT0) 和 P3.3(INT1) 为外部中断时，P3.2 和 P3.3 还可以当普通 I/O 口用吗？

(2) AT89C51 和 AT89C2051 是怎样进行芯片加密的？应如何编写或设置？

答：(1) 第 2 功能，实际上只是一种说法，因为我们一开始学习的时候就说 P3 口是一个 I/O 口，这实际上是 P3 口的第 1 个功能。然后讲第 10～17 的那些引脚还有第 2 种用途，所以称之为称第 2 功能。严格地说，“I/O 口第 2 功能”这句话并不对，是第 10～17 引脚有第 2 功能。它们是可以分开单独定义使用的。

关于第 2 功能，很多人有个误解，就是认为要使用这些引脚的第 2 功能，必须进行一下什么特别的设置，其实不然。不管设置不设置，第 2 功能的用途总是存在的。比如某设计中，P3.0 和 P3.1 并不是作为 RXD 和 TXD 来用，它们只是接了一个 LED，而并没有接串行口的一些线路。那么理论上讲，这时 P3.0 和 P3.1 就不是用作第 2 功能了，其实这时只要设置好有关通信的参数，用“MOV SBUF,A”指令向 SBUF 中写入一个数据，马上就会在 P3.1 引脚上出现一串时钟脉冲，同时 P3.0 上会有一些电平的变化出现。反之，如果某个应用中将 P3.1 和 P3.0 用于串行通信，一样可以用“SETB P3.0”或“CLR P3.0”之类的指令，而且端口也会产生相应的变化。只是一般不会这么去做，因为这可能会影响到正常通信。

再举个例子，P3.6 和 P3.7 分别是读/写控制线。如果单片机外部扩展了 RAM 或 I/O 之类的外设，那么这两个引脚就是作为第 2 功能在使用了；但事实上，完全可以用“SETB P3.6”之类的指令。当然这根引脚的电平也会随之变化，但最好不要这样去写指令，因为这会影响到外接设备的正常工作。事实上，只要用到 MOVX 类指令进行输入/输出，P3.6 或 P3.7 就会产生一个下降沿的波形，而不管其外部接的是什么。

上面都是输出的例子，再看一个输入的例子。INT0 是外中断 0 引脚，如果把这个引脚作为一个 I/O 引脚使用，用它来输出数据，那么它就不作为中断用了，它的中断功能消失了吗？其实没有，单片机的内部还是在每个时钟周期都去查一下这个引脚的状态，只是这个状态不能够产生中断了(因为已经关掉了中断响应标志)。

通过上面几个例子的分析可以看出，外部设备的连接和程序的编写是不相关的，必须要由程序员来掌握。也就是说，外部设备怎么连，程序就得怎么编。

(2) 加密由器件的功能实现，由编程器完成，不是用编程来完成的。

问：某单片机教材上说：“在执行 PUSH 和 POP 指令时，采用堆栈指针 SP 作为寄存器间接寻址……”怎样用 SP 寄存器间接寻址？能举例解释吗？

答：这只是一种说法，帮助理解堆栈操作。我们知道，数据传输指令，总得有个目的地，有个源，也就是说数据从什么地方来，到什么地方去。但指令“PUSH ACC”中似乎只有源，即 ACC 中的数，而没有目的。这条指令的用途是将 ACC 中的数放入堆栈，假设在执行本指令前 SP 中的值是 5FH，则执行本指令时先将 SP 加 1 变为 60H，然后将 ACC 中的值放入 SP 所指的单元，也就是 60H，这就是间接寻址的概念。

实际上该指令相当于“MOV @SP,A”这样的一种形式的指令(当然，这条指令是不存在的）。

POP 指令也是如此，“POP　ACC”就相当于执行“MOV　A,@SP”这样一种形式的指令（当然，这条指令也是不存在的）。

问：

```
MOV     TH0,＃15H           ;置＃15H 入 TH0 计数器内
MOV     TL0,＃0A0H          ;置＃0A0H 入 TL0 计数器内
```

是不是将＃15A0H 这个数分高低两位来置入定时器？

答：是的。

问：有没有方法将 16 位数＃15A0H 一次置入定时器呢？

答：没有，定时器的寄存器是 8 位的，只能将 16 位数分成 8 位送入。在标准的 80C51 单片机中只有 DPTR 是 16 位的，可以一次送入一个 16 位数。

问：在我学到：“程序存储器向累加器 A 传送指令“MOVC　A,@A＋DPTR”，本指令是将 ROM 中的数送入 A 中。本指令也被称为查表指令，常用此指令来查一个已在 ROM 中做好的表格。”时很难理解，特别是“TABLE”相关的内容，请详细介绍。

答：(1) 将程序改为如下形式，是否能理解？

```
MOV     DPTR,＃1000H
MOV     A,R0
MOVC    A,@A＋DPTR
 ⋮
ORG     1000H
DB      0,1,4,9,16,25
```

“ORG 1000H”是一条伪指令，意思是从什么地方开始。那么在这句话中从什么地方开始呢？显然是从 1000H 开始，开始做什么？“DB 0,1…”也是一条伪指令，就是把 0、1、4、9、16 和 25 放进存储器。注意是放在 ROM 中。

所以这两行程序连起来就是把数据放在从 1000H 开始的单元中，对应的地址和数据关系如下：

地　址	1000H	1001H	1002H	1003H
数　据	0	1	4	9

然后再看程序本身。指令“MOV　DPTR,＃1000H”，执行完后 DPTR 中的值就是 1000H。假设 R0 中的值是 2，那么执行了“MOV　A,R0”指令之后，A 中的值就是 2；然后再去执行“MOVC A,@A＋DPTR”指令，就是把 A 中的值 2 和 DPTR 中的值 1000H 加起来，是 1002H；然后到这个单元中去取数。看上面的表，1002H 中的值是 4。所以执行完之后，A 中的值就是 4。

(2) 用标号。在编写程序时，究竟把这个表格放在什么地方呢？如果放在 1000H 开始的单元，并不是在任何时候都合适的。例如，用 89C51 芯片，它的内部 ROM 的最大地址就是 0FFFH，根本没有 1000H 这个地址单元，所以不能用这个 1000H。用哪个呢？当然可以由最后往前数，比如从 0FFBH 开始，就可以了。但是如果表格要扩充，那么

这个数值又不行了,又得往前移。但是如果前面还有其他表格,又该怎么办呢?显然,把这个数确定下来是很麻烦的一件事,所以就用标号的方法。在DB的前面加一个标号TABLE。TABLE代表0这个数字(即紧跟DB后的这个数字)所在ROM单元的地址。最终这个单元的地址究竟是什么不用用户去管,由汇编软件处理即可。

问: 我知道"MOVC A,@A+DPTR"是查表命令。可是当将数据值增加很多后,发现语句因过长无法编译,(ASM-51使用手册上:"源文件上的每一语句行,最多有4个域,每一行的长度不能超过80个字符。"),那么DB的值受到了限制,如何打破限制,将更多的值放在列表数据里呢?

现将我用查表法做的"走马灯"程序附上,以便各位朋友交流和探讨。

程序(略)

答: 可以用分行写的办法来解决,程序如下:

```
AA: DB 10,20,30,40,50
DB 60,70,80
DB 90,100,110
```

问: 我理解DB的用法,可以将更多的值放在列表数据里,但不知道DB能容纳的数据有多少?

答: DB伪指令是将数据放入ROM中,所以能放多少个数取决于ROM的大小。

问: 80C52内部的RAM有256字节,80H~FFH单元是否与SFR地址空间重叠?如何使用?

答: 是的,它们的地址空间重叠,80C51芯片设计师的解决办法是:规定SFR用直接寻址,而80H~FFH区间的RAM只能用间接寻址。

问: 请问写入EPROM的内容是什么格式的,我用仿真器的仿真软件得到 *.HEX文件,写入EPROM,但不能使用(我已确认内容已经写入,而且源程序正确,在仿真器上可运行),我的实验是8031的最小系统。

答: 最终写入EPROM的是二进制代码,但很多编译软件得到的是HEX文件,一般编程器提供的软件会将HEX转为二进制代码文件,但是必须在软件中设置好。有一些编程器,如果不进行设置,会把什么文件都当成BIN文件,这当然就不对了。所以应先检查您的编程器是否设置好。此外,仿真正确并不代表写到片上后一定能够获得正确的结果,毕竟仿真器和真实的芯片还是不一样的。可能需要确认您所用的硬件是否正常工作,可以根据您所用的硬件写一个最简单的程序测试一下。

问: (1) 我在编程时,想将主程序从0020H开始,自己编制的源程序如下:

```
AJMP    0020
ORG     0020
MOV     P1,#0FFH
```

编译通过后,查看CPU窗口,"MOV P1,#0FFH"指令却排在0014地址处。也就是说,ORG命令没有起作用或者说使用不对。于是,将0020改为BEGIN标号,然后在"MOV P1,#0FFH"指令前面加上"BEGIN:"标号,该指令还是出现在0014处。最后,在"AJMP BEGIN"指令后面加上若干个NOP指令,才将上电主程序调到0020处。因为我是刚刚入门,但细想真正编程不会这么笨,向您请教。

(2) 在中断源服务程序的入口地址处加一条绝对跳转指令,该条指令应写在各个中断源入口处。由于上电主程序从0020开始,在0000～001F之间除应有外部中断、定时器等的绝对跳转指令外,并无其他指令。因为用ORG指令不起作用,所以就在其他地址处写了多个NOP指令,但不应该是这样的,请问该如何写?

答: (1) 问题很复杂,但是答案却很简单。程序中的0020被汇编器当成是十进制数,而在CPU窗口显示的是十六进制数,0014就是0014H,也就是十进制数0020。因此结果完全正确。若想统一,应在0020后加H。即用"AJMP　0020H"和"ORG　0020H",就会看到一致的效果了。

(2) 该程序应该这样写:

```
ORG     0003H          ;外中断0中断入口
LJMP    INT0PROC       ;外中断0处理程序
ORG     000BH          ;定时器0中断入口
LJMP    T0PROC         ;定时器0处理程序
 ⋮
```

问: 用单片机通过74LS273和"非"门75452来控制小继电器。可是每当通电时小继电器都要先吸合一下,不是说复位时I/O口都置1吗?74LS273用P2.1和WR选通。小继电器与单片机共地。

答: 复位后I/O是置1,可是在复位这段时间里呢?单片机在做一些什么样的操作?我们并不能确定,所以不能这样来设计程序。事实上,这是80C51单片机的一个缺点,即复位期间I/O口的电平不确定。

如果一定不允许继电器在接通电源时吸合,应在硬件电路上考虑,可以加入延时启动或加入逻辑锁定之类的功能。

问: 教材中有Rn与Ri,它们有什么区别?

答: 对于Rn,n的取值范围为0～7,即指所有工作寄存器都可以使用;对于Ri,i的取值范置是0和1,即只有R0和R1可以用。这是因为在寄存器间址寻址中规定,只有R0和R1可以作为间址寄存器。

这是两种通用的表达方式,写到具体指令时必须用数字替代n或i。

问: 附录A提供的接口板,除了做流水灯之外,还有什么用途?

答: 它的用途取决于你的想象和电子知识。举例说明,很多学电子的朋友对于用计算机(PC机)来控制电器感到很神秘,想要实践一下,又没有合适的素材,其实用这块板就能做好多东西。例如,可以用它与PC机的打印接口相连,然后在PC机上编程控制家里的电器设备。

问: 关于定时器有这样的一段程序:

```
MOV    TH0,#(8192－10)/32
MOV    TL0,#(8192－10) MOD 32
```

这里是什么意思?设定的计数值是多少?

答: 这是在汇编程序中用了算式,第1行是用8 182除以32取整数部分为商(结果的整数部分),第2行是取8 182除以32的模(余数部分)相当于

```
MOV    TH0,#255
MOV    TL0,#22
```

这样写表示有明确的含义,即定时常数是 10。

问: 在中断处理程序里面有:

```
MOV    TH0,#(8192-10)/32
MOV    TL0,#(8192-10) MOD 32
```

这里重新加载的目的是什么?

答: 因为定时器/计数器计到 FFFF 再加 1 后产生中断,此时 TH0 和 TL0 里面的值就应当是 0000。也就是说,计数器在第一次溢出后,就不从原先设定的那个数开始累加了,而是从 0000 开始累加。因此为了每一次都能获得正确的时间,当然要重新加载了;否则只有第一次的定时时间是准的,以后的就不准了(总是 65 536 个机器周期)。

问: 有这样一个问题我想不明白,即

```
MOV    TH0,#(8192-10)/32
MOV    TL0,#(8192-10) MOD 32
```


这里的 8 192 和 32 是怎么得到的 ? 还有指令“MOV TH0,#(65536-10000)/256”,这里怎么又是 65 536 和 256 呢?

答: 定时器/计数器工作于方式 0 时,是 13 位的定时/计数模式。8 192 是 13 位定时器/计数器的最大值($2^{13}=8\ 192$),至于 10,则是根据需要定时的时间和晶振频率算出来的。实际上就是计 10 次数就产生溢出,至于计 10 次数是多长时间,则取决于晶振。如果是 12 MHz 晶振,就是 10 μs。

256 是 8 位二进制的模,8 192 是 13 位二进制的模,65 536 是 16 位计数器的模。建议您仔细看一看 4.2 节里面的关于时间常数计算的问题。如果实在不能理解,那么就记住这 3 个数。

问: 您的实验仿真板(DLL 文件)支持 C 语言吗?

答: 实验仿真板是一个调试工具,无所谓支持什么语言,不管用什么语言编写的程序,只要它能令 80C51 的端口状态发生变化,这种变化就能被实验仿真板所感知并表示出来。

问: (1) 89S52 有个 8 KB 的 ROM,但可以烧进 18 KB 的 HEX 文件,这是为什么? 是不是 18 KB 的 HEX 文件生成的二进制文件小于 8 KB? 有什么比例关系呢?

(2) 80C51 只有 128 字节的 RAM,它的定时中断是怎么工作的? 没有特殊寄存器能否进行复杂的工作? 是否一定要扩展 RAM?

答: (1) HEX 格式的文件大小和最终的二进制代码并没有比例关系,无法通过观察 HEX 文件的大小来判断二进制代码的大小。可以使用一个间接的方法,找一个编程器软件,读入该 HEX 格式的文件,然后将其另存为二进制格式的文件,这样就可以看出文件的大小来了。通常较大的编程器制造商都会在网上提供编程软件供下载,因此,这样的软件很容易得到。

(2) 特殊功能寄存器和 RAM 是两个不同的结构。不论是 51 还是 52 单片机,其内部总是有特殊功能寄存器的。51 和 52 的差别在于 51 内部是 128 字节 RAM,而 52 内部是 256 字节的 RAM,其中高 128 字节的 RAM 和特殊功能寄存器的地址有重叠;但在物理

结构上,它们是两个不同的部分,不能混为一谈。

问: 我不理解在程序开始段的ORG指令。例如书中程序通常都是通过:

```
ORG     0000H
AJMP    START
ORG     30H
```

指令开头的,我是这样理解的:程序由0000地址进入后执行,跳转到START程序段。但是后面的"ORG　30H"应该如何解释呢?可否写成"ORG　40H"之类的,那个地址值是通过程序来计算的还是任意取值(不取到中断入口那个地址)即可?

答: 您的理解完全正确,可以取任意值,只要不取到中断入口的那些地址即可。

问: 我在学习您编写的《单片机轻松入门》一书第5章指令系统。并学习Keil软件练习指令。但当输入完指令(源文件),按照书中的步骤保存,建立工程,选择CPU后,在加入文件时,选择*.asm文件类型时,找不到源文件。所以无法进行下一步,试了很多次也不行。请问这是为什么?

答: 估计可能是您在保存时仅仅起了一个文件名而没有加上扩展名".asm",所以没能找到源程序。

问: 我看了几本单片机资料,介绍时序问题时都有如下讲解:

(1) 振荡脉冲的周期叫做节拍,用P表示。振荡脉冲经过2分频后,就是单片机的时钟信号,把时钟信号的周期定义为状态,用S表示……

(2) 单片机以晶体振荡器的振荡周期为最小的时序单位,片内的各种微操作都以此周期为时序基准。振荡频率2分频后形成状态周期或称S周期,所以1个状态周期包含有2个振荡周期。振荡频率12分频后形成机器周期……

我的问题是:为什么都要分频?为什么不进行3、4分频?为什么不能直接用晶振的频率呢?

答: 这是很典型的一个问题,虽然这个问题从理论上来说一点也不影响学习单片机,可是对于有些人来说,这种问题不解决,学习几乎就没有办法继续下去,也许这就是所谓的钻牛角尖吧?很遗憾的是我没有办法给出我自己认为是满意的答案,我只能告诉你:(1)不是所有单片机都要分频,目前已有很多种号称是单周期的单片机,其中包括一些采用80C51内核的单片机。(2)这完全是单片机芯片设计者的问题,我们在应用芯片的这个层次上无法讨论这个问题。

问: 在本书第169页键盘控制流水灯汇编程序中写道:

```
ORL     P3,#00111100B        ;将P3口的接有键的4位置1
MOV     A,P3                 ;取P3的值
ORL     A,#11000011B         ;将其余4位置1
CPL     A                    ;取反
JZ      K_RET                ;如果为0,则一定无键按下
```

我的问题是:无论连接键盘的P3电平是高是低,在执行完两个ORL操作后,送到A中的值一定全为1,取反后应该全是0。所以JZ命令对A值判断时一定是为0的。我认为将第一个ORL操作改成ANL操作是不是更合适些?这样按键按下时P3低电平"与"操作后还是能保存下的。这样理解对吗?

答: 您的分析有误。因为第 1 条语句“ORL　P3,＃00111100B”是将接有 4 个按键的 4 个 I/O口置 1,而第 3 条语句“ORL　A,＃11000011B”是将未接有 4 个按键的相应位置 1。此时,如果有键按下,那么相应位会变为 0,而这个 0 是不会被第 2 条 ORL 语句置 1 的;因此,不存在您认为的送到 A 中的值一定全为 1 的问题。

第 1 条指令的用途是:不论中间 4 位原来的状态是什么,通过这条指令一定令其变为 1,如果将这个 ORL 操作改为 ANL 是无法达到这样的要求的。

问: 有关工作方式 0 的介绍中写到:“定时器/计数器的工作方式 0 称之为 13 位定时器/计数器方式。它由 TL1/TL0 的低 5 位和 TH0/TH1 的 8 位构成 13 位计数器,此时 TL1/TL0 的高 3 位未用”。其中 TL1/TL0 的低 5 位是指 TL0 的低 5 位吗?TH0/TH1 的 8 位是指的哪 8 位?TL1/TL0 的高 3 位是哪 3 位?还有位数具体是 TL0、TL1、TH0、TH1 中的哪几位?

答: 如果分开说明,那就没有问题了。对于定时器 T0 来说,工作方式 0 是由 TL0 的低 5 位和 TH0 的 8 位构成 13 位计数器,此时 TL0 的高 3 位未用。对于定时器 T1 来说,工作方式 0 是由 TL1 的低 5 位和 TH1 的 8 位构成 13 位计数器,此时 TL1 的高 3 位未用。

问: 我在学习《单片机轻松入门》第一版,在书中第 130 页讲到 LED 动态显示的显示缓冲区地址为 5AH 和 5BH(程序列表的第 3 行)。可是我看了电路图发现 LED 直接与 P0 口连接,而且用 P2.6 和 P2.7 来选择两个 LED 工作。这样的话,显示缓冲区的地址应该是 P0 口的地址,为什么不是呢?

答: 您把显示缓冲区和显示器的硬件连接搞混了。显示缓冲区是一个内存区域,主程序指将数据放在这个区域里,显示程序从这个区域取数据并送出显示。这样做的目的是解开主程序和显示程序的耦合,不易出错。

附录 C

利用实验仿真板进行单片机教学的探讨

单片机是一门实践性非常强的课程，又是一门非常抽象的课程。对于这样的一门课程，课堂演示和学生实验有着非常重要的作用，课堂演示可以将抽象的理论、枯燥的程序分析转化为生动的实例；而实验则能够培养学生的动手能力，进一步理解有关理论知识。但在传统的单片机教学中，几乎不能见到课堂演示，而学生实验中也存在诸多问题。

C.1 问题的提出

课堂教学演示难以见到的原因很多，其中有一个很重要的原因就是课堂教学演示太困难、效果也不理想。通常，做一次课堂演示实验，要用到如下设备：计算器、仿真器或编程器、电源、实验电路板。其中仿真器或编程器要和计算机相连，电源要接到实验电路板上，为了上一节课，要准备较长时间。如果用仿真器做实验，那么仿真头要和实验电路板相连。在真正做开发工作时，电路板放置好后就不必动了；但在课堂教学中却需要拿起实验电路板来展示，稍有不慎，仿真头会从电路板中脱落而造成错误，甚至可能损坏仿真头或实验电路板。如果用编程器写片的方法来验证实验结果，那么就得多次在实验板和编程器之间拔、插芯片，很麻烦，课堂效率低。即使勉强做，由于实验电路板上的器件较小，学生很难看清有关现象，效果有限[①]。

学生实验中同样存在问题，单片机除了一些验证性实验外，主要是通过实验来培养学生的动手能力，并通过实验加深对理论知识的理解。从这一意义上来说，短短的课堂实验时间是远远不够的，应该给学生创造条件在课后动手实验。但是传统的单片机实验不可能做到这一点，单片机实验所必须的仿真器、实验板、电源等价格不菲，专业性很强，学生不可能自行装备。由于实验涉及硬件，有一定的危险性，一般必须要由专业教师在现场指导，这也很难安排。学校单片机实验室设备陈旧，由于单片机技术发展很快，单片机仿真器一般每过2～3年即更新换代，而学校的单片机实验室是非营利的，相对于计算机实验室，利用率不高，价格却不低，学校不可能经常对单片机实验室进行更新。事实上一个单片机实验室 10

---

① 与物理、电子线路之类的课程相比，单片机课程是很专业的，实验仪器和设备的购置与装备相对困难。物理实验中有大型的木头电表之类的教学演示仪器，但是大型的单片机实验仪器很难购买或价格非常昂贵。

年、8年不更新也是常见的,学生在学校学的是过时的技术,也就是常说的学与用的脱节②。

C.2 解决方案

针对以上问题,作者通过深入研究,开发了“单片机实验仿真板”这一软件,为解决这类问题提供了一些思路。该软件以目前最流行的80C51系列单片机开发软件Keil C为基础,利用其提供的AGSI接口开发而成。下面首先介绍该软件的使用情况,然后再就有关技术问题加以讨论。

图C-1是该软件运行后的情况,右侧注有“51实验仿真板”的窗口是自编的软件界面,而其他部分是Keil软件的界面。从图中可以看出,仿真板由4个按钮、8个LED、2位数码管、带有计数器的脉冲发生器、中断按钮等组成。该窗口的左侧是一段源程序,用于实现接在P1.0上的LED闪烁发光,程序正在运行中。对源程序的任何修改都将直接表现在该仿真板上,例如,将图中源程序的前3行改为:

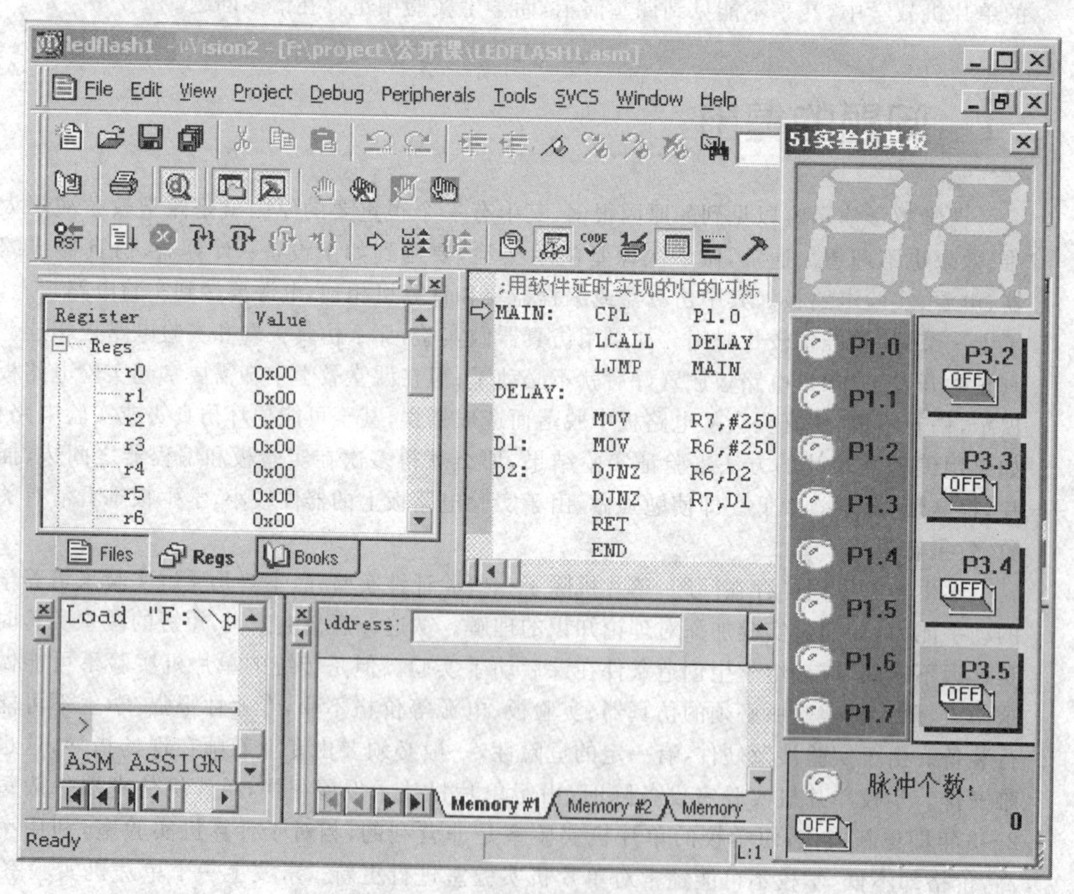

图C-1 单片机实验仿真板用于教学

② 学与用脱节是技术类课程的老问题,一直也没能很好地解决,这是由于单片机发展速度快,开发要求高,所以显得更严重一些。

```
        MOV     A,#0FEH
LOOP:   MOV     P1,A
        RR      A
        LCALL   DELAY
        AJMP    LOOP
```

重新编译、链接再运行后，仿真板即出现从下到上各灯依次点亮的流水灯现象。如果的确存在这样的硬件，那么把该段源程序的目标代码写入芯片，进行实际运行，就是这么一个效果。也就是说，这个界面可以替代实际的、真实的硬件，该仿真板上的其他部分也具有这样的功能。

借助于 Keil 软件的强大调试功能，可以用单步、全速、加入断点等方式执行程序，观察各指令执行的效果。

将该软件用于课堂教学演示有诸多优点。第 1 是速度快，程序修改、编译后马上就可以看到效果，不需要拔片、写片、插片这么麻烦，提高了课堂效率；第 2 是效果好，可以放在多媒体教室上课，投影在大屏幕上，比真实的实验板要大很多，非常清楚；第 3 是方便，由于仅仅只有一个软件，不需要任何的硬件连线，所以课堂演示非常容易；第 4 是起点高，由于 Keil 软件是目前最流行的单片机开发软件，所以学生学习的起点比较高。

该软件同样也可以用于学生实验。由于是纯软件，只要一台可以运行 Win95 以上操作系统的计算机即可，学校可以利用现有机房，不必增加任何投资。很多学校有开放式的机房，只要装上该软件即可供学习单片机之用。由于不涉及硬件，没有任何危险，不需要专业教师在现场指导，学生可以利用机房开放的时间学习单片机。如果学生有条件，备有计算机，也可以在家中使用。

该软件同样为单片机课程的远程教学提供了技术手段。现在网上教学正在迅速发展，然而对于像单片机这样与实验紧密相关的课程，网上教学很不方便，该软件提供了一个虚拟的实验平台，为解决这一问题提供了思路。

当然，该软件并不能替代硬件实验，硬件实验是必须的，学生的动手能力在计算机上是练不出来的。不过借助于该软件，可以将学生的软、硬件动手能力的培养分开，以更合理地利用单片机实验室。

C.3 教学实例

作者曾经讲过一节名为《定时器/计数器实例分析》的市级公开课，该课是在讲完单片机中定时器/计数器部分的理论之后开设的，目的是使学生进一步理解单片机定时器/计数器的结构，学习使用定时器/计数器的一般编程方法。该课程的难点在于定时器/计数器编程中的一些概念难以理解，比如编程开始为何要初始化、为何在定时时间到后要重置时间常数等。如果使用常规的教学方法，无非是对程序进行认真和细致的分析与讲解，至多辅以课件，演示各种现象。但课件是死的，只能按教师预设的方案进行讲解，学生却是活的，他们会给出很多意想不到或者即便想到也不便于在课件中表达的问题，所以说课件也不便于学生参与学习。

该课是这样安排的：

首先给出以前曾作过详细分析的用软件延时实现 LED 单灯闪烁的程序（见程序清单 C.1），接着给出用定时器/计数器的方法实现的程序（见程序清单 C.2），让学生看到，使用定时器/计数器的确可以实现同样的功能。然后提问：为什么要初始化？问题提出后，学生讨论，但一般不会有什么正确的结果，既然想不出，那就做一做看，由于有这么一个实验平台，实验做起来很容易，只要在程序行“MOV　TMOD，#00000001B”前加一个分号，即将该行注释掉，然后按 F7 功能键重新汇编、链接即可实现。学生看到了不进行初始化的实验结果，现象是“乱跳”，无规律，学生虽不知道为什么会乱跳，但是对“没有初始化，程序工作就不正常”这一点有强烈的认同。教师因势利导，分析乱跳的原因是由于工作方式不对（正确的应该是工作方式 1，如果没有设置，则系统在复位时默认工作方式 0），学生很容易接受。

程序清单 C.1　用软件延时实现闪烁灯。

```
MAIN:
        CPL       P1.0
        LCALL     DELAY
        LJMP      MAIN
DELAY:
        MOV       R7,#250
D1:     MOV       R6,#250
D2:     DJNZ      R6,D2
        DJNZ      R7,D1
        RET
        END
```


程序清单 C.2　用定时器实现闪烁灯。

```
    ORG     0000H
    LJMP    START
    ORG     30H
START:
    MOV     SP,#5FH
    MOV     TMOD,#00000001B
;定时器 T0 工作于方式 1
    MOV     TH0,#HIGH(65536-20000)
    MOV     TL0,#LOW(65536-20000)
;送定时初值
    SETB    TR0                 ;启动定时器
LOOP:
    JB      TF0,NEXT
    LJMP    LOOP
NEXT:
    MOV     TH0,#HIGH(65536-20000)
    MOV     TL0,#LOW(65536-20000)
    CLR     TF0                 ;清标志
    CPL     P1.0
    LJMP    LOOP
END
```

这部分教学任务完成后，再次提问：如果在定时时间到了之后不重置初值，会有什么结果？学生讨论，但没有统一的答案，然后同样用实验板试一试，即把标号“NEXT：”后的两行程序：

```
MOV     TH0,#HIGH(65536-20000)
MOV     TL0,#LOW(65536-20000)
```

注释掉，然后按 F7 功能键重新汇编、链接即可演示。学生很容易看到，第一次闪烁（灯由暗到灭）的时间与后面的时间不同，这一次学生比较容易总结出规律，即不重置初值，只有第一次的定时时间是正确的，以后都不正确了。

在上面两个程序完成之后，布置学生练习，给出一个 8 灯循环（流水灯）的程序，是用软件延时完成的，要求改为用定时器完成。这个题目看似不易，但换个角度思考问题，只要将程序清单 C.2 略作修改，即将

```
CPL     P1.0
```

改为

```
RL      A
MOV     P1,A
```

然后在标号 LOOP 之前加一行：

```
MOV     A,#0FEH
```

即可实现，并且这种修改可以由程序清单 C.3 提供参考。所以在老师做了适当的提示以后，很多学生可以完成，这时任由学生自行上机修改并演示，获得很好的效果。

程序清单 C.3　用软件延时实现流水灯。

```
        ORG     0000H
        LJMP    START
        ORG     30H
 START:
        MOV     A,#0FEH
 LOOP:
        MOV     P1,A
        RL      A
        LCALL   DELAY
        LJMP    LOOP
Delay:…                    ;与程序清单 C.1 相同
```

最后布置学生进行课后练习，题目有两个，第一个是要求将亮点流动改为暗点流动，即将程序中的

```
MOV     A,#0FEH
```

改为

```
MOV     A,#01H
```

第二个是改变流水灯的方向，原来是从下到上，现在要求从上往下，即将程序中的

```
RL    A
```

改为

```
RR    A
```

学生可以在完成这两个题目后，在开放的机房中去验证自己的结果对不对。

从上面的叙述中可以看到，这一堂课真正地实现了在老师指导下学生的自主性学习，而不是满堂灌，这其中该实验仿真板起到了关键的作用。这一节课的课堂容量大、课堂效率高，如果没有这样的实验手段，用传统的实验电路板，编程器写片验证或用仿真器演示，学生是否都能看清不说，绝不可能这么快地进行实验。

C.4　一些问题的说明

由于该项技术较新，在此将有关问题作一个统一的说明。

1. 关于 Keil 软件

Keil 软件由德国 Keil 公司开发，支持以 80C51 为内核的系列单片机的开发。国内的仿真器开发厂商近年纷纷宣布全面支持 Keil，使用该软件教学就是站在了单片机开发工具的前沿。该软件的价格较高，一般个人或学校难以购买，好在该公司在推出商业版的同时，也有 Eval 版本推出，功能与商业版完全相同，只是编出来的程序最大代码量不能超过 2 KB，这对于教学来说是完全够用了。Eval 版本是完全免费的，所以用该软件教学，不需要投资，也不存在版权问题。

2. 实验仿真板开发环境

Keil 软件具有强大的软件仿真功能，可用于模拟调试，以至于有一些工程师宣称，他们从来不用仿真器，只用 Keil 进行软件仿真加写片验证的方法进行单片机开发。但从教学的角度来说，虽然 Keil 软件本身的仿真功能很强，用于教学或给初学者用却不合适，主要原因是不直观。比如刚才的例子，单片机工程师可以从 Keil 软件显示的 P1 口的数值来想象灯的亮和灭，没必要用 8 个 LED 来显示。但初学者不行，他们反过来要借助灯的亮和灭来理解那些数字究竟是什么含义。当然，即便是单片机工程师，对于比较复杂的东西（如数码管）也不是轻易可以想象出其效果的。为此，作者通过 Keil 提供 AGSI 接口，利用 VC 编写了图形化的界面，将抽象的数字图形化，模拟真实的世界。

3. 与课件相比

用课件也可以做出灯闪烁，流水灯等现象，甚至修改程序，现象发生变化等也可模拟出来。但不管怎样，课件所能模拟的现象是有限的，学生难以全方位地参与其中，进行交互。而该软件基于 Keil 的强大仿真功能，可以任意修改指令，效果立显。如果说课件是九九乘法表的话，那么该软件就是乘法口诀。

附录 D 进阶与提高

通过本书的介绍，读者已对 80C51 单片机有一个初步的认识，并能进行一些简单的开发工作，当达到这一个阶段后，读者往往希望能更上一层楼，学习更多的单片机知识，掌握更多的编程技巧，同时也希望能有机会进行实际的开发工作。本书主要是一本入门教材，书中介绍的两块实验仿真板和一块硬件实验电路板可以完成入门的学习任务，为使读者有进一步深入学习的机会，特别准备了一些用于提高的学习材料，它由 3 部分组成，第 1 部分是一块带有 16 个按键和 8 位数码管的实验仿真板；第 2 部分介绍实验板硬件仿真功能的使用；第 3 部分是 Keil 新增功能的多重工程工作区使用方法介绍。

D.1 DPJ8 实验仿真板使用

DPJ8 是带有 8 位数码管和 16 个按键的实验仿真板，该实验仿真板已在 2.4 节中作过介绍，这里举一个例子，即用数码管显示 1～8 共 8 个数字。

【例 D－1】 使用 DPJ8 实验仿真板的数码管显示 1～8 共 8 个数字。

```
    ORG     0000h
    JMP     MAIN
    ORG     30H
MAIN:
    MOV     SP,#5FH
    MOV     R1,#08H
    MOV     R0,#58H             ;显示缓冲区首地址
    MOV     A,#1
INIT:
    MOV     @R0,A               ;初始化显示缓冲区
    INC     A
    INC     R0
    DJNZ    R1,INIT             ;将 1～8 送显示缓冲区
LOOP:
    CALL    DISPLAY
    JMP     LOOP
;主程序到此结束
```

```
DISPLAY:
    MOV     R0,#7FH          ;列选择
    MOV     R7,#08H          ;共有 8 个字符
    MOV     R1,#58H          ;显示缓冲区首地址
AGAIN:
    MOV     A,@R1
    MOV     DPTR,#DISPTABLE
    MOVC    A,@A+DPTR
    MOV     P0,A
    MOV     P2,R0
    MOV     A,R0
    RR      A
    MOV     R0,A
    INC     R1
    DJNZ    R7,AGAIN
    RET
DISPTABLE: DB 0c0h,0f9h,0a4h,0b0h,99h,92h,82h,0f8h,80h,90h,0FFH   ;字形码表
END
```


这一程序内部 RAM 中 58H～5FH 被当成是显示缓冲区，主程序中用 1～8 填充该显示区，然后调用显示程序显示 1～8。这里是用了最简单的逐位显示的方式编写的显示程序。

D.2　硬件仿真功能的使用

第 2 章介绍的实验板配上仿真芯片就具有硬件仿真功能，下面以流水灯的程序为例，介绍该实验板仿真功能的使用。

首先要用串口电缆将实验板的串口与 PC 机的某个串口连接起来，然后打开任意字处理软件，输入以下源程序。

```
;*****************************************************
;lsd.asm
;流水灯程序
;*****************************************************
        ORG     0000H
        LJMP    START
        ORG     30H
START:  MOV     A,#0FEH
LOOP:   MOV     P1,A
        RL      A
        LCALL   DELAY
        LJMP    LOOP
;以下子程序
DELAY:  MOV     R7,#250
```

```
D1:  MOV    R6,#250
D2:  DJNZ   R6,D2
     DJNZ   R7,D1
     RET
     END
```

以 lsd.asm 为文件名存盘,注意,必须加上扩展名。

选择 Project→New Project 命令,弹出一个对话框,要求给将要建立的工程起一个名字,可以在编辑框中输入一个名字(设为 lsd),不需要输入扩展名。单击“保存”按钮,出现第 2 个对话框,如图 D-1 所示。要求选择目标 CPU,这里选择 Atmel 公司的 89C51 芯片。选择好后单击 OK 按钮回到主界面。此时,在工程窗口的文件列表中,出现了 Target 1,前面有“+”号,单击“+”号展开,可以看到下一层的 Source Group1,这时的工程还是一个空的工程,里面什么文件也没有,需要手动把刚才编写好的源程序加入,单击 Source Group1 使其反白显示,然后,单击鼠标右键,出现一个下拉菜单,如图 D-2 所示。选中其中的 Add Files to Group‘Source Group1’命令,弹出一个对话框,要求寻找源文件。单击对话框中“文件类型”后的下拉按钮,找到并选中 Asm Source File(*.a51,*.asm),在列表框中找到 lsd.asm 文件,单击 Add 按钮将该文件加入工程。

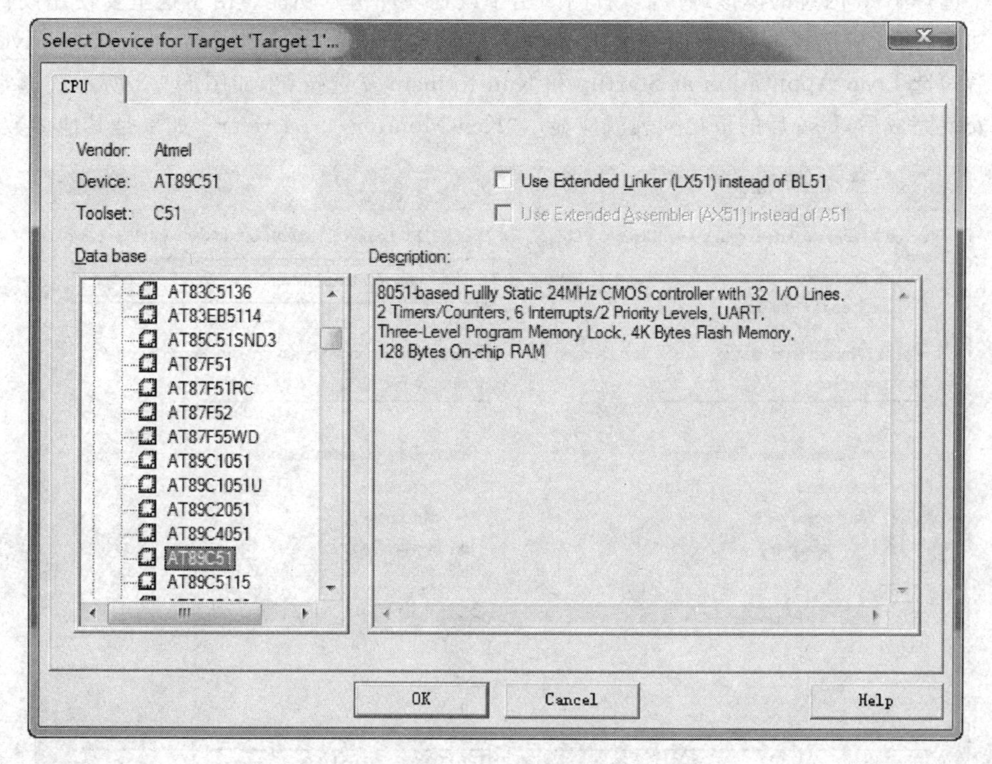

图 D-1 选择 CPU

工程建立好以后,还要对工程进行进一步的设置,以满足要求。

单击左边 Project 窗口的 Target 1,选择 Project→Options for Target ‘Target1’命令,打开工程设置对话框,这其中的大部分设置在本书 2.1 节有详细介绍,这里就不再重复,下面着重说明仿真功能的使用。

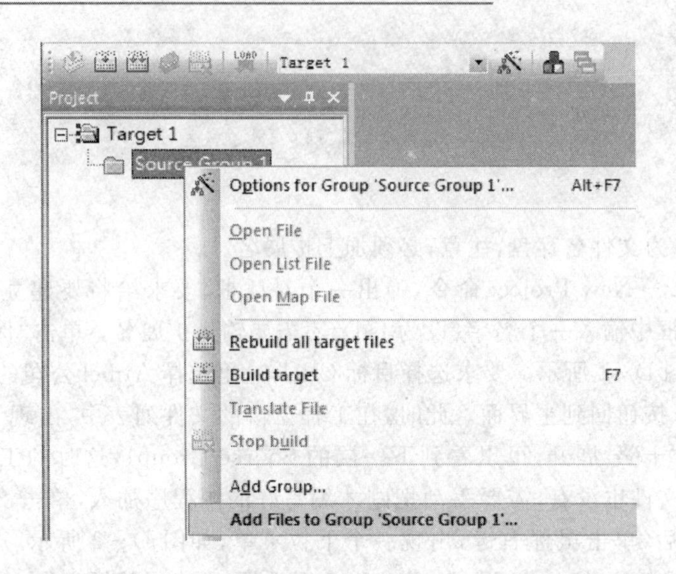

图 D-2　加入文件

单击 Debug 切换到 Debug 选项卡，该选项卡用来设置调试器。左侧的 Use Simulator 用于选择 Keil 内置的模拟调试器，右侧则用于设置硬件仿真功能。由于这里要使用硬件仿真功能，因此应选择 Use 按钮，并在其右侧下拉列表框中选择“Keil Monitor - 51 Driver”，然后勾选 Load Application at Startup 和 Run to main 复选按钮，如图 D-3 所示。通常正常安装完成后，Use 后的下拉列表就应显示“Keil Monitor - 51 Driver”，如果是其他参数，可

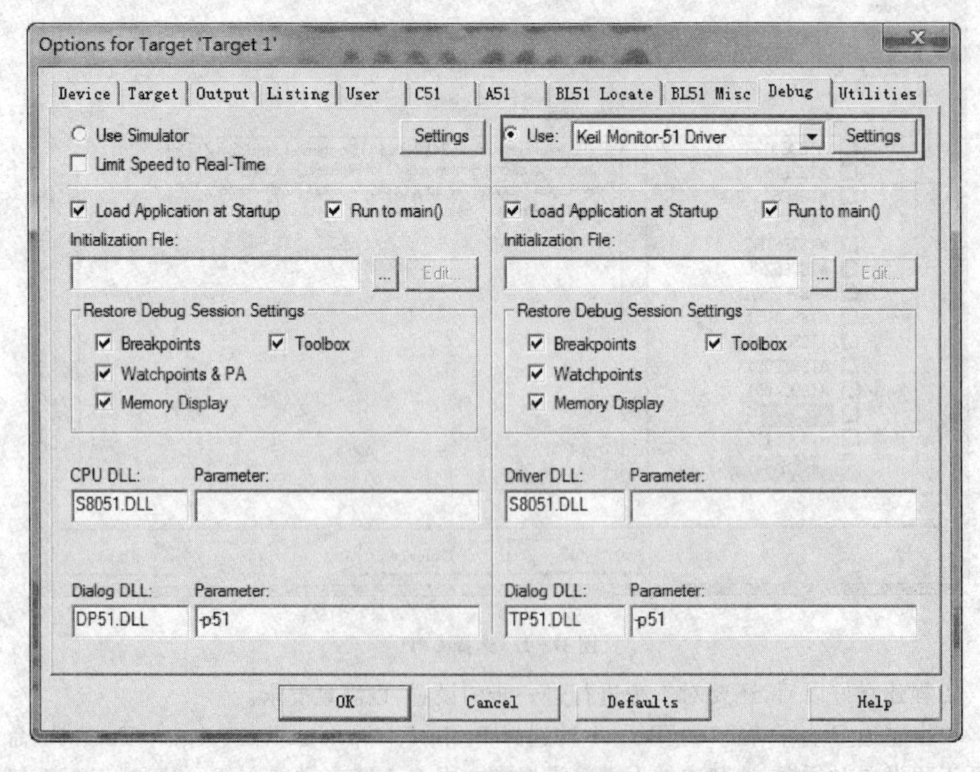

图 D-3　设置 Debug 选项卡

以单击下拉列表,选择 Keil Monitor－51 Driver,如图 D－4 所示。选择完成后,单击 Settings 按钮,选择所用 PC 上的串口及波特率(通常可以使用 38 400),其他设置一般不需要更改,设置好后如图 D－5 所示。设置完毕,回到 μVision IDE 窗口。

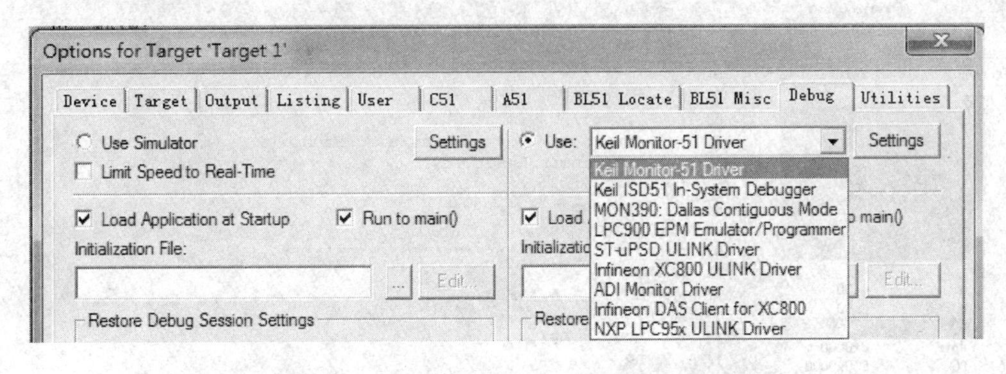

图 D－4　选中 Keil Moniotr－51 Driver 选项

图 D－5　选择串口、波特率及其他选项

设置好工程后,即可进行编译、连接。选择 Project→Build Target 命令,对当前工程进行连接,如果出现语法错误,则应该改正所有错误,直到没有语法错误并正确生成目标代码为止。

选择 Debug→Start/Stop Debug Session 命令或按 Ctrl＋F5 键即可进入调试界面,如图 D－6 所示。进入调试界面后即可以使用 Keil 软件提供的单步、过程单步、带断点运行等方法进行程序的调试。

如果没能出现如图 D－6 所示界面,出现了如图 D－7 所示界面,不必着急,请按以下的方法进行调试。

① 不要单击 Try Again 按钮,单击 Stop Debugging 按钮退出连接,退出时,可以看到如图 D－8 所示界面,单击“确定”按钮退出。

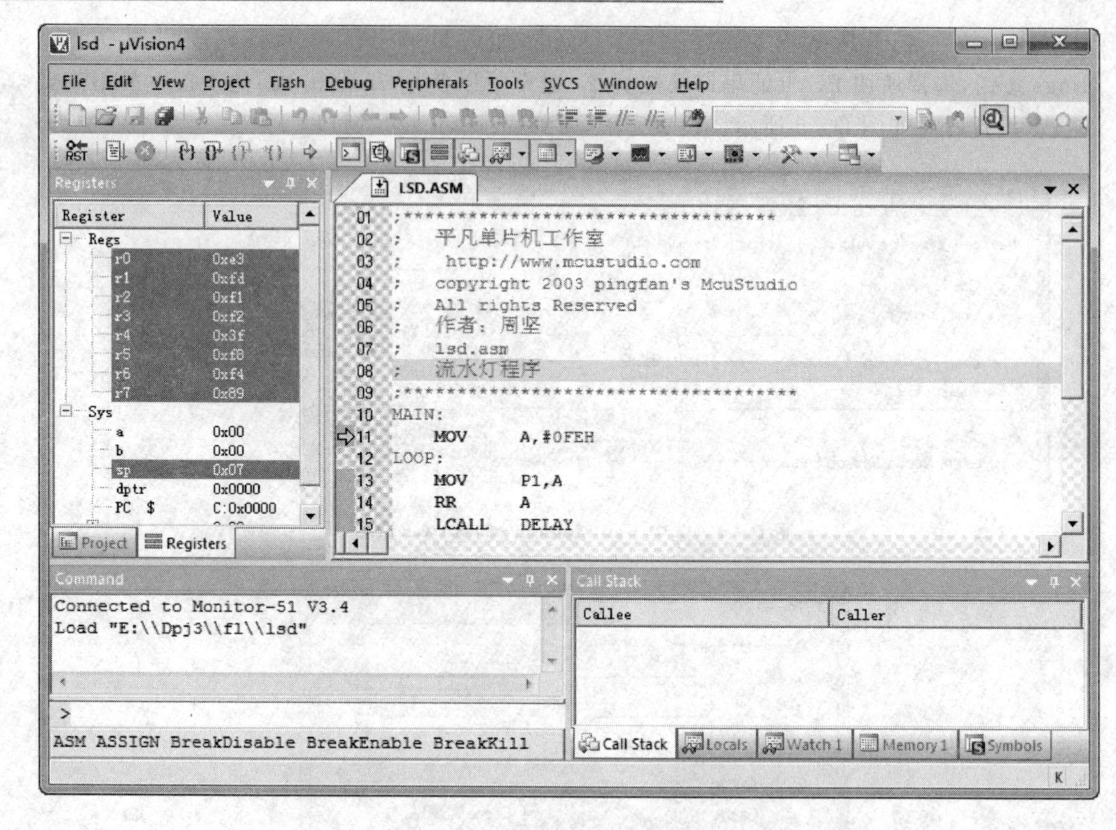

图 D-6　正确进入调试后的界面

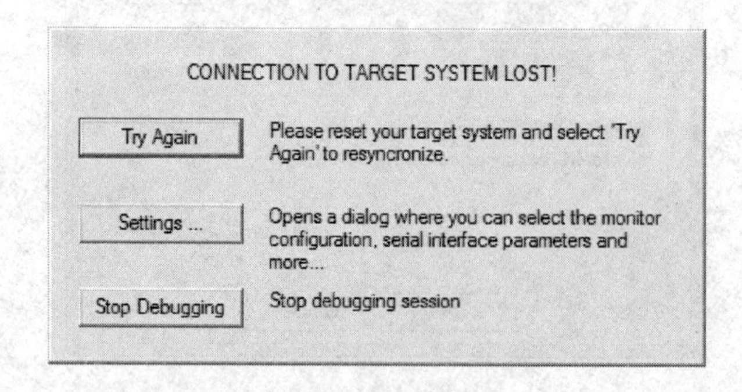

图 D-7　不能正确连接到仿真机

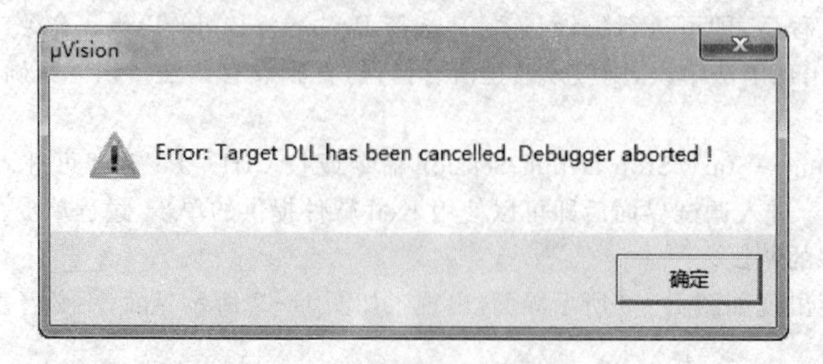

图 D-8　调试错误的提示

② 切断实验板电源,约过 3~5 s 后重新通电,再次按 Ctrl+F5 键进行调试,通常就应该能够正确进入调试。

③ 如果经过第 2 步后仍不能正确连接,请按如下顺序进行检查。

- 串行口是否选错。一些计算机上有串行口,另一些是通过 USB 转换出来的串行口,需要自行确认转换出来的串行口号。
- 电源是否正确。用万用表测量单片机的 40 引脚对地电压,应该是 5 V,最低应不低于 4.5 V。
- 复位端电平是否正确。用万用表测量单片机 9 引脚对地电压,应不大于 0.5 V。
- 复位端是否有复位过程。用一只 100 Ω 电阻短接 9 引脚和 40 引脚,然后重试联机,如果可以正确联机,说明复位电路有问题,可以检查一下相关的电阻、电容元件是否正确。
- 单片机是否起振。最好能用示波器观察 18 引脚和 19 引脚,如果没有示波器,可以用万用表的 10 V 挡分别测 18 引脚和 19 引脚对地电压,两者均应该在 2 V 左右,但不能相等,否则说明电路未能起振。

按以上方法检查,直到能正确联机为止。

D.3 Keil 多重工程工作区的使用

Kile μV4 多出了一种新的工程形式,称之为"Multi - Project WorkSpace",即多重工程工作区。使用这一新工程形式可以将一批相互关联的工程组织在一起,方便地在各工程间进行切换。例如,本书中每一章中各例子之间可视作有关联性,可以使用这一方式来组织。下面以第 3 章为例来进行说明。

打开 μV4,选择 Project→New Multi - Project WorkSpace 命令建立一个新的多重工程工作区,命名为 ch3,如图 D - 9 所示。

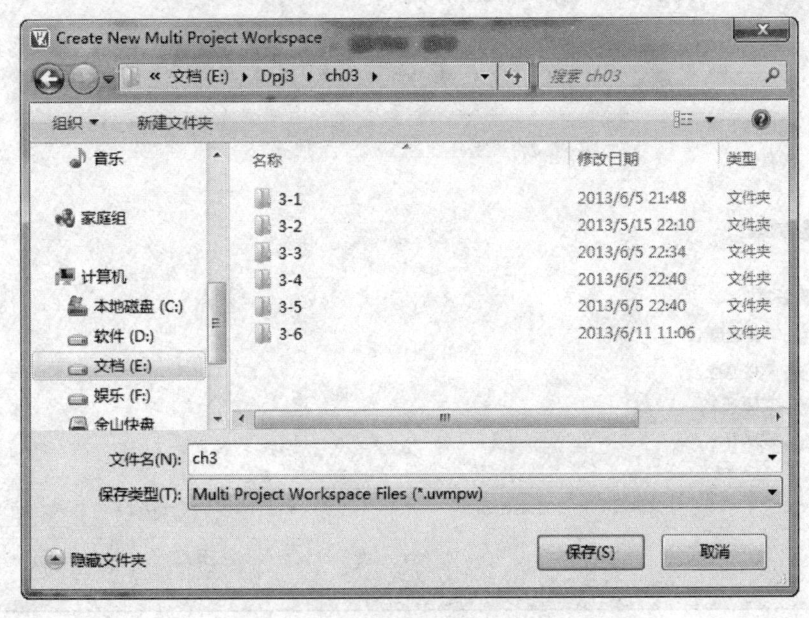

图 D - 9 创建新的多重项目工作区

单击“保存”按钮,自动开启管理多重工程工作区窗口,如图D-10所示。

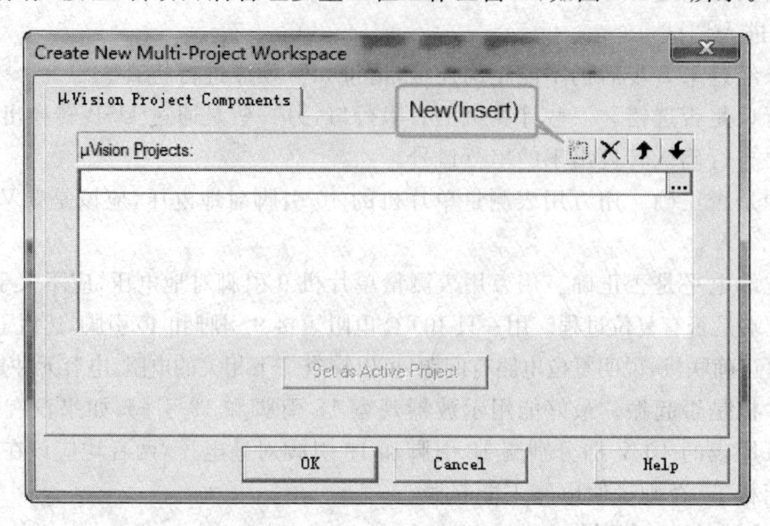

图D-10 管理多重工程工作区中的项目

单击New(Insert)按钮,或者双击窗口中的空白行,插入一个新项目,单击“...”按钮,打开对话框,要求选择一个工程文件,打开文件夹3-1,找到301.uvproj文件,如图D-11所示。

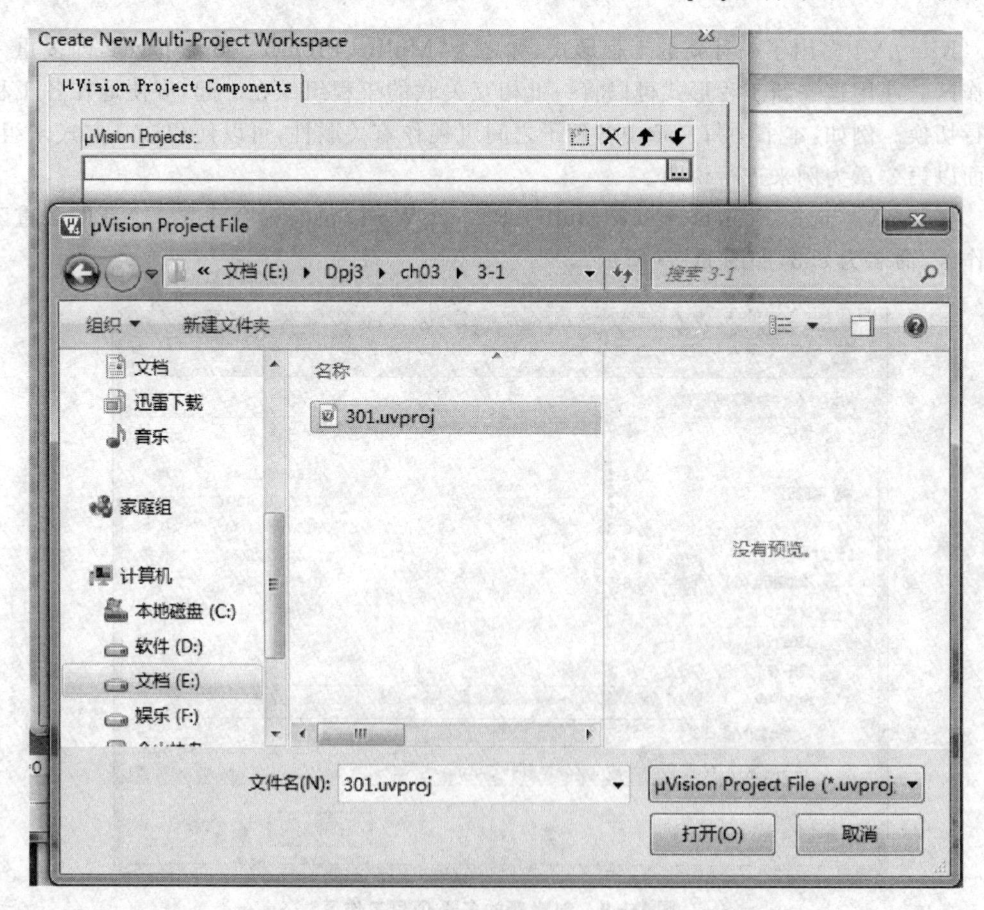

图D-11 查找所需加入的工程文件

选中 301. uvproj 文件，单击“打开”按钮，将这一工程添加到多重工程工作区中。返回对话框，用同样的方法，将其他所有工程文件全部加入，如图 D－12 所示。

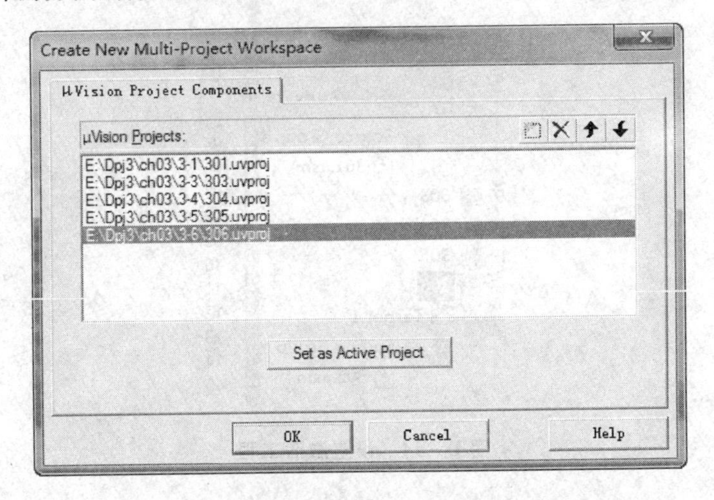

图 D－12　第 3 章所有工程文件加入工作区中

单击 OK 按钮返回主界面，如图 D－13 所示。在多重工程工作区中有多个工程文件，其中一个反白的（如图 D－13 中的 306）是当前激活工程。可以同时展开多个工程，观察各工程中的文件的配置情况，双击文件名打开文件，方便地观察各个工程的情况。但要注意，编译、链接等操作只对当前激活工程进行。

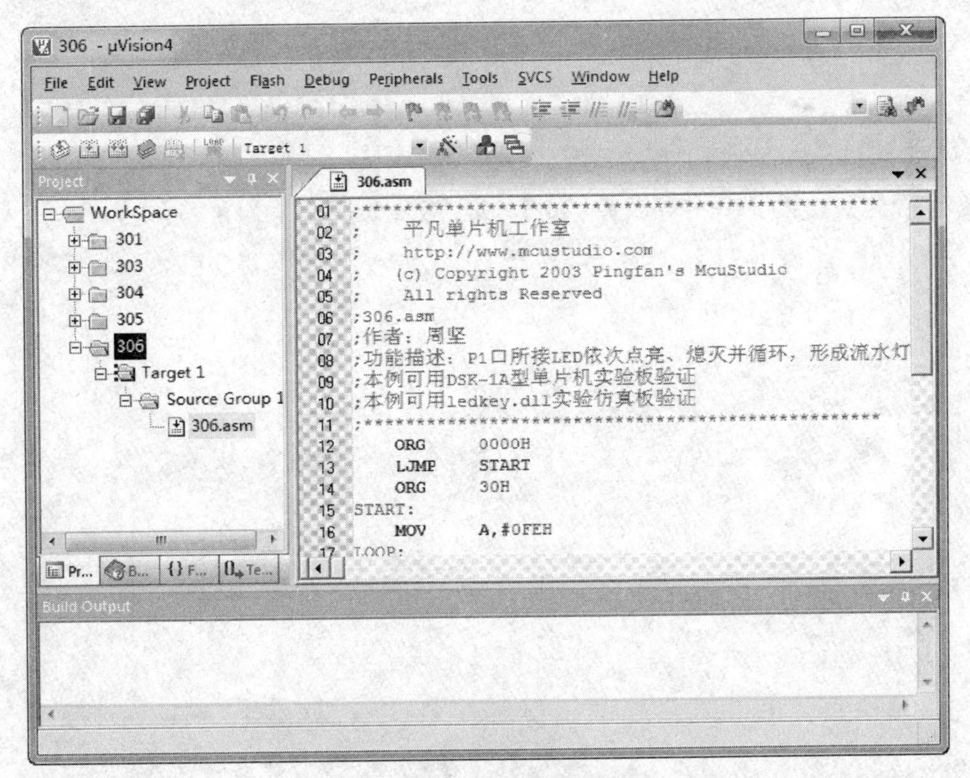

图 D－13　使用多重工程工作区组织工程

如果需要编译不同的工程，可以用鼠标单击某个工程，如 301，然后右击，选择 Set as Active Project 命令，如图 D-14 所示。

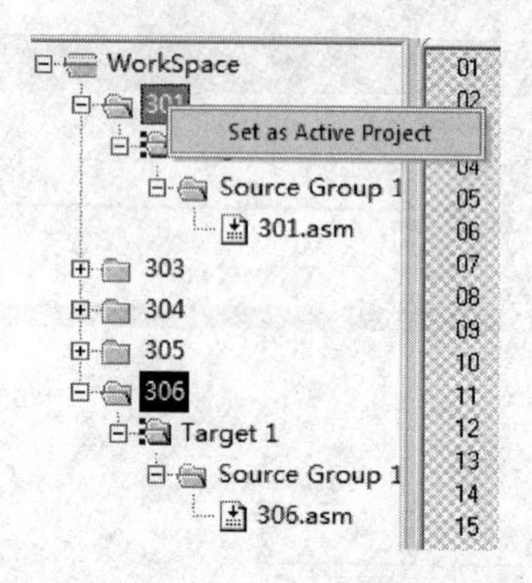

图 D-14　设置激活工程

附录 E

配套光盘使用说明

E.1 文件夹内容说明

example 文件夹：收录了书中第 2 章至第 9 章的例子。所有例子均由源程序和 Keil 工程文件组成，有一些文件夹下还有“.swf”文件，这是有关该例子的多媒体演示。使用的方法是寻找与其同名的“.html”文件，双击可以在浏览器中打开该 html 文件，按提示单击箭头图案，即可观看并听到有关该例子的解释说明。如果在您的计算机中装有 Keil 软件，那么双击其中的“.uvproj”文件即可用 Keil 软件打开该工程文件。例如，第 3 章中的 303.uvproj 文件是 Keil 的工程文件，双击该文件可用 Keil 软件的集成环境 μV4.exe 打开，303.asm 是源文件，包含在该工程中，303.hex 是生成的目标文件，可以将其写入芯片。其他以 303 为主文件名的文件均是 Keil 生成的中间文件，不必理会。

PCB 文件夹：其中“单片机实验电路板”子文件夹收录的是本书第 2 章介绍的单片机实验电路板，“接口板”子文件夹收录的是附录介绍的实用流水控制电路板。这些电路板以 sch 和 PCB 格式保存，读者可以使用 Protel 99SE，Altium Designer 等软件打开，并且可以直接发到 PCB 制板厂制作 PCB 板。

soft 文件夹：收录了作者编写的 3 块实验仿真板，即 ledkey.dll、dpj.dll 和 dpj8.dll。

E.2 使　用

请将 example 文件夹下所有文件拷入硬盘中，并去除其只读属性，这样使用较为方便。

example 文件夹下有一个 Keil 软件使用.html 文件，双击该文件，用浏览器打开，即可观看 Keil 软件使用介绍。其他各文件夹中如果有.html 文件，打开即可观看这个文件夹中的实例解说。

soft 文件夹中的 SumLed.exe 是作者自编的一个免费软件，用于数码管的字形码产生。在设计工作中，单片机与数码管的连线常常不是标准的接法，因此不能使用“标准”的字形码，必须自行编写，但自行编写字形码是一件比较辛苦和乏味的事，也比较容易出错。这个小软件就是帮助解决这个问题的。

该软件不需要安装，可以直接运行，运行之后的界面如图 E-1 所示。第一次运行时，默认数码管的字段接法如表 E-1 所列。

运行程序后可自定义数码管与单片机引脚的接法，软件将自动记录，下一次开机调入前一次的设置值。

表 E-1　默认数码管的字段接法

脚 位	7	6	5	4	3	2	1	0
字 段	H	G	F	E	D	C	B	A

其中脚位的含义是指某一个端口的位，例如，使用P0口接数码管的笔段，那么就是指：P0.7、P0.6、P0.5、P0.4、P0.3、P0.2、P0.1、P0.0。

如果你的硬件连线与此相同，可以直接单击左边窗口的笔段，出现你想要的字形，记录下右边窗口的"字形码"即可。如图E-2所示是"7"的字形及字形码，单击"共阴/共阳"按钮可以分别获得共阴和共阳型连接方法时的字形码。

图 E-1　LED数码管字形码发生器运行界面

图 E-2　LED数码管字形码发生器显示"7"

如果你的硬件连线与上表不同，那么需要在软件的"脚位设置"中设置脚位，如图E-3所示。在A、B、C、D、E、F、G、H后面的编辑框中输入对应的引脚，确定回到主界面，然后再单击数码管的相应笔段，得到希望的字形，同样在窗口的右侧看到相应的字形码。

如果在设置笔段时有重复，例如，将H,G笔段同时连到脚位6上，软件会提醒你，如图E-4所示，但不会阻止你继续使用，因为有时的确会有两个笔段接同一引脚的情况。

该软件为免费软件，可以去作者的主页下载最新的版本。

本软件涉及到的数码管知识，请参考本书第6章。

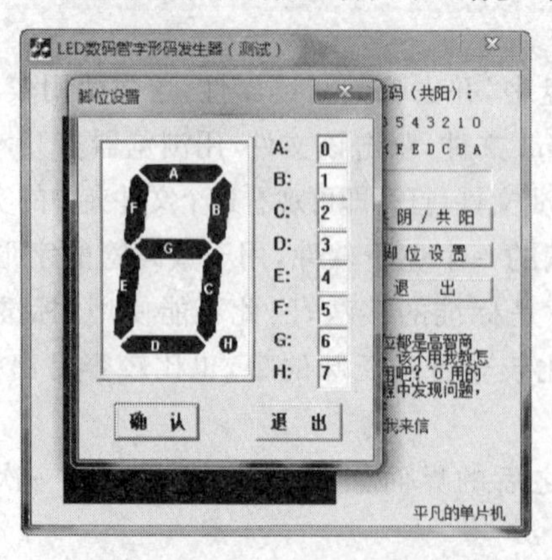

图 E-3　LED数码管字形码发生器进行脚位设置

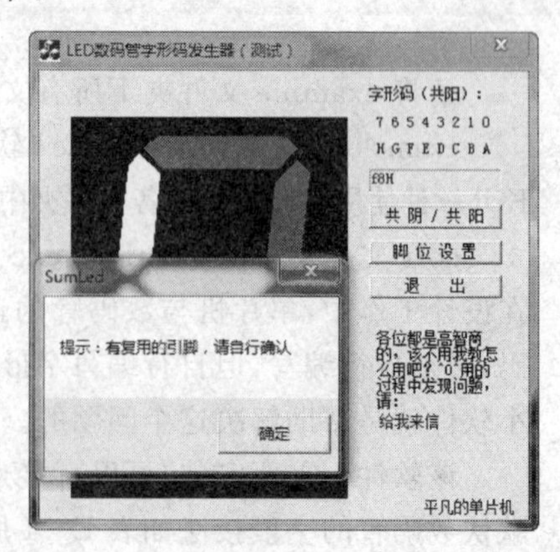

图 E-4　使用者定义了重复引脚，软件提醒

参考文献

[1] 张迎新. 单片机初级教程[M]. 北京:北京航空航天大学出版社,2000.

[2] 何立民. 单片机高级教程——应用与设计[M]. 北京:北京航空航天大学出版社,2000.

[3] 肖洪兵. 跟我学用单片机[M]. 北京:北京航空航天大学出版社,2002.

[4] 窦振中. 单片机外围器件实用手册 存储器分册[M]. 北京:北京航空航天大学出版社,1998.

[5] Keil Software. Getting Started with μVision2 and the C51 Microcontroller Development Tools.

[6] XICOR. X5045 Data Sheet.

[7] XICOR. X5045 Application Note.

[8] ATMEL. AT24C01A/02/04/08/16 Data Sheet.

[9] Robert Rostohar. Implementing μVision2 DLL's for Advanced Generic Simulator Interface. Jun 12, 2000, Munich, Germany.